突发环境事件风险物质应急处理手册

——气态环境风险物质（第一册）

王冬梅　主编

王晓叶　林　军　朱威娜　副主编

中国环境出版集团·北京

图书在版编目（CIP）数据

突发环境事件风险物质应急处理手册. 气态环境风险
物质（第一册）/王冬梅主编. —北京：中国环境出版集团，
2021.5

ISBN 978-7-5111-4735-6

Ⅰ. ①突… Ⅱ. ①王… Ⅲ. ①环境污染事故—风险
管理—应急对策—技术手册 Ⅳ. ①X507-62

中国版本图书馆 CIP 数据核字（2021）第 100506 号

出 版 人　武德凯
责任编辑　曲　婷　李士卿
责任校对　任　丽
封面设计　彭　杉

出版发行　**中国环境出版集团**
　　　　　（100062　北京市东城区广渠门内大街 16 号）
　　　　　网　　　址：http://www.cesp.com.cn
　　　　　电子邮箱：bjgl@cesp.com.cn
　　　　　联系电话：010-67112765（编辑管理部）
　　　　　发行热线：010-67125803，010-67113405（传真）
印　　刷　北京中科印刷有限公司
经　　销　各地新华书店
版　　次　2021 年 11 月第 1 版
印　　次　2021 年 11 月第 1 次印刷
开　　本　787×960　1/16
印　　张　33
字　　数　540 千字
定　　价　110.00 元

本书编委会

主　　编：王冬梅

副主编：王晓叶　林　军　朱威娜

编　　委（按姓氏笔画排序）：

马小垒　毛文钊　边青敏　刘芳芳　刘金鹏

刘智雯　关　皓　邹世娟　张艳娇　赵成新

秦　峥　徐晓阳　高密军　蒋京呈

前　言

近年来，随着我国城市化和工业化的快速推进，环境风险源企业持续增加，在长期发展过程中积累了大量生态环境隐患，各类突发环境事件呈高发态势，不仅严重威胁着环境与社会的安全，也成为我国未来经济社会可持续发展的重大制约因素。

党中央、国务院高度重视新形势下的生态环境安全工作。习近平总书记明确指出："要始终保持高度警觉，防止各类生态环境风险积聚扩散，做好应对任何形式生态环境风险挑战的准备。"中共中央、国务院出台的《关于加快推进生态文明建设的意见》明确要求，要建立以保障人体健康为核心、以改善环境质量为目标、以防控环境风险为基线的环境管理体系，提高环境风险防控和突发环境事件应急能力。党的十九届五中全会进一步提出，将"防范化解重大风险体制机制不断健全，突发公共事件应急能力显著增强"作为"十四五"时期经济社会发展主要目标之一。

加强环境应急管理，积极防范环境风险，妥善应对突发环境事件，成为保障国家生态环境安全的必然要求。针对引发突发环境事件的风险物质以及工艺过程，生态环境部先后发布了《企业突发环境事件风险评估指南（试行）》（环办〔2014〕34号）、《企业事业单位突发环境事件应急预案备案管理办法（试行）》（环发〔2015〕4号）、《建设项目环境风险评价技术导则》（HJ 169—2018）、《企业突发环境事件风险分级方法》（HJ 941—2018）等文件，明确了我国涉及突发环境事件风险物质企事业单位的环境风险管控要求，规范了突发环境事件的评估流程。

为了总结提炼环境应急处置技术信息，促进突发环境事件应急处置能力的提升，天津市环境应急与事故调查中心、联合泰泽环境科技发展有限公司联合编写了《突发环境事件风险物质应急处理手册——气态环境风险物质（第一册）》，依据《企业突发环境事件风险分级方法》（HJ 941—2018）中的突发环境事件风险物质清单，将清单中的"第一部分 有毒气态物质"和"第二部分 易燃易爆气态物质"共73种物质纳入本书。编者结合日常应急管理和突发环境事件应急响应的需求，通过查询资料、文献以及咨询现场处置突发环境事件专家等方式，详细归纳了上述73种物质的性质、环境行为、检测手段、应急措施等内容，同时列出了近年来发生的典型事故案例，并对事故发生的环节、类型、原因进行了系统分析，在此基础上对本书涉及环境风险物质的性质、案例进行汇总，最后提出应急处置的基本原则及程序。

本书共分为两章及附录。第1章介绍了73种突发环境事件气态风险物质的基本性质，主要包括物质的基本信息、理化性质、环境行为、现有检测方法、事故预防及应急处置措施、事后恢复、建议配备的物资等；第2章将近年来突发环境事件气态风险物质所引发的环境事故案例按照引发原因进行分类，主要包括非正常操作，运输系统故障，设备状态异常，非正常工况，风险防控设施失灵以及自然灾害等引发的突发环境事件；本书附录部分将气态环境风险物质的性质以及近几年发生的案例进行梳理、汇总，并提出事故发生时应急处理的原则及程序。

本书在编写过程中得到了生态环境部固体废物与化学品管理技术中心的大力支持，在此表示衷心感谢！同时本书参考引用了相关领域的技术规范及众多学者的著作，在此也表示最诚挚的谢意！由于时间紧迫，编者水平所限，书中可能存在疏漏之处，敬请广大读者批评指正，以便我们今后不断予以完善。

编 者
2021 年 3 月

目　录

第 1 章

环境风险物质

本章介绍了《企业突发环境事件风险分级方法》（HJ 941—2018）"突发环境事件风险物质及临界量清单"中"第一部分　有毒气态物质"和"第二部分　易燃易爆气态物质"共 73 种物质的基本信息、理化性质、环境行为、检测方法及依据、事故预防及应急处置措施、事后恢复、建议配备的物资等内容。

1.1　光气

1.1.1　基本信息

光气是氯塑料高温热解产物之一，主要用作有机合成、农药、药物、染料及其他化工制品的中间体。光气基本信息见表 1.1。

表 1.1　光气基本信息

中文名称	光气
中文别名	碳酰氯；氯甲酰氯
英文名称	Phlsgene
英文别名	Carbonyl chloride；Chloroformyl chloride
UN 号	1076
CAS 号	75-44-5
ICSC 号	0007
RTECS 号	SY5600000
EC 号	006-002-00-8
分子式	$COCl_2$
分子量	98.9

1.1.2　理化性质

光气的理化性质见表 1.2。

表 1.2　光气的理化性质

理化性质	外观与性状	纯品为无色、有特殊气味的气体，低温时为黄绿色液体
	熔点/℃	-118
	沸点/℃	8
	临界温度/℃	182
	临界压力/MPa	5.7
	相对密度/（水=1）	1.4
	相对蒸气密度/（空气=1）	3.4
	溶解性	微溶于水，溶于芳烃、苯、四氯化碳、氯仿、乙酸等多数有机溶剂
	化学性质	高于300℃分解；遇水和湿气分解产生腐蚀性氯化氢；与乙醇、强氧化剂、氨、有机胺和铝剧烈反应；有水存在时侵蚀多数金属
燃烧爆炸危险性	可燃性	不可燃
突发环境事件风险物质	临界量/t	0.25
	类型	涉气风险物质
《全球化学品统一分类和标签制度》（GHS）	中国	加压气体 急性毒性，吸入，类别 1 皮肤腐蚀/刺激，类别 1B 严重眼损伤/眼刺激，类别 1
	欧盟	加压气体 急性毒性，类别 2 皮肤腐蚀性，类别 1B
	日本	急性毒性，吸入，类别 1 皮肤腐蚀/刺激性，类别 2 严重眼损伤/刺激，类别 2A 特异性靶器官毒性，一次接触，类别 1（呼吸系统） 特异性靶器官毒性，反复接触，类别 1（呼吸系统） 加压气体
毒理学参数	急性毒性	LC$_{50}$：1 400 mg/m³，1/2 h（大鼠吸入）
	亚急性和慢性毒性	动物吸入 0.000 8 mg/L，5 h（5 d），40%出现肺气肿
	毒性终点浓度-1/（mg/m³）	3
	毒性终点浓度-2/（mg/m³）	1.2

1.1.3 环境行为

环境中的光气主要来自染料、农药、制药等生产工艺中的跑、冒、滴、漏或意外泄漏。光气作为一种剧烈窒息性毒气，对大气具有较大的污染。虽然光气微溶于水，但由于其化学性质不稳定，遇水会迅速水解，生成氯化氢，因此对水体也会造成一定程度的污染。

1.1.4 检测方法及依据

光气的现场应急监测方法及实验室检测方法见表 1.3 和表 1.4。

表 1.3　光气的现场应急监测方法

监测方法	来源	类别
检测试纸法（二甲苯胺指示剂）	《突发性环境污染事故应急监测与处理处置技术》	空气
气体速测管	《环境污染事件应急处理技术》	空气
便携式仪器法		空气
电化学传感器法	《环境空气　氯气等有毒有害气体的应急监测　电化学传感器法》（HJ 872—2017）	环境空气
比长式检测管法	《环境空气　氯气等有毒有害气体的应急监测　比长式检测管法》（HJ 871—2017）	环境空气

表 1.4　光气的实验室检测方法

检测方法	来源	类别
分光光度法	《环境污染事件应急处理技术》	空气
碘量法	《空气和废气监测分析方法》	空气
分光光度法	《固定污染源排气中光气的测定　苯胺紫外分光光度法》（HJ/T 31—1999）	固定污染源排气

1.1.5 事故预防及应急处置措施

1.1.5.1 预防措施

（1）预警措施

监控预警： 在生产区域或厂界布置光气泄漏监控预警系统。

（2）防控措施

储存区： 光气储存区域设置防渗漏、防腐蚀、防淋溶、防流失等措施。

收集措施： 设置应急事故水池、事故存液池或清净废水排放缓冲池等事故排水收集设施。

措施要求： 针对环境风险单元设置的截流措施、收集措施，结合企事业单位实际情况，参照《化工建设项目环境保护工程设计标准》（GB/T 50483—2019）、《储罐区防火堤设计规范》（GB 50351—2014）、《石油化工企业设计防火标准》（GB 50160—2008）、《事故状态下水体污染的预防与控制技术要求》（Q/SY 1190—2013）等技术规范进行设置；收集措施除参照上述技术规范设计外，还需参照《石油化工污水处理设计规范》（GB 50747—2012）、《石油化工给水排水系统设计规范》（SH/T 3015—2019）等技术规范进行设置。

（3）日常管理

定期巡检及维护： 设置专职或兼职人员进行日常检查及维护，包括定期检查设备运行情况、定期检查及补充应急物资、定期检查应急设施、定期检查管线及阀门等情况。日常确保截流措施阀门处于正常状态，同时保持收集设施的缓冲容量，确保收集设施在事故状态下能顺利收集事故废水。

培训及演练： 定期组织培训及演练，针对公司实际情况，熟悉如何有效地控制事故，避免事故失控和扩大化；学会使用应急救援设备和防护装备；明确各自救援职责。

台账： 设专人负责，详细记录台账。

1.1.5.2　应急处置措施

（1）应急处理方法

应急人员防护： 建议应急处理人员佩戴自给正压式呼吸器，穿防毒服，从上风处进入现场。

疏散隔离： 人员迅速从泄漏污染区撤离至上风处，并提醒周边公众进行紧急疏散。立即对泄漏区进行隔离直至气体散尽。

应急行为： 在确保安全的情况下，采用关阀、堵漏等措施，尽可能切断泄漏源，合理通风，加速扩散。防止气体通过通风系统扩散或进入限制性空间。

消除方法： 光气少量泄漏时，可用水蒸气冲散。光气大量泄漏时，需喷氨水或其他稀碱液中和，构筑围堤或挖坑收容液体泄漏物。用石灰（CaO）、碎石灰石（$CaCO_3$）或碳酸氢钠（$NaHCO_3$）中和，用水慢慢稀释。

泄漏容器处置： 破损容器要由专业人员处理，修复、检验后再用。

（2）急救措施

吸入： 迅速撤离现场至空气新鲜处，保持呼吸道通畅。立即脱去被污染衣物，体表沾上的液体光气先用水冲洗再用肥皂彻底洗涤。保持安静，绝对卧床静息，适当保暖。如呼吸困难，应给予输氧。如呼吸、心跳停止，应立即进行心肺复苏术并及时就医。密切接触者即使无症状，亦应观察 24～48 h。

皮肤接触： 立即脱去被污染的衣物，用大量流动清水彻底冲洗至少 15 min 并及时就医。

眼睛接触： 立即分开眼睑，用流动清水或生理盐水彻底冲洗 5～10 min 并及时就医。

（3）灭火措施

消防人员防护： 须佩戴空气呼吸器、穿全身防火防毒服，站在上风向灭火。

灭火方法： 切断气源，尽可能将容器从火场移至空旷处。喷雾状水保持容器冷却，但避免该物质与水接触。喷水保持火场冷却，直至灭火结束。

灭火剂： 雾状水、干粉、二氧化碳。

1.1.5.3　事后恢复

事故过程中产生的废物经收集鉴定后，处理处置。

1.1.5.4　建议配备的物资

建议配备的物资见表 1.5。

表 1.5　建议配备的物资

物资类别	所需物资
个体防护	防毒面具、空气呼吸器、防毒服、橡胶手套、面罩等
应急通讯	对讲机、扩音器等
预警装置	有毒气体报警器
应急监测	有毒气体检测器
应急照明	手电筒等
消防	雾状水、二氧化碳灭火器、干粉灭火器
污染控制	氨水、稀碱液、石灰、碎石灰石、碳酸氢钠、事故废水收集池、沙袋、围堰等

参考文献

[1]　国家安全监管总局办公厅. 危险化学品目录（2015 版）实施指南（试行）[S]. 2015.

[2]　国家环境保护总局. 空气和废气监测分析方法[M]. 北京：中国环境科学出版社，2003.

[3]　国家质量监督检验检疫总局检验监管司，国家质量监督总局进出口化学品安全研究中心，中国检验检疫科学研究院. 欧盟物质和混合物分类、标签和包装法规（CLP）指南[M]. 北京：中国标准出版社，2010.

[4]　吕小明，刘军. 环境污染事件应急处理技术[M]. 北京：中国环境出版社，2012.

[5]　JIS Z 7253—2019. 基于 GHS 化学品的危害通识　标签和安全数据表[S].

[6]　JIS Z 7252—2019. 基于 GHS 的化学品分类[S].

[7] 国家危险化学品安全公共服务互联网平台[DB/OL]. http：//hxp.nrcc.com.cn.

[8] 北京创想安科科技有限公司. MSDS 查询网[DB/OL]. http：//www.somsds.com.

[9] 北京化工研究院环境保护所/计算中心. 国际化学品安全卡（中文版）查询系统[DB/OL].
http：//icsc.brici.ac.cn.

1.2　乙烯酮

1.2.1　基本信息

乙烯酮是一种有机化合物，是最简单的烯酮。室温下为有毒的气体，非常不稳定，只能在低温下保存，在 0℃时即可发生聚合反应，生成二聚体二乙烯酮。乙烯酮可与很多含活泼氢的物质发生加成反应，是有机合成的重要中间体。乙烯酮基本信息见表 1.6。

表 1.6　乙烯酮基本信息

中文名称	乙烯酮
中文别名	酮乙烯
英文名称	Ethenone
英文别名	Ketene；Carbomethene；Ketoethylene
CAS 号	463-51-4
ICSC 号	0812
RTECS 号	OA7700000
分子式	C_2H_2O
分子量	42

1.2.2　理化性质

乙烯酮的理化性质见表 1.7。

表 1.7 乙烯酮的理化性质

理化性质	外观与性状	无色气体，具有类似氯气和乙酸酐的刺激性气味
	熔点/℃	−150
	沸点/℃	−56
	相对蒸气密度/（空气=1）	1.4
	溶解性	溶于水（与水反应）
	化学性质	纯的乙烯酮极不稳定，须在低温（−80℃）下保存；室温即聚合成二聚乙烯酮，此聚合物为有刺激性气味的液体；与乙醇反应生成乙酰乙酸乙酯；与溴反应生成溴代乙酰溴；与水、液氨、乙醇、乙酸、金属有机化合物反应，分别生成乙酸、乙酰胺、乙酸乙酯、乙酸酐和酮
燃烧爆炸危险性	可燃性	易燃
	危险特性	与空气接触能形成爆炸性混合物。气体比空气重，可能沿地面流动，造成远处着火
突发环境事件风险物质	临界量/t	0.25
	类型	涉气风险物质、涉水风险物质
《全球化学品统一分类和标签制度》（GHS）	日本	特异性靶器官毒性，一次接触，类别1（呼吸系统） 易燃气体，类别1
毒理学参数	毒性终点浓度-1/（mg/m³）	0.33
	毒性终点浓度-2/（mg/m³）	0.11

1.2.3 环境行为

乙烯酮为无色有毒气体，具有类似氯气和乙酸酐的刺激性气味，对大气具有较大的污染。纯的乙烯酮极不稳定，须在低温（−80℃）下保存，室温即发生聚合反应生成二聚乙烯酮。此聚合物为有刺激性气味的液体，对大气和水体都具有一定程度的污染。

1.2.4　检测方法及依据

乙烯酮的实验室检测方法见表 1.8。

表 1.8　乙烯酮的实验室检测方法

检测方法	来源	类别
盐酸羟胺分光光度法	《工作场所空气有毒物质测定　第 195 部分：乙烯酮》（征求意见稿）	空气

1.2.5　事故预防及应急处置措施

1.2.5.1　预防措施

（1）预警措施

监控预警： 在生产区域或厂界布置乙烯酮泄漏监控预警系统。

（2）防控措施

储存区： 乙烯酮储存区域设置防渗漏、防腐蚀、防淋溶、防流失等措施。

收集措施： 设置应急事故水池、事故存液池或清净废水排放缓冲池等事故排水收集设施。

措施要求： 针对环境风险单元设置的截流措施、收集措施，结合企事业单位实际情况，参照《化工建设项目环境保护工程设计标准》（GB/T 50483—2019）、《储罐区防火堤设计规范》（GB 50351—2014）、《石油化工企业设计防火标准》（GB 50160—2008）、《事故状态下水体污染的预防与控制技术要求》（Q/SY 1190—2013）等技术规范进行设置；收集措施除参照上述技术规范设计外，还需参照《石油化工污水处理设计规范》（GB 50747—2012）、《石油化工给水排水系统设计规范》（SH/T 3015—2019）等技术规范进行设置。

（3）日常管理

定期巡检及维护：设置专职或兼职人员进行日常检查及维护，包括定期检查设备运行情况、定期检查及补充应急物资、定期检查应急设施、定期检查管线及阀门等情况。日常确保截流措施阀门处于正常状态，同时保持收集设施的缓冲容量，确保收集设施在事故状态下能顺利收集事故废水。

培训及演练：定期组织培训及演练，针对公司实际情况，熟悉如何有效地控制事故，避免事故失控和扩大化；学会使用应急救援设备和防护装备；明确各自救援职责。

台账：设专人负责，详细记录台账。

1.2.5.2　应急处置措施

（1）应急处理方法

应急人员防护：建议应急处理人员穿内置正压自给式呼吸器的全封闭防化服，从上风处进入现场。

疏散隔离：人员迅速从泄漏污染区撤离至上风处，并提醒周边公众进行紧急疏散。立即对泄漏区进行隔离直至气体散尽。

应急行为：在确保安全的情况下，采用关阀、堵漏等措施，尽可能切断泄漏源，合理通风，加速扩散。防止气体通过下水道、通风系统和有限空间扩散。

消除方法：喷雾状水抑制蒸气或改变蒸气云流向，构筑围堤或挖坑收容产生的大量废水。禁止用水直接冲击泄漏物或泄漏源。

泄漏容器处置：破损容器要由专业人员处理，修复、检验后再用。

（2）急救措施

吸入：迅速撤离现场至空气新鲜处，保持呼吸道通畅。保持安静，休息，半直立体位，并给予医疗护理。如呼吸困难，应给予输氧，必要时进行人工呼吸。如呼吸、心跳停止，应立即进行心肺复苏术并及时就医。密切接触者即使无症状，亦应观察 24～48 h。

皮肤接触：立即脱去被污染的衣物，用大量肥皂水和流动清水彻底冲洗至少 15 min 并及时就医。

眼睛接触：立即分开眼睑，用流动清水或生理盐水彻底冲洗 5～10 min 并及时就医。

（3）灭火措施

消防人员防护：须佩戴空气呼吸器、穿全身防火防毒服，站在上风向灭火。

灭火方法：切断气源，尽可能将容器从火场移至空旷处。喷雾状水保持容器冷却，但避免该物质与水接触。喷水保持火场冷却，直至灭火结束。处在火场中的容器若发生异常变化或发出异常声音，须马上撤离。

灭火剂：雾状水、二氧化碳、干粉。

1.2.5.3 事后恢复

事故过程中产生的废物经收集鉴定后，处理处置。

1.2.5.4 建议配备的物资

建议配备的物资见表 1.9。

表 1.9 建议配备的物资

物资类别	所需物资
个体防护	全封闭防化服、防毒面具、空气呼吸器、防火防毒服、橡胶手套、面罩等
应急通讯	对讲机、扩音器等
预警装置	有毒气体报警器
应急监测	有毒气体检测器
应急照明	手电筒等
消防	雾状水、二氧化碳灭火器、干粉灭火器
污染控制	雾状水、事故废水收集池、沙袋、围堰等

参考文献

[1]　JIS Z 7253—2019. 基于 GHS 化学品的危害通识　标签和安全数据表[S].

[2]　JIS Z 7252—2019. 基于 GHS 的化学品分类[S].

[3]　国家危险化学品安全公共服务互联网平台[DB/OL]. http：//hxp.nrcc.com.cn.

[4]　北京创想安科科技有限公司. MSDS 查询网[DB/OL]. http：//www.somsds.com.

[5]　北京化工研究院环境保护所/计算中心. 国际化学品安全卡（中文版）查询系统[DB/OL]. http：//icsc.brici.ac.cn.

1.3　硒化氢

1.3.1　基本信息

硒化氢主要用作半导体用料，以及用于制备金属硒化物和含硒的有机化合物等。硒化氢基本信息见表 1.10。

表 1.10　硒化氢基本信息

中文名称	硒化氢
中文别名	氢化硒
英文名称	Hydrogen selenide
英文别名	Selenium hydride
UN 号	2202
CAS 号	7783-07-5
ICSC 号	0284
RTECS 号	MX1050000
EC 号	034-002-00-8
分子式	H_2Se
分子量	80.98

1.3.2 理化性质

硒化氢的理化性质见表 1.11。

表 1.11 硒化氢的理化性质

理化性质	外观与性状	无色有恶臭味的气体
	熔点/℃	−66
	沸点/℃	−41
	相对密度/（水=1）	2.1
	相对蒸气密度/（空气=1）	2.8
	溶解性	溶于水、二硫化碳
	化学性质	加热到 100℃ 以上时，分解生成硒和氢；硒化氢是一种强还原剂，与氧化剂激烈反应，有着火和爆炸危险；与空气接触时，释放出二氧化硒有毒腐蚀性烟雾
燃烧爆炸危险性	可燃性	易燃
	危险特性	与空气混合能形成爆炸性混合物；遇明火、高热能引起燃烧爆炸
突发环境事件风险物质	临界量/t	0.25
	类型	涉气风险物质、涉水风险物质
《全球化学品统一分类和标签制度》（GHS）	中国	易燃气体，类别 1 加压气体 急性毒性，吸入，类别 3 严重眼损伤/眼刺激，类别 2 特异性靶器官毒性，反复接触，类别 1 危害水生环境，急性危害，类别 1 危害水生环境，长期危害，类别 1
	日本	加压气体 严重眼损伤/刺激，类别 2A-2B 特异性靶器官毒性，一次接触，类别 1（呼吸系统，心脏，血液系统，肝脏） 特异性靶器官毒性，反复接触，类别 1（呼吸系统），类别 2（神经系统） 易燃气体，类别 1
毒理学参数	急性毒性	LC_{50}: 300 mg/kg，8 h（豚鼠吸入）
	毒性终点浓度-1/（mg/m³）	1.1
	毒性终点浓度-2/（mg/m³）	0.36

1.3.3　环境行为

硒化氢是一种无色有恶臭味的有毒气体，泄漏后可与空气混合形成爆炸性混合物，遇明火、高热可引起燃烧爆炸，因此对大气具有较大的危害。此外，硒化氢可溶于水，形成弱酸溶液（酸性强于醋酸），因此对水体也有一定的污染。

1.3.4　检测方法及依据

硒化氢的实验室检测方法见表 1.12。

表 1.12　硒化氢的实验室检测方法

检测方法	来源	类别
原子荧光光谱测定法	《工作场所空气中硒化氢的原子荧光光谱测定法》	空气

1.3.5　事故预防及应急处置措施

1.3.5.1　预防措施

（1）预警措施

监控预警：在生产区域或厂界布置硒化氢泄漏监控预警系统。

（2）防控措施

截流措施：环境风险单元设置装置围堰或罐区防火堤，并采取防渗漏、防腐蚀、防淋溶、防流失等措施。

收集措施：设置应急事故水池、事故存液池或清净废水排放缓冲池等事故排水收集设施。

措施要求：针对环境风险单元设置的截流措施、收集措施，结合企事业单位实际情况，参照《化工建设项目环境保护工程设计标准》（GB/T 50483—2019）、

《储罐区防火堤设计规范》（GB 50351—2014）、《石油化工企业设计防火标准》（GB 50160—2008）、《事故状态下水体污染的预防与控制技术要求》（Q/SY 1190—2013）等技术规范进行设置；收集措施除参照上述技术规范设计外，还需参照《石油化工污水处理设计规范》（GB 50747—2012）、《石油化工给水排水系统设计规范》（SH/T 3015—2019）等技术规范进行设置。

（3）日常管理

定期巡检及维护：设置专职或兼职人员进行日常检查及维护，包括定期检查设备运行情况、定期检查及补充应急物资、定期检查应急设施、定期检查管线及阀门等情况。日常确保截流措施阀门处于正常状态，同时保持收集设施的缓冲容量，确保收集设施在事故状态下能顺利收集事故废水。

培训及演练：定期组织培训及演练，针对公司实际情况，熟悉如何有效地控制事故，避免事故失控和扩大化；学会使用应急救援设备和防护装备；明确各自救援职责。

台账：设专人负责，详细记录台账。

1.3.5.2 应急处置措施

（1）应急处理方法

应急人员防护：建议应急处理人员佩戴空气呼吸器，穿防毒服，从上风处进入现场。

疏散隔离：人员迅速从泄漏污染区撤离至上风处，并提醒周边公众进行紧急疏散。立即对泄漏区进行隔离直至气体散尽。

应急行为：在确保安全的情况下，采用关阀、堵漏等措施，尽可能切断泄漏源，合理通风，加速扩散。防止气体通过通风系统扩散或进入限制性空间。如有可能，将残余气体或漏出气体用排风机送至水洗塔或与塔相连的通风橱内。

消除方法：喷雾状水抑制蒸气或改变蒸气云流向，喷氨水或其他稀碱液中和，避免水流接触泄漏物。构筑围堤或挖坑收容产生的大量废水。可考虑引燃漏出气，以消除有毒气体的影响。

泄漏容器处置：破损容器不能重复使用，且处置前要对容器中可能残余的气体进行处理。

（2）急救措施

吸入：迅速撤离现场至空气新鲜处，保持呼吸道通畅。保持安静，休息，半直立体位，并给予医疗护理。如呼吸困难，应给予输氧，必要时进行人工呼吸。如呼吸、心跳停止，应立即进行心肺复苏术并及时就医。密切接触者即使无症状，亦应观察 24～48 h。

皮肤接触：立即脱去被污染的衣物，用大量流动清水彻底冲洗至少 15 min。冻伤时用大量水冲洗，不要脱衣服并及时就医。

眼睛接触：立即分开眼睑，用流动清水或生理盐水彻底冲洗 5～10 min 并及时就医。

（3）灭火措施

消防人员防护：须佩戴空气呼吸器、穿全身防火防毒服，站在上风向灭火。

灭火方法：切断气源，若不能立即切断气源，则不允许熄灭正在燃烧的气体。尽可能将容器从火场移至空旷处。喷雾状水保持容器冷却，但避免该物质与水接触。喷水保持火场冷却，直至灭火结束。

灭火剂：雾状水、干粉、二氧化碳。

1.3.5.3　事后恢复

事故过程中产生的废物经收集鉴定后，处理处置。

1.3.5.4　建议配备的物资

建议配备的物资见表 1.13。

表 1.13　建议配备的物资

物资类别	所需物资
个体防护	防毒面具、空气呼吸器、防火防毒服、橡胶手套、面罩等
应急通讯	对讲机、扩音器等
预警装置	有毒气体报警器
应急监测	有毒气体检测器
应急照明	手电筒等
消防	雾状水、二氧化碳灭火器、干粉灭火器
污染控制	雾状水、氨水、稀碱液、事故废水收集池、沙袋、围堰等

参考文献

[1] 国家安全监管总局办公厅. 危险化学品目录（2015 版）实施指南（试行）[S]. 2015.

[2] JIS Z 7253—2019. 基于 GHS 化学品的危害通识　标签和安全数据表[S].

[3] JIS Z 7252—2019. 基于 GHS 的化学品分类[S].

[4] 国家危险化学品安全公共服务互联网平台[DB/OL]. http://hxp.nrcc.com.cn.

[5] 北京创想安科科技有限公司. MSDS 查询网[DB/OL]. http：//www.somsds.com.

[6] 北京化工研究院环境保护所/计算中心. 国际化学品安全卡（中文版）查询系统[DB/OL]. http：//icsc.brici.ac.cn.

1.4　二氟化氧

1.4.1　基本信息

二氟化氧常用作氧化剂、氟化剂。二氟化氧基本信息见表 1.14。

表 1.14　二氟化氧基本信息

中文名称	二氟化氧
中文别名	氟化氧；一氧化二氟；次氟酸酐；氟氧酸酐
英文名称	Oxygen difluoride
英文别名	Oxygen fluoride；Fluorine monoxide；Difluoride monoxide
UN 号	2190
CAS 号	7783-41-7
ICSC 号	0818
RTECS 号	RS2100000
分子式	OF_2
分子量	54.0

1.4.2　理化性质

二氟化氧的理化性质见表 1.15。

表 1.15　二氟化氧的理化性质

	外观与性状	无色有轻微刺激的气体，或黄褐色液体
理化性质	熔点/℃	−224
	沸点/℃	−145
	临界温度/℃	−58
	临界压力/MPa	0.5
	相对蒸气密度/（空气=1）	1.43
	溶解性	微溶于水、乙醇、酸和碱，不溶于热水
	化学性质	二氟化氧具有极强的氧化性，但其活性不如单质氟；与可燃物质和还原性物质激烈反应；与许多非金属物质，如红磷、硼粉末及多孔物质，如二氧化硅、氧化铝和木炭发生反应；纯二氟化氧在玻璃容器中稳定，200℃以上分解成氧气和氟气；与许多金属反应，生成氧化物和氟化物；也能与一些非金属（如磷、硫）反应

	可燃性	不可燃
燃烧爆炸危险性	危险特性	不可燃，但可助长其他物质燃烧。许多反应可能引起火灾或爆炸；有火花引燃时，与水或水蒸气的混合物发生猛烈爆炸；加热引起压力升高，容器有破裂危险
突发环境事件风险物质	临界量/t	0.25
	类型	涉气风险物质
《全球化学品统一分类和标签制度》（GHS）	中国	氧化性气体，类别 1 加压气体 急性毒性，吸入，类别 1 皮肤腐蚀/刺激，类别 1 严重眼损伤/眼刺激，类别 1
毒理学参数	急性毒性	LC_{50}：2 600 ppb[①]，1 h（大鼠吸入）； 1 500 ppb，1 h（小鼠吸入）； 26 ppm[②]（猴吸入）；26 ppm（狗吸入）
	亚急性和慢性毒性	小鼠、大鼠、豚鼠、兔及狗于 0.1 ppm 下，每天接触 7 h，30 次，未见毒性影响；而 2～5 ppm 时，出现不同程度的刺激症状
	毒性终点浓度-1/（mg/m³）	0.55
	毒性终点浓度-2/（mg/m³）	0.18

1.4.3　环境行为

二氟化氧为无色、几乎无味的剧毒气体，氧化性极强，在常温下就能与干燥的空气迅速反应生成二氧化氮和具有霉臭味的无色气体三氟化氮，甚至发生爆炸，对大气具有较大的危害。二氟化氧在水中可缓慢水解，对水体也会造成一定程度的污染。

1.4.4　检测方法及依据

二氟化氧的现场应急监测方法见表 1.16。

---

① ppb=10^{-9}。
② ppm=10^{-6}。

表 1.16　二氟化氧的现场应急监测方法

监测方法	来源	类别
快速检测管法	《空气中二氟化氧含量的检测管测定方法》	空气

1.4.5　事故预防及应急处置措施

1.4.5.1　预防措施

（1）预警措施

监控预警： 在生产区域或厂界布置二氟化氧泄漏监控预警系统。

（2）防控措施

储存区： 二氟化氧储存区域设置防渗漏、防腐蚀、防淋溶、防流失等措施。

收集措施： 设置应急事故水池、事故存液池或清净废水排放缓冲池等事故排水收集设施。

措施要求： 针对环境风险单元设置的截流措施、收集措施，结合企事业单位实际情况，参照《化工建设项目环境保护工程设计标准》（GB/T 50483—2019）、《储罐区防火堤设计规范》（GB 50351—2014）、《石油化工企业设计防火标准》（GB 50160—2008）、《事故状态下水体污染的预防与控制技术要求》（Q/SY 1190—2013）等技术规范进行设置；收集措施除参照上述技术规范设计外，还需参照《石油化工污水处理设计规范》（GB 50747—2012）、《石油化工给水排水系统设计规范》（SH/T 3015—2019）等技术规范进行设置。

（3）日常管理

定期巡检及维护： 设置专职或兼职人员进行日常检查及维护，包括定期检查设备运行情况、定期检查及补充应急物资、定期检查应急设施、定期检查管线及阀门等情况。日常确保截流措施阀门处于正常状态，同时保持收集设施的缓冲容量，确保收集设施在事故状态下能顺利收集事故废水。

培训及演练： 定期组织培训及演练，针对公司实际情况，熟悉如何有效地控制事故，避免事故失控和扩大化；学会使用应急救援设备和防护装备；明确各自救援职责。

台账： 设专人负责，详细记录台账。

1.4.5.2　应急处置措施

（1）应急处理方法

应急人员防护： 建议应急处理人员佩戴自给正压式呼吸器，穿防毒服，从上风处进入现场。

疏散隔离： 人员迅速从泄漏污染区撤离至上风处，并提醒周边公众进行紧急疏散。立即对泄漏区进行隔离直至气体散尽。

应急行为： 在确保安全的情况下，采用关阀、堵漏等措施，尽可能切断泄漏源，合理通风，加速扩散。防止气体通过通风系统扩散或进入限制性空间。如有可能，将残余气体或漏出气体用排风机送至水洗塔或与塔相连的通风橱内。

泄漏容器处置： 破损容器要由专业人员处理，修复、检验后再用。

（2）急救措施

吸入： 迅速撤离现场至空气新鲜处，保持呼吸道通畅。保持安静，休息，半直立体位，并给予医疗护理。如呼吸困难，应给予输氧。如呼吸、心跳停止，应立即进行心肺复苏术并及时就医。密切接触者即使无症状，亦应观察 24～48 h。

皮肤接触： 立即脱去被污染的衣物，用大量流动清水彻底冲洗至少 15 min 并及时就医。

眼睛接触： 立即分开眼睑，用流动清水或生理盐水彻底冲洗 5～10 min 并及时就医。

（3）灭火措施

消防人员防护： 须佩戴空气呼吸器、穿全身防火防毒服，站在上风向灭火。

灭火方法： 切断气源，尽可能将容器从火场移至空旷处。喷雾状水保持容器冷却，但避免该物质与水接触，从掩蔽位置灭火。喷水保持火场冷却，直至灭火结束。火场中有大量本品泄漏物时，禁用水、泡沫和酸碱灭火剂。

灭火剂： 雾状水、二氧化碳、干粉。

1.4.5.3 事后恢复

事故过程中产生的废物经收集鉴定后，处理处置。

1.4.5.4 建议配备的物资

建议配备的物资见表 1.17。

表 1.17 建议配备的物资

物资类别	所需物资
个体防护	防毒面具、空气呼吸器、防火防毒服、橡胶手套、面罩等
应急通讯	对讲机、扩音器等
预警装置	有毒气体报警器
应急监测	有毒气体检测器
应急照明	手电筒等
消防	雾状水、二氧化碳灭火器、干粉灭火器
污染控制	事故废水收集池、沙袋、围堰等

参考文献

[1] 国家安全监管总局办公厅. 危险化学品目录（2015 版）实施指南（试行）[S]. 2015.

[2] 国家危险化学品安全公共服务互联网平台[DB/OL]. http://hxp.nrcc.com.cn.

[3] 北京创想安科科技有限公司. MSDS 查询网[DB/OL]. http://www.somsds.com.

[4] 北京化工研究院环境保护所/计算中心. 国际化学品安全卡（中文版）查询系统[DB/OL].
    http://icsc.brici.ac.cn.

1.5 砷化氢

1.5.1 基本信息

砷化氢用于半导体工业中，如外延硅的 N 型掺杂、硅中 N 型扩散、离子注入、生长砷化镓、磷砷化镓以及与某些元素形成化合物半导体。也可用于有机合成、军用毒气，以及应用于科研或某些特殊实验中。砷化氢基本信息见表 1.18。

表 1.18 砷化氢基本信息

中文名称	砷化氢
中文别名	砷烷
英文名称	Arsine
CAS 号	7784-42-1
分子式	AsH_3
分子量	77.95

1.5.2 理化性质

砷化氢的理化性质见表 1.19。

表 1.19 砷化氢的理化性质

理化性质	外观与性状	无色气体，本身无臭，但空气中砷化氢浓度超过 0.5×10^{-6} 时，可被空气氧化产生轻微类似大蒜的气味
	熔点/℃	−116
	沸点/℃	−62

理化性质	临界温度/℃	99.95
	临界压力/MPa	6.55
	相对蒸气密度/（空气=1）	2.66
	溶解性	溶于水，微溶于乙醇、碱液，溶于苯、氯仿
	化学性质	在室温下稳定，加热至300℃开始分解；与氯、溴等卤族单质反应分别生成 $AsCl_3$、$AsBr_3$ 等；具有还原性，是强还原剂，可将硝酸银水溶液还原而析出银
燃烧爆炸危险性	可燃性	易燃
	闪点/℃	−110
	爆炸上限（体积分数）/%	100
	爆炸下限（体积分数）/%	4.5
	危险特性	与空气混合能形成爆炸性混合物，遇明火高热能引起燃烧爆炸
突发环境事件风险物质	临界量/t	0.25
	类型	涉气风险物质、涉水风险物质
《全球化学品统一分类和标签制度》（GHS）	中国	易燃气体，类别1 加压气体 急性毒性，吸入，类别2 致癌性，类别1A 特异性靶器官毒性，反复接触，类别2 危害水生环境，急性危害，类别1 危害水生环境，长期危害，类别1
	欧盟	易燃气体，类别1 加压气体 急性毒性，类别2 特异性靶器官毒性，反复接触，类别2 危害水生环境，急性危险，类别1 危害水生环境，长期危险，类别1
	日本	加压气体 急性毒性，吸入，类别1 致癌性，类别1A 特异性靶器官毒性，一次接触，类别1（中枢神经系统，血液系统，心血管系统，呼吸系统，肝脏，肾） 特异性靶器官毒性，反复接触，类别1（血液系统） 急性毒性，经口，类别2

毒理学参数	急性毒性	LC_{50}：390 mg/m^3，10 min（大鼠吸入）；250 mg/m^3，10 min（小鼠吸入）
	亚急性和慢性毒性	各种动物在反复吸入 12～36 mg/m^3 本品时，可见血红蛋白和红细胞减少，其体征有溶血、贫血和黄疸
	毒性终点浓度-1/（mg/m^3）	1.6
	毒性终点浓度-2/（mg/m^3）	0.54

1.5.3　环境行为

大气环境中砷化氢的来源很多，主要包括夹杂着砷的金属矿石与工业硫酸或盐酸接触、黄磷尾气、焦炉尾气、密闭电石炉尾气、矿热冶炼废气、化石燃料的燃烧等各个领域的工业废气。砷化氢无工业使用价值，它既不是工业原料，也非产品，而是生产过程产生的有毒废气。砷多以硫化砷的形式广泛夹杂于各种金属矿，如锌、锡、锑、铅、镍等矿中。此类矿石在加工、储存过程与工业硫酸或盐酸等反应时可产生大量砷化氢。由于冶炼中含砷物质与钙结合生成砷化钙，砷化钙遇水即可生成砷化氢。因此，大量的砷化氢中毒事故是因用水浇熄炽热的金属矿渣，或堆放的矿渣遇潮而产生砷化氢后所引起。生产或使用乙炔、生产合成染料、氰化法提取金银等生产活动中可产生砷化氢。此外，无机砷或有机砷水解可产生砷化氢，如鱼舱中海鱼腐败使有机砷转化为砷化氢致使下舱工人中毒。砷化氢会对水体造成严重污染危害，对水生生物毒性非常大，且具有长期持续的影响。

1.5.4　检测方法及依据

砷化氢的现场应急监测方法及实验室检测方法见表 1.20 和表 1.21。

表 1.20　砷化氢的现场应急监测方法

监测方法	来源	类别
气体检测管法（0.1～10 mg/m³）	《环境污染事件应急处理技术》	空气
检测试纸法（氧化汞指示剂）		空气
便携式电化学传感器法（0～200 mg/m³）		空气
气体速测管	《环境空气　氯气等有毒有害气体的应急监测　比长式检测管法》（HJ 871—2017）	环境空气

表 1.21　实验室检测方法

检测方法	来源	类别
分光光度法	《车间空气中砷化氢的二乙氨基二硫代甲酸银分光光度测定方法》（GB/T 16035—1995）	车间空气

1.5.5　事故预防及应急处置措施

1.5.5.1　预防措施

（1）预警措施

监控预警： 在生产区域或厂界布置砷化氢泄漏监控预警系统。

（2）防控措施

储存区： 砷化氢储存区域设置防渗漏、防腐蚀、防淋溶、防流失等措施。

收集措施： 设置应急事故水池、事故存液池或清净废水排放缓冲池等事故排水收集设施。

措施要求： 针对环境风险单元设置的截流措施、收集措施，结合企事业单位实际情况，参照《化工建设项目环境保护工程设计标准》（GB/T 50483—2019）、《储罐区防火堤设计规范》（GB 50351—2014）、《石油化工企业设计防火标准》（GB 50160—2008）、《事故状态下水体污染的预防与控制技术要求》（Q/SY 1190—

2013）等技术规范进行设置；收集措施除参照上述技术规范设计外，还需参照《石油化工污水处理设计规范》（GB 50747—2012）、《石油化工给水排水系统设计规范》（SH/T 3015—2019）等技术规范进行设置。

（3）日常管理

定期巡检及维护：设置专职或兼职人员进行日常检查及维护，包括定期检查设备运行情况、定期检查及补充应急物资、定期检查应急设施、定期检查管线及阀门等情况。日常确保截流措施阀门处于正常状态，同时保持收集设施的缓冲容量，确保收集设施在事故状态下能顺利收集事故废水。

培训及演练：定期组织培训及演练，针对公司实际情况，熟悉如何有效地控制事故，避免事故失控和扩大化；学会使用应急救援设备和防护装备；明确各自救援职责。

台账：设专人负责，详细记录台账。

1.5.5.2　应急处置措施

（1）应急处理方法

应急人员防护：建议应急处理人员佩戴自给正压式呼吸器，穿防毒服，从上风处进入现场。

疏散隔离：人员迅速从泄漏污染区撤离至上风处，并提醒周边公众进行紧急疏散。立即对泄漏区进行隔离直至气体散尽。

应急行为：在确保安全的情况下，采用关阀、堵漏等措施，尽可能切断泄漏源，合理通风，加速扩散。防止气体通过通风系统扩散或进入限制性空间。

消除方法：喷雾状水稀释、溶解，构筑围堤或挖坑收容产生的大量废水。将漏出气用排风机送至空旷地或装设适当喷头烧掉。抽排（室内）或清理通风（室外）。

泄漏容器处置：破损容器不能重复使用，且处置前要对容器中可能残余的气体进行处理。

（2）急救措施

吸入：迅速撤离现场至空气新鲜处，保持呼吸道通畅。保持安静，休息。如呼吸困难，应给予输氧。如呼吸、心跳停止，应立即进行心肺复苏术并及时就医。密切接触者即使无症状，亦应观察24～48 h。

皮肤接触：立即脱去被污染的衣物，用大量流动清水彻底冲洗至少15 min。如发生冻伤，用温水（38～42℃）复温，忌用热水或辐射热，不要揉搓并及时就医。

眼睛接触：立即分开眼睑，用流动清水或生理盐水彻底冲洗5～10 min 并及时就医。

（3）灭火措施

消防人员防护：须佩戴空气呼吸器、穿全身防火防毒服，站在上风向灭火。

灭火方法：切断气源，若不能立即切断气源，则不允许熄灭正在燃烧的气体。尽可能将容器从火场移至空旷处。喷雾状水保持容器冷却，但避免该物质与水接触。喷水保持火场冷却，直至灭火结束。

灭火剂：雾状水、泡沫、干粉。

1.5.5.3　事后恢复

事故过程中产生的废物经收集鉴定后，处理处置。

1.5.5.4　建议配备的物资

建议配备的物资见表1.22。

表 1.22　建议配备的物资

物资类别	所需物资
个体防护	防毒面具、空气呼吸器、防毒服、橡胶手套、面罩等
应急通讯	对讲机、扩音器等
预警装置	有毒气体报警器

物资类别	所需物资
应急监测	有毒气体检测器
应急照明	手电筒等
消防	雾状水、泡沫灭火器、干粉灭火器
污染控制	事故废水收集池、沙袋、围堰等

参考文献

[1]　吕小明，刘军. 环境污染事件应急处理技术[M]. 北京：中国环境出版社，2012.

[2]　JIS Z 7253—2019. 基于 GHS 化学品的危害通识　标签和安全数据表[S].

[3]　JIS Z 7252—2019. 基于 GHS 的化学品分类[S].

[4]　国家危险化学品安全公共服务互联网平台[DB/OL]. http：//hxp.nrcc.com.cn.

[5]　北京创想安科科技有限公司. MSDS 查询网[DB/OL]. http：//www.somsds.com.

1.6　甲醛

1.6.1　基本信息

甲醛可作为酚醛树脂、脲醛树脂、维纶、乌洛托品、季戊四醇、染料、农药和消毒剂等的原料。工业甲醛溶液一般含 37% 的甲醛和 15% 的甲醇，作阻聚剂。甲醛基本信息见表 1.23。

表 1.23　甲醛基本信息

中文名称	甲醛
中文别名	蚁醛；亚甲基氧
英文名称	Formaldehyde
英文别名	Methanal；Methyl aldehyde；Methylene oxide
CAS 号	50-00-0

ICSC 号	0275
RTECS 号	LP8925000
分子式	HCHO
分子量	30.03

1.6.2　理化性质

甲醛的理化性质见表 1.24。

表 1.24　甲醛的理化性质

	外观与性状	无色气体，有刺激性气味
理化性质	熔点/℃	−92
	沸点/℃	−19.5
	临界温度/℃	137.2
	临界压力/MPa	6.81
	相对密度/（水=1）	0.82
	相对蒸气密度/（空气=1）	1.08
	溶解性	易溶于水和乙醚，水溶液浓度最高可达 55%，能与乙醇、丙酮等有机溶剂按任意比例混溶，不溶于石油醚
	化学性质	化学性质十分活泼。在金属或金属氧化物催化作用下，易被还原为甲醇；氧化时可生成甲酸或二氧化碳和水；甲醛为强还原剂，在微量碱性时还原性更强，在空气中能缓慢被氧化成甲酸；甲醛自身能进行缩合反应，在一般商品中，都加入10%～12%的甲醇作为抑制剂，否则会发生聚合；能与醚和酮进行醇醛缩合反应，容易与氨或胺化合物缩合
燃烧爆炸危险性	可燃性	易燃
	闪点/℃	64
	爆炸上限（体积分数）/%	73
	爆炸下限（体积分数）/%	7
	危险特性	其蒸气与空气可形成爆炸性混合物；遇明火、高热能引起燃烧爆炸
突发环境事件风险物质	临界量/t	0.5
	类型	涉气风险物质、涉水风险物质

《全球化学品统一分类和标准制度》（GHS）	中国	急性毒性，经口，类别 3 急性毒性，经皮，类别 3 急性毒性，吸入，类别 3 皮肤腐蚀/刺激，类别 1B 严重眼损伤/眼刺激，类别 1 皮肤致敏物，类别 1 生殖细胞致突变性，类别 2 致癌性，类别 1A 特异性靶器官毒性，一次接触，类别 3（呼吸道刺激） 危害水生环境，急性危害，类别 2
	欧盟	致癌性，类别 1B 生殖细胞致突变性，类别 2 急性毒性，类别 3 皮肤腐蚀性，类别 1B 皮肤致敏物，类别 1
	日本	加压气体 急性毒性，经口，类别 4 急性毒性，经皮，类别 3 急性毒性，吸入，类别 2 皮肤腐蚀/刺激性，类别 2 严重眼损伤/刺激，类别 2 呼吸道致敏物，类别 1 皮肤致敏物，类别 1 生殖细胞致突变性，类别 2 致癌性，类别 1A 特异性靶器官毒性，一次接触，类别 1（神经系统，呼吸器官） 特异性靶器官毒性，反复接触，类别 1（中枢神经系统，呼吸器官） 危害水生环境，急性危险，类别 2 危害水生环境，长期危险，类别 3 特异性靶器官毒性，一次接触，类别 2（中枢神经系统）

	急性毒性	LD$_{50}$：800 mg/kg（大鼠经口）； 270 mg/kg（兔经皮）； LC$_{50}$：590 mg/kg（大鼠吸入）
毒理学参数	亚急性和慢性毒性	长期暴露于甲醛中可降低机体的呼吸功能、神经系统的信息整合功能和影响机体的免疫应答，对心血管系统、内分泌系统、消化系统、生殖系统、肾也具有毒性作用。全身症状包括头痛、乏力、食欲缺乏、心悸、失眠、体重减轻及自主神经紊乱等。动物实验也证实上述相关系统的病理改变
	致突变	无论是否有代谢活化系统的存在，甲醛都能导致鼠伤寒沙门菌和大肠埃希菌发生突变。以0.5 mg/m³、1.0 mg/m³ 和 3.0 mg/m³ 浓度的甲醛连续动态染毒小鼠 72 h，骨髓嗜多染红细胞微核率显著升高
	致癌性	研究动物发现，大鼠暴露于 15 μg/m³ 甲醛的环境中 11 个月，可致鼻癌。美国国家癌症研究所 2009 年 5 月 12 日公布的一项最新研究成果显示，频繁接触甲醛的化工厂工人死于血癌、淋巴癌等癌症的概率比接触甲醛机会较少的工人高很多。2010 年又发现甲醛能引起哺乳动物细胞核的基因突变、染色体损伤。甲醛与其他多环芳烃有联合作用，如与苯并芘的联合作用会使毒性增强
	毒性终点浓度-1/（mg/m³）	69
	毒性终点浓度-2/（mg/m³）	17

1.6.3 环境行为

环境中甲醛的主要污染来源是有机合成、化工、合成纤维、染料、木材加工及制漆等行业排放的废水、废气等。某些有机化合物在环境中降解也产生甲醛，如氯乙烯的降解产物也包含甲醛。甲醛的沸点低且易溶于水，主要通过大气和水排放入环境。由于甲醛有较强的还原性，在有氧化性物质存在的条件下，能被氧化成甲酸。例如进入水体环境中的甲醛可被腐生菌氧化分解，因而消耗水中的溶解氧。甲酸进一步的分解产物为二氧化碳和水。进入环境中的甲醛在物理、化学和生物的共同作用下，被逐渐稀释和氧化。

1.6.4 检测方法及依据

甲醛的现场应急监测方法及实验室检测方法见表 1.25 和表 1.26。

表 1.25 甲醛的现场应急监测方法

监测方法	来源	类别
气体检测管法	《环境空气 氯气等有毒有害气体的应急监测 比长式检测管法》（HJ 871—2017）	环境空气

表 1.26 甲醛的实验室检测方法

检测方法	来源	类别
AHMT 分光光度法	《居住区大气中甲醛卫生检验标准方法分光光度法》（GB/T 16129—1995）	居住区大气
酚试剂分光光度法	《工作场所空气有毒物质测定 脂肪族醛类化合物》（GBZ/T 160.54—2007）	工作场所空气
酸试剂分光光度法	《工作场所空气有毒物质测定 第 99 部分：甲醛、乙醛和丁醛》（GBZ/T 300.99—2017）	工作场所空气
气相色谱法	《公共场所空气中甲醛的测定方法》（GB/T 18204.26—2000）	公共场所空气
乙酰丙酮分光光度法	《空气质量 甲醛的测定 乙酰丙酮分光光度法》（GB/T 15516—1995）	空气
	《水质 甲醛的测定 乙酰丙酮分光光度法》（HJ 601—2011）	水质
电化学传感器法	《室内环境空气质量监测技术规范》（HJ/T 167—2004）	室内环境空气
高效液相色谱法	《环境空气 醛、酮类化合物的测定 高效液相色谱法》（HJ 683—2014）	环境空气
	《固定污染源废气 醛、酮类化合物的测定 溶液吸收-高效液相色谱法》（HJ 1153—2020）	固定污染源废气
	《土壤和沉积物 醛、酮类化合物的测定 高效液相色谱法》（HJ 997—2018）	土壤

1.6.5　事故预防及应急处置措施

1.6.5.1　预防措施

（1）预警措施

监控预警：在生产区域或厂界布置甲醛泄漏监控预警系统。

（2）防控措施

储存区：甲醛储存区域设置防渗漏、防腐蚀、防淋溶、防流失等措施。

收集措施：设置应急事故水池、事故存液池或清净废水排放缓冲池等事故排水收集设施。

措施要求：针对环境风险单元设置的截流措施、收集措施，结合企事业单位实际情况，参照《化工建设项目环境保护工程设计标准》（GB/T 50483—2019）、《储罐区防火堤设计规范》（GB 50351—2014）、《石油化工企业设计防火标准》（GB 50160—2008）、《事故状态下水体污染的预防与控制技术要求》（Q/SY 1190—2013）等技术规范进行设置；收集措施除参照上述技术规范设计外，还需参照《石油化工污水处理设计规范》（GB 50747—2012）、《石油化工给水排水系统设计规范》（SH/T 3015—2019）等技术规范进行设置。

（3）日常管理

定期巡检及维护：设置专职或兼职人员进行日常检查及维护，包括定期检查设备运行情况、定期检查及补充应急物资、定期检查应急设施、定期检查管线及阀门等情况。日常确保截流措施阀门处于正常状态，同时保持收集设施的缓冲容量，确保收集设施在事故状态下能顺利收集事故废水。

培训及演练：定期组织培训及演练，针对公司实际情况，熟悉如何有效地控制事故，避免事故失控和扩大化；学会使用应急救援设备和防护装备；明确各自救援职责。

台账：设专人负责，详细记录台账。

1.6.5.2　应急处置措施

（1）应急处理方法

应急人员防护：建议应急处理人员佩戴自给正压式呼吸器，穿防毒服，从上风处进入现场。

疏散隔离：人员迅速从泄漏污染区撤离至上风处，并提醒周边公众进行紧急疏散。立即对泄漏区进行隔离直至气体散尽。

应急行为：在确保安全的情况下，采用关阀、堵漏等措施，尽可能切断泄漏源，合理通风，加速扩散。防止气体通过通风系统扩散或进入限制性空间。

消除方法：小量泄漏，用砂土或其他不燃材料吸收；使用洁净的无火花工具收集吸收材料。大量泄漏，构筑围堤或挖坑收容。用抗溶性泡沫覆盖，减少蒸发。喷水雾能减少蒸发，但不能降低泄漏物在有限空间内的易燃性。用砂土、惰性物质或蛭石吸收大量液体。用亚硫酸氢钠（$NaHSO_3$）中和。用耐腐蚀泵转移至槽车或专用收集器内。喷雾状水驱散蒸气、稀释液体泄漏物。

泄漏容器处置：破损容器要由专业人员处理，修复、检验后再用。

（2）急救措施

吸入：迅速撤离现场至空气新鲜处，保持呼吸道通畅。保持安静，休息，半直立体位，并给予医疗护理。如呼吸困难，应给予输氧。如呼吸、心跳停止，应立即进行心肺复苏术并及时就医。密切接触者即使无症状，亦应观察 24～48 h。

皮肤接触：立即脱去被污染的衣物，用大量水冲洗皮肤或淋浴并及时就医。

眼睛接触：立即分开眼睑，用流动清水或生理盐水彻底冲洗 5～10 min 并及时就医。

食入：用水漱口，禁止催吐。给饮牛奶或蛋清并及时就医。

（3）灭火措施

消防人员防护：须佩戴空气呼吸器、穿全身防火防毒服，站在上风向灭火。

灭火方法：切断气源，尽可能将容器从火场移至空旷处。用水喷射逸出液体，使其稀释成不燃性混合物。喷雾状水保持容器冷却，但避免该物质与水接触。喷水保持火场冷却，直至灭火结束。容器突然发出异常声音或出现异常现象，应立即撤离。

灭火剂： 雾状水、抗溶性泡沫、二氧化碳、干粉。

1.6.5.3　事后恢复

事故过程中产生的废物经收集鉴定后，处理处置。

1.6.5.4　建议配备的物资

建议配备的物资见表 1.27。

表 1.27　建议配备的物资

物资类别	所需物资
个体防护	防毒面具、空气呼吸器、防火防毒服、橡胶手套、面罩等
应急通讯	对讲机、扩音器等
预警装置	有毒气体报警器
应急监测	有毒气体检测器
应急照明	手电筒等
消防	雾状水、二氧化碳灭火器、泡沫灭火器、干粉灭火器
污染控制	砂土、抗溶性泡沫、蛭石、亚硫酸氢钠、雾状水、事故废水收集池、沙袋、围堰等

参考文献

[1]　国家安全监管总局办公厅. 危险化学品目录（2015 版）实施指南（试行）[S]. 2015.

[2]　国家质量监督检验检疫总局检验监管司，国家质量监督总局进出口化学品安全研究中心，中国检验检疫科学研究院. 欧盟物质和混合物分类、标签和包装法规（CLP）指南[M]. 北京：中国标准出版社，2010.

[3]　杭士平. 空气中有害物质的测定方法[M]. 北京：人民卫生出版社，1986.

[4] 尚建程，邵超峰. 典型化学品突发环境事件应急处理技术手册（上册）[M]. 北京：化学工业出版社，2019.

[5] JIS Z 7253—2019. 基于 GHS 化学品的危害通识　标签和安全数据表[S].

[6] JIS Z 7252—2019. 基于 GHS 的化学品分类[S].

[7] 国家危险化学品安全公共服务互联网平台[DB/OL]. http：//hxp.nrcc.com.cn.

[8] 北京创想安科科技有限公司. MSDS 查询网[DB/OL]. http：//www.somsds.com.

[9] 北京化工研究院环境保护所/计算中心. 国际化学品安全卡（中文版）查询系统[DB/OL]. http：//icsc.brici.ac.cn.

1.7　乙二腈

1.7.1　基本信息

乙二腈可用作熏蒸剂及有机合成原料。乙二腈基本信息见表 1.28。

表 1.28　乙二腈基本信息

中文名称	乙二腈
英文名称	Cyanogen
CAS 号	460-19-5
分子式	C_2N_2
分子量	52

1.7.2　理化性质

乙二腈的理化性质见表 1.29。

表 1.29　乙二腈的理化性质

理化性质	外观与性状	无色、有苦杏仁味气体
	熔点/℃	−34.4
	沸点/℃	−21.2
	相对密度/（水=1）	0.96
	相对蒸气密度/（空气=1）	2.34
	溶解性	溶于水，易溶于乙醇、乙醚等
	化学性质	遇水或水蒸气、酸或酸气产生剧毒的烟雾
燃烧爆炸危险性	可燃性	易燃
	爆炸上限（体积分数）/%	42.6
	爆炸下限（体积分数）/%	6.6
	危险特性	与空气混合能形成爆炸性混合物。遇明火、高热能引起燃烧爆炸。其蒸气比空气重，能在较低处扩散到相当远的地方，遇火源会着火回燃。若遇高热，容器内压增大，有开裂和爆炸的危险
突发环境事件风险物质	临界量/t	0.5
	类型	涉气风险物质、涉水风险物质
《全球化学品统一分类和标签制度》（GHS）	中国	易燃气体，类别 1 加压气体 急性毒性，吸入，类别 2 危害水生环境，急性危害，类别 1 危害水生环境，长期危害，类别 1
	欧盟	易燃气体，类别 1 加压气体 急性毒性，类别 3 危害水生环境，急性危险，类别 1 危害水生环境，长期危险，类别 1
	日本	加压气体 急性毒性，吸入，类别 2 严重眼损伤/刺激，类别 2A-2B 特异性靶器官毒性，一次接触，类别 1（中枢神经系统） 类别 3（刺激呼吸道） 特异性靶器官毒性，反复接触，类别 2（神经系统） 易燃液体，类别 3
毒理学参数	毒性终点浓度-1/（mg/m³）	53
	毒性终点浓度-2/（mg/m³）	118

1.7.3　环境行为

乙二腈在标准状况下是无色气体，带苦杏仁气味，剧毒。燃烧时会产生氮氧化物，对大气具有较大的污染。乙二腈溶于水，因此对水体也会造成一定程度的污染。

1.7.4　事故预防及应急处置措施

1.7.4.1　预防措施

（1）预警措施

监控预警：在生产区域或厂界布置乙二腈泄漏监控预警系统。

（2）防控措施

储存区：乙二腈储存区域设置防渗漏、防腐蚀、防淋溶、防流失等措施。

收集措施：设置应急事故水池、事故存液池或清净废水排放缓冲池等事故排水收集设施。

措施要求：针对环境风险单元设置的截流措施、收集措施，结合企事业单位实际情况，参照《化工建设项目环境保护工程设计标准》（GB/T 50483—2019）、《储罐区防火堤设计规范》（GB 50351—2014）、《石油化工企业设计防火标准》（GB 50160—2008）、《事故状态下水体污染的预防与控制技术要求》（Q/SY 1190—2013）等技术规范进行设置；收集措施除参照上述技术规范设计外，还需参照《石油化工污水处理设计规范》（GB 50747—2012）、《石油化工给水排水系统设计规范》（SH/T 3015—2019）等技术规范进行设置。

（3）日常管理

定期巡检及维护：设置专职或兼职人员进行日常检查及维护，包括定期检查设备运行情况、定期检查及补充应急物资、定期检查应急设施、定期检查管线及阀门等情况。日常确保截流措施阀门处于正常状态，同时保持收集设施的缓冲容量，确保收集设施在事故状态下能顺利收集事故废水。

培训及演练：定期组织培训及演练，针对公司实际情况，熟悉如何有效地控制事故，避免事故失控和扩大化；学会使用应急救援设备和防护装备；明确各自救援职责。

台账：设专人负责，详细记录台账。

1.7.4.2 应急处置措施

（1）应急处理方法

应急人员防护：建议应急处理人员佩戴自给正压式呼吸器，穿防毒服，从上风处进入现场。

疏散隔离：人员迅速从泄漏污染区撤离至上风处，并提醒周边公众进行紧急疏散。立即对泄漏区进行隔离直至气体散尽。

应急行为：在确保安全的情况下，采用关阀、堵漏等措施，尽可能切断泄漏源，合理通风，加速扩散。防止气体通过通风系统扩散或进入限制性空间。

消除方法：用工业覆盖层或吸附、吸收剂盖住泄漏点附近的下水道等地方，防止气体进入。如有可能，将残余气体或漏出气体用排风机送至水洗塔或与塔相连的通风橱内。

泄漏容器处置：破损容器要由专业人员处理，修复、检验后重复使用。

（2）急救措施

吸入：迅速撤离现场至空气新鲜处，保持呼吸道通畅。保持安静，休息，半直立体位。如呼吸困难，应给予输氧，必要时进行人工呼吸。如呼吸、心跳停止，应立即进行心肺复苏术并及时就医。密切接触者即使无症状，亦应观察 24～48 h。

皮肤接触：冻伤时，用大量水冲洗，不要脱去衣服并及时就医。

眼睛接触：立即分开眼睑，用流动清水或生理盐水彻底冲洗 5～10 min 并及时就医。

（3）灭火措施

消防人员防护：须佩戴空气呼吸器、穿全身防火防毒服，站在上风向灭火。

灭火方法：切断气源，若不能立即切断气源，则不允许熄灭正在燃烧的气体。尽可能将容器从火场移至空旷处。喷雾状水保持容器冷却，但避免该物质与水接触。喷水保持火场冷却，直至灭火结束。

灭火剂：二氧化碳、干粉。

1.7.4.3　事后恢复

事故过程中产生的废物经收集鉴定后，处理处置。

1.7.4.4　建议配备的物资

建议配备的物资见表 1.30。

表 1.30　建议配备的物资

物资类别	所需物资
个体防护	防毒面具、空气呼吸器、防火防毒服、橡胶手套、面罩等
应急通讯	对讲机、扩音器等
预警装置	有毒气体报警器
应急监测	有毒气体检测器
应急照明	手电筒等
消防	雾状水、二氧化碳灭火器、干粉灭火器
污染控制	吸附剂等

参考文献

[1] 国家安全监管总局办公厅. 危险化学品目录（2015 版）实施指南（试行）[S]. 2015.

[2] 国家质量监督检验检疫总局检验监管司，国家质量监督总局进出口化学品安全研究中心，中国检验检疫科学研究院. 欧盟物质和混合物分类、标签和包装法规（CLP）指南[M]. 北

京：中国标准出版社，2010.

[3] JIS Z 7253—2019. 基于 GHS 化学品的危害通识 标签和安全数据表[S].

[4] JIS Z 7252—2019. 基于 GHS 的化学品分类[S].

[5] 北京创想安科科技有限公司. MSDS 查询网[DB/OL]. http://www.somsds.com.

1.8 氟

1.8.1 基本信息

工业上氟气可用于制造氟化物、制造含氟塑胶，也可应用于原子能工业、航空及其他方向。例如利用氟气和水的反应，氟气可以用于制备氢氟酸；利用氟气和塑胶的反应可以制备含氟塑胶，含氟塑胶具有耐高温、耐油、耐高真空及耐酸碱、耐多种化学药品的特点，已应用于现代航空、导弹、火箭、宇宙航行、舰艇、原子能等尖端技术及汽车、造船、化学、石油、电讯、仪器、机械等工业领域。可通过氟从铀矿中提取铀-235，因为铀和氟的化合物很易挥发，用分馏法可以把它和其他杂质分开，得到十分纯净的铀-235。铀-235 是制造原子弹的原料，在铀的所有化合物中，只有氟化物具有很好的挥发性能。氟气还用于金属的焊接和切割、电镀、玻璃加工、药物、农药、杀鼠剂、冷冻剂、等离子蚀刻等。氟基本信息见表 1.31。

表 1.31 氟基本信息

中文名称	氟
英文名称	Fluorine
UN 号	1045
CAS 号	7782-41-4
ICSC 号	0046

RTECS 号	LM6475000
EC 号	009-001-00-0
分子式	F₂
分子量	38.0

1.8.2　理化性质

氟的理化性质见表 1.32。

表 1.32　氟的理化性质

	外观与性状	淡黄色气体,有刺激性气味
理化性质	熔点/℃	−219.62
	沸点/℃	−188.1
	临界温度/℃	−128.8
	临界压力/MPa	0.005 215
	相对蒸气密度/(空气=1)	1.312
	溶解性	与水反应
	化学性质	化学性质十分活泼,具有很强的氧化性,除全氟化合物外,可以与几乎所有有机物和无机物反应
燃烧爆炸危险性	可燃性	不可燃
	危险特性	不可燃,但可助长其他物质燃烧。与可燃物质和还原性物质激烈反应;与水激烈反应,生成臭氧和氟化氢有毒和腐蚀性蒸气;与氨、金属、氧化剂和许多其他物质激烈反应,有着火和爆炸的危险
突发环境事件风险物质	临界量/t	0.5
	类型	涉气风险物质、涉水风险物质
《全球化学品统一分类和标签制度》(GHS)	中国	氧化性气体,类别 1 加压气体 急性毒性,吸入,类别 2 皮肤腐蚀/刺激,类别 1A 严重眼损伤/眼刺激,类别 1

《全球化学品统一分类和标签制度》（GHS）	欧盟	氧化性气体，类别 1 加压气体 急性毒性，类别 2 皮肤腐蚀性，类别 1A
	日本	加压气体 急性毒性，吸入，类别 1 皮肤腐蚀/刺激性，类别 2 严重眼损伤/刺激，类别 2A 特异性靶器官毒性，一次接触，类别 1（呼吸器官，肝脏，肾） 特异性靶器官毒性，反复接触，类别 1（骨骼，牙齿，呼吸器官，男性遗传器官） 易燃气体，类别 1
毒理学参数	毒性终点浓度-1/（mg/m³）	20
	毒性终点浓度-2/（mg/m³）	7.8

1.8.3　环境行为

氟是一种淡黄色、剧毒气体，是最强的单质氧化剂，甚至可以和部分惰性气体在一定条件下反应，和氢气即使在−250℃的黑暗中混合也能发生爆炸，对大气的危害较大。

1.8.4　检测方法及依据

氟的实验室检测方法见表 1.33。

表 1.33　氟的实验室检测方法

检测方法	来源	类别
离子选择电极法	《水质　氟化物的测定　离子选择电极法》（GB/T 7484—1987）	水质
	《土壤质量　氟化物的测定　离子选择电极法》（GB 22104—2008）	土壤
	《土壤　水溶性氟化物和总氟化物的测定　离子选择电极法》（HJ 873—2017）	土壤
滤膜采样/氟离子选择电极法	《环境空气　氟化物的测定　滤膜采样/氟离子选择电极法》（HJ 955—2018）	环境空气

1.8.5　事故预防及应急处置措施

1.8.5.1　预防措施

（1）预警措施

监控预警：在生产区域或厂界布置氟泄漏监控预警系统。

（2）防控措施

储存区：氟储存区域设置防渗漏、防腐蚀、防淋溶、防流失等措施。

收集措施：设置应急事故水池、事故存液池或清净废水排放缓冲池等事故排水收集设施。

措施要求：针对环境风险单元设置的截流措施、收集措施，结合企事业单位实际情况，参照《化工建设项目环境保护工程设计标准》（GB/T 50483—2019）、《储罐区防火堤设计规范》（GB 50351—2014）、《石油化工企业设计防火标准》（GB 50160—2008）、《事故状态下水体污染的预防与控制技术要求》（Q/SY 1190—2013）等技术规范进行设置；收集措施除参照上述技术规范设计外，还需参照《石油化工污水处理设计规范》（GB 50747—2012）、《石油化工给水排水系统设计规范》（SH/T 3015—2019）等技术规范进行设置。

（3）日常管理

定期巡检及维护：设置专职或兼职人员进行日常检查及维护，包括定期检查设备运行情况、定期检查及补充应急物资、定期检查应急设施、定期检查管线及阀门等情况。日常确保截流措施阀门处于正常状态，同时保持收集设施的缓冲容量，确保收集设施在事故状态下能顺利收集事故废水。

培训及演练：定期组织培训及演练，针对公司实际情况，熟悉如何有效地控制事故，避免事故失控和扩大化；学会使用应急救援设备和防护装备；明确各自救援职责。

台账：设专人负责，详细记录台账。

1.8.5.2　应急处置措施

（1）应急处理方法

应急人员防护：建议应急处理人员佩戴自给正压式呼吸器，穿防毒服，从上风处进入现场。

疏散隔离：人员迅速从泄漏污染区撤离至上风处，并提醒周边公众进行紧急疏散。立即对泄漏区进行隔离直至气体散尽。

应急行为：在确保安全的情况下，采用关阀、堵漏等措施，尽可能切断泄漏源，合理通风，加速扩散。防止气体通过通风系统扩散或进入限制性空间。

消除方法：喷雾状水稀释、溶解，构筑围堤或挖坑收容产生的大量废水。如有可能，将残余气体或漏出气体用排风机送至水洗塔或与塔相连的通风橱内。

泄漏容器处置：破损容器要由专业人员处理，修复、检验后再用。

（2）急救措施

吸入：迅速撤离现场至空气新鲜处，保持呼吸道通畅。保持安静，休息，半直立体位，并及时给予医疗护理。如呼吸困难，应给予输氧，必要时进行人工呼吸。如呼吸、心跳停止，应立即进行心肺复苏术并及时就医。密切接触者即使无症状，亦应观察 24～48 h。

皮肤接触：先用大量水冲洗，然后脱去污染的衣服并再次冲洗并及时就医。

眼睛接触：立即分开眼睑，用流动清水或生理盐水彻底冲洗 5～10 min 并及时就医。

（3）灭火措施

消防人员防护：须佩戴空气呼吸器、穿全身防火防毒服，站在上风向灭火。

灭火方法：切断气源，尽可能将容器从火场移至空旷处。喷雾状水保持容器冷却，但避免该物质与水接触。喷水保持火场冷却，直至灭火结束。

灭火剂：雾状水、二氧化碳、干粉。

1.8.5.3　事后恢复

事故过程中产生的废物经收集鉴定后，处理处置。

1.8.5.4　建议配备的物资

建议配备的物资见表 1.34。

表 1.34　建议配备的物资

物资类别	所需物资
个体防护	防毒面具、空气呼吸器、防火防毒服、橡胶手套、面罩等
应急通讯	对讲机、扩音器等
预警装置	有毒气体报警器
应急监测	有毒气体检测器
应急照明	手电筒等
消防	雾状水、二氧化碳灭火器、干粉灭火器
污染控制	雾状水、事故废水收集池、沙袋、围堰等

参考文献

[1] 国家安全监管总局办公厅. 危险化学品目录（2015 版）实施指南（试行）[S]. 2015.

[2] 国家质量监督检验检疫总局检验监管司，国家质量监督总局进出口化学品安全研究中心，中国检验检疫科学研究院. 欧盟物质和混合物分类、标签和包装法规（CLP）指南[M]. 北京：中国标准出版社，2010.

[3] 北京创想安科科技有限公司. MSDS 查询网[DB/OL]. http：//www.somsds.com.

[4] 北京化工研究院环境保护所/计算中心. 国际化学品安全卡（中文版）查询系统[DB/OL]. http：//icsc.brici.ac.cn.

1.9　二氧化氯

1.9.1　基本信息

二氧化氯主要用于纸浆和纸、纤维、小麦面粉、淀粉的漂白，油脂、蜂蜡等的精制和漂白，还用于饮用水的消毒杀菌处理，是国际上公认为安全、无毒的绿色消毒剂。二氧化氯基本信息见表 1.35。

表 1.35　二氧化氯基本信息

中文名称	二氧化氯
中文别名	氧化氯；过氧化氯
英文名称	Chlorine dioxide
英文别名	Chlorine oxide；Chlorine peroxide
CAS 号	10049-04-4
ICSC 号	0127
RTECS 号	FO3000000
EC 号	006-089-00-2
分子式	ClO_2
分子量	67.5

1.9.2　理化性质

二氧化氯的理化性质见表 1.36。

表 1.36　二氧化氯的理化性质

理化性质	外观与性状	黄绿色到橙黄色的气体，有强烈刺激性臭味（11℃时液化成红棕色液体，−59℃时凝固成橙红色晶体）
	熔点/℃	−59.5
	沸点/℃	11
	相对密度/（水=1）	1.6（0℃）
	相对蒸气密度/（空气=1）	2.3
	溶解性	极易溶于水而不与水反应，几乎不发生水解（水溶液中的亚氯酸和氯酸只占溶质的 2%）；在水中的溶解度是氯的 5～8 倍。溶于碱溶液而生成亚氯酸盐和氯酸盐
	化学性质	属强氧化剂，其有效氯是氯的 2.6 倍；与很多物质都能发生剧烈反应；腐蚀性很强；遇热则分解成次氯酸、氯气、氧气，受光也易分解，其溶液于冷暗处相对稳定
燃烧爆炸危险性	可燃性	不可燃
	危险特性	不可燃，但可助长其他物质燃烧。二氧化氯能与许多化学物质发生爆炸性反应；对受热、震动、撞击和摩擦相当敏感，极易分解发生爆炸；受热和受光照或遇有机物等能促进氧化作用的物质时，能促进分解并易引起爆炸；若用空气、二氧化碳、氮气等惰性气体稀释时，爆炸性则降低
突发环境事件风险物质	临界量/t	0.5
	类型	涉气风险物质、涉水风险物质
《全球化学品统一分类和标签制度》（GHS）	中国	氧化性气体，类别 1 加压气体 急性毒性，吸入，类别 2 皮肤腐蚀/刺激，类别 1B 严重眼损伤/眼刺激，类别 1 特异性靶器官毒性，一次接触，类别 3（呼吸道刺激） 危害水生环境，急性危害，类别 1
	欧盟	氧化性气体，类别 1 加压气体 急性毒性，类别 2 皮肤腐蚀性，类别 1B 危害水生环境，急性危险，类别 1

《全球化学品统一分类和标签制度》（GHS）	日本	严重眼损伤/刺激，类别 2B 生殖毒性，类别 1B，附加类型泌乳作用 特异性靶器官毒性，一次接触，类别 1（呼吸系统） 类别 3（麻醉效应） 特异性靶器官毒性，反复接触，类别 1（呼吸系统） 危害水生环境，急性危险，类别 1 危害水生环境，长期危险，类别 1 易燃液体，类别 4
毒理学参数	毒性终点浓度-1/（mg/m³）	6.6
	毒性终点浓度-2/（mg/m³）	3

1.9.3 环境行为

二氧化氯具有强氧化性，空气中的体积浓度超过 10%便有爆炸性，能与许多化学物质发生爆炸性反应，对受热、震动、撞击、摩擦等相当敏感，极易分解发生爆炸。二氧化氯不与水发生反应，但极易溶于水，在水中含量超过 30%时易爆炸，因此对大气和水体都具有较大的危害性。

1.9.4 检测方法及依据

二氧化氯的实验室检测方法见表 1.37。

表 1.37 二氧化氯的实验室检测方法

检测方法	来源	类别
连续滴定碘量法	《水质 二氧化氯和亚氯酸盐的测定连续滴定碘量法》（HJ 551—2016）	水质

1.9.5　事故预防及应急处置措施

1.9.5.1　预防措施

（1）预警措施

监控预警：在生产区域或厂界布置二氧化氯泄漏监控预警系统。

（2）防控措施

储存区：二氧化氯储存区域设置防渗漏、防腐蚀、防淋溶、防流失等措施。

收集措施：设置应急事故水池、事故存液池或清净废水排放缓冲池等事故排水收集设施。

措施要求：针对环境风险单元设置的截流措施、收集措施，结合企事业单位实际情况，参照《化工建设项目环境保护工程设计标准》（GB/T 50483—2019）、《储罐区防火堤设计规范》（GB 50351—2014）、《石油化工企业设计防火标准》（GB 50160—2008）、《事故状态下水体污染的预防与控制技术要求》（Q/SY 1190—2013）等技术规范进行设置；收集措施除参照上述技术规范设计外，还需参照《石油化工污水处理设计规范》（GB 50747—2012）、《石油化工给水排水系统设计规范》（SH/T 3015—2019）等技术规范进行设置。

（3）日常管理

定期巡检及维护：设置专职或兼职人员进行日常检查及维护，包括定期检查设备运行情况、定期检查及补充应急物资、定期检查应急设施、定期检查管线及阀门等情况。日常确保截流措施阀门处于正常状态，同时保持收集设施的缓冲容量，确保收集设施在事故状态下能顺利收集事故废水。

培训及演练：定期组织培训及演练，针对公司实际情况，熟悉如何有效地控制事故，避免事故失控和扩大化；学会使用应急救援设备和防护装备；明确各自救援职责。

台账：设专人负责，详细记录台账。

1.9.5.2 应急处置措施

（1）应急处理方法

应急人员防护：建议应急处理人员佩戴自给正压式呼吸器，穿防毒服，从上风处进入现场。

疏散隔离：人员迅速从泄漏污染区撤离至上风处，并提醒周边公众进行紧急疏散。立即对泄漏区进行隔离直至气体散尽。

应急行为：在确保安全的情况下，采用关阀、堵漏等措施，尽可能切断泄漏源，合理通风，加速扩散。防止气体通过通风系统扩散或进入限制性空间。

消除方法：喷雾状水稀释，构筑围堤或挖坑收容产生的大量废水。用工业覆盖层或吸附/吸收剂盖住泄漏点附近的下水道等地方，防止气体进入。

泄漏容器处置：破损容器要由专业人员处理，修复、检验后再用。

（2）急救措施

吸入：迅速撤离现场至空气新鲜处，保持呼吸道通畅。保持安静，休息，半直立体位，并给予医疗护理。如呼吸困难，应给予输氧。如呼吸、心跳停止，应立即进行心肺复苏术并及时就医。密切接触者即使无症状，亦应观察 24～48 h。

皮肤接触：立即脱去被污染的衣物，用大量流动清水彻底冲洗至少 15 min 并及时就医。

眼睛接触：立即分开眼睑，用流动清水或生理盐水彻底冲洗 5～10 min 并及时就医。

食入：用水漱口，禁止催吐。给饮牛奶或蛋清并及时就医。

（3）灭火措施

消防人员防护：须佩戴空气呼吸器、穿全身防火防毒服，站在上风向灭火。

灭火方法：切断气源，尽可能将容器从火场移至空旷处。喷雾状水保持容器冷却，喷水保持火场冷却，直至灭火结束。根据着火原因选择适当灭火剂灭火。

灭火剂：雾状水、泡沫、干粉、二氧化碳。

1.9.5.3 事后恢复

事故过程中产生的废物经收集鉴定后，处理处置。

1.9.5.4 建议配备的物资

建议配备的物资见表 1.38。

表 1.38 建议配备的物资

物资类别	所需物资
个体防护	防毒面具、空气呼吸器、防火防毒服、橡胶手套、面罩等
应急通讯	对讲机、扩音器等
预警装置	有毒气体报警器
应急监测	有毒气体检测器
应急照明	手电筒等
消防	雾状水、二氧化碳灭火器、泡沫灭火器、二氧化碳灭火器
污染控制	雾状水、吸附剂、事故废水收集池、沙袋、围堰等

参考文献

[1] 国家安全监管总局办公厅. 危险化学品目录（2015 版）实施指南（试行）[S]. 2015.

[2] 国家质量监督检验检疫总局检验监管司，国家质量监督总局进出口化学品安全研究中心，中国检验检疫科学研究院. 欧盟物质和混合物分类、标签和包装法规（CLP）指南[M]. 北京：中国标准出版社，2010.

[3] JIS Z 7253—2019. 基于 GHS 化学品的危害通识　标签和安全数据表[S].

[4] JIS Z 7252—2019. 基于 GHS 的化学品分类[S].

[5] 国家危险化学品安全公共服务互联网平台[DB/OL]. http：//hxp.nrcc.com.cn.

[6] 北京创想安科科技有限公司. MSDS 查询网[DB/OL]. http：//www.somsds.com.

[7] 北京化工研究院环境保护所/计算中心. 国际化学品安全卡（中文版）查询系统[DB/OL]. http：//icsc.brici.ac.cn.

1.10　一氧化氮

1.10.1　基本信息

　　一氧化氮用于半导体生产中的氧化、化学气相沉积工艺，并用作大气监测标准混合气，也用于制造硝酸和硅酮氧化膜及羰基亚硝酰，还可用作人造丝的漂白剂及丙烯和二甲醚的安定剂，超临界溶剂，用于制造硝酸、亚硝基羧基化合物，人造丝的漂白，用于医学临床试验辅助诊断及治疗，有机反应的稳定剂。制硝酸、人造丝漂白剂、丙烯及二甲醚的安定剂。一氧化氮基本信息见表 1.39。

表 1.39　一氧化氮基本信息

中文名称	一氧化氮
中文别名	氧化氮
英文名称	Nitric oxide
英文别名	Nitrogen oxide；Mononitrogen monoxide
UN 号	1660
CAS 号	10102-43-9
ICSC 号	1311
RTECS 号	QX-0525000
分子式	NO
分子量	30.01

1.10.2　理化性质

　　一氧化氮的理化性质见表 1.40。

表 1.40 一氧化氮的理化性质

理化性质	外观与性状	无色无味气体
	熔点/℃	−163.6
	沸点/℃	−151.8
	临界温度/℃	−93
	临界压力/MPa	6.48
	相对密度/（水=1）	1.27（−151℃）
	相对蒸气密度/（空气=1）	1.04
	溶解性	微溶于水，溶于乙醇、二硫化碳
	化学性质	强氧化剂；一氧化氮较不活泼，但在空气中易被氧化成二氧化氮，具有强烈毒性；常温下一氧化氮很容易氧化为二氧化氮，也能与卤素反应生成卤化亚硝酰
燃烧爆炸危险性	可燃性	不可燃
	危险特性	不可燃，但可助长其他物质燃烧。遇到氢气爆炸性化合
突发环境事件风险物质	临界量/t	0.5
	类型	涉气风险物质
《全球化学品统一分类和标签制度》（GHS）	中国	氧化性气体，类别 1 加压气体 急性毒性，吸入，类别 3 皮肤腐蚀/刺激，类别 1 严重眼损伤/眼刺激，类别 1 特异性靶器官毒性，一次接触，类别 1 氧化性气体，类别 1 加压气体 急性毒性，吸入，类别 3 皮肤腐蚀/刺激，类别 1 严重眼损伤/眼刺激，类别 1
	日本	加压气体 急性毒性，吸入，类别 2 特异性靶器官毒性，一次接触，类别 1（血管系） 急性毒性，经口，类别 2
毒理学参数	急性毒性	LC_{50}：1 068 mg/m³，4 h（大鼠吸入） LC_{50}：320 ppm（小鼠吸入）； 5 000 ppm，25 min（狗吸入）

毒理学参数	致突变性	微生物致突变：30 ppm（鼠伤寒沙门菌）；哺乳动物体细胞突变：27 ppm，3 h（大鼠吸入，连续）；10 ppm（啮齿动物-仓鼠成纤维细胞）
	毒性终点浓度-1/（mg/m³）	25
	毒性终点浓度-2/（mg/m³）	15

1.10.3 环境行为

一氧化氮接触空气会散发出棕色有酸性氧化性的棕黄色雾，性质较不活泼，但在空气中易被氧化成二氧化氮，而后者有强烈腐蚀性和毒性。一氧化氮对环境有危害，对水体、土壤和大气可造成污染。

1.10.4 检测方法及依据

一氧化氮的现场应急监测方法及实验室检测方法见表 1.41 和表 1.42。

表 1.41 一氧化氮的现场应急监测方法

监测方法	来源	类别
化学发光法自动监测	《环境空气 氮氧化物的自动测定 化学发光法》（HJ 1043—2019）	环境空气
便携式紫外吸收法	《固定污染源废气 氮氧化物的测定 便携式紫外吸收法》（HJ 1132—2020）	固定污染源废气
非分散红外吸收法	《固定污染源废气 氮氧化物的测定 非分散红外吸收法》（HJ 692—2014）	固定污染源废气
定电位电解法	《固定污染源废气 氮氧化物的测定 定电位电解法》（HJ 693—2014）	固定污染源废气
傅里叶红外仪法	《环境空气 无机有害气体的应急监测 便携式傅里叶红外仪法》（HJ 920—2017）	环境空气

表 1.42　一氧化氮的实验室检测方法

检测方法	来源	类别
盐酸萘乙二胺分光光度法	《环境空气　氮氧化物（一氧化氮和二氧化氮）的测定　盐酸萘乙二胺分光光度法》（HJ 479—2009）	空气
	《固定污染源排气中氮氧化物的测定　盐酸萘乙二胺分光光度法》（HJ/T 43—1999）	固定污染源废气

1.10.5　事故预防及应急处置措施

1.10.5.1　预防措施

（1）预警措施

监控预警：在生产区域或厂界布置一氧化氮泄漏监控预警系统。

（2）防控措施

储存区：一氧化氮储存区域设置防渗漏、防腐蚀、防淋溶、防流失等措施。

收集措施：设置应急事故水池、事故存液池或清净废水排放缓冲池等事故排水收集设施。

措施要求：针对环境风险单元设置的截流措施、收集措施，结合企事业单位实际情况，参照《化工建设项目环境保护工程设计标准》（GB/T 50483—2019）、《储罐区防火堤设计规范》（GB 50351—2014）、《石油化工企业设计防火标准》（GB 50160—2008）、《事故状态下水体污染的预防与控制技术要求》（Q/SY 1190—2013）等技术规范进行设置；收集措施除参照上述技术规范设计外，还需参照《石油化工污水处理设计规范》（GB 50747—2012）、《石油化工给水排水系统设计规范》（SH/T 3015—2019）等技术规范进行设置。

（3）日常管理

定期巡检及维护：设置专职或兼职人员进行日常检查及维护，包括定期检查设备运行情况、定期检查及补充应急物资、定期检查应急设施、定期检查管线及阀门等情况。日常确保截流措施阀门处于正常状态，同时保持收集设施的缓冲容量，确保收集设施在事故状态下能顺利收集事故废水。

培训及演练：定期组织培训及演练，针对公司实际情况，熟悉如何有效地控制事故，避免事故失控和扩大化；学会使用应急救援设备和防护装备；明确各自救援职责。

台账：设专人负责，详细记录台账。

1.10.5.2 应急处置措施

（1）应急处理方法

应急人员防护：建议应急处理人员佩戴自给正压式呼吸器，穿防毒服，从上风处进入现场。

疏散隔离：人员迅速从泄漏污染区撤离至上风处，并提醒周边公众进行紧急疏散。立即对泄漏区进行隔离直至气体散尽。

应急行为：在确保安全的情况下，采用关阀、堵漏等措施，尽可能切断泄漏源，合理通风，加速扩散。防止气体通过通风系统扩散或进入限制性空间。

消除方法：喷雾状水抑制蒸气或改变蒸气云流向，构筑围堤或挖坑收容产生的大量废水。禁止用水直接冲击泄漏物或泄漏源。

泄漏容器处置：破损容器要由专业人员处理，修复、检验后再用。

（2）急救措施

吸入：迅速撤离现场至空气新鲜处，保持呼吸道通畅。保持安静，休息，半直立体位，并给予医疗护理。如呼吸困难，应给予输氧，必要时进行人工呼吸。如呼吸、心跳停止，应立即进行心肺复苏术并及时就医。密切接触者即使无症状，亦应观察 24～48 h。

皮肤接触：立即脱去被污染的衣物，用大量流动清水彻底冲洗至少 15 min 并及时就医。

眼睛接触：立即分开眼睑，用流动清水或生理盐水彻底冲洗 5～10 min 并及时就医。

（3）灭火措施

消防人员防护：须佩戴空气呼吸器、穿全身防火防毒服，站在上风向灭火。

灭火方法：切断气源，尽可能将容器从火场移至空旷处。喷雾状水保持容器冷却，但避免该物质与水接触。喷水保持火场冷却，直至灭火结束。

灭火剂：雾状水。

1.10.5.3　事后恢复

事故过程中产生的废物经收集鉴定后，处理处置。

1.10.5.4　建议配备的物资

建议配备的物资见表 1.43。

表 1.43　建议配备的物资

物资类别	所需物资
个体防护	防毒面具、空气呼吸器、防火防毒服、橡胶手套、面罩等
应急通讯	对讲机、扩音器等
预警装置	有毒气体报警器
应急监测	有毒气体检测器
应急照明	手电筒等
消防	雾状水
污染控制	雾状水、事故废水收集池、沙袋、围堰等

参考文献

[1]　国家安全监管总局办公厅. 危险化学品目录（2015 版）实施指南（试行）[S]. 2015.

[2]　JIS Z 7253—2019. 基于 GHS 化学品的危害通识　标签和安全数据表[S].

[3]　JIS Z 7252—2019. 基于 GHS 的化学品分类[S].

[4]　国家危险化学品安全公共服务互联网平台[DB/OL]. http://hxp.nrcc.com.cn.

[5]　北京创想安科科技有限公司. MSDS 查询网[DB/OL]. http：//www.somsds.com.

[6]　北京化工研究院环境保护所/计算中心. 国际化学品安全卡（中文版）查询系统[DB/OL].
　　　http：//icsc.brici.ac.cn.

1.11　氯气

1.11.1　基本信息

　　氯气是氯碱工业的主要产品之一，具有强氧化性。化学工业用于生产次氯酸钠、氯化铝、三氯化铁、漂白粉、溴素、三氯化磷等无机化工产品，还用于生产有机氯化物，如氯乙酸、环氧氯丙烷、一氯代苯等，也用于生产氯丁橡胶、塑料及增塑剂。日用化学工业用于生产合成洗涤剂原料烷基磺酸钠和烷基苯磺酸钠等。氯气基本信息见表 1.44。

表 1.44　氯气基本信息

中文名称	氯气
中文别名	氯
英文名称	Cylinder
英文别名	Chlorine
UN 号	1017
CAS 号	7782-50-5
ICSC 号	0126
RTECS 号	FO2100000
EC 号	017-001-00-7
分子式	Cl_2
分子量	70.9

1.11.2 理化性质

氯气的理化性质见表 1.45。

表 1.45 氯气的理化性质

理化性质	外观与性状	黄绿色，有强烈刺激性气味的有毒气体
	熔点/℃	−101
	沸点/℃	−34.5
	临界温度/℃	144
	临界压力/MPa	7.7
	相对密度/（水=1）	1.47
	相对蒸气密度/（空气=1）	2.48
	溶解性	可溶于水，易溶于有机溶剂
	化学性质	氯气是一种强氧化剂，与可燃物质和还原性物质激烈地发生反应；可与多数有机和无机化合物反应，有着火和爆炸的危险；浸蚀金属；水溶液是一种强酸，与碱激烈反应并具有腐蚀性
燃烧爆炸危险性	可燃性	不可燃
	危险特性	不可燃，但可助长其他物质燃烧。一般可燃物大都能在氯气中燃烧，一般易燃气体或蒸气也都能与氯气形成爆炸性混合物。氯气能与乙炔、松节油、乙醚、金属粉末等猛烈反应发生爆炸或生成爆炸性物质，氯气燃烧产物为氯化氢
突发环境事件风险物质	临界量/t	1
	类型	涉气风险物质
《全球化学品统一分类和标签制度》（GHS）	中国	加压气体 急性毒性，吸入，类别 2 皮肤腐蚀/刺激，类别 2 严重眼损伤/眼刺激，类别 2 特异性靶器官毒性，一次接触，类别 3 （呼吸道刺激） 危害水生环境，急性危害，类别 1

《全球化学品统一分类和标签制度》（GHS）	欧盟	氧化性气体，类别 1 加压气体 急性毒性，类别 3 特异性靶器官毒性，一次接触，类别 3 皮肤刺激性，类别 2 眼刺激性，类别 2 危害水生环境，急性危险，类别 1
	日本	加压气体 急性毒性，吸入，类别 2 皮肤腐蚀/刺激性，类别 1 严重眼损伤/刺激，类别 1 特异性靶器官毒性，一次接触，类别 1（呼吸系统） 特异性靶器官毒性，反复接触，类别 1（呼吸系统，肝脏，肾） 特异性靶器官毒性，一次接触，类别 1（中枢神经系统，呼吸系统，心血管系统，胃肠道）
毒理学参数	急性毒性	LC_{50}: 927.4 mg/m^3, 1 h（大鼠吸入）；433.6 mg/m^3, 1 h（小鼠吸入）
	亚急性和慢性毒性	氯气吸入后，主要作用于气管、支气管、细支气管和肺泡，导致相应的病变，部分氯气又可由呼吸道呼出。人体对氯的嗅阈为 0.06～90 mg/m^3，可致剧咳；120～180 mg/m^3，30～60 min 可引起中毒性肺炎和肺水肿；300 mg/m^3 时，可造成致命损害；3 000 mg/m^3 时，危及生命；高达 30 000 mg/m^3 时，一般滤过性防毒面具也无保护作用
	毒性终点浓度-1/（mg/m^3）	58
	毒性终点浓度-2/（mg/m^3）	5.8

1.11.3　环境行为

自然界中游离状态的氯存在于大气层中，是破坏臭氧层的主要单质之一。氯气受紫外线分解成两个氯原子（自由基）。大多数通常以化合态的形式存在，广泛存在于海洋中，常见的主要是氯化钠（食盐，NaCl）。氯气具有毒性及助燃性，一般可燃物大都能在氯气中燃烧，一般易燃气体或蒸气也都能与氯气形成爆炸性混合物，因此对大气具有较大危害。此外，氯气溶于水，对水体也有一定的污染。

1.11.4 检测方法及依据

氯气的现场应急监测方法及实验室检测方法见表 1.46 和表 1.47。

表 1.46 氯气的现场应急监测方法

监测方法	来源	类别
检测试纸法（溴化钾荧光素试纸）	《环境污染事件应急处理技术》	空气
气体速测管		空气
便携式分光光度法		空气
便携式电化学传感器法		空气
电化学传感器法	《环境空气 氯气等有毒有害气体的应急监测 电化学传感器法》（HJ 872—2017）	空气
气体速测管	《环境空气 氯气等有毒有害气体的应急监测 比长式检测管法》（HJ 871—2017）	空气

表 1.47 氯气的实验室检测方法

检测方法	来源	类别
分光光度法	《环境污染事件应急处理技术》	空气
分光光度法	《水质 游离氯和总氯的测定 N, N-二乙基-1,4-苯二胺滴定法》（HJ 585—2010）	水质
分光光度法	《水质 游离氯和总氯的测定 N, N-二乙基-1,4-苯二胺分光光度法》（HJ 586—2010）	水质
波长色散 X 射线荧光	《土壤和沉积物 无机元素的测定 波长色散 X 射线荧光光谱法》（HJ 780—2015）	土壤和沉积物
碘量法	《固定污染源废气 氯气的测定 碘量法》（HJ 547—2017）	固定污染源废气

1.11.5　事故预防及应急处置措施

1.11.5.1　预防措施

（1）预警措施

监控预警： 在生产区域或厂界布置氯气泄漏监控预警系统。

（2）防控措施

储存区： 氯气储存区域设置防渗漏、防腐蚀、防淋溶、防流失等措施。

收集措施： 设置应急事故水池、事故存液池或清净废水排放缓冲池等事故排水收集设施。

措施要求： 针对环境风险单元设置的截流措施、收集措施，结合企事业单位实际情况，参照《化工建设项目环境保护工程设计标准》（GB/T 50483—2019）、《储罐区防火堤设计规范》（GB 50351—2014）、《石油化工企业设计防火标准》（GB 50160—2008）、《事故状态下水体污染的预防与控制技术要求》（Q/SY 1190—2013）等技术规范进行设置；收集措施除参照上述技术规范设计外，还需参照《石油化工污水处理设计规范》（GB 50747—2012）、《石油化工给水排水系统设计规范》（SH/T 3015—2019）等技术规范进行设置。

（3）日常管理

定期巡检及维护： 设置专职或兼职人员进行日常检查及维护，包括定期检查设备运行情况、定期检查及补充应急物资、定期检查应急设施、定期检查管线及阀门等情况。日常确保截流措施阀门处于正常状态，同时保持收集设施的缓冲容量，确保收集设施在事故状态下能顺利收集事故废水。

培训及演练： 定期组织培训及演练，针对公司实际情况，熟悉如何有效地控制事故，避免事故失控和扩大化；学会使用应急救援设备和防护装备；明确各自救援职责。

台账： 设专人负责，详细记录台账。

1.11.5.2 应急处置措施

（1）应急处理方法

应急人员防护：建议应急处理人员佩戴自给正压式呼吸器，穿防毒服，从上风处进入现场。

疏散隔离：人员迅速从泄漏污染区撤离至上风处，并提醒周边公众进行紧急疏散。立即对泄漏区进行隔离直至气体散尽。

应急行为：在确保安全的情况下，采用关阀、堵漏等措施，尽可能切断泄漏源，合理通风，加速扩散。防止气体通过通风系统扩散或进入限制性空间。泄漏现场应去除或消除所有可燃和易燃物质，所使用的工具严禁粘有油污，防止发生爆炸事故，防止泄漏的液氯进入下水道。

消除方法：喷雾状碱液吸收已经挥发到空气中的氯气，防止其大面积扩散，导致隔离区外人员中毒。严禁在泄漏的液氯钢瓶上喷水，构筑围堤或挖坑收容所产生的大量废水。如有可能，用铜管将泄漏的氯气导至碱液池，彻底消除氯气造成的潜在危害。可以将泄漏的液氯钢瓶投入碱液池，碱液池应足够大，碱量一般为理论消耗量的 1.5 倍。实时检测空气中的氯气含量，当氯气含量超标时，可用喷雾状碱液吸收。

泄漏容器处置：破损容器要由专业人员处理，修复、检验后再用。

（2）急救措施

吸入：迅速撤离现场至空气新鲜处，保持呼吸道通畅。如呼吸困难，需解开衣扣和腰带，并给予输氧。如呼吸、心跳停止，应立即进行心肺复苏术并及时就医。

皮肤接触：立即脱去被污染的衣物，用流动清水彻底冲洗并及时就医。

眼睛接触：立即分开眼睑，用流动清水或生理盐水彻底冲洗并及时就医。

（3）灭火措施

消防人员防护：须佩戴过滤式防毒面具（全面罩）或隔离式呼吸器、穿全身防火防毒服，站在上风向灭火。

灭火方法：切断气源，尽可能将容器从火场移至空旷处。喷雾状水保持容器冷却，但避免该物质与水接触。喷水保持火场冷却，直至灭火结束。

灭火剂：雾状水、泡沫、干粉。

1.11.5.3　事后恢复

事故过程中产生的废物经收集鉴定后，处理处置。

1.11.5.4　建议配备的物资

建议配备的物资见表 1.48。

表 1.48　建议配备的物资

物资类别	所需物资
个体防护	过滤式防毒面具、空气呼吸器、防火防毒服、橡胶手套、面罩、化学安全防护眼镜等
应急通讯	对讲机、扩音器等
预警装置	有毒气体报警器、可燃气体报警器
应急监测	有毒气体检测器
应急照明	手电筒等
消防	雾状水、二氧化碳灭火器、干粉灭火器
污染控制	雾状水、稀碱液、事故废水收集池、沙袋、围堰等

参考文献

[1]　国家安全监管总局办公厅. 危险化学品目录（2015 版）实施指南（试行）[S]. 2015.

[2]　国家质量监督检验检疫总局检验监管司，国家质量监督总局进出口化学品安全研究中心，中国检验检疫科学研究院. 欧盟物质和混合物分类、标签和包装法规（CLP）指南[M]. 北京：中国标准出版社，2010.

[3]　吕小明，刘军. 环境污染事件应急处理技术[M]. 北京：中国环境出版社，2012.

[4]　JIS Z 7253—2019. 基于 GHS 化学品的危害通识　标签和安全数据表[S].

[5]　JIS Z 7252—2019. 基于 GHS 的化学品分类[S].

[6] 国家危险化学品安全公共服务互联网平台[DB/OL]. http://hxp.nrcc.com.cn.

[7] 北京创想安科科技有限公司. MSDS 查询网[DB/OL]. http://www.somsds.com.

[8] 北京化工研究院环境保护所/计算中心. 国际化学品安全卡（中文版）查询系统[DB/OL].
http://icsc.brici.ac.cn.

1.12 四氟化硫

1.12.1 基本信息

四氟化硫是目前广泛应用最有效的选择性有机氟化剂，它能将羰基和羟基选择性地氟化（取代含羰基化合物中的氧）；在精细化工广泛应用于高档液晶材料和高端医药、农药工业中间体生产，具有无法取代的地位。四氟化硫基本信息见表 1.49。

表 1.49 四氟化硫基本信息

中文名称	四氟化硫
英文名称	Sulfur tetrafluoride
英文别名	Tetrafluorosulfurane
UN 号	2418
CAS 号	7783-60-0
ICSC 号	1456
RTECS 号	WT4800000
分子式	F_4S
分子量	108.06

1.12.2 理化性质

四氟化硫的理化性质见表 1.50。

表 1.50　四氟化硫的理化性质

理化性质	外观与性状	无色，带有类似二氧化硫气体的强烈刺激臭气味的气体
	熔点/℃	−124
	沸点/℃	−40
	临界温度/℃	91
	相对蒸气密度/（空气=1）	3.78
	溶解性	易溶于苯
	化学性质	在空气中不燃烧，不爆炸；在 600℃时仍很稳定；在空气中强烈水解冒出白烟；遇到有水分的环境会引起类似氢氟酸的腐蚀；完全水解变成二氧化硫和氢氟酸，部分水解时，生成有毒的亚硫酰氟，但能被强碱溶液全部吸收变成无毒无害的盐类
燃烧爆炸危险性	可燃性	不可燃
突发环境事件风险物质	临界量/t	1
	类型	涉气风险物质、涉水风险物质
《全球化学品统一分类和标签制度》（GHS）	中国	加压气体 急性毒性，吸入，类别 1 皮肤腐蚀/刺激，类别 1 严重眼损伤/眼刺激，类别 1 特异性靶器官毒性，一次接触，类别 1 特异性靶器官毒性，一次接触，类别 3（呼吸道刺激） 特异性靶器官毒性，反复接触，类别 1
	日本	急性毒性，吸入，类别 1 皮肤腐蚀/刺激性，类别 1A-1C 严重眼损伤/刺激，类别 1 特异性靶器官毒性，一次接触，类别 1（吸入：呼吸），类别 3（刺激呼吸道） 特异性靶器官毒性，反复接触，类别 1（呼吸系统），类别 2（牙齿/骨骼） 急性毒性，经口，类别 4
毒理学参数	急性毒性	LC$_{50}$：96 mg/m^3，19 ppm（大鼠吸入）
	毒性终点浓度-1/（mg/m^3）	3.6
	毒性终点浓度-2/（mg/m^3）	0.44

1.12.3 环境行为

四氟化硫在常温常压下为无色并带有类似二氧化硫气体的强烈刺激的臭气味的气体，有毒，对大气具有较大的污染。在空气中强烈水解冒出白烟。遇到有水分的环境会引起类似氢氟酸的腐蚀，因此对水体具有一定的污染。

1.12.4 事故预防及应急处置措施

1.12.4.1 预防措施

（1）预警措施

监控预警：在生产区域或厂界布置四氟化硫泄漏监控预警系统。

（2）防控措施

储存区：四氟化硫储存区域设置防渗漏、防腐蚀、防淋溶、防流失等措施。

收集措施：设置应急事故水池、事故存液池或清净废水排放缓冲池等事故排水收集设施。

措施要求：针对环境风险单元设置的截流措施、收集措施，结合企事业单位实际情况，参照《化工建设项目环境保护工程设计标准》（GB/T 50483—2019）、《储罐区防火堤设计规范》（GB 50351—2014）、《石油化工企业设计防火标准》（GB 50160—2008）、《事故状态下水体污染的预防与控制技术要求》（Q/SY 1190—2013）等技术规范进行设置；收集措施除参照上述技术规范设计外，还需参照《石油化工污水处理设计规范》（GB 50747—2012）、《石油化工给水排水系统设计规范》（SH/T 3015—2019）等技术规范进行设置。

（3）日常管理

定期巡检及维护：设置专职或兼职人员进行日常检查及维护，包括定期检查设备运行情况、定期检查及补充应急物资、定期检查应急设施、定期检查管线及阀门等情况。日常确保截流措施阀门处于正常状态，同时保持收集设施的缓冲容量，确保收集设施在事故状态下能顺利收集事故废水。

培训及演练：定期组织培训及演练，针对公司实际情况，熟悉如何有效地控制事故，避免事故失控和扩大化；学会使用应急救援设备和防护装备；明确各自救援职责。

台账：设专人负责，详细记录台账。

1.12.4.2　应急处置措施

（1）应急处理方法

应急人员防护：建议应急处理人员佩戴自给正压式呼吸器，穿防毒服，从上风处进入现场。

疏散隔离：人员迅速从泄漏污染区撤离至上风处，并提醒周边公众进行紧急疏散。立即对泄漏区进行隔离直至气体散尽。

应急行为：在确保安全的情况下，采用关阀、堵漏等措施，尽可能切断泄漏源，合理通风，加速扩散。防止气体通过通风系统扩散或进入限制性空间。

消除方法：若可能翻转容器，使之逸出气体而非液体。喷雾状水抑制蒸气或改变蒸气云流向，避免水流接触泄漏物。禁止用水直接冲击泄漏物或泄漏源。

泄漏容器处置：破损容器不能重复使用，且处置前要对容器中可能残余的气体进行处理。

（2）急救措施

吸入：迅速撤离现场至空气新鲜处，保持呼吸道通畅。保持安静，休息，半直立体位，并及时给予医疗护理。如呼吸困难，应给予输氧，必要时进行人工呼吸。如呼吸、心跳停止，应立即进行心肺复苏术并及时就医。密切接触者即使无症状，亦应观察 24～48 h。

皮肤接触：立即脱去被污染的衣物，用大量流动清水彻底冲洗至少 15 min。冻伤时，用大量清水冲洗，不要脱去衣服并及时就医。

眼睛接触：立即分开眼睑，用流动清水或生理盐水彻底冲洗 5～10 min 并及时就医。

（3）灭火措施

消防人员防护：须佩戴空气呼吸器、穿全身防火防毒服，站在上风向灭火。

灭火方法：切断气源，尽可能将容器从火场移至空旷处。喷雾状水保持容器冷却，但避免该物质与水接触。喷水保持火场冷却，直至灭火结束。处在火场中的容器若已变色或从安全泄压装置中产生声音，必须马上撤离。根据着火原因选择适当灭火剂灭火。禁止用水、泡沫和酸碱灭火剂灭火。

灭火剂：雾状水、二氧化碳、干粉。

1.12.4.3 事后恢复

事故过程中产生的废物经收集鉴定后，处理处置。

1.12.4.4 建议配备的物资

建议配备的物资见表 1.51。

表 1.51 建议配备的物资

物资类别	所需物资
个体防护	防毒面具、空气呼吸器、防火防毒服、橡胶手套、面罩等
应急通讯	对讲机、扩音器等
预警装置	有毒气体报警器
应急监测	有毒气体检测器
应急照明	手电筒等
消防	雾状水、二氧化碳灭火器、干粉灭火器
污染控制	雾状水、事故废水收集池、沙袋、围堰等

参考文献

[1] 国家安全监管总局办公厅. 危险化学品目录（2015 版）实施指南（试行）[S]. 2015.

[2] JIS Z 7253—2019. 基于 GHS 化学品的危害通识 标签和安全数据表[S].

[3]　JIS Z 7252—2019. 基于 GHS 的化学品分类[S].

[4]　国家危险化学品安全公共服务互联网平台[DB/OL]. http：//hxp.nrcc.com.cn.

[5]　北京创想安科科技有限公司. MSDS 查询网[DB/OL]. http：//www.somsds.com.

[6]　北京化工研究院环境保护所/计算中心. 国际化学品安全卡（中文版）查询系统[DB/OL].
http：//icsc.brici.ac.cn.

1.13　磷化氢

1.13.1　基本信息

磷化氢可用作缩合催化剂，聚合引发剂及用于制备磷的有机化合物等。磷化氢基本信息见表 1.52。

表 1.52　磷化氢基本信息

中文名称	磷化氢
中文别名	磷烷
英文名称	Phosphine
英文别名	Phosphorous trihydride；Hydrogen phosphide
UN 号	2199
CAS 号	7803-51-2
ICSC 号	0694
RTECS 号	SY7525000
EC 号	015-181-00-1
分子式	PH_3
分子量	33.998

1.13.2 理化性质

磷化氢的理化性质见表 1.53。

表 1.53 磷化氢的理化性质

理化性质	外观与性状	纯净的磷化氢气体是无色无味的，但在金属磷化物产生磷化氢气体时常带有乙炔味或者大蒜味及腐鱼味
	熔点/℃	−133
	沸点/℃	−87.7
	相对密度/（水=1）	0.8
	相对蒸气密度/（空气=1）	1.18
	溶解性	微溶于水，易溶于乙醇
	化学性质	化学性质活泼。具有强还原性，能还原多种金属化合物和非金属化合物。能与氧气剧烈反应，生成磷酸；与大部分卤素反应，生成五卤化磷，三卤化磷的混合产物及氢卤酸。与铜、银、金及它们的盐类反应。高于500℃分解为磷和氢
燃烧爆炸危险性	可燃性	不可燃
	自燃温度/℃	38
	爆炸上限（体积分数）/%	100
	爆炸下限（体积分数）/%	1.6
	危险特性	该气体比空气重，可能沿地面流动，可能造成远处着火。加热和燃烧时，分解，生成含有磷氧化物的有毒烟雾。与空气、氧、氧化剂，如氯的氧化物、氮氧化物，金属硝酸盐，卤素和许多其他物质急剧地发生反应，有着火和爆炸的危险
突发环境事件风险物质	临界量/t	1
	类型	涉气风险物质
《全球化学品统一分类和标签制度》（GHS）	中国	易燃气体，类别1 加压气体 急性毒性，吸入，类别2 皮肤腐蚀/刺激，类别1B 严重眼损伤/眼刺激，类别1 危害水生环境，急性危害，类别1

		易燃气体，类别 1 加压气体 急性毒性，类别 2 皮肤腐蚀性，类别 1B 危害水生环境，急性危险，类别 1
《全球化学品 统一分类和 标签制度》 （GHS）	欧盟	
	日本	加压气体 急性毒性，吸入，类别 1 特异性靶器官毒性，一次接触，类别 1（中枢神经系统，心血管系统，呼吸器官，胃肠道） 皮肤腐蚀/刺激性，类别 2
毒理学 参数	毒性终点浓度-1/（mg/m^3）	5
	毒性终点浓度-2/（mg/m^3）	2.8

1.13.3 环境行为

磷化氢的常见来源是产生于黄磷生产、镁粉制备、乙炔生产、次磷酸钠生产、半导体工业、粮食（烟草）仓库熏蒸杀虫一级污泥沉积等过程，磷化氢的产生会造成环境的污染并危害人体健康。

1.13.4 检测方法及依据

磷化氢的现场应急监测方法见表 1.54。

表 1.54　磷化氢的现场应急监测方法

监测方法	来源	类别
检测试纸法	《环境污染事件应急处理技术》	空气
气体检测管法		空气
便携式电化学传感器法		空气
便携式气相色谱法		空气

1.13.5　事故预防及应急处置措施

1.13.5.1　预防措施

（1）预警措施

监控预警： 在生产区域或厂界布置磷化氢泄漏监控预警系统。

（2）防控措施

储存区： 磷化氢储存区域设置防渗漏、防腐蚀、防淋溶、防流失等措施。

收集措施： 设置应急事故水池、事故存液池或清净废水排放缓冲池等事故排水收集设施。

措施要求： 针对环境风险单元设置的截流措施、收集措施，结合企事业单位实际情况，参照《化工建设项目环境保护工程设计标准》（GB/T 50483—2019）、《储罐区防火堤设计规范》（GB 50351—2014）、《石油化工企业设计防火标准》（GB 50160—2008）、《事故状态下水体污染的预防与控制技术要求》（Q/SY 1190—2013）等技术规范进行设置；收集措施除参照上述技术规范设计外，还需参照《石油化工污水处理设计规范》（GB 50747—2012）、《石油化工给水排水系统设计规范》（SH/T 3015—2019）等技术规范进行设置。

（3）日常管理

定期巡检及维护： 设置专职或兼职人员进行日常检查及维护，包括定期检查设备运行情况、定期检查及补充应急物资、定期检查应急设施、定期检查管线及阀门等情况。日常确保截流措施阀门处于正常状态，同时保持收集设施的缓冲容量，确保收集设施在事故状态下能顺利收集事故废水。

培训及演练： 定期组织培训及演练，针对公司实际情况，熟悉如何有效地控制事故，避免事故失控和扩大化；学会使用应急救援设备和防护装备；明确各自救援职责。

台账：设专人负责，详细记录台账。

1.13.5.2　应急处置措施

（1）应急处理方法

应急人员防护：建议应急处理人员佩戴自给正压式呼吸器，穿防毒服，从上风处进入现场。

疏散隔离：人员迅速从泄漏污染区撤离至上风处，并提醒周边公众进行紧急疏散。立即对泄漏区进行隔离直至气体散尽。

应急行为：在确保安全的情况下，采用关阀、堵漏等措施，尽可能切断泄漏源，合理通风，加速扩散。防止气体通过通风系统扩散或进入限制性空间。

消除方法：喷雾状水抑制蒸气或改变蒸气云流向，构筑围堤或挖坑收容产生的大量废水。如有可能，将漏出气用排风机送至空旷地方或装设适当喷头烧掉。

泄漏容器处置：破损容器要由专业人员处理，修复、检验后再用。

（2）急救措施

吸入：迅速撤离现场至空气新鲜处，保持呼吸道通畅。保持安静，休息，半直立体位，并及时给予医疗护理。如呼吸困难，应给予输氧，必要时进行人工呼吸。如呼吸、心跳停止，应立即进行心肺复苏术并及时就医。密切接触者即使无症状，亦应观察 24～48 h。

皮肤接触：立即脱去被污染的衣物，用大量流动清水彻底冲洗至少 15 min。冻伤时用大量清水冲洗，不要脱去衣服并及时就医。

眼睛接触：立即分开眼睑，用流动清水或生理盐水彻底冲洗 5～10 min 并及时就医。

（3）灭火措施

消防人员防护：须佩戴空气呼吸器、穿全身防火防毒服，站在上风向灭火。

灭火方法：切断气源，在确保对周围环境无危险的情况下，让火自行燃烧完全。尽可能将容器从火场移至空旷处。喷雾状水保持容器冷却，但避免该物质与水接触。喷水保持火场冷却，直至灭火结束。

灭火剂： 雾状水、二氧化碳、干粉。

1.13.5.3 事后恢复

事故过程中产生的废物经收集鉴定后，处理处置。

1.13.5.4 建议配备的物资

建议配备的物资见表 1.55。

表 1.55 建议配备的物资

物资类别	所需物资
个体防护	防毒面具、空气呼吸器、防火防毒服、橡胶手套、面罩等
应急通讯	对讲机、扩音器等
预警装置	有毒气体报警器
应急监测	有毒气体检测器
应急照明	手电筒等
消防	雾状水、二氧化碳灭火器、干粉灭火器
污染控制	雾状水、事故废水收集池、沙袋、围堰等

参考文献

[1] 国家安全监管总局办公厅. 危险化学品目录（2015 版）实施指南（试行）[S]. 2015.

[2] 国家质量监督检验检疫总局检验监管司，国家质量监督总局进出口化学品安全研究中心，中国检验检疫科学研究院. 欧盟物质和混合物分类、标签和包装法规（CLP）指南[M]. 北京：中国标准出版社，2010.

[3] 吕小明，刘军. 环境污染事件应急处理技术[M]. 北京：中国环境出版社，2012.

[4] JIS Z 7253—2019. 基于 GHS 化学品的危害通识 标签和安全数据表[S].

[5]　JIS Z 7252—2019. 基于 GHS 的化学品分类[S].

[6]　北京创想安科科技有限公司. MSDS 查询网[DB/OL]. http：//www.somsds.com.

[7]　北京化工研究院环境保护所/计算中心. 国际化学品安全卡（中文版）查询系统[DB/OL].
　　　http：//icsc.brici.ac.cn.

1.14　二氧化氮

1.14.1　基本信息

　　二氧化氮在化学反应和火箭燃料中用作氧化剂，在亚硝基法生产硫酸中用作催化剂，在工业上可以用来制作硝酸。二氧化氮基本信息见表 1.56。

表 1.56　二氧化氮基本信息

中文名称	二氧化氮
中文别名	过氧化氮
英文名称	Nitrogen dioxide
英文别名	Nitrogen peroxide
UN 号	1067
CAS 号	10102-44-0
ICSC 号	0930
RTECS 号	QW9800000
EC 号	007-002-00-0
分子式	NO_2
分子量	46.01

1.14.2　理化性质

二氧化氮的理化性质见表 1.57。

表 1.57　二氧化氮的理化性质

	外观与性状	有刺激性气味的红棕色气体
理化性质	熔点/℃	−11
	沸点/℃	21
	临界温度/℃	158
	临界压力/MPa	10.13
	相对密度/（水=1）	1.45
	相对蒸气密度/（空气=1）	3.2
	溶解性	易溶于水
	化学性质	当温度高于 150℃时开始分解，到 650℃时完全分解为一氧化氮和氧气。与水反应生成硝酸和一氧化氮；与浓硫酸反应生成亚硝基硫酸，与碱反应生成等摩尔硝酸盐和亚硝酸盐。二氧化氮在气相状态下有叠合作用，生成四氧化二氮，它总是与四氧化二氮在一起呈平衡状态存在
燃烧爆炸危险性	可燃性	不可燃
	危险特性	不可燃,但可助长其他物质燃烧。具有强氧化性,遇衣物、锯末、棉花或其他可燃物能立即燃烧。与一般燃料或火箭燃料以及氯代烃等猛烈反应引起爆炸。燃烧（分解）产物为氮氧化物
突发环境事件风险物质	临界量/t	1
	类型	涉气风险物质、涉水风险物质
《全球化学品统一分类和标签制度》（GHS）	中国	氧化性气体，类别 1 加压气体 急性毒性，吸入，类别 2 皮肤腐蚀/刺激，类别 1B 严重眼损伤/眼刺激，类别 1 特异性靶器官毒性，一次接触，类别 3 （呼吸道刺激）

《全球化学品统一分类和标签制度》（GHS）	欧盟	氧化性气体，类别 1 加压气体 急性毒性，类别 2 皮肤腐蚀性，类别 1B
	日本	加压气体 急性毒性，吸入，类别 1 严重眼损伤/刺激，类别 2 生殖毒性，类别 2 特异性靶器官毒性，一次接触，类别 1 （呼吸系统），类别 3（麻醉效应） 特异性靶器官毒性，反复接触，类别 1 （肺，免疫系统） 氧化性气体，类别 1
毒理学参数	急性毒性	LC_{50}：126 mg/m³，4 h（大鼠吸入）；1 000 ppm，10 min（小鼠吸入）
	致突变性	微生物致突变：6 ppm（鼠伤寒沙门氏菌） 哺乳动物体细胞突变：15 ppm，3 h（大鼠吸入，连续）
	生殖毒性	TCL_0：8.5 μg/m³，24 h（孕 1～22 d），引起胚胎毒性和死胎
	毒性终点浓度-1/（mg/m³）	38
	毒性终点浓度-2/（mg/m³）	23

1.14.3　环境行为

人为产生的二氧化氮主要来自高温燃烧过程的释放，如机动车尾气、锅炉废气的排放等。二氧化氮还是酸雨的成因之一，所带来的环境效应多种多样，包括对湿地和陆生植物物种之间竞争与组成变化的影响，大气能见度的降低，地表水的酸化、富营养化以及增加水体中有害于鱼类和其他水生生物的毒素含量。

1.14.4　检测方法及依据

二氧化氮的现场应急监测方法及实验室检测方法见表 1.58 和表 1.59。

表 1.58 二氧化氮的现场应急监测方法

监测方法	来源	类别
便携式 NO₂ 气体检测仪	《典型化学品突发环境事件应急处理技术手册（上册）》	空气
化学发光法自动监测	《环境空气 氮氧化物的自动测定 化学发光法》（HJ 1043—2019）	环境空气
便携式紫外吸收法	《固定污染源废气 氮氧化物的测定 便携式紫外吸收法》（HJ 1132—2020）	固定污染源废气
气体速测管	《环境空气 氯气等有毒有害气体的应急监测 比长式检测管法》（HJ 871—2017）	环境空气
傅里叶红外仪法	《环境空气 无机有害气体的应急监测 便携式傅里叶红外仪法》（HJ 920—2017）	环境空气

表 1.59 二氧化氮的实验室检测方法

检测方法	来源	类别
改进的 Saltzman 法	《居住区大气中二氧化氮检验标准方法改进的 Saltzman 法》（GB/T 12372—1990）	居住区大气
Saltzman 法	《环境空气 二氧化氮的测定 Saltzman 法》（GB/T 15435—1995）	环境空气
盐酸萘乙二胺分光光度法	《环境空气 氮氧化物（一氧化氮和二氧化氮）的测定 盐酸萘乙二胺分光光度法》（HJ 479—2009）	环境空气
	《工作场所空气有毒物质测定无机含氮化合物》（GBZ/T 160.29—2004）	工作场所空气
	《固定污染源排气中氮氧化物的测定 盐酸萘乙二胺分光法》（HJ/T 43—1999）	固定污染源排气
紫外分光光度法	《固定污染源排气中氮氧化物的测定 紫外分光光度法》（HJ/T 42—1999）	
酸碱滴定法	《固定污染源排气 氮氧化物的测定 酸碱滴定法》（HJ 675—2013）	
非分散红外吸收法	《固定污染源废气 氮氧化物的测定 非分散红外吸收法》（HJ 692—2014）	固定污染源废气
定电位电解法	《固定污染源废气 氮氧化物的测定 定电位电解法》（HJ 693—2014）	

1.14.5　事故预防及应急处置措施

1.14.5.1　预防措施

（1）预警措施

监控预警： 在生产区域或厂界布置二氧化氮泄漏监控预警系统。

（2）防控措施

储存区： 二氧化氮储存区域设置防渗漏、防腐蚀、防淋溶、防流失等措施。

收集措施： 设置应急事故水池、事故存液池或清净废水排放缓冲池等事故排水收集设施。

措施要求： 针对环境风险单元设置的截流措施、收集措施，结合企事业单位实际情况，参照《化工建设项目环境保护工程设计标准》（GB/T 50483—2019）、《储罐区防火堤设计规范》（GB 50351—2014）、《石油化工企业设计防火标准》（GB 50160—2008）、《事故状态下水体污染的预防与控制技术要求》（Q/SY 1190—2013）等技术规范进行设置；收集措施除参照上述技术规范设计外，还需参照《石油化工污水处理设计规范》（GB 50747—2012）、《石油化工给水排水系统设计规范》（SH/T 3015—2019）等技术规范进行设置。

（3）日常管理

定期巡检及维护： 设置专职或兼职人员进行日常检查及维护，包括定期检查设备运行情况、定期检查及补充应急物资、定期检查应急设施、定期检查管线及阀门等情况。日常确保截流措施阀门处于正常状态，同时保持收集设施的缓冲容量，确保收集设施在事故状态下能顺利收集事故废水。

培训及演练： 定期组织培训及演练，针对公司实际情况，熟悉如何有效地控制事故，避免事故失控和扩大化；学会使用应急救援设备和防护装备；明确各自救援职责。

台账： 设专人负责，详细记录台账。

1.14.5.2 应急处置措施

（1）应急处理方法

应急人员防护：建议应急处理人员佩戴自给正压式呼吸器，穿防毒服，从上风处进入现场。

疏散隔离：人员迅速从泄漏污染区撤离至上风处，并提醒周边公众进行紧急疏散。立即对泄漏区进行隔离直至气体散尽。

应急行为：在确保安全的情况下，采用关阀、堵漏等措施，尽可能切断泄漏源，合理通风，加速扩散。防止气体通过通风系统扩散或进入限制性空间。

消除方法：若是气体，喷雾状水稀释、溶解，构筑围堤或挖坑收容产生的大量废水。若是液体，用大量水冲洗，构筑围堤或挖坑收容产生的大量废水。

泄漏容器处置：破损容器要由专业人员处理，修复、检验后再用。

（2）急救措施

吸入：迅速撤离现场至空气新鲜处，保持呼吸道通畅。保持安静，休息，半直立体位，并及时给予医疗护理。如呼吸困难，应给予输氧，必要时进行人工呼吸。如呼吸、心跳停止，应立即进行心肺复苏术并及时就医。密切接触者即使无症状，亦应观察 24～48 h。

皮肤接触：先用大量清水冲洗，然后脱去被污染的衣服再次冲洗并及时就医。

眼睛接触：立即分开眼睑，用流动清水或生理盐水彻底冲洗 5～10 min 并及时就医。

（3）灭火措施

消防人员防护：须佩戴空气呼吸器、穿全身防火防毒服，站在上风向灭火。

灭火方法：切断气源，尽可能将容器从火场移至空旷处。喷雾状水保持容器冷却，但避免该物质与水接触。喷水保持火场冷却，直至灭火结束。

灭火剂：雾状水、干粉、二氧化碳。

1.14.5.3 事后恢复

事故过程中产生的废物经收集鉴定后，处理处置。

1.14.5.4 建议配备的物资

建议配备的物资见表 1.60。

表 1.60　建议配备的物资

物资类别	所需物资
个体防护	防毒面具、空气呼吸器、防火防毒服、橡胶手套、面罩等
应急通讯	对讲机、扩音器等
预警装置	有毒气体报警器
应急监测	有毒气体检测器
应急照明	手电筒等
消防	雾状水、干粉灭火器、二氧化碳灭火器
污染控制	雾状水、事故废水收集池、沙袋、围堰等

参考文献

[1] 国家安全监管总局办公厅. 危险化学品目录（2015 版）实施指南（试行）[S]. 2015.

[2] 国家质量监督检验检疫总局检验监管司，国家质量监督总局进出口化学品安全研究中心，中国检验检疫科学研究院. 欧盟物质和混合物分类、标签和包装法规（CLP）指南[M]. 北京：中国标准出版社，2010.

[3] 尚建程，邵超峰. 典型化学品突发环境事件应急处理技术手册（上册）[M]. 北京：化学工业出版社，2019.

[4] JIS Z 7253—2019. 基于 GHS 化学品的危害通识　标签和安全数据表[S].

[5] JIS Z 7252—2019. 基于 GHS 的化学品分类[S].

[6] 国家危险化学品安全公共服务互联网平台[DB/OL]. http：//hxp.nrcc.com.cn.

[7] 北京创想安科科技有限公司. MSDS 查询网[DB/OL]. http：//www.somsds.com.

[8] 北京化工研究院环境保护所/计算中心. 国际化学品安全卡（中文版）查询系统[DB/OL]. http：//icsc.brici.ac.cn.

1.15　乙硼烷

1.15.1　基本信息

乙硼烷可用于制取纯硼或合成其他硼烷和含硼与氮、磷、砷键等的化合物的原料，也常作有机反应还原剂、燃料添加剂和 p 型半导体材料的掺杂剂。乙硼烷基本信息见表 1.61。

表 1.61　乙硼烷基本信息

中文名称	乙硼烷
中文别名	二硼烷；二硼氢；二硼烷；硼烷；六氢化二硼
英文名称	Diborane boroethane
英文别名	Boron hydride；Diboron hexahydride
UN 号	1911
CAS 号	19287-45-7
ICSC 号	0432
RTECS 号	HQ9275000
分子式	B_2H_6
分子量	27.7

1.15.2　理化性质

乙硼烷的理化性质见表 1.62。

表 1.62　乙硼烷的理化性质

理化性质	外观与性状	无色气体，有特臭
	熔点/℃	−165
	沸点/℃	−92
	临界温度/℃	16.71
	临界压力/MPa	3.99
	相对密度/（水=1）	0.45（−112℃）
	相对蒸气密度/（空气=1）	0.95
	溶解性	易溶于二硫化碳
	化学性质	化学性质活泼。在室温下也能分解，分解产物随温度高低而变化，到 500℃时完全分解成氢和硼。能与氨、甲醇、乙醛、乙醚及锂、钠、钾、钙、铝等金属激烈反应。与碱金属氢化物可形成越来越复杂的硼氢酸盐
燃烧爆炸危险性	可燃性	易燃
	爆炸上限（体积分数）/%	88
	爆炸下限（体积分数）/%	0.8
	危险特性	极易燃，与空气混合能形成爆炸性混合物。遇热源和明火有燃烧爆炸的危险。在室温干燥状态下一般不燃烧，与潮湿空气接触自燃，即使在低温也能发生爆炸性燃烧，产生绿色火焰。与氟、氯、溴等卤素会剧烈反应，并能与氟氯烷灭火剂猛烈反应。与水或水蒸气反应会释出易燃的氢气，并且会腐蚀橡胶和某些塑料
突发环境事件风险物质	临界量/t	1
	类型	涉气风险物质
《全球化学品统一分类和标签制度》（GHS）	中国	易燃气体，类别 1 加压气体 急性毒性，吸入，类别 1 皮肤腐蚀/刺激，类别 1 严重眼损伤/眼刺激，类别 1 特异性靶器官毒性，一次接触，类别 1 特异性靶器官毒性，反复接触，类别 1

《全球化学品统一分类和标签制度》（GHS）	日本	加压气体 急性毒性，吸入，类别 1 皮肤腐蚀/刺激性，类别 1A-1C 严重眼损伤/刺激，类别 1 特异性靶器官毒性，一次接触，类别 1 （呼吸系统） 特异性靶器官毒性，反复接触，类别 1 （呼吸系统，神经系统） 急性毒性，经口，类别 4
毒理学参数	急性毒性	LC_{50}：58 mg/m^3（大鼠吸入）
	亚急性和慢性毒性	狗及大鼠长期暴露于 1.1～2.2 mg/m^3 浓度下无死亡；在 5.6 mg/m^3 浓度下，每天吸入 6 h，动物不久开始发生死亡
	毒性终点浓度-1/（mg/m^3）	4.2
	毒性终点浓度-2/（mg/m^3）	1.1

1.15.3 环境行为

乙硼烷在环境中极不稳定，与空气混合能形成爆炸性混合物，遇热源和明火有燃烧爆炸的危险，在室温下遇潮湿空气能自燃，与水或水蒸气反应会释出易燃的氢气，对大气及水体具有较大污染。

1.15.4 事故预防及应急处置措施

1.15.4.1 预防措施

（1）预警措施

监控预警：在生产区域或厂界布置乙硼烷泄漏监控预警系统。

（2）防控措施

储存区：乙硼烷储存区域设置防渗漏、防腐蚀、防淋溶、防流失等措施。

收集措施：设置应急事故水池、事故存液池或清净废水排放缓冲池等事故排水收集设施。

措施要求：针对环境风险单元设置的截流措施、收集措施，结合企事业单位实际情况，参照《化工建设项目环境保护工程设计标准》（GB/T 50483—2019）、《储罐区防火堤设计规范》（GB 50351—2014）、《石油化工企业设计防火标准》（GB 50160—2008）、《事故状态下水体污染的预防与控制技术要求》（Q/SY 1190—2013）等技术规范进行设置；收集措施除参照上述技术规范设计外，还需参照《石油化工污水处理设计规范》（GB 50747—2012）、《石油化工给水排水系统设计规范》（SH/T 3015—2019）等技术规范进行设置。

（3）日常管理

定期巡检及维护：设置专职或兼职人员进行日常检查及维护，包括定期检查设备运行情况、定期检查及补充应急物资、定期检查应急设施、定期检查管线及阀门等情况。日常确保截流措施阀门处于正常状态，同时保持收集设施的缓冲容量，确保收集设施在事故状态下能顺利收集事故废水。

培训及演练：定期组织培训及演练，针对公司实际情况，熟悉如何有效地控制事故，避免事故失控和扩大化；学会使用应急救援设备和防护装备；明确各自救援职责。

台账：设专人负责，详细记录台账。

1.15.4.2　应急处置措施

（1）应急处理方法

应急人员防护：建议应急处理人员佩戴自给正压式呼吸器，穿防毒服，从上风处进入现场。

疏散隔离：人员迅速从泄漏污染区撤离至上风处，并提醒周边公众进行紧急疏散。立即对泄漏区进行隔离直至气体散尽。

应急行为：在确保安全的情况下，采用关阀、堵漏等措施，尽可能切断泄漏源，合理通风，加速扩散。防止气体通过通风系统扩散或进入限制性空间。

消除方法：喷雾状水稀释，改变蒸气云流向，禁止用水直接冲击泄漏物或泄漏源。构筑围堤或挖坑收容产生的大量废水。

泄漏容器处置：破损容器要由专业人员处理，修复、检验后再用。

（2）急救措施

吸入：迅速撤离现场至空气新鲜处，保持呼吸道通畅。保持安静，休息，半直立体位，并及时给予医疗护理。如呼吸困难，应给予输氧，必要时进行人工呼吸。如呼吸、心跳停止，应立即进行心肺复苏术并及时就医。密切接触者即使无症状，亦应观察 24～48 h。

皮肤接触：立即脱去被污染的衣物，用大量流动清水彻底冲洗至少 15 min。冻伤时，用大量清水冲洗，不要脱去衣服并及时就医。

眼睛接触：立即分开眼睑，用流动清水或生理盐水彻底冲洗 5～10 min 并及时就医。

（3）灭火措施

消防人员防护：须佩戴空气呼吸器、穿全身防火防毒服，站在上风向灭火。

灭火方法：切断气源，若不能切断气源，则不允许熄灭泄漏处的火焰。尽可能将容器从火场移至空旷处。喷雾状水保持容器冷却，但避免该物质与水接触。喷水保持火场冷却，直至灭火结束。容器突然发出异常声音或发生异常现象，应立即撤离。

灭火剂：雾状水、二氧化碳。

1.15.4.3　事后恢复

事故过程中产生的废物经收集鉴定后，处理处置。

1.15.4.4　建议配备的物资

建议配备的物资见表 1.63。

表 1.63　建议配备的物资

物资类别	所需物资
个体防护	防毒面具、空气呼吸器、防火防毒服、橡胶手套、面罩等
应急通讯	对讲机、扩音器等
预警装置	有毒气体报警器
应急监测	有毒气体检测器
应急照明	手电筒等
消防	雾状水、二氧化碳灭火器
污染控制	雾状水、事故废水收集池、沙袋、围堰等

参考文献

[1] 国家安全监管总局办公厅. 危险化学品目录（2015 版）实施指南（试行）[S]. 2015.

[2] JIS Z 7253—2019. 基于 GHS 化学品的危害通识　标签和安全数据表[S].

[3] JIS Z 7252—2019. 基于 GHS 的化学品分类[S].

[4] 国家危险化学品安全公共服务互联网平台[DB/OL]. http：//hxp.nrcc.com.cn.

[5] 北京创想安科科技有限公司. MSDS 查询网[DB/OL]. http：//www.somsds.com.

[6] 北京化工研究院环境保护所/计算中心. 国际化学品安全卡（中文版）查询系统[DB/OL]. http：//icsc.brici.ac.cn.

1.16　三甲胺

1.16.1　基本信息

三甲胺可用于制备医药、农药、相片材料、橡胶助剂、炸药、化纤溶剂、强碱性阴离子交换树脂、染料匀染剂、表面活性剂和碱性染料。可在有机合成中可作为亲核试剂使用。三甲胺是制备消毒剂和天然气的警报剂、分析试剂和有机合成原料。检测新鲜度的气体传感器也是通过检测三甲胺来实现的。三甲胺基本信息见表 1.64。

表 1.64　三甲胺基本信息

中文名称	三甲胺
中文别名	N,N-二甲基甲烷胺
英文名称	Trimethylamine
英文别名	N,N-Dimethylmethanamine；TMA
UN 号	1083
CAS 号	75-50-3
ICSC 号	0206
RTECS 号	PA0350000
EC 号	612-001-00-9
分子式	C_3H_9N
分子量	59.1

1.16.2　理化性质

三甲胺的理化性质见表 1.65。

表 1.65　三甲胺的理化性质

	外观与性状	无色气体，有特殊气味
	熔点/℃	−117
	沸点/℃	3
	临界温度/℃	161
理化性质	相对密度/（水=1）	0.6（−5℃）
	相对蒸气密度/（空气=1）	2
	溶解性	能溶于水、乙醇及乙醚
	化学性质	能与氧化剂、环氧乙烷、酸酐和汞发生剧烈反应。水溶液是一种强碱，与酸激烈反应，有腐蚀性。浸蚀金属，如铜、锌、铝、锡及其合金

燃烧爆炸危险性	可燃性	易燃
	自燃温度/℃	190
	爆炸上限（体积分数）/%	11.6
	爆炸下限（体积分数）/%	2
	危险特性	其蒸气与空气可形成爆炸性混合物，遇明火、高热即会剧烈燃烧、爆炸。受热分解产生有毒的烟气，燃烧（分解）产物为一氧化碳、二氧化碳、氧化氮。其蒸气比空气重，能在较低处扩散到相当远的地方，遇明火会引着回燃
突发环境事件风险物质	临界量/t	2.5
	类型	涉气风险物质、涉水风险物质
《全球化学品统一分类和标签制度》（GHS）	中国	易燃气体，类别1 加压气体 皮肤腐蚀/刺激，类别2 严重眼损伤/眼刺激，类别1 特异性靶器官毒性，一次接触，类别3（呼吸道刺激） 易燃液体，类别3 皮肤腐蚀/刺激，类别1B 严重眼损伤/眼刺激，类别1 特异性靶器官毒性，一次接触，类别3（呼吸道刺激）
	日本	加压气体 急性毒性，经口，类别4 急性毒性，吸入，类别4 皮肤腐蚀/刺激性，类别1A 严重眼损伤/刺激，类别1 特异性靶器官毒性，一次接触，类别2（中枢神经系统，呼吸器官） 特异性靶器官毒性，反复接触，类别1（呼吸器官） 危害水生环境，急性危险，类别3 急性毒性，经口，类别4
毒理学参数	毒性终点浓度-1/（mg/m³）	920
	毒性终点浓度-2/（mg/m³）	290

1.16.3　环境行为

三甲胺受热分解产生有毒的烟气,分解产物有一氧化碳、二氧化碳、氧化氮,对大气具有较大的污染。

1.16.4　检测方法及依据

三甲胺的实验室检测方法见表 1.66。

表 1.66　三甲胺的实验室检测方法

检测方法	来源	类别
离子色谱法	《环境空气　氨、甲胺、二甲胺和三甲胺的测定　离子色谱法》（HJ 1076—2019）	空气
气相色谱法	《空气质量　三甲胺的测定　气相色谱法》（GB/T 14676—1993）	空气
抑制型离子色谱法	《固定污染源废气　三甲胺的测定　抑制型离子色谱法》（HJ 1041—2019）	固定污染源废气
顶空/气相色谱法	《环境空气和废气　三甲胺的测定　溶液吸收-顶空/气相色谱法》（HJ 1042—2019）	环境空气和废气

1.16.5　事故预防及应急处置措施

1.16.5.1　预防措施

（1）预警措施

监控预警: 在生产区域或厂界布置三甲胺泄漏监控预警系统。

（2）防控措施

储存区: 三甲胺储存区域设置防渗漏、防腐蚀、防淋溶、防流失等措施。

收集措施: 设置应急事故水池、事故存液池或清净废水排放缓冲池等事故排水收集设施。

措施要求：针对环境风险单元设置的截流措施、收集措施，结合企事业单位实际情况，参照《化工建设项目环境保护工程设计标准》（GB/T 50483—2019）、《储罐区防火堤设计规范》（GB 50351—2014）、《石油化工企业设计防火标准》（GB 50160—2008）、《事故状态下水体污染的预防与控制技术要求》（Q/SY 1190—2013）等技术规范进行设置；收集措施除参照上述技术规范设计外，还需参照《石油化工污水处理设计规范》（GB 50747—2012）、《石油化工给水排水系统设计规范》（SH/T 3015—2019）等技术规范进行设置。

（3）日常管理

定期巡检及维护：设置专职或兼职人员进行日常检查及维护，包括定期检查设备运行情况、定期检查及补充应急物资、定期检查应急设施、定期检查管线及阀门等情况。日常确保截流措施阀门处于正常状态，同时保持收集设施的缓冲容量，确保收集设施在事故状态下能顺利收集事故废水。

培训及演练：定期组织培训及演练，针对公司实际情况，熟悉如何有效地控制事故，避免事故失控和扩大化；学会使用应急救援设备和防护装备；明确各自救援职责。

台账：设专人负责，详细记录台账。

1.16.5.2　应急处置措施

（1）应急处理方法

应急人员防护：建议应急处理人员佩戴自给正压式呼吸器，穿防毒服，从上风处进入现场。

疏散隔离：人员迅速从泄漏污染区撤离至上风处，并提醒周边公众进行紧急疏散。立即对泄漏区进行隔离直至气体散尽。

应急行为：在确保安全的情况下，采用关阀、堵漏等措施，尽可能切断泄漏源，合理通风，加速扩散。防止气体通过通风系统扩散或进入限制性空间。

消除方法：小量泄漏，用砂土或其他不燃材料吸收；使用洁净的无火花工具收集吸收材料。大量泄漏，构筑围堤或挖坑收容；用抗溶性泡沫覆盖，减少蒸发；喷水雾能减少蒸发，但不能降低泄漏物在有限空间内的易燃性。用防爆泵转移至槽车或专用收集器内。

泄漏容器处置：破损容器要由专业人员处理，修复、检验后再用。

（2）急救措施

吸入：迅速撤离现场至空气新鲜处，保持呼吸道通畅。保持安静，休息，半直立体位，并及时给予医疗护理。如呼吸困难，应给予输氧，必要时进行人工呼吸。如呼吸、心跳停止，应立即进行心肺复苏术并及时就医。密切接触者即使无症状，亦应观察 24～48 h。

皮肤接触：立即脱去被污染的衣物，用大量流动清水彻底冲洗至少 15 min 并及时就医。

眼睛接触：立即分开眼睑，用流动清水或生理盐水彻底冲洗 5～10 min 并及时就医。

食入：用水漱口，禁止催吐。给饮牛奶或蛋清并及时就医。

（3）灭火措施

消防人员防护：须佩戴空气呼吸器、穿全身防火防毒服，站在上风向灭火。

灭火方法：切断气源，如对周围环境无危险，让火自行燃尽。尽可能将容器从火场移至空旷处。喷雾状水保持容器冷却，但避免该物质与水接触。喷水保持火场冷却，直至灭火结束。处在火场中的容器若发生异常变化或发出异常声音，须马上撤离。

灭火剂：雾状水、抗溶性泡沫、干粉、二氧化碳。

1.16.5.3 事后恢复

事故过程中产生的废物经收集鉴定后，处理处置。

1.16.5.4　建议配备的物资

建议配备的物资见表 1.67。

表 1.67　建议配备的物资

物资类别	所需物资
个体防护	防毒面具、空气呼吸器、防火防毒服、橡胶手套、面罩等
应急通讯	对讲机、扩音器等
预警装置	有毒气体报警器
应急监测	有毒气体检测器
应急照明	手电筒等
消防	雾状水、二氧化碳灭火器、泡沫灭火器、干粉灭火器
污染控制	砂土、抗溶性泡沫、事故废水收集池、沙袋、围堰等

参考文献

[1]　国家安全监管总局办公厅. 危险化学品目录（2015 版）实施指南（试行）[S]. 2015.

[2]　JIS Z 7253—2019. 基于 GHS 化学品的危害通识　标签和安全数据表[S].

[3]　JIS Z 7252—2019. 基于 GHS 的化学品分类[S].

[4]　国家危险化学品安全公共服务互联网平台[DB/OL]. http：//hxp.nrcc.com.cn.

[5]　北京创想安科科技有限公司. MSDS 查询网[DB/OL]. http：//www.somsds.com.

[6]　北京化工研究院环境保护所/计算中心. 国际化学品安全卡（中文版）查询系统[DB/OL].
　　http：//icsc.brici.ac.cn.

1.17　羰基硫

1.17.1　基本信息

羰基硫可用于有机合成中间体，农药工业用于合成除草剂、杀草丹、燕麦敌、杀虫剂巴丹等。羰基硫基本信息见表 1.68。

表 1.68　羰基硫基本信息

中文名称	羰基硫
中文别名	硫化羰；氧硫化碳
英文名称	Carbonyl sulfide
CAS 号	463-58-1
分子式	COS
分子量	60.07

1.17.2　理化性质

羰基硫的理化性质见表 1.69。

表 1.69　羰基硫的理化性质

	外观与性状	有臭鸡蛋气味的无色气体
理化性质	熔点/℃	−138.2
	沸点/℃	−50.2
	相对密度/（水=1）	1.24（−87℃）
	相对蒸气密度/（空气=1）	2.1
	溶解性	易溶于水，易溶于乙醇、甲苯
	化学性质	与氧化剂接触猛烈反应。遇水或水蒸气反应放出有毒和易燃的气体
燃烧爆炸危险性	可燃性	易燃
	闪点/℃	−87
	爆炸上限（体积分数）/%	28.5
	爆炸下限（体积分数）/%	12
	危险特性	与空气混合能形成爆炸性混合物。遇明火、高热能引起燃烧爆炸。遇水或水蒸气反应放出有毒和易燃的气体。燃烧时生成一氧化碳、二氧化硫气体
突发环境事件风险物质	临界量/t	2.5
	类型	涉气风险物质

《全球化学品统一分类和标签制度》（GHS）	中国	易燃气体，类别 1 加压气体 急性毒性，吸入，类别 3
	日本	加压气体 急性毒性，吸入，类别 3 特异性靶器官毒性，一次接触，类别 1 （中枢神经系统） 特异性靶器官毒性，反复接触，类别 2 （中枢神经系统） 易燃气体，类别 1
毒理学参数	毒性终点浓度-1/（mg/m³）	370
	毒性终点浓度-2/（mg/m³）	140

1.17.3 环境行为

羰基硫燃烧时生成有毒的一氧化碳、二氧化硫气体，遇水或水蒸气反应放出有毒和易燃的气体，对大气和水体可造成污染。

1.17.4 检测方法及依据

羰基硫的实验室检测方法见表 1.70。

表 1.70 羰基硫的实验室检测方法

检测方法	来源	类别
气相色谱法	《煤基合成气中硫化氢、羰基硫、甲硫醇和甲硫醚的测定 气相色谱法》（GB/T 33443—2016）	气体

1.17.5　事故预防及应急处置措施

1.17.5.1　预防措施

（1）预警措施

监控预警： 在生产区域或厂界布置羰基硫泄漏监控预警系统。

（2）防控措施

储存区： 羰基硫储存区域设置防渗漏、防腐蚀、防淋溶、防流失等措施。

收集措施： 设置应急事故水池、事故存液池或清净废水排放缓冲池等事故排水收集设施。

措施要求： 针对环境风险单元设置的截流措施、收集措施，结合企事业单位实际情况，参照《化工建设项目环境保护工程设计标准》（GB/T 50483—2019）、《储罐区防火堤设计规范》（GB 50351—2014）、《石油化工企业设计防火标准》（GB 50160—2008）、《事故状态下水体污染的预防与控制技术要求》（Q/SY 1190—2013）等技术规范进行设置；收集措施除参照上述技术规范设计外，还需参照《石油化工污水处理设计规范》（GB 50747—2012）、《石油化工给水排水系统设计规范》（SH/T 3015—2019）等技术规范进行设置。

（3）日常管理

定期巡检及维护： 设置专职或兼职人员进行日常检查及维护，包括定期检查设备运行情况、定期检查及补充应急物资、定期检查应急设施、定期检查管线及阀门等情况。日常确保截流措施阀门处于正常状态，同时保持收集设施的缓冲容量，确保收集设施在事故状态下能顺利收集事故废水。

培训及演练： 定期组织培训及演练，针对公司实际情况，熟悉如何有效地控制事故，避免事故失控和扩大化；学会使用应急救援设备和防护装备；明确各自救援职责。

台账： 设专人负责，详细记录台账。

1.17.5.2　应急处置措施

（1）应急处理方法

应急人员防护：建议应急处理人员佩戴自给正压式呼吸器，穿防毒服，从上风处进入现场。

疏散隔离：人员迅速从泄漏污染区撤离至上风处，并提醒周边公众进行紧急疏散。立即对泄漏区进行隔离直至气体散尽。

应急行为：在确保安全的情况下，采用关阀、堵漏等措施，尽可能切断泄漏源，合理通风，加速扩散。防止气体通过通风系统扩散或进入限制性空间。

消除方法：喷雾状水抑制蒸气或改变蒸气云流向，避免水流接触泄漏物。禁止用水直接冲击泄漏物或泄漏源。

泄漏容器处置：破损容器要由专业人员处理，修复、检验后再用。

（2）急救措施

吸入：迅速撤离现场至空气新鲜处，保持呼吸道通畅。如呼吸困难，应给予输氧。如呼吸、心跳停止，应立即进行心肺复苏术并及时就医。密切接触者即使无症状，亦应观察 24～48 h。

（3）灭火措施

消防人员防护：须佩戴空气呼吸器、穿全身防火防毒服，站在上风向灭火。

灭火方法：切断气源，若不能立即切断气源，则不允许熄灭正在燃烧的气体。尽可能将容器从火场移至空旷处。喷雾状水保持容器冷却，但避免该物质与水接触。喷水保持火场冷却，直至灭火结束。

灭火剂：雾状水、干粉、二氧化碳。

1.17.5.3　事后恢复

事故过程中产生的废物经收集鉴定后，处理处置。

1.17.5.4　建议配备的物资

建议配备的物资见表 1.71。

表 1.71　建议配备的物资

物资类别	所需物资
个体防护	防毒面具、空气呼吸器、防火防毒服、橡胶手套、面罩等
应急通讯	对讲机、扩音器等
预警装置	有毒气体报警器
应急监测	有毒气体检测器
应急照明	手电筒等
消防	雾状水、干粉灭火器、二氧化碳灭火器
污染控制	雾状水、事故废水收集池、沙袋、围堰等

参考文献

[1]　国家安全监管总局办公厅. 危险化学品目录（2015 版）实施指南（试行）[S]. 2015.

[2]　JIS Z 7253—2019. 基于 GHS 化学品的危害通识　标签和安全数据表[S].

[3]　JIS Z 7252—2019. 基于 GHS 的化学品分类[S].

[4]　国家危险化学品安全公共服务互联网平台[DB/OL]. http：//hxp.nrcc.com.cn.

[5]　北京创想安科科技有限公司. MSDS 查询网[DB/OL]. http：//www.somsds.com.

1.18　二氧化硫

1.18.1　基本信息

二氧化硫常用作有机溶剂及冷冻剂，并用于精制各种润滑油。主要用于生产三氧化硫、硫酸、亚硫酸盐、硫代硫酸盐，也用作熏蒸剂、防腐剂、消毒剂、还原剂等。二氧化硫是中国允许使用的还原性漂白剂，对食品有漂白和对植物性食品内的氧化酶有强烈的抑制作用。二氧化硫基本信息见表 1.72。

表 1.72 二氧化硫基本信息

中文名称	二氧化硫
中文别名	氧化亚硫；亚硫酸酐；硫氧化物
英文名称	Sulfur dioxide
英文别名	Sulfurous oxide；Sulfurous anhydride；Sulfur oxide
UN 号	1079
CAS 号	7446-09-5
ICSC 号	0074
RTECS 号	WS4550000
EC 号	016-011-00-9
分子式	SO_2
分子量	64.1

1.18.2 理化性质

二氧化硫的理化性质见表 1.73。

表 1.73 二氧化硫的理化性质

	外观与性状	无色透明气体，有刺激性臭味
理化性质	熔点/℃	−75.5
	沸点/℃	−10
	相对密度/（水=1）	1.4（−10℃）
	相对蒸气密度/（空气=1）	2.25
	溶解性	溶于水、乙醇和乙醚
	化学性质	二氧化硫化学性质极其复杂,不同的温度可作为非质子溶剂、路易氏酸、还原剂、氧化剂、氧化还原试剂等。液态二氧化硫还可作自由基接受体。液态二氧化硫在光照下,可与氯和烷烃进行氯磺化反应,在氧存在下生成磺酸。液态二氧化硫在低温表现出还原作用,但在 300℃ 以上表现出氧化作用。二氧化硫具有漂白性。二氧化硫还能够抑制霉菌和细菌的滋生

燃烧爆炸危险性	可燃性	不可燃
	危险特性	若遇高热，容器内压增大，有开裂和爆炸的危险
突发环境事件风险物质	临界量/t	2.5
	类型	涉气风险物质、涉水风险物质
《全球化学品统一分类和标签制度》（GHS）	中国	加压气体 急性毒性，吸入，类别3 皮肤腐蚀/刺激，类别1B 严重眼损伤/眼刺激，类别1
	欧盟	加压气体 急性毒性，类别3 皮肤腐蚀性，类别1B
	日本	急性毒性，吸入，类别3 严重眼损伤/刺激，类别2A 特异性靶器官毒性，一次接触，类别1（呼吸系统） 特异性靶器官毒性，反复接触，类别1（呼吸系统） 急性毒性，经口，类别3
毒理学参数	急性毒性	LC_{50}：6 600 mg/m³，1 h（大鼠吸入）
	刺激性	家兔经眼：6 ppm，4 h，32 d，轻度刺激
	毒性终点浓度-1/（mg/m³）	79
	毒性终点浓度-2/（mg/m³）	2

1.18.3　环境行为

大气中的二氧化硫主要是人类活动产生的，大部分来自煤和石油的燃烧以及石油炼制等，二氧化硫及其生成的硫酸雾会腐蚀金属表面。二氧化硫的污染还可能形成酸雨，从而给生态系统以及农业、森林、水产资源等带来严重危害。

1.18.4　检测方法及依据

二氧化硫的现场应急监测方法及实验室检测方法见表1.74和表1.75。

表 1.74　二氧化硫的现场应急监测方法

监测方法	来源	类别
检测试纸法	《环境污染事件应急处理技术》	空气
气体检测管法		空气
便携光学式检测器法		空气
便携式电化学传感器法		空气
电化学传感器法	《环境空气　氯气等有毒有害气体的应急监测　电化学传感器法》（HJ 872—2017）	空气
气体速测管	《环境空气　氯气等有毒有害气体的应急监测　比长式检测管法》（HJ 871—2017）	空气
紫外荧光法自动监测	《环境空气　二氧化硫的自动测定　紫外荧光法》（HJ 1044—2019）	环境空气
定电位电解法	《固定污染源废气　二氧化硫的测定　定电位电解法》（HJ 57—2017）	固定污染源废气
便携式紫外吸收法	《固定污染源废气　二氧化硫的测定　便携式紫外吸收法》（HJ 1131—2020）	固定污染源废气
非分散红外吸收法	《固定污染源废气　二氧化硫的测定　非分散红外吸收法》（HJ 629—2011）	固定污染源废气
傅里叶红外仪法	《环境空气　无机有害气体的应急监测　便携式傅里叶红外仪法》（HJ 920—2017）	环境空气

表 1.75　二氧化硫的实验室检测方法

检测方法	来源	类别
甲醛吸收-副玫瑰苯胺分光光度法	《环境空气　二氧化硫的测定　甲醛吸收-副玫瑰苯胺分光光度法》（HJ 482—2009）	环境空气
四氯汞盐吸收-副玫瑰苯胺分光光度法	《环境空气　二氧化硫的测定　四氯汞盐吸收-副玫瑰苯胺分光光度法》（HJ 483—2009）	环境空气

1.18.5　事故预防及应急处置措施

1.18.5.1　预防措施

（1）预警措施

监控预警： 在生产区域或厂界布置二氧化硫泄漏监控预警系统。

（2）防控措施

储存区： 二氧化硫储存区域设置防渗漏、防腐蚀、防淋溶、防流失等措施。

收集措施： 设置应急事故水池、事故存液池或清净废水排放缓冲池等事故排水收集设施。

措施要求： 针对环境风险单元设置的截流措施、收集措施，结合企事业单位实际情况，参照《化工建设项目环境保护工程设计标准》（GB/T 50483—2019）、《储罐区防火堤设计规范》（GB 50351—2014）、《石油化工企业设计防火标准》（GB 50160—2008）、《事故状态下水体污染的预防与控制技术要求》（Q/SY 1190—2013）等技术规范进行设置；收集措施除参照上述技术规范设计外，还需参照《石油化工污水处理设计规范》（GB 50747—2012）、《石油化工给水排水系统设计规范》（SH/T 3015—2019）等技术规范进行设置。

（3）日常管理

定期巡检及维护： 设置专职或兼职人员进行日常检查及维护，包括定期检查设备运行情况、定期检查及补充应急物资、定期检查应急设施、定期检查管线及阀门等情况。日常确保截流措施阀门处于正常状态，同时保持收集设施的缓冲容量，确保收集设施在事故状态下能顺利收集事故废水。

培训及演练： 定期组织培训及演练，针对公司实际情况，熟悉如何有效地控制事故，避免事故失控和扩大化；学会使用应急救援设备和防护装备；明确各自救援职责。

台账： 设专人负责，详细记录台账。

1.18.5.2 应急处置措施

（1）应急处理方法

应急人员防护：建议应急处理人员佩戴自给正压式呼吸器，穿防毒服，从上风处进入现场。

疏散隔离：人员迅速从泄漏污染区撤离至上风处，并提醒周边公众进行紧急疏散。立即对泄漏区进行隔离直至气体散尽。

应急行为：在确保安全的情况下，采用关阀、堵漏等措施，尽可能切断泄漏源，合理通风，加速扩散。防止气体通过通风系统扩散或进入限制性空间。

消除方法：若可能翻转容器，使之逸出气体而非液体。喷雾状水抑制蒸气或改变蒸气云流向，避免水流接触泄漏物。禁止用水直接冲击泄漏物或泄漏源。如有可能，用一捕捉器使气体通过次氯酸钠溶液。用碎石灰石（$CaCO_3$）、苏打灰（Na_2CO_3）或石灰（CaO）中和。

泄漏容器处置：破损容器要由专业人员处理，修复、检验后再用。

（2）急救措施

吸入：迅速撤离现场至空气新鲜处，保持呼吸道通畅，休息。如呼吸困难，应给予输氧，必要时进行人工呼吸。如呼吸、心跳停止，应立即进行心肺复苏术并及时就医。密切接触者即使无症状，亦应观察 24～48 h。

皮肤接触：立即脱去被污染的衣物，用大量流动清水彻底冲洗至少 15 min 并及时就医。

眼睛接触：立即分开眼睑，用流动清水或生理盐水彻底冲洗 5～10 min。冻伤时，用大量清水冲洗，不要脱去衣服并及时就医。

（3）灭火措施

消防人员防护：须佩戴空气呼吸器、穿全身防火防毒服，站在上风向灭火。

灭火方法：切断气源，尽可能将容器从火场移至空旷处。喷雾状水保持容器冷却，但避免该物质与水接触。喷水保持火场冷却，直至灭火结束。

灭火剂：雾状水、泡沫、二氧化碳。

1.18.5.3 事后恢复

事故过程中产生的废物经收集鉴定后，处理处置。

1.18.5.4 建议配备的物资

建议配备的物资见表 1.76。

表 1.76 建议配备的物资

物资类别	所需物资
个体防护	防毒面具、空气呼吸器、防火防毒服、橡胶手套、面罩等
应急通讯	对讲机、扩音器等
预警装置	有毒气体报警器
应急监测	有毒气体检测器
应急照明	手电筒等
消防	雾状水、二氧化碳灭火器、泡沫灭火器
污染控制	碎石灰石、苏打灰、石灰、雾状水、次氯酸钠、事故废水收集池、沙袋、围堰等

参考文献

[1] 国家安全监管总局办公厅. 危险化学品目录（2015 版）实施指南（试行）[S]. 2015.

[2] 国家质量监督检验检疫总局检验监管司，国家质量监督总局进出口化学品安全研究中心，中国检验检疫科学研究院. 欧盟物质和混合物分类、标签和包装法规（CLP）指南[M]. 北京：中国标准出版社，2010.

[3] 吕小明，刘军. 环境污染事件应急处理技术[M]. 北京：中国环境出版社，2012.

[4] JIS Z 7253—2019. 基于 GHS 化学品的危害通识 标签和安全数据表[S].

[5] JIS Z 7252—2019. 基于 GHS 的化学品分类[S].

[6] 国家危险化学品安全公共服务互联网平台[DB/OL]. http://hxp.nrcc.com.cn.

[7]　北京创想安科科技有限公司. MSDS 查询网[DB/OL]. http：//www.somsds.com.

[8]　北京化工研究院环境保护所/计算中心. 国际化学品安全卡（中文版）查询系统[DB/OL].
　　　http：//icsc.brici.ac.cn.

1.19　过氯酰氟

1.19.1　基本信息

过氯酰氟主要用于有机合成、制药及国防工业中作为氟化剂、氧化剂。过氯酰氟基本信息见表 1.77。

表 1.77　过氯酰氟基本信息

中文名称	过氯酰氟
中文别名	氟化高氯氧；氧氟化氯；氟氧化氯；三氧化氯氟
英文名称	Perchloryl fluoride
英文别名	Chlorine oxyfluoride；Chlorine fluoride oxide；Trioxychlorofluoride
UN 号	3083
CAS 号	7616-94-6
ICSC 号	1114
RTECS 号	SD1925000
分子式	$ClFO_3$
分子量	102.45

1.19.2　理化性质

过氯酰氟的理化性质见表 1.78。

表 1.78　过氯酰氟的理化性质

理化性质	外观与性状	无色气体，带甜味
	熔点/℃	−146
	沸点/℃	−46.8
	相对密度/（水=1）	1.4
	化学性质	是一种强氧化剂。与含氮碱类和微细分散的有机物激烈反应，有着火和爆炸的危险。浸蚀某些塑料、橡胶和涂层
燃烧爆炸危险性	可燃性	不可燃
	危险特性	可助长其他物质燃烧，在火焰中释放出刺激性或有毒烟雾（或气体）。与可燃性气体或蒸气、氰化钾、硫氰化钾、氧化氮等发生爆炸性反应。与含氮碱类（如异丙胺、苯胺、苯肼等）反应生成爆炸性产物
突发环境事件风险物质	临界量/t	2.5
	类型	涉气风险物质
《全球化学品统一分类和标签制度》（GHS）	中国	氧化性气体，类别 1 加压气体 急性毒性，吸入，类别 2 严重眼损伤/眼刺激，类别 2A
毒理学参数	急性毒性	LC_{50}：385 ppm，4 h（大鼠吸入）；630 ppm，4 h（小鼠吸入）
	毒性终点浓度-1/（mg/m³）	50
	毒性终点浓度-2/（mg/m³）	17

1.19.3　环境行为

过氯酰氟具有毒性，且受热分解产生有毒烟气，分解产物为氯化氢和氟化氢，对大气环境具有较大污染。

1.19.4　事故预防及应急处置措施

1.19.4.1　预防措施

（1）预警措施

监控预警：在生产区域或厂界布置过氯酰氟泄漏监控预警系统。

（2）防控措施

储存区：过氯酰氟储存区域设置防渗漏、防腐蚀、防淋溶、防流失等措施。

收集措施：设置应急事故水池、事故存液池或清净废水排放缓冲池等事故排水收集设施。

措施要求：针对环境风险单元设置的截流措施、收集措施，结合企事业单位实际情况，参照《化工建设项目环境保护工程设计标准》（GB/T 50483—2019）、《储罐区防火堤设计规范》（GB 50351—2014）、《石油化工企业设计防火标准》（GB 50160—2008）、《事故状态下水体污染的预防与控制技术要求》（Q/SY 1190—2013）等技术规范进行设置；收集措施除参照上述技术规范设计外，还需参照《石油化工污水处理设计规范》（GB 50747—2012）、《石油化工给水排水系统设计规范》（SH/T 3015—2019）等技术规范进行设置。

（3）日常管理

定期巡检及维护：设置专职或兼职人员进行日常检查及维护，包括定期检查设备运行情况、定期检查及补充应急物资、定期检查应急设施、定期检查管线及阀门等情况。日常确保截流措施阀门处于正常状态，同时保持收集设施的缓冲容量，确保收集设施在事故状态下能够顺利收集事故废水。

培训及演练：定期组织培训及演练，针对公司实际情况，熟悉如何有效地控制事故，避免事故失控和扩大化；学会使用应急救援设备和防护装备；明确各自救援职责。

台账：设专人负责，详细记录台账。

1.19.4.2 应急处置措施

（1）应急处理方法

应急人员防护：建议应急处理人员佩戴气密式化学防护服，包括自给式呼吸器，从上风处进入现场。

疏散隔离：人员迅速从泄漏污染区撤离至上风处，并提醒周边公众进行紧急疏散。立即对泄漏区进行隔离直至气体散尽。

应急行为：在确保安全的情况下，采用关阀、堵漏等措施，尽可能切断泄漏源，合理通风，加速扩散。如果是液化气体泄漏，还应注意防冻伤。若可能翻转容器，使之逸出气体而非液体。防止气体通过下水道、通风系统和密闭性空间扩散。

消除方法：喷雾状水稀释，构筑围堤或挖坑收容产生的大量废水。禁止用水直接冲击泄漏物或泄漏源。如有可能，将残余气体或漏出气体用排风机送至水洗塔或与塔相连的通风橱内。

泄漏容器处置：破损容器要由专业人员处理，修复、检验后再用。

（2）急救措施

吸入：迅速撤离现场至空气新鲜处，保持呼吸道通畅。保持安静，休息，半直立体位，并及时给予医疗护理。如呼吸困难，应给予输氧。如呼吸、心跳停止，应立即进行心肺复苏术并及时就医。密切接触者即使无症状，亦应观察 24～48 h。

皮肤接触：立即脱去被污染的衣物，用大量流动清水彻底冲洗至少 15 min。冻伤时用大量水冲洗，不要脱衣服并及时就医。

眼睛接触：立即分开眼睑，用流动清水或生理盐水彻底冲洗 5～10 min 并及时就医。

食入：饮足量温水，催吐并及时就医。

（3）灭火措施

消防人员防护：须佩戴空气呼吸器、穿全身防火防毒服，站在上风向灭火。

灭火方法： 切断气源，尽可能将容器从火场移至空旷处。喷雾状水保持容器冷却，但避免该物质与水接触。喷水保持火场冷却，直至灭火结束。根据着火原因选择适当灭火剂灭火。

灭火剂： 雾状水、泡沫、干粉、二氧化碳。

1.19.4.3　事后恢复

事故过程中产生的废物经收集鉴定后，处理处置。

1.19.4.4　建议配备的物资

建议配备的物资见表1.79。

表1.79　建议配备的物资

物资类别	所需物资
个体防护	防毒面具、空气呼吸器、防火防毒服、橡胶手套、面罩等
应急通讯	对讲机、扩音器等
预警装置	有毒气体报警器
应急监测	有毒气体检测器
应急照明	手电筒等
消防	雾状水、二氧化碳灭火器、干粉灭火器、泡沫灭火器
污染控制	雾状水、事故废水收集池、沙袋、围堰等

参考文献

[1]　国家安全监管总局办公厅. 危险化学品目录（2015版）实施指南（试行）[S]. 2015.

[2]　国家危险化学品安全公共服务互联网平台[DB/OL]. http：//hxp.nrcc.com.cn.

[3]　北京创想安科科技有限公司. MSDS查询网[DB/OL]. http：//www.somsds.com.

[4]　北京化工研究院环境保护所/计算中心. 国际化学品安全卡（中文版）查询系统[DB/OL].
　　　http：//icsc.brici.ac.cn.

1.20　三氟化硼

1.20.1　基本信息

　　三氟化硼主要用作有机反应催化剂，如酯化、烷基化、聚合、异构化、磺化、硝化等，以及铸镁及合金时的防氧化剂，是制备卤化硼、元素硼、硼烷、硼氢化钠等的主要原料。在许多有机反应和石油制品中，它作为冷凝反应的催化剂，三氟化硼及化合物在环氧树脂中用作固化剂。另外它还可作为制备光纤预制件的原料、铸镁及合金时的防氧化剂。三氟化硼基本信息见表 1.80。

表 1.80　三氟化硼基本信息

中文名称	三氟化硼
中文别名	三氟甲硼烷
英文名称	Boron trifluoride
英文别名	Trifluoroborane
UN 号	1008
CAS 号	7637-07-2
ICSC 号	0231
RTECS 号	ED2275000
EC 号	005-001-00-X
分子式	BF_3
分子量	67.81

1.20.2　理化性质

　　三氟化硼的理化性质见表 1.81。

表 1.81　三氟化硼的理化性质

理化性质	外观与性状	有刺激性臭味的无色气体，在潮湿空气中形成白色烟雾
	熔点/℃	−126
	沸点/℃	−100
	临界温度/℃	−12.26
	临界压力/MPa	4.98
	相对蒸气密度/（空气=1）	2.35
	溶解性	可溶于有机溶剂
	化学性质	反应性极强，在空气中遇湿气立即水解，遇水发生爆炸性分解，与金属、有机物等发生激烈反应，冷时也能腐蚀玻璃
燃烧爆炸危险性	可燃性	不可燃
	危险特性	化学反应活性很高，遇水发生爆炸性分解。与铜及其合金有可能生成具有爆炸性的氯乙炔
突发环境事件风险物质	临界量/t	2.5
	类型	涉气风险物质、涉水风险物质
《全球化学品统一分类和标签制度》（GHS）	中国	加压气体 急性毒性，吸入，类别 2 皮肤腐蚀/刺激，类别 1A 严重眼损伤/眼刺激，类别 1 皮肤腐蚀/刺激，类别 1B 严重眼损伤/眼刺激，类别 1
	欧盟	加压气体 急性毒性，类别 2 皮肤腐蚀性，类别 1A
	日本	急性毒性，吸入，类别 2 皮肤腐蚀/刺激性，类别 1 严重眼损伤/刺激，类别 1 特异性靶器官毒性，一次接触，类别 2 （呼吸器官，心血管系统） 特异性靶器官毒性，反复接触，类别 1 （呼吸器官，肾，骨骼） 易燃液体，类别 3
毒理学参数	急性毒性	LC_{50}：1 180 mg/m^3，4 h（大鼠吸入）
	亚急性和慢性毒性	动物亚急性和慢性毒性实验，主要引起呼吸道刺激、肺炎及肾小管变性；尿氟含量增加；可发生氟斑牙
	毒性终点浓度-1/（mg/m^3）	88
	毒性终点浓度-2/（mg/m^3）	29

1.20.3　环境行为

三氟化硼室温下为无色、高毒气体，反应性极强，加热或与湿空气接触会分解形成有毒和腐蚀性的氟化氢，对大气具有较大的污染。遇水发生爆炸性分解。兼有氟化氢与硼两者毒性。

1.20.4　检测方法及依据

三氟化硼的实验室检测方法见表 1.82。

表 1.82　三氟化硼的实验室检测方法

检测方法	来源	类别
苯羟乙酸分光光度法	《工作场所空气有毒物质测定　第 35 部分：三氟化硼》（GBZ/T 300.35—2017）	工作场所空气

1.20.5　事故预防及应急处置措施

1.20.5.1　预防措施

（1）预警措施

监控预警： 在生产区域或厂界布置三氟化硼泄漏监控预警系统。

（2）防控措施

储存区： 三氟化硼储存区域设置防渗漏、防腐蚀、防淋溶、防流失等措施。

收集措施： 设置应急事故水池、事故存液池或清净废水排放缓冲池等事故排水收集设施。

措施要求： 针对环境风险单元设置的截流措施、收集措施，结合企事业单位实际情况，参照《化工建设项目环境保护工程设计标准》（GB/T 50483—2019）、《储罐区防火堤设计规范》（GB 50351—2014）、《石油化工企业设计防火标准》

（GB 50160—2008）、《事故状态下水体污染的预防与控制技术要求》（Q/SY 1190—2013）等技术规范进行设置；收集措施除参照上述技术规范设计外，还需参照《石油化工污水处理设计规范》（GB 50747—2012）、《石油化工给水排水系统设计规范》（SH/T 3015—2019）等技术规范进行设置。

（3）日常管理

定期巡检及维护： 设置专职或兼职人员进行日常检查及维护，包括定期检查设备运行情况、定期检查及补充应急物资、定期检查应急设施、定期检查管线及阀门等情况。日常确保截流措施阀门处于正常状态，同时保持收集设施的缓冲容量，确保收集设施在事故状态下能够顺利收集事故废水。

培训及演练： 定期组织培训及演练，针对公司实际情况，熟悉如何有效地控制事故，避免事故失控和扩大化；学会使用应急救援设备和防护装备；明确各自救援职责。

台账： 设专人负责，详细记录台账。

1.20.5.2 应急处置措施

（1）应急处理方法

应急人员防护： 建议应急处理人员佩戴气密式化学防护服包括自给式呼吸器，从上风处进入现场。

疏散隔离： 人员迅速从泄漏污染区撤离至上风处，并提醒周边公众进行紧急疏散。立即对泄漏区进行隔离直至气体散尽。

应急行为： 在确保安全的情况下，采用关阀、堵漏等措施，尽可能切断泄漏源，合理通风，加速扩散。防止气体通过通风系统扩散或进入限制性空间。

消除方法： 喷雾状水抑制蒸气或改变蒸气云流向，避免水流接触泄漏物。禁止用水直接冲击泄漏物或泄漏源。如有可能，将残余气体或漏出气体用排风机送至水洗塔或与塔相连的通风橱内。

泄漏容器处置： 破损容器要由专业人员处理，修复、检验后再用。

（2）急救措施

吸入：迅速撤离现场至空气新鲜处，保持呼吸道通畅。保持安静，休息，半直立体位，并及时给予医疗护理。如呼吸困难，应给予输氧，必要时进行人工呼吸。如呼吸、心跳停止，应立即进行心肺复苏术并及时就医。密切接触者即使无症状，亦应观察 24～48 h。

皮肤接触：立即脱去被污染的衣物，用大量流动清水彻底冲洗至少 15 min 并及时就医。

眼睛接触：立即分开眼睑，用流动清水或生理盐水彻底冲洗 5～10 min 并及时就医。

（3）灭火措施

消防人员防护：须佩戴空气呼吸器、穿全身防火防毒服，站在上风向灭火。

灭火方法：切断气源，尽可能将容器从火场移至空旷处。喷雾状水保持容器冷却，但避免该物质与水接触。喷水保持火场冷却，直至灭火结束。火场中有大量本品泄漏物时，禁用水、泡沫和酸碱灭火剂。

灭火剂：雾状水、二氧化碳、干粉。

1.20.5.3　事后恢复

事故过程中产生的废物经收集鉴定后，处理处置。

1.20.5.4　建议配备的物资

建议配备的物资见表 1.83。

表 1.83　建议配备的物资

物资类别	所需物资
个体防护	防毒面具、空气呼吸器、防火防毒服、橡胶手套、面罩等
应急通讯	对讲机、扩音器等
预警装置	有毒气体报警器

物资类别	所需物资
应急监测	有毒气体检测器
应急照明	手电筒等
消防	雾状水、干粉灭火器、二氧化碳灭火器
污染控制	雾状水、事故废水收集池、沙袋、围堰等

参考文献

[1] 国家安全监管总局办公厅. 危险化学品目录（2015 版）实施指南（试行）[S]. 2015.

[2] 国家质量监督检验检疫总局检验监管司，国家质量监督总局进出口化学品安全研究中心，中国检验检疫科学研究院. 欧盟物质和混合物分类、标签和包装法规（CLP）指南[M]. 北京：中国标准出版社，2010.

[3] JIS Z 7253—2019. 基于 GHS 化学品的危害通识 标签和安全数据表[S].

[4] JIS Z 7252—2019. 基于 GHS 的化学品分类[S].

[5] 国家危险化学品安全公共服务互联网平台[DB/OL]. http：//hxp.nrcc.com.cn.

[6] 北京创想安科科技有限公司. MSDS 查询网[DB/OL]. http：//www.somsds.com.

[7] 北京化工研究院环境保护所/计算中心. 国际化学品安全卡（中文版）查询系统[DB/OL]. http：//icsc.brici.ac.cn.

1.21 氯化氢

1.21.1 基本信息

氯化氢主要用于制染料、香料、药物、各种氯化物及腐蚀抑制剂。氯化氢基本信息见表 1.84。

表 1.84　氯化氢基本信息

中文名称	氯化氢
中文别名	无水盐酸
英文名称	Hydrogen chloride
英文别名	Hydrochloride anhydrous；Hydrochloric acid
UN 号	1050
CAS 号	7647-01-0
ICSC 号	0163
RTECS 号	MW4025000
EC 号	017-002-00-2
分子式	HCl
分子量	36.46

1.21.2　理化性质

氯化氢的理化性质见表 1.85。

表 1.85　氯化氢的理化性质

	外观与性状	无色有刺激性气味的气体
理化性质	熔点/℃	−114.2
	沸点/℃	−85.0
	临界温度/℃	51.4
	临界压力/MPa	8.26
	相对密度/（水=1）	1.19
	相对蒸气密度/（空气=1）	1.27
	溶解性	易溶于水、乙醇和醚，能溶于其他多种有机物
	化学性质	腐蚀性的不燃烧气体，与水不反应但易溶于水，空气中常以盐酸烟雾的形式存在。与活泼金属、金属氧化物、碱等反应
燃烧爆炸危险性	可燃性	不可燃
突发环境事件风险物质	临界量/t	2.5
	类型	涉气风险物质、涉水风险物质

		加压气体
《全球化学品统一分类和标签制度》（GHS）	中国	急性毒性，吸入，类别 3 皮肤腐蚀/刺激，类别 1A 严重眼损伤/眼刺激，类别 1 危害水生环境，急性危害，类别 1 皮肤腐蚀/刺激，类别 1B 严重眼损伤/眼刺激，类别 1 特异性靶器官毒性，一次接触，类别 3 （呼吸道刺激） 危害水生环境，急性危害，类别 2
	欧盟	加压气体 急性毒性，类别 3 皮肤腐蚀性，类别 1A
	日本	急性毒性，经口，类别 3 急性毒性，吸入，类别 3 急性毒性，吸入，类别 2 皮肤腐蚀/刺激性，类别 1 严重眼损伤/刺激，类别 1 呼吸道致敏物，类别 1 特异性靶器官毒性，一次接触，类别 1 （呼吸系统） 特异性靶器官毒性，反复接触，类别 1 （牙齿，呼吸系统） 危害水生环境，急性危险，类别 1 皮肤腐蚀/刺激性，类别 1
毒理学参数	急性毒性	LC_{50}：4 600 mg/m³，1 h（大鼠吸入）
	毒性终点浓度-1/（mg/m³）	150
	毒性终点浓度-2/（mg/m³）	33

1.21.3　环境行为

　　氯化氢不仅是强腐蚀性气体，对水和土地也可造成污染。由于氯化氢极易溶于水，因此排放到大气中的氯化氢会与空气中的水蒸气结合并生成盐酸，盐酸具有强腐蚀性，与雨水一同落入地面就形成腐蚀性比较强的酸雨，对植物、建筑物等危害很大，深入地下还可能污染地下水和土壤。

1.21.4 检测方法及依据

氯化氢的现场应急监测方法及实验室检测方法见表 1.86 和表 1.87。

表 1.86 氯化氢的现场应急监测方法

监测方法	来源	类别
检测试纸法	《环境污染事件应急处理技术》	空气
气体检测管法		空气
便携式电化学传感器法		空气
便携式分光光度法		空气
电化学传感器法	《环境空气 氯气等有毒有害气体的应急监测 电化学传感器法》（HJ 872—2017）	环境空气
气体速测管	《环境空气 氯气等有毒有害气体的应急监测 比长式检测管法》（HJ 871—2017）	环境空气
傅里叶红外仪法	《环境空气 无机有害气体的应急监测 便携式傅里叶红外仪法》（HJ 920—2017）	环境空气

表 1.87 氯化氢的实验室检测方法

检测方法	来源	类别
硝酸银容量法	《固定污染源废气 氯化氢的测定 硝酸银容量法》（HJ 548—2016）	固定污染源废气
离子色谱法	《环境空气和废气 氯化氢的测定 离子色谱法》（HJ 549—2016）	环境空气和废气

1.21.5 事故预防及应急处置措施

1.21.5.1 预防措施

（1）预警措施

监控预警：在生产区域或厂界布置氯化氢泄漏监控预警系统。

（2）防控措施

储存区：氯化氢储存区域设置防渗漏、防腐蚀、防淋溶、防流失等措施。

收集措施：设置应急事故水池、事故存液池或清净废水排放缓冲池等事故排水收集设施。

措施要求：针对环境风险单元设置的截流措施、收集措施，结合企事业单位实际情况，参照《化工建设项目环境保护工程设计标准》（GB/T 50483—2019）、《储罐区防火堤设计规范》（GB 50351—2014）、《石油化工企业设计防火标准》（GB 50160—2008）、《事故状态下水体污染的预防与控制技术要求》（Q/SY 1190—2013）等技术规范进行设置；收集措施除参照上述技术规范设计外，还需参照《石油化工污水处理设计规范》（GB 50747—2012）、《石油化工给水排水系统设计规范》（SH/T 3015—2019）等技术规范进行设置。

（3）日常管理

定期巡检及维护：设置专职或兼职人员进行日常检查及维护，包括定期检查设备运行情况、定期检查及补充应急物资、定期检查应急设施、定期检查管线及阀门等情况。日常确保截流措施阀门处于正常状态，同时保持收集设施的缓冲容量，确保收集设施在事故状态下能够顺利收集事故废水。

培训及演练：定期组织培训及演练，针对公司实际情况，熟悉如何有效地控制事故，避免事故失控和扩大化；学会使用应急救援设备和防护装备；明确各自救援职责。

台账：设专人负责，详细记录台账。

1.21.5.2 应急处置措施

（1）应急处理方法

应急人员防护：建议应急处理人员佩戴气密式化学防护服包括自给式呼吸器，从上风处进入现场。

疏散隔离：人员迅速从泄漏污染区撤离至上风处，并提醒周边公众进行紧急

疏散。立即对泄漏区进行隔离直至气体散尽。

应急行为：在确保安全的情况下，采用关阀、堵漏等措施，尽可能切断泄漏源，合理通风，加速扩散。防止气体通过通风系统扩散或进入限制性空间。

消除方法：喷氨水或其他稀碱液中和、稀释，构筑围堤或挖坑收容产生的废水。

泄漏容器处置：破损容器要由专业人员处理，修复、检验后再用。

（2）急救措施

吸入：迅速撤离现场至空气新鲜处，保持呼吸道通畅。保持安静，休息，半直立体位，并及时给予医疗护理。如呼吸困难，应给予输氧，必要时进行人工呼吸。如呼吸、心跳停止，应立即进行心肺复苏术并及时就医。密切接触者即使无症状，亦应观察 24～48 h。

皮肤接触：立即脱去被污染的衣物，用大量流动清水彻底冲洗至少 15 min 并及时就医。

眼睛接触：立即分开眼睑，用流动清水或生理盐水彻底冲洗 5～10 min 并及时就医。

（3）灭火措施

消防人员防护：须佩戴空气呼吸器、穿全身防火防毒服，站在上风向灭火。

灭火方法：切断气源，尽可能将容器从火场移至空旷处。喷雾状水保持容器冷却，喷水保持火场冷却，直至灭火结束。根据着火原因选择适当灭火剂灭火。

灭火剂：雾状水、泡沫、干粉、二氧化碳。

1.21.5.3　事后恢复

事故过程中产生的废物经收集鉴定后，处理处置。

1.21.5.4　建议配备的物资

建议配备的物资见表 1.88。

表 1.88　建议配备的物资

物资类别	所需物资
个体防护	防毒面具、空气呼吸器、防火防毒服、耐酸碱消防服、橡胶手套、面罩等
应急通讯	对讲机、扩音器等
预警装置	有毒气体报警器
应急监测	有毒气体检测器
应急照明	手电筒等
消防	雾状水、二氧化碳灭火器、干粉灭火器、泡沫灭火器
污染控制	氨水、稀碱液、事故废水收集池、沙袋、围堰等

参考文献

[1] 国家安全监管总局办公厅. 危险化学品目录（2015 版）实施指南（试行）[S]. 2015.

[2] 国家质量监督检验检疫总局检验监管司，国家质量监督总局进出口化学品安全研究中心，中国检验检疫科学研究院. 欧盟物质和混合物分类、标签和包装法规（CLP）指南[M]. 北京：中国标准出版社，2010.

[3] 吕小明，刘军. 环境污染事件应急处理技术[M]. 北京：中国环境出版社，2012.

[4] JIS Z 7253—2019. 基于 GHS 化学品的危害通识　标签和安全数据表[S].

[5] JIS Z 7252—2019. 基于 GHS 的化学品分类[S].

[6] 国家危险化学品安全公共服务互联网平台[DB/OL]. http：//hxp.nrcc.com.cn.

[7] 北京创想安科科技有限公司. MSDS 查询网[DB/OL]. http：//www.somsds.com.

[8] 北京化工研究院环境保护所/计算中心. 国际化学品安全卡（中文版）查询系统[DB/OL]. http：//icsc.brici.ac.cn.

1.22 硫化氢

1.22.1 基本信息

硫化氢主要用于合成荧光粉，电放光、光导体、光电曝光计等的制造，用于金属精制、农药、医药、催化剂再生，用于制取各种硫化物，用于制造无机硫化物，还用于化学分析如鉴定金属离子。硫化氢基本信息见表 1.89。

表 1.89 硫化氢基本信息

中文名称	硫化氢
中文别名	氢硫化物
英文名称	Hydrogen sulfide
英文别名	Stinkdamp；Sulfureted hydrogen
UN 号	1053
CAS 号	7783-06-4
ICSC 号	0165
RTECS 号	MX1225000
EC 号	016-001-00-4
分子式	H_2S
分子量	34.08

1.22.2 理化性质

硫化氢的理化性质见表 1.90。

表 1.90　硫化氢的理化性质

理化性质	外观与性状	无色有恶臭气体
	熔点/℃	−85.5
	沸点/℃	−60.4
	临界温度/℃	100.4
	临界压力/MPa	9.01
	相对蒸气密度/（空气=1）	1.19
	溶解性	溶于水、乙醇、二硫化碳、甘油、汽油等
	化学性质	室温下稳定。可溶于水，水溶液具有弱酸性，与空气接触会因氧化析出硫而慢慢变浑。能在空气中燃烧产生蓝色的火焰并生成 SO_2 和 H_2O，在空气不足时则生成 S 和 H_2O
燃烧爆炸危险性	可燃性	易燃
	爆炸上限（体积分数）/%	46.0
	爆炸下限（体积分数）/%	4.0
	危险特性	与空气混合能形成爆炸性混合物，遇明火、高热能引起燃烧爆炸；与浓硝酸、发烟硝酸或其他强氧化剂剧烈反应，发生爆炸；气体比空气重，能在较低处扩散到相当远的地方，遇明火会引起回燃
突发环境事件风险物质	临界量/t	2.5
	类型	涉气风险物质
《全球化学品统一分类和标签制度》（GHS）	中国	易燃气体，类别 1 加压气体 急性毒性，吸入，类别 2 危害水生环境，急性危害，类别 1
	欧盟	易燃气体，类别 1 加压气体 急性毒性，类别 2 危害水生环境，急性危险，类别 1
	日本	皮肤腐蚀/刺激性，类别 1
毒理学参数	急性毒性	LC_{50}：618 mg/m³（大鼠吸入）
	亚急性和慢性毒性	家兔吸入 0.01 mg/L，每天 2 h，3 个月，引起中枢神经系统的机能改变，气管、支气管黏膜刺激症状，大脑皮层出现病理改变。小鼠长期接触低浓度硫化氢，有小气道损害
	毒性终点浓度-1/（mg/m³）	70
	毒性终点浓度-2/（mg/m³）	38

1.22.3　环境行为

环境中的硫化氢主要来自天然气净化、炼焦、石油精炼、人造丝生产、造纸、橡胶、染料、制药等工业生产过程。天然的来源有火山喷气、细菌作用下动植物蛋白质腐败和硫酸盐的还原等。一些天然气气田和地热区的空气中也含有相当浓度的硫化氢。硫化氢燃烧时生成二氧化硫，空气中的硫化氢也能氧化成二氧化硫，因而增加大气中二氧化硫的浓度。硫化氢因其毒性及可燃性，可能对大气环境造成较大的污染。硫化氢溶于水及油中，可随水或油流至远离发生源处，造成水体污染及中毒事故。

1.22.4　检测方法及依据

硫化氢的现场应急监测方法及实验室检测方法见表 1.91 和表 1.92。

表 1.91　硫化氢的现场应急监测方法

监测方法	来源	类别
便携式电化学传感器法（0～200 mg/m^3）	《环境污染事件应急处理技术》	空气
便携式光学检测器法		空气
便携式分光光度法		空气
便携式离子色谱法		空气
检测试纸法（乙酸铅试纸，反应显蓝色）		空气
气体检测管法（0.1～10 mg/m^3）		空气
电化学传感器法	《环境空气　氯气等有毒有害气体的应急监测　电化学传感器法》（HJ 872—2017）	环境空气
气体速测管	《环境空气　氯气等有毒有害气体的应急监测　比长式检测管法》（HJ 871—2017）	环境空气

表 1.92　硫化氢的实验室检测方法

检测方法	来源	类别
气相色谱法	《空气质量 硫化氢 甲硫醇 甲硫醚 二甲二硫的测定气相色谱法》（GB/T 14678—1993）	空气
分光光度法	《空气和废气监测分析方法》（第四版）	环境空气 固定污染源废气

1.22.5　事故预防及应急处置措施

1.22.5.1　预防措施

（1）预警措施

监控预警：在生产区域或厂界布置硫化氢泄漏监控预警系统。

（2）防控措施

储存区：硫化氢储存区域设置防渗漏、防腐蚀、防淋溶、防流失等措施。

收集措施：设置应急事故水池、事故存液池或清净废水排放缓冲池等事故排水收集设施。

措施要求：针对环境风险单元设置的截流措施、收集措施，结合企事业单位实际情况，参照《化工建设项目环境保护工程设计标准》（GB/T 50483—2019）、《储罐区防火堤设计规范》（GB 50351—2014）、《石油化工企业设计防火标准》（GB 50160—2008）、《事故状态下水体污染的预防与控制技术要求》（Q/SY 1190—2013）等技术规范进行设置；收集措施除参照上述技术规范设计外，还需参照《石油化工污水处理设计规范》（GB 50747—2012）、《石油化工给水排水系统设计规范》（SH/T 3015—2019）等技术规范进行设置。

（3）日常管理

定期巡检及维护：设置专职或兼职人员进行日常检查及维护，包括定期检查设备运行情况、定期检查及补充应急物资、定期检查应急设施、定期检查管线及阀门等情况。日常确保截流措施阀门处于正常状态，同时保持收集设施的缓冲容量，确保收集设施在事故状态下能够顺利收集事故废水。

培训及演练：定期组织培训及演练，针对公司实际情况，熟悉如何有效地控制事故，避免事故失控和扩大化；学会使用应急救援设备和防护装备；明确各自救援职责。

台账：设专人负责，详细记录台账。

1.22.5.2　应急处置措施

（1）应急处理方法

应急人员防护：建议应急处理人员佩戴气密式化学防护服包括自给式呼吸器，从上风处进入现场。

疏散隔离：人员迅速从泄漏污染区撤离至上风处，并提醒周边公众进行紧急疏散。立即对泄漏区进行隔离直至气体散尽。

应急行为：在确保安全的情况下，采用关阀、堵漏等措施，尽可能切断泄漏源，合理通风，加速扩散。防止气体通过通风系统扩散或进入限制性空间。

消除方法：使用喷雾状水稀释、溶解，构筑围堤或挖坑收容产生的大量废水。可考虑引燃漏出气，以消除有毒气体的影响。或使其通过三氯化铁水溶液，管路装止回装置以防溶液吸回。

泄漏容器处置：破损容器要由专业人员处理，修复、检验后再用。

（2）急救措施

吸入：迅速撤离现场至空气新鲜处，保持呼吸道通畅。保持安静，休息，半直立体位，并及时给予医疗护理。如呼吸困难，应给予输氧，必要时进行人工呼吸。如呼吸、心跳停止，应立即进行心肺复苏术并及时就医。密切接触者即使无症状，亦应观察 24～48 h。

皮肤接触：立即脱去被污染的衣物，用大量流动清水彻底冲洗至少 15 min。

冻伤时，用大量清水冲洗，不要脱去衣服并及时就医。

眼睛接触：立即分开眼睑，用流动清水或生理盐水彻底冲洗 5～10 min 并及时就医。

（3）灭火措施

消防人员防护：须佩戴空气呼吸器、穿全身防火防毒服，站在上风向灭火。

灭火方法：切断气源，如对周围环境无危险，让火自行燃尽。尽可能将容器从火场移至空旷处。喷雾状水保持容器冷却，但避免该物质与水接触。喷水保持火场冷却，直至灭火结束。

灭火剂：雾状水、抗溶性泡沫、干粉。

1.22.5.3　事后恢复

事故过程中产生的废物经收集鉴定后，处理处置。

1.22.5.4　建议配备的物资

建议配备的物资见表 1.93。

表 1.93　建议配备的物资

物资类别	所需物资
个体防护	防毒面具、空气呼吸器、防火防毒服、橡胶手套、面罩等
应急通讯	对讲机、扩音器等
预警装置	有毒气体报警器
应急监测	有毒气体检测器
应急照明	手电筒等
消防	雾状水、泡沫灭火器、干粉灭火器
污染控制	雾状水、三氯化铁、事故废水收集池、沙袋、围堰等

参考文献

[1]　国家安全监管总局办公厅. 危险化学品目录（2015 版）实施指南（试行）[S]. 2015.

[2]　国家质量监督检验检疫总局检验监管司，国家质量监督总局进出口化学品安全研究中心，中国检验检疫科学研究院. 欧盟物质和混合物分类、标签和包装法规（CLP）指南[M]. 北京：中国标准出版社，2010.

[3]　吕小明，刘军. 环境污染事件应急处理技术[M]. 北京：中国环境出版社，2012.

[4]　JIS Z 7253—2019. 基于 GHS 化学品的危害通识　标签和安全数据表[S].

[5]　JIS Z 7252—2019. 基于 GHS 的化学品分类[S].

[6]　国家危险化学品安全公共服务互联网平台[DB/OL]. http：//hxp.nrcc.com.cn.

[7]　北京创想安科科技有限公司. MSDS 查询网[DB/OL]. http：//www.somsds.com.

[8]　北京化工研究院环境保护所/计算中心. 国际化学品安全卡（中文版）查询系统[DB/OL]. http：//icsc.brici.ac.cn.

1.23　锑化氢

1.23.1　基本信息

锑化氢主要用于制有机锑化合物，分析上常用于区别砷和锑，还用作熏蒸剂。锑化氢基本信息见表 1.94。

表 1.94　锑化氢基本信息

中文名称	锑化氢
中文别名	锑化三氢；氢化锑
英文名称	Stibine
英文别名	Antimony hydride；Antimony trihydride；Hydrogen antimonide

UN 号	2676
CAS 号	7803-52-3
ICSC 号	0776
RTECS 号	WJ0700000
EC 号	051-003-00-9
分子式	SbH_3
分子量	124.8

1.23.2　理化性质

锑化氢的理化性质见表 1.95。

表 1.95　锑化氢的理化性质

	外观与性状	无色，有恶臭气体
理化性质	熔点/℃	−88
	沸点/℃	−17.1
	相对密度/（水=1）	2.26
	相对蒸气密度/（空气=1）	4.36
	溶解性	稍溶于水，溶于醇、多数有机溶剂
	化学性质	在室温下能缓慢地分解，在 200℃时能激烈地分解成氢和锑
燃烧爆炸危险性	可燃性	易燃
	危险特性	与空气混合能形成爆炸性混合物；遇吸火、高热引起燃烧爆炸；遇热分解出易燃的氢气和金属锑，增加着火的危险；与氯、浓硝酸和臭氧发生激烈反应，有着火和爆炸危险
突发环境事件风险物质	临界量/t	2.5
	类型	涉气风险物质
《全球化学品统一分类和标签制度》（GHS）	中国	易燃气体，类别 1 加压气体 急性毒性，吸入，类别 3
	日本	特异性靶器官毒性，一次接触，类别 1（肾，呼吸系统，血液） 易燃气体，类别 1

毒理学参数	急性毒性	LC$_{50}$：100 ppm（大鼠吸入）
	毒性终点浓度-1/（mg/m^3）	49
	毒性终点浓度-2/（mg/m^3）	7.6

1.23.3　环境行为

锑化氢为无色、剧毒、窒息性易燃气体，有恶臭，与空气混合能形成爆炸性混合物，空气中可缓慢分解，对大气具有较大的危害。锑化氢可溶于水，水溶液具弱酸性，对水体也具有一定程度的污染。

1.23.4　检测方法及依据

锑化氢的实验室检测方法见表 1.96。

表 1.96　锑化氢的实验室检测方法

检测方法	来源	类别
酸消解-火焰原子吸收光谱法	《工作场所空气有毒物质测定　第 2 部分：锑及其化合物》（GBZ/T 300.2—2017）	工作场所空气
酸消解-石墨炉原子吸收光谱法		

1.23.5　事故预防及应急处置措施

1.23.5.1　预防措施

（1）预警措施

监控预警： 在生产区域或厂界布置锑化氢泄漏监控预警系统。

（2）防控措施

储存区： 锑化氢储存区域设置防渗漏、防腐蚀、防淋溶、防流失等措施。

收集措施： 设置应急事故水池、事故存液池或清净废水排放缓冲池等事故排水收集设施。

措施要求： 针对环境风险单元设置的截流措施、收集措施，结合企事业单位实际情况，参照《化工建设项目环境保护工程设计标准》（GB/T 50483—2019）、《储罐区防火堤设计规范》（GB 50351—2014）、《石油化工企业设计防火标准》（GB 50160—2008）、《事故状态下水体污染的预防与控制技术要求》（Q/SY 1190—2013）等技术规范进行设置；收集措施除参照上述技术规范设计外，还需参照《石油化工污水处理设计规范》（GB 50747—2012）、《石油化工给水排水系统设计规范》（SH/T 3015—2019）等技术规范进行设置。

（3）日常管理

定期巡检及维护： 设置专职或兼职人员进行日常检查及维护，包括定期检查设备运行情况、定期检查及补充应急物资、定期检查应急设施、定期检查管线及阀门等情况。日常确保截流措施阀门处于正常状态，同时保持收集设施的缓冲容量，确保收集设施在事故状态下能够顺利收集事故废水。

培训及演练： 定期组织培训及演练，针对公司实际情况，熟悉如何有效地控制事故，避免事故失控和扩大化；学会使用应急救援设备和防护装备；明确各自救援职责。

台账： 设专人负责，详细记录台账。

1.23.5.2　应急处置措施

（1）应急处理方法

应急人员防护： 建议应急处理人员佩戴自给正压式呼吸器，穿防毒服，从上风处进入现场。

疏散隔离： 人员迅速从泄漏污染区撤离至上风处，并提醒周边公众进行紧急疏散。立即对泄漏区进行隔离直至气体散尽。

应急行为： 在确保安全的情况下，采用关阀、堵漏等措施，尽可能切断泄漏源，合理通风，加速扩散。防止气体通过通风系统扩散或进入限制性空间。

泄漏容器处置：破损容器要由专业人员处理，修复、检验后再用。

（2）急救措施

吸入：迅速撤离现场至空气新鲜处，保持呼吸道通畅。保持安静，休息，半直立体位，并及时给予医疗护理。如呼吸困难，应给予输氧，必要时进行人工呼吸。如呼吸困难，应给予输氧。如呼吸、心跳停止，应立即进行心肺复苏术并及时就医。密切接触者即使无症状，亦应观察 24～48 h。

皮肤接触：如发生冻伤，用温水（38～42℃）复温，忌用热水或辐射热，不要揉搓并及时就医。

眼睛接触：立即分开眼睑，用流动清水或生理盐水彻底冲洗 5～10 min 并及时就医。

（3）灭火措施

消防人员防护：须佩戴空气呼吸器、穿全身防火防毒服，站在上风向灭火。

灭火方法：切断气源，如对周围环境无危险，让火自行燃尽，其他情况用雾状水灭火；尽可能将容器从火场移至空旷处；喷雾状水保持容器冷却，但避免该物质与水接触；喷水保持火场冷却，直至灭火结束。

灭火剂：雾状水、泡沫、二氧化碳。

1.23.5.3 事后恢复

事故过程中产生的废物经收集鉴定后，处理处置。

1.23.5.4 建议配备的物资

建议配备的物资见表 1.97。

表 1.97 建议配备的物资

物资类别	所需物资
个体防护	防毒面具、空气呼吸器、防毒服、橡胶手套、面罩等
应急通讯	对讲机、扩音器等

物资类别	所需物资
预警装置	有毒气体报警器
应急监测	有毒气体检测器
应急照明	手电筒等
消防	雾状水、二氧化碳灭火器、泡沫灭火器
污染控制	事故废水收集池、沙袋、围堰等

参考文献

[1] 国家安全监管总局办公厅. 危险化学品目录（2015 版）实施指南（试行）[S]. 2015.

[2] JIS Z 7253—2019. 基于 GHS 化学品的危害通识　标签和安全数据表[S].

[3] JIS Z 7252—2019. 基于 GHS 的化学品分类[S].

[4] 国家危险化学品安全公共服务互联网平台[DB/OL]. http：//hxp.nrcc.com.cn.

[5] 北京创想安科科技有限公司. MSDS 查询网[DB/OL]. http：//www.somsds.com.

[6] 北京化工研究院环境保护所/计算中心. 国际化学品安全卡（中文版）查询系统[DB/OL].
http：//icsc.brici.ac.cn.

1.24　硅烷

1.24.1　基本信息

硅烷已成为半导体微电子工艺中使用的最主要的特种气体，用于各种微电子薄膜制备，包括单晶膜、微晶、多晶、氧化硅、氮化硅、金属硅化物等。通过热分解或与其他气体的化学反应，可由硅烷制得单晶硅、多晶硅、非晶硅、金属硅化物、氮化硅、碳化硅、氧化硅等一系列含硅物质。硅烷基本信息见表 1.98。

表 1.98　硅烷基本信息

中文名称	硅烷
中文别名	甲硅烷；四氢化硅
英文名称	Dilane
英文别名	Monosilane；Silicon tetrahydride；Silicane
UN 号	2203
CAS 号	7803-62-5
ICSC 号	0564
RTECS 号	VV1400000
分子式	SiH_4
分子量	32.1

1.24.2　理化性质

硅烷的理化性质见表 1.99。

表 1.99　硅烷的理化性质

	外观与性状	无色气体，有大蒜恶心气味
理化性质	熔点/℃	−185
	沸点/℃	−111.9
	临界温度/℃	−3.5
	临界压力/MPa	4.86
	相对密度/（水=1）	1.44
	相对蒸气密度/（空气=1）	1.2
	溶解性	溶于水，几乎不溶于乙醇、乙醚、苯、氯仿、硅氯仿和四氯化硅
	化学性质	强还原剂，与氧化剂反应，与水缓慢反应，与氢氧化钾溶液和卤素反应
燃烧爆炸危险性	可燃性	易燃
	爆炸上限（体积分数）/%	100
	爆炸下限（体积分数）/%	1.37
	危险特性	与空气接触时可能自燃。加热或燃烧时分解生成硅和氢气，有着火和爆炸危险。硅烷对氧和空气极为敏感。具有一定浓度的硅烷在-180℃的温度下也会与氧发生爆炸反应。固体硅烷与液氧反应非常危险

突发环境事件风险物质	临界量/t	2.5
	类型	涉气风险物质、涉水风险物质
《全球化学品统一分类和标签制度》（GHS）	中国	易燃气体，类别 1 加压气体 皮肤腐蚀/刺激，类别 2 严重眼损伤/眼刺激，类别 2A 特异性靶器官毒性，一次接触，类别 3 （呼吸道刺激） 特异性靶器官毒性，反复接触，类别 2
	日本	致癌性，类别 1B
毒理学参数	急性毒性	LD_{50}：9 600 ppm，4 h
	毒性终点浓度-1/（mg/m³）	350
	毒性终点浓度-2/（mg/m³）	170

1.24.3 环境行为

硅烷具有自燃性和爆炸性，有非常宽的自发着火范围和极强的燃烧能量，硅烷对氧和空气极为敏感。由于硅烷可在空气中燃烧并分解，因此不会在环境中长期存在，不会在生物中积累。

1.24.4 检测方法及依据

硅烷的实验室检测方法见表 1.100。

表 1.100　硅烷的实验室检测方法

检测方法	来源	类别
气相色谱法	《多晶硅生产尾气中硅烷含量的测定 气相色谱法》（YS/T 1290—2018）	气体

1.24.5　事故预防及应急处置措施

1.24.5.1　预防措施

（1）预警措施

监控预警： 在生产区域或厂界布置硅烷泄漏监控预警系统。

（2）防控措施

储存区： 硅烷储存区域设置防渗漏、防腐蚀、防淋溶、防流失等措施。

收集措施： 设置应急事故水池、事故存液池或清净废水排放缓冲池等事故排水收集设施。

措施要求： 针对环境风险单元设置的截流措施、收集措施，结合企事业单位实际情况，参照《化工建设项目环境保护工程设计标准》（GB/T 50483—2019）、《储罐区防火堤设计规范》（GB 50351—2014）、《石油化工企业设计防火标准》（GB 50160—2008）、《事故状态下水体污染的预防与控制技术要求》（Q/SY 1190—2013）等技术规范进行设置；收集措施除参照上述技术规范设计外，还需参照《石油化工污水处理设计规范》（GB 50747—2012）、《石油化工给水排水系统设计规范》（SH/T 3015—2019）等技术规范进行设置。

（3）日常管理

定期巡检及维护： 设置专职或兼职人员进行日常检查及维护，包括定期检查设备运行情况、定期检查及补充应急物资、定期检查应急设施、定期检查管线及阀门等情况。日常确保截流措施阀门处于正常状态，同时保持收集设施的缓冲容量，确保收集设施在事故状态下能够顺利收集事故废水。

培训及演练： 定期组织培训及演练，针对公司实际情况，熟悉如何有效地控制事故，避免事故失控和扩大化；学会使用应急救援设备和防护装备；明确各自救援职责。

台账： 设专人负责，详细记录台账。

1.24.5.2　应急处置措施

（1）应急处理方法

应急人员防护：建议应急处理人员佩戴自给正压式呼吸器，穿防毒服，从上风处进入现场。

疏散隔离：人员迅速从泄漏污染区撤离至上风处，并提醒周边公众进行紧急疏散。立即对泄漏区进行隔离直至气体散尽。

应急行为：在确保安全的情况下，采用关阀、堵漏等措施，尽可能切断泄漏源，合理通风，加速扩散。防止气体通过通风系统扩散或进入限制性空间。。

消除方法：喷雾状水稀释，构筑围堤或挖坑收容产生的大量废水。禁止用水直接冲击泄漏物或泄漏源。如有可能，将残余气体或漏出气体用排风机送至水塔或与水塔相连的通风橱内。

泄漏容器处置：破损容器要由专业人员处理，修复、检验后再用。

（2）急救措施

吸入：迅速撤离现场至空气新鲜处，保持呼吸道通畅。保持安静，休息。如呼吸困难，应给予输氧。如呼吸、心跳停止，应立即进行心肺复苏术并及时就医。密切接触者即使无症状，亦应观察 24~48 h。

皮肤接触：立即脱去被污染的衣物，用大量流动清水彻底冲洗至少 15 min 并及时就医。

眼睛接触：立即分开眼睑，用流动清水或生理盐水彻底冲洗 5~10 min 并及时就医。

（3）灭火措施

消防人员防护：须佩戴空气呼吸器、穿全身防火防毒服，站在上风向灭火。

灭火方法：切断气源，如对周围环境无危险，让火自行燃烧完全，不允许熄灭泄漏处的火焰。尽可能将容器从火场移至空旷处。喷雾状水保持容器冷却，但避免该物质与水接触。喷水保持火场冷却，直至灭火结束。

灭火剂： 雾状水、二氧化碳、干粉。

1.24.5.3 事后恢复

事故过程中产生的废物经收集鉴定后，处理处置。

1.24.5.4 建议配备的物资

建议配备的物资见表 1.101。

表 1.101 建议配备的物资

物资类别	所需物资
个体防护	防毒面具、空气呼吸器、防火防毒服、橡胶手套、面罩等
应急通讯	对讲机、扩音器等
预警装置	有毒气体报警器
应急监测	有毒气体检测器
应急照明	手电筒等
消防	雾状水、二氧化碳灭火器、干粉灭火器
污染控制	雾状水、事故废水收集池、沙袋、围堰等

参考文献

[1] 国家安全监管总局办公厅. 危险化学品目录（2015 版）实施指南（试行）[S]. 2015.

[2] JIS Z 7253—2019. 基于 GHS 化学品的危害通识 标签和安全数据表[S].

[3] JIS Z 7252—2019. 基于 GHS 的化学品分类[S].

[4] 国家危险化学品安全公共服务互联网平台[DB/OL]. http：//hxp.nrcc.com.cn.

[5] 北京创想安科科技有限公司. MSDS 查询网[DB/OL]. http：//www.somsds.com.

[6] 北京化工研究院环境保护所/计算中心. 国际化学品安全卡（中文版）查询系统[DB/OL]. http：//icsc.brici.ac.cn.

1.25 溴化氢

1.25.1 基本信息

溴化氢是制造各种无机溴化物和某些烷基溴化物（溴甲烷、溴乙烷）的基本原料。在医药上用以合成镇静剂、麻醉剂等医药用品；在工业上氢溴酸是一些金属矿物的良好溶剂，烷氧基和苯氧苦化合物的分离剂，脂环烃及链烃氧化为酮、酸或过氧化物的催化剂；在石油工业上作为烷基化催化剂；氢溴酸也用于合成染料和香料。此外，还用作分析试剂及阻燃剂的原料。溴化氢基本信息见表 1.102。

表 1.102　溴化氢基本信息

中文名称	溴化氢
中文别名	氢溴酸
英文名称	Hydrogen bromide
英文别名	Hydrobromic acid
UN 号	1048
CAS 号	10035-10-6
ICSC 号	0282
RTECS 号	MW3850000
EC 号	035-002-00-0
分子式	HBr
分子量	80.91

1.25.2 理化性质

溴化氢的理化性质见表 1.103。

表 1.103　溴化氢的理化性质

	外观与性状	无色、有辛辣刺激气味的气体
理化性质	熔点/℃	−86.9
	沸点/℃	−66.8
	相对密度/（水=1）	1.8
	相对蒸气密度/（空气=1）	2.71
	溶解性	易溶于水、乙醇
	化学性质	纯品在空气中较稳定，但遇光及热易被氧化而游离出溴。遇水时有强腐蚀性
燃烧爆炸危险性	可燃性	不可燃
	危险特性	能与普通金属发生反应，放出氢气而与空气形成爆炸性混合物
突发环境事件风险物质	临界量/t	2.5
	类型	涉气风险物质、涉水风险物质
《全球化学品统一分类和标签制度》（GHS）	中国	皮肤腐蚀/刺激，类别 1A 严重眼损伤/眼刺激，类别 1 特异性靶器官毒性，一次接触，类别 3 （呼吸道刺激） 加压气体 皮肤腐蚀/刺激，类别 1A 严重眼损伤/眼刺激，类别 1 特异性靶器官毒性，一次接触，类别 3 （呼吸道刺激） 皮肤腐蚀/刺激，类别 1 严重眼损伤/眼刺激，类别 1
	欧盟	加压气体 特异性靶器官毒性，一次接触，类别 3 皮肤腐蚀性，类别 1A
	日本	急性毒性，吸入，类别 3 皮肤腐蚀/刺激性，类别 1 严重眼损伤/刺激，类别 1 特异性靶器官毒性，一次接触，类别 1 （呼吸器官） 特异性靶器官毒性，反复接触，类别 1 （呼吸器官，牙齿） 急性毒性，经口，类别 4
毒理学参数	急性毒性	LC_{50}: 2 858 ppm，1 h（大鼠吸入）
	毒性终点浓度-1/（mg/m³）	400
	毒性终点浓度-2/（mg/m³）	130

1.25.3　环境行为

溴化氢为无色有辛辣刺激气味的气体，易溶于水，对水体具有一定程度的危害性，不可将未稀释或大量溴化氢产品与地下水、水道或污水系统接触。

1.25.4　检测方法及依据

溴化氢的实验室检测方法见表 1.104。

表 1.104　溴化氢的实验室检测方法

检测方法	来源	类别
离子色谱法	《固定污染源废气　溴化氢的测定　离子色谱法》（HJ 1040—2019）	固定污染源废气

1.25.5　事故预防及应急处置措施

1.25.5.1　预防措施

（1）预警措施

监控预警： 在生产区域或厂界布置溴化氢泄漏监控预警系统。

（2）防控措施

储存区： 溴化氢储存区域设置防渗漏、防腐蚀、防淋溶、防流失等措施。

收集措施： 设置应急事故水池、事故存液池或清净废水排放缓冲池等事故排水收集设施。

措施要求： 针对环境风险单元设置的截流措施、收集措施，结合企事业单位实际情况，参照《化工建设项目环境保护工程设计标准》（GB/T 50483—2019）、《储罐区防火堤设计规范》（GB 50351—2014）、《石油化工企业设计防火标准》（GB 50160—2008）、《事故状态下水体污染的预防与控制技术要求》（Q/SY 1190—

2013）等技术规范进行设置；收集措施除参照上述技术规范设计外，还需参照《石油化工污水处理设计规范》（GB 50747—2012）、《石油化工给水排水系统设计规范》（SH/T 3015—2019）等技术规范进行设置。

（3）日常管理

定期巡检及维护： 设置专职或兼职人员进行日常检查及维护，包括定期检查设备运行情况、定期检查及补充应急物资、定期检查应急设施、定期检查管线及阀门等情况。日常确保截流措施阀门处于正常状态，同时保持收集设施的缓冲容量，确保收集设施在事故状态下能够顺利收集事故废水。

培训及演练： 定期组织培训及演练，针对公司实际情况，熟悉如何有效地控制事故，避免事故失控和扩大化；学会使用应急救援设备和防护装备；明确各自救援职责。

台账： 设专人负责，详细记录台账。

1.25.5.2　应急处置措施

（1）应急处理方法

应急人员防护： 建议应急处理人员佩戴自给正压式呼吸器，穿防毒服，从上风处进入现场。

疏散隔离： 人员迅速从泄漏污染区撤离至上风处，并提醒周边公众进行紧急疏散。立即对泄漏区进行隔离直至气体散尽。

应急行为： 在确保安全的情况下，采用关阀、堵漏等措施，尽可能切断泄漏源，合理通风，加速扩散。防止气体通过通风系统扩散或进入限制性空间。

消除方法： 小量泄漏，用干燥的砂土或其他不燃材料吸收或覆盖，收集于容器中。大量泄漏，构筑围堤或挖坑收容；用碎石灰石（$CaCO_3$）、苏打灰（Na_2CO_3）或石灰（CaO）中和；用耐腐蚀泵转移至槽车或专用收集器内。

泄漏容器处置： 破损容器要由专业人员处理，修复、检验后再用。

（2）急救措施

吸入：迅速撤离现场至空气新鲜处，保持呼吸道通畅。保持安静，休息，半直立体位，并及时给予医疗护理。如呼吸困难，应给予输氧。如呼吸、心跳停止，应立即进行心肺复苏术并及时就医。密切接触者即使无症状，亦应观察 24～48 h。

皮肤接触：立即脱去被污染的衣物，用大量流动清水彻底冲洗至少 15 min。冻伤时，用大量清水冲洗，不要脱去衣服，应给予医疗护理并及时就医。

眼睛接触：立即分开眼睑，用流动清水或生理盐水彻底冲洗 5～10 min 并及时就医。

食入：用水漱口，禁止催吐；给饮牛奶或蛋清并及时就医。

（3）灭火措施

消防人员防护：须佩戴空气呼吸器、穿全身耐酸碱防护服，站在上风向灭火。

灭火方法：切断气源，尽可能将容器从火场移至空旷处。喷雾状水保持容器冷却，但避免该物质与水接触。喷水保持火场冷却，直至灭火结束。根据着火原因选择适当灭火剂灭火。

灭火剂：雾状水、泡沫、干粉、二氧化碳。

1.25.5.3　事后恢复

事故过程中产生的废物经收集鉴定后，处理处置。

1.25.5.4　建议配备的物资

建议配备的物资见表 1.105。

表 1.105　建议配备的物资

物资类别	所需物资
个体防护	防毒面具、空气呼吸器、防毒服、酸碱防护服、橡胶手套、面罩等
应急通讯	对讲机、扩音器等
预警装置	有毒气体报警器

物资类别	所需物资
应急监测	有毒气体检测器
应急照明	手电筒等
消防	雾状水、二氧化碳灭火器、泡沫灭火器、干粉灭火器
污染控制	石灰、碎石灰石、苏打灰、事故废水收集池、沙袋、围堰等

参考文献

[1] 国家安全监管总局办公厅. 危险化学品目录（2015 版）实施指南（试行）[S]. 2015.

[2] 国家质量监督检验检疫总局检验监管司，国家质量监督总局进出口化学品安全研究中心，中国检验检疫科学研究院. 欧盟物质和混合物分类、标签和包装法规（CLP）指南[M]. 北京：中国标准出版社，2010.

[3] JIS Z 7253—2019. 基于 GHS 化学品的危害通识　标签和安全数据表[S].

[4] JIS Z 7252—2019. 基于 GHS 的化学品分类[S].

[5] 国家危险化学品安全公共服务互联网平台[DB/OL]. http：//hxp.nrcc.com.cn.

[6] 北京创想安科科技有限公司. MSDS 查询网[DB/OL]. http：//www.somsds.com.

[7] 北京化工研究院环境保护所/计算中心. 国际化学品安全卡（中文版）查询系统[DB/OL]. http：//icsc.brici.ac.cn.

1.26　三氯化硼

1.26.1　基本信息

三氯化硼可用于制造高纯硼、有机合成催化剂、硅酸盐分解时的助熔剂、可对钢铁进行硼化，半导体的掺杂源，合金精制中作为除氧剂、氮化物和碳化物的添加剂，还可用来制造氮化硼及硼烷化合物。三氯化硼基本信息见表 1.106。

表 1.106　三氯化硼基本信息

中文名称	三氯化硼
中文别名	氯化硼
英文名称	Boron trichloride
英文别名	Boron chloride
UN 号	1741
CAS 号	10294-34-5
ICSC 号	0616
RTECS 号	ED1925000
EC 号	005-002-00-5
分子式	BCl_3
分子量	117.19

1.26.2　理化性质

三氯化硼的理化性质见表 1.107。

表 1.107　三氯化硼的理化性质

	外观与性状	气体或无色发烟液体，有刺鼻气味
理化性质	熔点/℃	−107
	沸点/℃	12.5
	相对密度/（水=1）	1.43
	相对蒸气密度/（空气=1）	4.03
	溶解性	溶于苯、二硫化碳
	化学性质	遇水分解生成氯化氢和硼酸，并放出大量热量，在湿空气中因水解而生成烟雾，在醇中分解为盐酸和硼酸酯。在大气中，三氯化硼加热能和玻璃、陶瓷起反应，也能和许多有机物反应形成各种有机硼化合物
燃烧爆炸危险性	可燃性	不可燃
突发环境事件风险物质	临界量/t	2.5
	类型	涉气风险物质

	中国	加压气体 急性毒性，经口，类别 2 急性毒性，吸入，类别 2 皮肤腐蚀/刺激，类别 1B 严重眼损伤/眼刺激，类别 1
《全球化学品 统一分类和 标签制度》 （GHS）	欧盟	加压气体 急性毒性，类别 2 急性毒性，类别 2 皮肤腐蚀性，类别 1B
	日本	急性毒性，吸入，类别 3 皮肤腐蚀/刺激性，类别 1 严重眼损伤/刺激，类别 1 生殖毒性，类别 1B 特异性靶器官毒性，一次接触，类别 1 （呼吸器官） 急性毒性，吸入，类别 3
毒理学 参数	急性毒性	LC_{50}：1 271 mg/m^3，1 h（大鼠吸入）
	毒性终点浓度-1/（mg/m^3）	340
	毒性终点浓度-2/（mg/m^3）	10

1.26.3 环境行为

三氯化硼在潮湿的空气中可形成白色的腐蚀性浓厚烟雾，遇水发生剧烈反应，放出具有刺激性和腐蚀性的氯化氢气体，燃烧分解产物为氯化氢和氧化硼，对大气和水具有较大的污染。

1.26.4 检测方法及依据

三氯化硼的实验室检测方法见表 1.108。

表 1.108　三氯化硼的实验室检测方法

检测方法	来源	类别
气相色谱法	《分析化学手册（第四分册， 色谱分析）》	空气

1.26.5　事故预防及应急处置措施

1.26.5.1　预防措施

（1）预警措施

监控预警： 在生产区域或厂界布置三氯化硼泄漏监控预警系统。

（2）防控措施

储存区： 三氯化硼储存区域设置防渗漏、防腐蚀、防淋溶、防流失等措施。

收集措施： 设置应急事故水池、事故存液池或清净废水排放缓冲池等事故排水收集设施。

措施要求： 针对环境风险单元设置的截流措施、收集措施，结合企事业单位实际情况，参照《化工建设项目环境保护工程设计标准》（GB/T 50483—2019）、《储罐区防火堤设计规范》（GB 50351—2014）、《石油化工企业设计防火标准》（GB 50160—2008）、《事故状态下水体污染的预防与控制技术要求》（Q/SY 1190—2013）等技术规范进行设置；收集措施除参照上述技术规范设计外，还需参照《石油化工污水处理设计规范》（GB 50747—2012）、《石油化工给水排水系统设计规范》（SH/T 3015—2019）等技术规范进行设置。

（3）日常管理

定期巡检及维护： 设置专职或兼职人员进行日常检查及维护，包括定期检查设备运行情况、定期检查及补充应急物资、定期检查应急设施、定期检查管线及阀门等情况。日常确保截流措施阀门处于正常状态，同时保持收集设施的缓冲容量，确保收集设施在事故状态下能够顺利收集事故废水。

培训及演练： 定期组织培训及演练，针对公司实际情况，熟悉如何有效地控制事故，避免事故失控和扩大化；学会使用应急救援设备和防护装备；明确各自救援职责。

台账： 设专人负责，详细记录台账。

1.26.5.2　应急处置措施

（1）应急处理方法

应急人员防护：建议应急处理人员佩戴自给正压式呼吸器，穿防毒服，从上风处进入现场。

疏散隔离：人员迅速从泄漏污染区撤离至上风处，并提醒周边公众进行紧急疏散。立即对泄漏区进行隔离直至气体散尽。

应急行为：在确保安全的情况下，采用关阀、堵漏等措施，尽可能切断泄漏源，合理通风，加速扩散。防止气体通过通风系统扩散或进入限制性空间。

消除方法：喷雾状水抑制蒸气或改变蒸气云流向，避免水流接触泄漏物。禁止用水直接冲击泄漏物或泄漏源。构筑围堤或挖坑收容产生的大量废水。若是液体，用砂土、蛭石或其他惰性材料吸收。若大量泄漏，构筑围堤或挖坑收容。

泄漏容器处置：破损容器要由专业人员处理，修复、检验后再用。

（2）急救措施

吸入：迅速撤离现场至空气新鲜处，保持呼吸道通畅。保持安静，休息，半直立体位，并及时给予医疗护理。如呼吸困难，应给予输氧，必要时进行人工呼吸。如呼吸、心跳停止，应立即进行心肺复苏术并及时就医。密切接触者即使无症状，亦应观察 24～48 h。

皮肤接触：立即脱去被污染的衣物，用大量流动清水彻底冲洗至少 15 min。如发生冻伤，用温水（38～42℃）复温，忌用热水或辐射热，不要揉搓并及时就医。

眼睛接触：立即分开眼睑，用流动清水或生理盐水彻底冲洗 5～10 min 并及时就医。

（3）灭火措施

消防人员防护：须佩戴空气呼吸器、穿全身防火防毒服，站在上风向灭火。

灭火方法：切断气源，尽可能将容器从火场移至空旷处。喷雾状水保持容器冷却，但避免该物质与水接触。喷水保持火场冷却，直至灭火结束。火场中有大量本品泄漏物时，禁用水、泡沫和酸碱灭火剂。

灭火剂：雾状水、二氧化碳、干粉。

1.26.5.3 事后恢复

事故过程中产生的废物经收集鉴定后，处理处置。

1.26.5.4 建议配备的物资

建议配备的物资见表 1.109。

表 1.109 建议配备的物资

物资类别	所需物资
个体防护	防毒面具、空气呼吸器、防火防毒服、橡胶手套、面罩等
应急通讯	对讲机、扩音器等
预警装置	有毒气体报警器
应急监测	有毒气体检测器
应急照明	手电筒等
消防	雾状水、干粉灭火器、二氧化碳灭火器
污染控制	雾状水、砂土、蛭石、事故废水收集池、沙袋、围堰等

参考文献

[1] 国家安全监管总局办公厅. 危险化学品目录（2015 版）实施指南（试行）[S]. 2015.

[2] 国家质量监督检验检疫总局检验监管司，国家质量监督总局进出口化学品安全研究中心，中国检验检疫科学研究院. 欧盟物质和混合物分类、标签和包装法规（CLP）指南[M]. 北京：中国标准出版社，2010.

[3] JIS Z 7253—2019. 基于 GHS 化学品的危害通识　标签和安全数据表[S].

[4] JIS Z 7252—2019. 基于 GHS 的化学品分类[S].

[5] 国家危险化学品安全公共服务互联网平台[DB/OL]. http：//hxp.nrcc.com.cn.

[6] 北京创想安科科技有限公司. MSDS 查询网[DB/OL]. http：//www.somsds.com.

[7] 北京化工研究院环境保护所/计算中心. 国际化学品安全卡（中文版）查询系统[DB/OL]. http：//icsc.brici.ac.cn.

1.27 甲硫醇

1.27.1 基本信息

甲硫醇用于有机合成及喷气机添加剂、杀虫剂的原料、催化剂等。由甲醇和硫化氢作用，或由烯烃和硫化氢作用后分离而得。甲硫醇基本信息见表 1.110。

表 1.110 甲硫醇基本信息

中文名称	甲硫醇
中文别名	硫氢甲烷；甲基氢硫化物；硫代甲醇
英文名称	Methyl mercaptan
英文别名	Methanethiol；Mercaptomethane；Methyl sulfhydrate；Thiomethanol
UN 号	1064
CAS 号	74-93-1
ICSC 号	0299
RTECS 号	PB4375000
EC 号	016-021-00-3
分子式	CH_3SH
分子量	48.1

1.27.2 理化性质

甲硫醇的理化性质见表 1.111。

表 1.111　甲硫醇的理化性质

理化性质	外观与性状	无色气体，有烂菜心气味
	熔点/℃	−123
	沸点/℃	6
	临界温度/℃	197
	临界压力/MPa	7.23
	相对密度/（水=1）	0.9
	相对蒸气密度/（空气=1）	1.66
	溶解性	不溶于水，溶于乙醇、乙醚等
	化学性质	与水、水蒸气、酸类反应产生有毒和易燃气体。与氧化剂接触发生猛烈反应
燃烧爆炸危险性	可燃性	易燃
	闪点/℃	−17.8
	爆炸上限（体积分数）/%	21.8
	爆炸下限（体积分数）/%	3.9
	危险特性	蒸气与空气可形成爆炸性混合物，遇热源、明火、氧化剂有燃烧爆炸的危险
突发环境事件风险物质	临界量/t	5
	类型	涉气风险物质
《全球化学品统一分类和标签制度》（GHS）	中国	易燃气体，类别 1 加压气体 急性毒性，吸入，类别 3 危害水生环境，急性危害，类别 1 危害水生环境，长期危害，类别 1
	欧盟	易燃气体，类别 1 加压气体 急性毒性，类别 3 危害水生环境，急性危险，类别 1 危害水生环境，长期危险，类别 1
	日本	加压气体 急性毒性，吸入，类别 3 皮肤腐蚀/刺激性，类别 2 严重眼损伤/刺激，类别 2 特异性靶器官毒性，一次接触，类别 1 （中枢神经系统，呼吸系统，血液系统），类别 3 （麻醉效应） 特异性靶器官毒性，反复接触，类别 1 （中枢神经系统，呼吸系统） 严重眼损伤/刺激，类别 2A-2B

毒理学参数	急性毒性	LC$_{50}$：675 ppm（大鼠吸入）； 6 530 μg/m³，2 h（小鼠吸入）
	生物毒性	LC$_{50}$：0.55～0.9 mg/L，96 h（鲑鱼）
	毒性终点浓度-1/（mg/m³）	130
	毒性终点浓度-2/（mg/m³）	450

1.27.3 环境行为

甲硫醇具有毒性且与水、水蒸气反应产生有毒和易燃气体，对大气和水体可造成污染。

1.27.4 检测方法及依据

甲硫醇的实验室检测方法见表 1.112。

表 1.112 甲硫醇的实验室检测方法

检测方法	来源	类别
气相色谱-质谱法	《环境空气 挥发性有机物的测定 罐采样/气相色谱-质谱法》(HJ 759—2015)	环境空气
气相色谱法	《空气质量 硫化氢、甲硫醇、甲硫醚和二甲二硫的测定 气相色谱法》（GB/T 14678—93）	环境空气
气相色谱-质谱法	《固定污染源废气 甲硫醇等 8 种含硫有机化合物的测定 气袋采样-预浓缩/气相色谱-质谱法》(HJ 1078—2019)	固定污染源废气

1.27.5 事故预防及应急处置措施

1.27.5.1 预防措施

（1）预警措施

监控预警： 在生产区域或厂界布置甲硫醇泄漏监控预警系统。

（2）防控措施

储存区：甲硫醇储存区域设置防渗漏、防腐蚀、防淋溶、防流失等措施。

收集措施：设置应急事故水池、事故存液池或清净废水排放缓冲池等事故排水收集设施。

措施要求：针对环境风险单元设置的截流措施、收集措施，结合企事业单位实际情况，参照《化工建设项目环境保护工程设计标准》（GB/T 50483—2019）、《储罐区防火堤设计规范》（GB 50351—2014）、《石油化工企业设计防火标准》（GB 50160—2008）、《事故状态下水体污染的预防与控制技术要求》（Q/SY 1190—2013）等技术规范进行设置；收集措施除参照上述技术规范设计外，还需参照《石油化工污水处理设计规范》（GB 50747—2012）、《石油化工给水排水系统设计规范》（SH/T 3015—2019）等技术规范进行设置。

（3）日常管理

定期巡检及维护：设置专职或兼职人员进行日常检查及维护，包括定期检查设备运行情况、定期检查及补充应急物资、定期检查应急设施、定期检查管线及阀门等情况。日常确保截流措施阀门处于正常状态，同时保持收集设施的缓冲容量，确保收集设施在事故状态下能够顺利收集事故废水。

培训及演练：定期组织培训及演练，针对公司实际情况，熟悉如何有效地控制事故，避免事故失控和扩大化；学会使用应急救援设备和防护装备；明确各自救援职责。

台账：设专人负责，详细记录台账。

1.27.5.2　应急处置措施

（1）应急处理方法

应急人员防护：建议应急处理人员佩戴自给正压式呼吸器，穿防毒服，从上风处进入现场。

疏散隔离：人员迅速从泄漏污染区撤离至上风处，并提醒周边公众进行紧急

疏散。立即对泄漏区进行隔离直至气体散尽。

应急行为：在确保安全的情况下，采用关阀、堵漏等措施，尽可能切断泄漏源，合理通风，加速扩散。防止气体通过通风系统扩散或进入限制性空间。

消除方法：用砂土、惰性物质或蛭石吸收大量液体。隔离泄漏区直至气体散尽。可考虑引燃漏出气，以消除有毒气体的影响。

泄漏容器处置：破损容器要由专业人员处理，修复、检验后再用。

（2）急救措施

吸入：迅速撤离现场至空气新鲜处，保持呼吸道通畅，休息。如呼吸困难，应给予输氧，必要时进行人工呼吸。如呼吸、心跳停止，应立即进行心肺复苏术并及时就医。密切接触者即使无症状，亦应观察 24～48 h。

皮肤接触：立即脱去被污染的衣物，用大量流动清水彻底冲洗至少 15 min。冻伤时，用大量清水冲洗，不要脱去衣服并及时就医。

眼睛接触：立即分开眼睑，用流动清水或生理盐水彻底冲洗 5～10 min 并及时就医。

（3）灭火措施

消防人员防护：须佩戴空气呼吸器、穿全身防火防毒服，站在上风向灭火。

灭火方法：切断气源，如对周围环境无危险，让火自行燃尽，不允许熄灭泄漏处的火焰。尽可能将容器从火场移至空旷处。喷雾状水保持容器冷却，但避免该物质与水接触。喷水保持火场冷却，直至灭火结束。

灭火剂：雾状水、抗溶性泡沫、干粉、二氧化碳。

1.27.5.3　事后恢复

事故过程中产生的废物经收集鉴定后，处理处置。

1.27.5.4　建议配备的物资

建议配备的物资见表 1.113。

表 1.113　建议配备的物资

物资类别	所需物资
个体防护	防毒面具、空气呼吸器、防火防毒服、橡胶手套、面罩等
应急通讯	对讲机、扩音器等
预警装置	有毒气体报警器
应急监测	有毒气体检测器
应急照明	手电筒等
消防	雾状水、二氧化碳灭火器、干粉灭火器、泡沫灭火器
污染控制	砂土、蛭石、事故废水收集池、沙袋、围堰等

参考文献

[1]　国家安全监管总局办公厅. 危险化学品目录（2015 版）实施指南（试行）[S]. 2015.

[2]　国家质量监督检验检疫总局检验监管司，国家质量监督总局进出口化学品安全研究中心，中国检验检疫科学研究院. 欧盟物质和混合物分类、标签和包装法规（CLP）指南[M]. 北京：中国标准出版社，2010.

[3]　JIS Z 7253—2019. 基于 GHS 化学品的危害通识　标签和安全数据表[S].

[4]　JIS Z 7252—2019. 基于 GHS 的化学品分类[S].

[5]　国家危险化学品安全公共服务互联网平台[DB/OL]. http：//hxp.nrcc.com.cn.

[6]　北京创想安科科技有限公司. MSDS 查询网[DB/OL]. http：//www.somsds.com.

[7]　北京化工研究院环境保护所/计算中心. 国际化学品安全卡（中文版）查询系统[DB/OL]. http：//icsc.brici.ac.cn.

1.28　氨气

1.28.1　基本信息

氨气在高温时会分解成氮气和氢气，有还原作用。有催化剂存在时可被氧化成一氧化氮。用于制液氮、氨水、硝酸、铵盐和胺类等。氨气基本信息见表 1.114。

表 1.114　氨气基本信息

中文名称	氨气
英文名称	Ammonia
CAS 号	7664-41-7
ICSC 号	0414
RTECS 号	BO0875000
EC 号	007-001-00-5
分子式	NH₃
分子量	17.03

1.28.2　理化性质

氨气的理化性质见表 1.115。

表 1.115　氨气的理化性质

	外观与性状	无色有刺激性恶臭的气体，易被液化成无色的液体
理化性质	熔点/℃	−77.7
	沸点/℃	−33.5
	临界温度/℃	132.5
	临界压力/MPa	11.40
	相对密度/（水=1）	0.82（−79℃）
	相对蒸气密度/（空气=1）	0.6
	溶解性	易溶于水、乙醇、乙醚
	化学性质	与水和酸反应，在纯氧中燃烧；与氟、氯等接触会发生剧烈的化学反应
燃烧爆炸危险性	可燃性	易燃
	自燃温度/℃	651
	爆炸上限（体积分数）/%	27.4
	爆炸下限（体积分数）/%	15.7
	危险特性	与空气混合能形成爆炸性混合物。遇明火、高热能引起燃烧爆炸。若遇高热，容器内压增大，有开裂和爆炸的危险
突发环境事件风险物质	临界量/t	5
	类型	涉气风险物质、涉水风险物质

《全球化学品统一分类和标签制度》（GHS）	中国	易燃气体，类别 2 加压气体 急性毒性，吸入，类别 3 皮肤腐蚀/刺激，类别 1B 严重眼损伤/眼刺激，类别 1 危害水生环境，急性危害，类别 1
	欧盟	易燃气体，类别 2 加压气体 急性毒性，类别 3 皮肤腐蚀性，类别 1B 危害水生环境，急性危险，类别 1
毒理学参数	急性毒性	LC_{50}：1 390 mg/m^3，4 h（大鼠吸入） LD_{50}：350 mg/kg（大鼠经口）
	毒性终点浓度-1/（mg/m^3）	770
	毒性终点浓度-2/（mg/m^3）	110

1.28.3 环境行为

氨气对大气环境具有较大的污染，在风力的作用下，氨气随风飘移，造成大范围的空气污染，对人畜产生危害。如果液氨大量泄漏流到河流、湖泊、水库等水域，则会造成水污染，严重时该水域的水未经处理则不能使用。

1.28.4 检测方法及依据

氨气的现场应急监测方法及实验室检测方法见表 1.116 和表 1.117。

表 1.116　氨气的现场应急监测方法

监测方法	来源	类别
检测试纸法	《环境污染事件应急处理技术》	空气
气体检测管法		空气
便携式电化学传感器法		空气
电化学传感器法	《环境空气　氯气等有毒有害气体的应急监测　电化学传感器法》（HJ 872—2017）	环境空气

监测方法	来源	类别
气体速测管	《环境空气　氯气等有毒有害气体的应急监测　比长式检测管法》(HJ 871—2017)	环境空气
傅里叶红外仪法	《环境空气　无机有害气体的应急监测　便携式傅里叶红外仪法》(HJ 920—2017)	环境空气

表 1.117　氨气的实验室检测方法

检测方法	来源	类别
离子选择电极法	《空气质量　氨的测定　离子选择电极法》(GB/T 14669—93)	空气
分光光度法	《环境空气和废气氨的测定　纳氏试剂分光光度法》(HJ 533—2009)	环境空气和废气
离子色谱法	《环境空气　氨、甲胺、二甲胺和三甲胺的测定　离子色谱法》(HJ 1076—2019)	环境空气
分光光度法	《公共场所卫生检验方法　第 2 部分:化学污染物(8.2 纳氏试剂分光光度法)》(GB/T 18204.2—2014)	空气
	《公共场所卫生检验方法　第 2 部分:化学污染物(8.1 靛酚蓝分光光度法)》(GB/T 18204.2—2014)	空气

1.28.5　事故预防及应急处置措施

1.28.5.1　预防措施

(1) 预警措施

监控预警: 在生产区域或厂界布置氨气泄漏监控预警系统。

(2) 防控措施

储存区: 氨气储存区域设置防渗漏、防腐蚀、防淋溶、防流失等措施。

收集措施: 设置应急事故水池、事故存液池或清净废水排放缓冲池等事故排水收集设施。

措施要求： 针对环境风险单元设置的截流措施、收集措施，结合企事业单位实际情况，参照《化工建设项目环境保护工程设计标准》（GB/T 50483—2019）、《储罐区防火堤设计规范》（GB 50351—2014）、《石油化工企业设计防火标准》（GB 50160—2008）、《事故状态下水体污染的预防与控制技术要求》（Q/SY 1190—2013）等技术规范进行设置；收集措施除参照上述技术规范设计外，还需参照《石油化工污水处理设计规范》（GB 50747—2012）、《石油化工给水排水系统设计规范》（SH/T 3015—2019）等技术规范进行设置。

（3）日常管理

定期巡检及维护： 设置专职或兼职人员进行日常检查及维护，包括定期检查设备运行情况、定期检查及补充应急物资、定期检查应急设施、定期检查管线及阀门等情况。日常确保截流措施阀门处于正常状态，同时保持收集设施的缓冲容量，确保收集设施在事故状态下能够顺利收集事故废水。

培训及演练： 定期组织培训及演练，针对公司实际情况，熟悉如何有效地控制事故，避免事故失控和扩大化；学会使用应急救援设备和防护装备；明确各自救援职责。

台账： 设专人负责，详细记录台账。

1.28.5.2　应急处置措施

（1）应急处理方法

应急人员防护： 建议应急处理人员佩戴自给正压式呼吸器，穿防毒服，从上风处进入现场。

疏散隔离： 人员迅速从泄漏污染区撤离至上风处，并提醒周边公众进行紧急疏散。立即对泄漏区进行隔离直至气体散尽。

应急行为： 在确保安全的情况下，采用关阀、堵漏等措施，尽可能切断泄漏源，合理通风，加速扩散。防止气体通过通风系统扩散或进入限制性空间。

消除方法： 若可能翻转容器，使之逸出气体而非液体。喷雾状水稀释、溶解，同时构筑围堤或挖坑收容产生的大量废水。如果钢瓶发生泄漏，无法关闭时可浸入水中。储罐区最好设稀酸喷洒设施。

泄漏容器处置：破损容器要由专业人员处理，修复、检验后再用。

（2）急救措施

吸入：迅速撤离现场至空气新鲜处，保持呼吸道通畅。保持安静，休息，半直立体位，并及时给予医疗护理。如呼吸困难，应给予输氧，必要时进行人工呼吸。如呼吸、心跳停止，应立即进行心肺复苏术并及时就医。密切接触者即使无症状，亦应观察 24～48 h。

皮肤接触：立即脱去被污染的衣物，用大量流动清水彻底冲洗至少 15 min。冻伤时，用大量清水冲洗，不要脱掉衣服并及时就医。

眼睛接触：立即分开眼睑，用流动清水或生理盐水彻底冲洗 5～10 min 并及时就医。

（3）灭火措施

消防人员防护：须佩戴空气呼吸器、穿全身防火防毒服，站在上风向灭火。

灭火方法：切断气源，若不能立即切断气源，则不允许熄灭泄漏处的火焰。尽可能将容器从火场移至空旷处。喷雾状水保持容器冷却，但避免该物质与水接触。喷水保持火场冷却，直至灭火结束。周围环境着火时，允许使用各种灭火剂。

灭火剂：雾状水、抗溶性泡沫、二氧化碳。

1.28.5.3　事后恢复

事故过程中产生的废物经收集鉴定后，处理处置。

1.28.5.4　建议配备的物资

建议配备的物资见表 1.118。

表 1.118　建议配备的物资

物资类别	所需物资
个体防护	防毒面具、空气呼吸器、防毒服、橡胶手套、面罩等
应急通讯	对讲机、扩音器等
预警装置	有毒气体报警器
应急监测	有毒气体检测器
应急照明	手电筒等
消防	雾状水、二氧化碳灭火器、泡沫灭火器
污染控制	雾状水、事故废水收集池、沙袋、围堰等

参考文献

[1]　国家安全监管总局办公厅. 危险化学品目录（2015 版）实施指南（试行）[S]. 2015.

[2]　国家质量监督检验检疫总局检验监管司，国家质量监督总局进出口化学品安全研究中心，中国检验检疫科学研究院. 欧盟物质和混合物分类、标签和包装法规（CLP）指南[M]. 北京：中国标准出版社，2010.

[3]　吕小明，刘军. 环境污染事件应急处理技术[M]. 北京：中国环境出版社，2012.

[4]　JIS Z 7253—2019. 基于 GHS 化学品的危害通识　标签和安全数据表[S].

[5]　JIS Z 7252—2019. 基于 GHS 的化学品分类[S].

[6]　国家危险化学品安全公共服务互联网平台[DB/OL]. http：//hxp.nrcc.com.cn.

[7]　北京创想安科科技有限公司. MSDS 查询网[DB/OL]. http：//www.somsds.com.

1.29　溴甲烷

1.29.1　基本信息

溴甲烷常用于植物保护作为杀虫剂、杀菌剂、土壤熏蒸剂和谷物熏蒸剂。

也用作木材防腐剂、低沸点溶剂、有机合成原料和制冷剂等。溴甲烷基本信息
见表 1.119。

表 1.119 溴甲烷基本信息

中文名称	溴甲烷
中文别名	甲基溴；代甲烷；一溴甲烷
英文名称	Methyl bromide
英文别名	Bromomethane；Monobromomethane
UN 号	1062
CAS 号	74-83-9
ICSC 号	0109
RTECS 号	PA4900000
EC 号	602-002-00-2
分子式	CH_3Br
分子量	94.9

1.29.2 理化性质

溴甲烷的理化性质见表 1.120。

表 1.120 溴甲烷的理化性质

	外观与性状	无色无味的气体
理化性质	熔点/℃	−93.6
	沸点/℃	3.6
	临界温度/℃	194
	相对密度/（水=1）	1.72
	相对蒸气密度/（空气=1）	3.27
	溶解性	不溶于水，溶于乙醇、乙醚、氯仿等多数有机溶剂
	化学性质	与活性金属粉末（如镁、铝等）能发生反应，引起分解；腐蚀铝、镁和它们的合金

燃烧爆炸危险性	可燃性	易燃
	闪点/℃	−40
	自燃温度/℃	537
	爆炸上限（体积分数）/%	16.0
	爆炸下限（体积分数）/%	10.0
	危险特性	与空气混合能形成爆炸性混合物。遇明火、高温以及铝粉、二甲亚砜有燃烧爆炸的危险。碱性金属接触受冲击时会着火燃烧。在火焰中释放出刺激性或有毒烟雾（或气体）
突发环境事件风险物质	临界量/t	7.5
	类型	涉气风险物质
《全球化学品统一分类和标签制度》（GHS）	中国	加压气体 急性毒性，经口，类别3 急性毒性，吸入，类别3 皮肤腐蚀/刺激，类别2 严重眼损伤/眼刺激，类别2 生殖细胞致突变性，类别2 特异性靶器官毒性，一次接触，类别3（呼吸道刺激） 特异性靶器官毒性，反复接触，类别2 危害水生环境，急性危害，类别1 危害臭氧层，类别1 急性毒性，经口，类别3 急性毒性，吸入，类别3 皮肤腐蚀/刺激，类别2 严重眼损伤/眼刺激，类别2 生殖细胞致突变性，类别2 致癌性，类别1B 特异性靶器官毒性，一次接触，类别3（呼吸道刺激） 危害水生环境，急性危害，类别2
	欧盟	加压气体 生殖细胞致突变性，类别2 急性毒性，类别3 急性毒性，类别3 特异性靶器官毒性，一次接触，类别3 特异性靶器官毒性，反复接触，类别2 皮肤刺激性，类别2 眼刺激性，类别2 危害水生环境，急性危险，类别1 危害臭氧层，类别1

《全球化学品统一分类和标签制度》（GHS）	日本	加压气体 急性毒性，经口，类别 3 急性毒性，吸入，类别 3 皮肤腐蚀/刺激性，类别 2 严重眼损伤/刺激，类别 2B 生殖细胞致突变性，类别 2 生殖毒性，类别 2 特异性靶器官毒性，一次接触，类别 1 （神经系统，呼吸系统，肝脏，肾，消化系统） 特异性靶器官毒性，反复接触，类别 1 （神经系统，心脏，血液） 危害水生环境，急性危险，类别 1 危害水生环境，长期危险，类别 1 危害臭氧层，类别 1 易燃气体，类别 1
毒理学参数	急性毒性	LD_{50}：214 mg/kg（大鼠经口）； LC_{50}：302 ppm，8 h（大鼠吸入）； 1 540 mg/m^3，2 h（小鼠吸入）
	毒性终点浓度-1/（mg/m^3）	2 900
	毒性终点浓度-2/（mg/m^3）	810

1.29.3　环境行为

溴甲烷是一种消耗臭氧层的物质，挥发性高，空气中可达较高浓度。与空气混合能形成爆炸性混合物。遇明火、高热有燃烧爆炸的危险，燃烧（分解）产物为一氧化碳、二氧化碳、溴化氢，对大气具有较大污染。

1.29.4　检测方法及依据

溴甲烷的实验室检测方法见表 1.121。

表 1.121　溴甲烷的实验室检测方法

检测方法	来源	类别
气相色谱-质谱法	《环境空气　挥发性有机物的测定　罐采样/气相色谱-质谱法》（HJ 759—2015）	空气
气相色谱-质谱法	《固定污染源废气　挥发性有机物的测定　固相吸附-热脱附/气相色谱-质谱法》（HJ 734—2014）	固定污染源废气
气相色谱法	《环境空气　挥发性卤代烃的测定　活性炭吸附-二硫化碳解吸/气相色谱法》（HJ 645—2013）	空气
顶空气相色谱法	《水质　挥发性卤代烃的测定　顶空气相色谱法》（HJ 620—2011）	水质
气相色谱-质谱法	《土壤和沉积物　挥发性卤代烃的测定　吹扫捕集/气相色谱-质谱法》（HJ 735—2015）	土壤和沉积物
气相色谱-质谱法	《土壤和沉积物　挥发性卤代烃的测定　顶空/气相色谱-质谱法》（HJ 736—2015）	土壤和沉积物
气相色谱法	《车间空气中溴甲烷的直接进样气相色谱测定方法》（GB/T 16084—1995）	车间空气

1.29.5　事故预防及应急处置措施

1.29.5.1　预防措施

（1）预警措施

监控预警： 在生产区域或厂界布置溴甲烷泄漏监控预警系统。

（2）防控措施

储存区： 溴甲烷储存区域设置防渗漏、防腐蚀、防淋溶、防流失等措施。

收集措施： 设置应急事故水池、事故存液池或清净废水排放缓冲池等事故排水收集设施。

措施要求： 针对环境风险单元设置的截流措施、收集措施，结合企事业单位实际情况，参照《化工建设项目环境保护工程设计标准》（GB/T 50483—2019）、

《储罐区防火堤设计规范》（GB 50351—2014）、《石油化工企业设计防火标准》（GB 50160—2008）、《事故状态下水体污染的预防与控制技术要求》（Q/SY 1190—2013）等技术规范进行设置；收集措施除参照上述技术规范设计外，还需参照《石油化工污水处理设计规范》（GB 50747—2012）、《石油化工给水排水系统设计规范》（SH/T 3015—2019）等技术规范进行设置。

（3）日常管理

定期巡检及维护：设置专职或兼职人员进行日常检查及维护，包括定期检查设备运行情况、定期检查及补充应急物资、定期检查应急设施、定期检查管线及阀门等情况。日常确保截流措施阀门处于正常状态，同时保持收集设施的缓冲容量，确保收集设施在事故状态下能够顺利收集事故废水。

培训及演练：定期组织培训及演练，针对公司实际情况，熟悉如何有效地控制事故，避免事故失控和扩大化；学会使用应急救援设备和防护装备；明确各自救援职责。

台账：设专人负责，详细记录台账。

1.29.5.2 应急处置措施

（1）应急处理方法

应急人员防护：建议应急处理人员佩戴自给正压式呼吸器，穿防毒服，从上风处进入现场。

疏散隔离：人员迅速从泄漏污染区撤离至上风处，并提醒周边公众进行紧急疏散。立即对泄漏区进行隔离直至气体散尽。

应急行为：在确保安全的情况下，采用关阀、堵漏等措施，尽可能切断泄漏源，合理通风，加速扩散。防止气体通过通风系统扩散或进入限制性空间。

消除方法：喷雾状水抑制蒸气或改变蒸气云流向，避免水流接触泄漏物。禁止用水直接冲击泄漏物或泄漏源。

泄漏容器处置：破损容器要妥善由专业人员处理，修复、检验后再用。

（2）急救措施

吸入： 迅速撤离现场至空气新鲜处，保持呼吸道通畅。保持安静，休息，半直立体位，并及时给予医疗护理。如呼吸困难，应给予输氧，必要时进行人工呼吸。如呼吸、心跳停止，应立即进行心肺复苏术并及时就医。密切接触者即使无症状，亦应观察 24～48 h。

皮肤接触： 立即脱去被污染的衣物，用大量流动清水彻底冲洗至少 15 min。冻伤时，用大量清水冲洗，不要脱去衣服并及时就医。

眼睛接触： 立即分开眼睑，用流动清水或生理盐水彻底冲洗 5～10 min 并及时就医。

食入： 漱口，饮水并及时就医。

（3）灭火措施

消防人员防护： 须佩戴空气呼吸器、穿全身防火防毒服，站在上风向灭火。

灭火方法： 切断气源，若不能立即切断气源，则不允许熄灭泄漏处的火焰。尽可能将容器从火场移至空旷处。喷雾状水保持容器冷却，但避免该物质与水接触。喷水保持火场冷却，直至灭火结束。

灭火剂： 雾状水、泡沫、二氧化碳。

1.29.5.3　事后恢复

事故过程中产生的废物经收集鉴定后，处理处置。

1.29.5.4　建议配备的物资

建议配备的物资见表 1.122。

表 1.122　建议配备的物资

物资类别	所需物资
个体防护	防毒面具、空气呼吸器、防火防毒服、橡胶手套、面罩等
应急通讯	对讲机、扩音器等

物资类别	所需物资
预警装置	有毒气体报警器
应急监测	有毒气体检测器
应急照明	手电筒等
消防	雾状水、二氧化碳灭火器、泡沫灭火器
污染控制	雾状水、事故废水收集池、沙袋、围堰等

参考文献

[1] 国家安全监管总局办公厅. 危险化学品目录（2015 版）实施指南（试行）[S]. 2015.

[2] 国家质量监督检验检疫总局检验监管司，国家质量监督总局进出口化学品安全研究中心，中国检验检疫科学研究院. 欧盟物质和混合物分类、标签和包装法规（CLP）指南[M]. 北京：中国标准出版社，2010.

[3] JIS Z 7253—2019. 基于 GHS 化学品的危害通识　标签和安全数据表[S].

[4] JIS Z 7252—2019. 基于 GHS 的化学品分类[S].

[5] 国家危险化学品安全公共服务互联网平台[DB/OL]. http：//hxp.nrcc.com.cn.

[6] 北京创想安科科技有限公司. MSDS 查询网[DB/OL]. http：//www.somsds.com.

[7] 北京化工研究院环境保护所/计算中心. 国际化学品安全卡（中文版）查询系统[DB/OL]. http：//icsc.brici.ac.cn.

1.30　环氧乙烷

1.30.1　基本信息

环氧乙烷被广泛地应用于洗涤、制药、印染等行业，在化工相关产业可作为清洁剂的起始剂。环氧乙烷基本信息见表 1.123。

表 1.123　环氧乙烷基本信息

中文名称	环氧乙烷
中文别名	氧化乙烯；1,2-环氧乙烷
英文名称	Epoxyethane
英文别名	Ethylene oxide；Dimethylene oxide；1,2-epoxyethane；Oxirane
UN 号	1040
CAS 号	75-21-8
ICSC 号	0155
RTECS 号	KX2450000
EC 号	603-023-00-X
分子式	C_2H_4O
分子量	44.05

1.30.2　理化性质

环氧乙烷的理化性质见表 1.124。

表 1.124　环氧乙烷的理化性质

	外观与性状	常温下为无色气体，低温时为无色易流动液体
理化性质	熔点/℃	111.3
	沸点/℃	10.7
	临界温度/℃	195.8
	临界压力/MPa	7.19
	相对密度/（水=1）	0.87
	相对蒸气密度/（空气=1）	1.5
	溶解性	易溶于水以及乙醇、乙醚等有机溶剂
	化学性质	化学性质非常活泼，能与许多化合物发生开环加成反应。环氧乙烷能还原硝酸银。受热后易聚合，在有金属盐类或氧的存在下能分解
燃烧爆炸危险性	可燃性	易燃
	闪点/℃	<-18
	爆炸上限（体积分数）/%	3
	爆炸下限（体积分数）/%	100

燃烧爆炸危险性	危险特性	蒸气能与空气形成范围广阔的爆炸性混合物，遇高热和明火有燃烧爆炸危险。蒸气比空气重，能在较低处扩散到相当远的地方，遇火源会着火回燃和爆炸。与空气的混合物快速压缩时，易发生爆炸
突发环境事件风险物质	临界量/t	7.5
	类型	涉气风险物质、涉水风险物质
《全球化学品统一分类和标签制度》（GHS）	中国	易燃气体，类别 1 化学不稳定性气体，类别 A 加压气体 急性毒性，吸入，类别 3 皮肤腐蚀/刺激，类别 2 严重眼损伤/眼刺激，类别 2 生殖细胞致突变性，类别 1B 致癌性，类别 1A 特异性靶器官毒性，一次接触，类别 3 （呼吸道刺激） 易燃液体，类别 1 急性毒性，经口，类别 3 急性毒性，经皮，类别 3 急性毒性，吸入，类别 3 皮肤腐蚀/刺激，类别 2 严重眼损伤/眼刺激，类别 2 生殖细胞致突变性，类别 1B 致癌性，类别 1A 特异性靶器官毒性，一次接触，类别 3 （呼吸道刺激）
	欧盟	易燃气体，类别 1 加压气体 致癌性，类别 1B 生殖细胞致突变性，类别 1B 急性毒性，类别 3 特异性靶器官毒性，一次接触，类别 3 皮肤刺激性，类别 2 眼刺激性，类别 2

《全球化学品统一分类和标签制度》（GHS）	日本	加压气体 急性毒性，经口，类别 3 急性毒性，吸入，类别 3 皮肤腐蚀/刺激性，类别 2 严重眼损伤/刺激，类别 2A 皮肤致敏物，类别 1 生殖细胞致突变性，类别 1B 致癌性，类别 1A 生殖毒性，类别 1B 特异性靶器官毒性，一次接触，类别 1 （中枢神经系统） 类别 3（刺激呼吸道） 特异性靶器官毒性，反复接触，类别 1 （神经系统） 类别 2（血液，肾，呼吸道） 危害水生环境，急性危险，类别 3 遇水放出易燃气体的物质
毒理学参数	毒性终点浓度-1/（mg/m³）	360
	毒性终点浓度-2/（mg/m³）	810

1.30.3 环境行为

环氧乙烷是一种有毒的致癌物质，易燃易爆，与水可以任何比例混溶，对大气和水体都具有一定的危害性。

1.30.4 检测方法及依据

环氧乙烷的实验室检测方法见表 1.125。

表 1.125 环氧乙烷的实验室检测方法

检测方法	来源	类别
直接进样-气相色谱法	《车间空气中环氧乙烷的直接进样气相色谱测定方法》（GB/T 16074—1995）	车间空气

1.30.5 事故预防及应急处置措施

1.30.5.1 预防措施

（1）预警措施

监控预警：在生产区域或厂界布置环氧乙烷泄漏监控预警系统。

（2）防控措施

储存区：环氧乙烷储存区域设置防渗漏、防腐蚀、防淋溶、防流失等措施。

收集措施：设置应急事故水池、事故存液池或清净废水排放缓冲池等事故排水收集设施。

措施要求：针对环境风险单元设置的截流措施、收集措施，结合企事业单位实际情况，参照《化工建设项目环境保护工程设计标准》（GB/T 50483—2019）、《储罐区防火堤设计规范》（GB 50351—2014）、《石油化工企业设计防火标准》（GB 50160—2008）、《事故状态下水体污染的预防与控制技术要求》（Q/SY 1190—2013）等技术规范进行设置；收集措施除参照上述技术规范设计外，还需参照《石油化工污水处理设计规范》（GB 50747—2012）、《石油化工给水排水系统设计规范》（SH/T 3015—2019）等技术规范进行设置。

（3）日常管理

定期巡检及维护：设置专职或兼职人员进行日常检查及维护，包括定期检查设备运行情况、定期检查及补充应急物资、定期检查应急设施、定期检查管线及阀门等情况。日常确保截流措施阀门处于正常状态，同时保持收集设施的缓冲容量，确保收集设施在事故状态下能够顺利收集事故废水。

培训及演练：定期组织培训及演练，针对公司实际情况，熟悉如何有效地控制事故，避免事故失控和扩大化；学会使用应急救援设备和防护装备；明确各自救援职责。

台账：设专人负责，详细记录台账。

1.30.5.2 应急处置措施

（1）应急处理方法

应急人员防护：建议应急处理人员佩戴自给正压式呼吸器，穿防毒服，从上风处进入现场。

疏散隔离：人员迅速从泄漏污染区撤离至上风处，并提醒周边公众进行紧急疏散。立即对泄漏区进行隔离直至气体散尽。

应急行为：在确保安全的情况下，采用关阀、堵漏等措施，尽可能切断泄漏源，合理通风，加速扩散。防止气体通过通风系统扩散或进入限制性空间。

消除方法：喷雾状水稀释、溶解，构筑围堤或挖坑收容产生的大量废水。禁止用水直接冲击泄漏物或泄漏源。如有可能，将漏出气体用排风机送至空旷地方或装设适当喷头烧掉。

泄漏容器处置：破损容器要由专业人员处理，修复、检验后再用。

（2）急救措施

吸入：迅速撤离现场至空气新鲜处，保持呼吸道通畅。保持安静，休息。如呼吸困难，应给予输氧。如呼吸、心跳停止，应立即进行心肺复苏术并及时就医。密切接触者即使无症状，亦应观察 24～48 h。

皮肤接触：立即脱去被污染的衣物，用大量流动清水彻底冲洗至少 15 min。如发生冻伤，用温水（38～42℃）复温，忌用热水或辐射热，不要揉搓并及时就医。

眼睛接触：立即分开眼睑，用流动清水或生理盐水彻底冲洗 5～10 min 并及时就医。

（3）灭火措施

消防人员防护：须佩戴空气呼吸器、穿全身防火防毒服，站在上风向灭火。

灭火方法：切断气源。如对周围环境无危险，让火自行燃尽，不允许熄灭泄漏处的火焰。尽可能将容器从火场移至空旷处。喷雾状水保持容器冷却，但避免该物质与水接触。喷水保持火场冷却，直至灭火结束。

灭火剂： 雾状水、抗溶性泡沫、干粉、二氧化碳。

1.30.5.3 事后恢复

事故过程中产生的废物经收集鉴定后，处理处置。

1.30.5.4 建议配备的物资

建议配备的物资见表 1.126。

表 1.126 建议配备的物资

物资类别	所需物资
个体防护	防毒面具、空气呼吸器、防火防毒服、橡胶手套、面罩等
应急通讯	对讲机、扩音器等
预警装置	有毒气体报警器
应急监测	有毒气体检测器
应急照明	手电筒等
消防	雾状水、二氧化碳灭火器、干粉灭火器、泡沫灭火器
污染控制	雾状水、事故废水收集池、沙袋、围堰等

参考文献

[1] 国家安全监管总局办公厅. 危险化学品目录（2015 版）实施指南（试行）[S]. 2015.

[2] 国家质量监督检验检疫总局检验监管司，国家质量监督总局进出口化学品安全研究中心，中国检验检疫科学研究院. 欧盟物质和混合物分类、标签和包装法规（CLP）指南[M]. 北京：中国标准出版社，2010.

[3] JIS Z 7253—2019. 基于 GHS 化学品的危害通识 标签和安全数据表[S].

[4] JIS Z 7252—2019. 基于 GHS 的化学品分类[S].

[5] 国家危险化学品安全公共服务互联网平台[DB/OL]. http：//hxp.nrcc.com.cn.

[6] 北京创想安科科技有限公司. MSDS 查询网[DB/OL]. http：//www.somsds.com.

[7] 北京化工研究院环境保护所/计算中心. 国际化学品安全卡（中文版）查询系统[DB/OL]. http：//icsc.brici.ac.cn.

1.31 二氯丙烷

1.31.1 基本信息

二氯丙烷主要用于配制油漆、油墨、稀释剂及 PVC 胶粘剂，是一种优良的有机溶剂，可替代二甲苯等苯类的有关用途，用于制作无苯香蕉水、天那水、聚胺脂稀释剂等，与苯、酮、酯等有机溶剂相溶。作为氯醇法生产 PO 的副产物，用于稀料生产的主要原料，用作油漆稀释剂。由于低毒、环保等特性，因此可代替甲苯、二甲苯，广泛用于无苯天那水、无苯胶水、无苯油漆等。二氯丙烷基本信息见表 1.127。

表 1.127　二氯丙烷基本信息

中文名称	二氯丙烷
中文别名	1,2-二氯丙烷
英文名称	Propylene dichloride
英文别名	1,2-dichloropropane
UN 号	1279
CAS 号	78-87-5
ICSC 号	0441
RTECS 号	TX9625000
EC 号	602-020-00-0
分子式	$C_3H_6Cl_2$
分子量	112.9

1.31.2 理化性质

二氯丙烷的理化性质见表 1.128。

表 1.128 二氯丙烷的理化性质

理化性质	外观与性状	无色气体，有特殊气味
	熔点/℃	−100
	沸点/℃	96
	相对密度/（水=1）	1.16
	相对蒸气密度/（空气=1）	3.9
	溶解性	不溶于水，易溶于丙酮、乙醚等大多数有机溶剂
	化学性质	与氧化剂能发生强烈反应
燃烧爆炸危险性	可燃性	易燃
	闪点/℃	32
	危险特性	遇明火、高热易燃；极端条件下受热分解能放出剧毒的光气
突发环境事件风险物质	临界量/t	7.5
	类型	涉气风险物质
《全球化学品统一分类和标签制度》（GHS）	中国	易燃液体，类别 2
	欧盟	易燃液体，类别 2 致癌性，类别 1B 急性毒性，类别 4 急性毒性，类别 4
	日本	易燃液体，类别 2
毒理学参数	急性毒性	LD$_{50}$: 2 196 mg/kg（大鼠经口）；8 750 mg/kg（兔经皮）；860 mg/kg（小鼠经口）
	亚急性和慢性毒性	小鼠吸入 1.85 g/m^3，4～7 h（2～12 次），肝细胞轻度脂肪变性；大鼠吸入 4.4 g/m^3，7 h（6～32 次），半数动物死亡
	毒性终点浓度-1/（mg/m^3）	9 200
	毒性终点浓度-2/（mg/m^3）	1 000

1.31.3 环境行为

二氯丙烷蒸气与空气形成爆炸性混合物，遇明火、高热易引起燃烧爆炸，受高热分解产生有毒的腐蚀性气体。有害燃烧产物有一氧化碳、二氧化碳、氯化氢，极端反应条件下会产生少量光气，对大气具有较大的污染。

1.31.4 检测方法及依据

二氯丙烷的现场应急监测方法及实验室检测方法见表 1.129 和表 1.130。

表 1.129　二氯丙烷的现场应急监测方法

监测方法	来源	类别
便携式气相色谱-质谱法	《固定污染源废气　挥发性有机物的测定　便携式气相色谱-质谱法》（征求意见稿）	固定污染源废气
便携式气相色谱-质谱法	《环境空气　挥发性有机物的测定　便携式气相色谱-质谱法》（征求意见稿）	环境空气

表 1.130　二氯丙烷的实验室检测方法

检测方法	来源	类别
气相色谱-质谱法	《环境空气　挥发性有机物的测定　罐采样/气相色谱-质谱法》（HJ 759—2015）	空气
气相色谱-质谱法	《固定污染源废气　挥发性有机物的测定　固相吸附-热脱附/气相色谱-质谱法》（HJ 734—2014）	固定污染源废气
气相色谱法	《环境空气　挥发性卤代烃的测定　活性炭吸附-二硫化碳解吸/气相色谱法》（HJ 645—2013）	空气
气相色谱-质谱法	《环境空气　挥发性有机物的测定　吸附管采样-热脱附/气相色谱-质谱法》（HJ 644—2013）	空气
气相色谱-质谱法	《水质　挥发性有机物的测定　吹扫捕集/气相色谱-质谱法》（HJ 639—2012）	水质

检测方法	来源	类别
气相色谱-质谱法	《水质 挥发性有机物的测定 顶空/气相色谱-质谱法》（HJ 810—2016）	水质
气相色谱-质谱法	《土壤和沉积物 挥发性卤代烃的测定 吹扫捕集/气相色谱-质谱法》（HJ 735—2015）	土壤和沉积物
气相色谱-质谱法	《土壤和沉积物 挥发性卤代烃的测定 顶空/气相色谱-质谱法》（HJ 736—2015）	土壤和沉积物
气相色谱法	《土壤和沉积物 挥发性有机物的测定 顶空/气相色谱法》（HJ 741—2015）	土壤和沉积物
气相色谱-质谱法	《土壤和沉积物 挥发性有机物的测定 顶空/气相色谱-质谱法》（HJ 642—2013）	土壤和沉积物

1.31.5 事故预防及应急处置措施

1.31.5.1 预防措施

（1）预警措施

监控预警：在生产区域或厂界布置二氯丙烷泄漏监控预警系统。

（2）防控措施

储存区：二氯丙烷储存区域设置防渗漏、防腐蚀、防淋溶、防流失等措施。

收集措施：设置应急事故水池、事故存液池或清净废水排放缓冲池等事故排水收集设施。

措施要求：针对环境风险单元设置的截流措施、收集措施，结合企事业单位实际情况，参照《化工建设项目环境保护工程设计标准》（GB/T 50483—2019）、《储罐区防火堤设计规范》（GB 50351—2014）、《石油化工企业设计防火标准》（GB 50160—2008）、《事故状态下水体污染的预防与控制技术要求》（Q/SY 1190—2013）等技术规范进行设置；收集措施除参照上述技术规范设计外，还需参照《石油化工污水处理设计规范》（GB 50747—2012）、《石油化工给水排水系统设计规范》（SH/T 3015—2019）等技术规范进行设置。

（3）日常管理

定期巡检及维护：设置专职或兼职人员进行日常检查及维护，包括定期检查设备运行情况、定期检查及补充应急物资、定期检查应急设施、定期检查管线及阀门等情况。日常确保截流措施阀门处于正常状态，同时保持收集设施的缓冲容量，确保收集设施在事故状态下能够顺利收集事故废水。

培训及演练：定期组织培训及演练，针对公司实际情况，熟悉如何有效地控制事故，避免事故失控和扩大化；学会使用应急救援设备和防护装备；明确各自救援职责。

台账：设专人负责，详细记录台账。

1.31.5.2 应急处置措施

（1）应急处理方法

应急人员防护：建议应急处理人员佩戴自给正压式呼吸器，穿防毒服，从上风处进入现场。

疏散隔离：人员迅速从泄漏污染区撤离至上风处，并提醒周边公众进行紧急疏散。立即对泄漏区进行隔离直至气体散尽。

应急行为：在确保安全的情况下，采用关阀、堵漏等措施，尽可能切断泄漏源，合理通风，加速扩散。防止气体通过通风系统扩散或进入限制性空间。

消除方法：小量泄漏，用砂土或其他不燃材料吸收；使用洁净的无火花工具收集吸收材料。大量泄漏，构筑围堤或挖坑收容；用泡沫覆盖，减少蒸发；喷水雾能减少蒸发，但不能降低泄漏物在有限空间内的易燃性。用防爆泵转移至槽车或专用收集器内。

泄漏容器处置：破损容器要由专业人员处理，修复、检验后再用。

（2）急救措施

吸入：迅速撤离现场至空气新鲜处，保持呼吸道通畅。保持安静，休息。如呼吸困难，应给予输氧。如呼吸、心跳停止，应立即进行心肺复苏术并及时就医。

密切接触者即使无症状，亦应观察 24～48 h。

皮肤接触： 立即脱去被污染的衣物，用大量流动清水彻底冲洗至少 15 min 并及时就医。

眼睛接触： 立即分开眼睑，用流动清水或生理盐水彻底冲洗 5～10 min 并及时就医。

食入： 漱口，不要催吐并及时就医。

（3）灭火措施

消防人员防护： 须佩戴空气呼吸器、穿全身防火防毒服，站在上风向灭火。

灭火方法： 切断气源，尽可能将容器从火场移至空旷处。喷雾状水保持容器冷却，但避免该物质与水接触。喷水保持火场冷却，直至灭火结束。处在火场中的容器若已变色或从安全泄压装置中产生声音，必须马上撤离。

灭火剂： 干粉、泡沫、二氧化碳。

1.31.5.3 事后恢复

事故过程中产生的废物经收集鉴定后，处理处置。

1.31.5.4 建议配备的物资

建议配备的物资见表 1.131。

表 1.131 建议配备的物资

物资类别	所需物资
个体防护	防毒面具、空气呼吸器、防火防毒服、橡胶手套、面罩等
应急通讯	对讲机、扩音器等
预警装置	有毒气体报警器
应急监测	有毒气体检测器
应急照明	手电筒等
消防	雾状水、干粉灭火器、泡沫灭火器、二氧化碳灭火器
污染控制	砂土、雾状水、事故废水收集池、沙袋、围堰等

参考文献

[1] 国家安全监管总局办公厅. 危险化学品目录（2015 版）实施指南（试行）[S]. 2015.

[2] 国家质量监督检验检疫总局检验监管司，国家质量监督总局进出口化学品安全研究中心，
中国检验检疫科学研究院. 欧盟物质和混合物分类、标签和包装法规（CLP）指南[M]. 北
京：中国标准出版社，2010.

[3] JIS Z 7253—2019. 基于 GHS 化学品的危害通识 标签和安全数据表[S].

[4] JIS Z 7252—2019. 基于 GHS 的化学品分类[S].

[5] 国家危险化学品安全公共服务互联网平台[DB/OL]. http：//hxp.nrcc.com.cn.

[6] 北京创想安科科技有限公司. MSDS 查询网[DB/OL]. http：//www.somsds.com.

[7] 北京化工研究院环境保护所/计算中心. 国际化学品安全卡（中文版）查询系统[DB/OL].
http：//icsc.brici.ac.cn.

1.32 氯化氰

1.32.1 基本信息

氯化氰是一个重要的化工中间体，在农药、医药、化工助剂等方面有着广泛
的应用。氯化氰基本信息见表 1.132。

表 1.132 氯化氰基本信息

中文名称	氯化氰
中文别名	氯甲氰
英文名称	Cyanogen chloride
英文别名	Chlorine cyanide；Chlorocyanide；Chlorocyanogen
UN 号	1589
CAS 号	506-77-4

ICSC 号	1053
RTECS 号	GT2275000
分子式	ClCN
分子量	61.5

1.32.2 理化性质

氯化氰的理化性质见表 1.133。

表 1.133 氯化氰的理化性质

	外观与性状	无色压缩液化气体，有刺鼻气味
理化性质	熔点/℃	−6.5
	沸点/℃	13.1
	临界压力/MPa	5.99
	相对密度/（水=1）	1.186
	相对蒸气密度/（空气=1）	2.16
	溶解性	可溶于水、乙醇、乙醚等，溶于水后为弱酸性
	化学性质	受热易分解，接触水、水蒸气时易发生反应，甚至会发生剧烈的反应，同时会释放出剧毒和腐蚀性的烟雾。可与氢氧化钠反应生成氰酸钠，与硫化钠反应生成硫氰酸钠，与氨或胺类反应生成氨基氰，与醇类反应生成三聚氰酸酯
燃烧爆炸危险性	可燃性	不可燃
突发环境事件风险物质	临界量/t	7.5
	类型	涉气风险物质、涉水风险物质
《全球化学品统一分类和标签制度》（GHS）	中国	加压气体 急性毒性，吸入，类别 1 皮肤腐蚀/刺激，类别 1 严重眼损伤/眼刺激，类别 1 特异性靶器官毒性，一次接触，类别 2 特异性靶器官毒性，反复接触，类别 1 危害水生环境，急性危害，类别 1 危害水生环境，长期危害，类别 1

《全球化学品统一分类和标签制度》（GHS）	日本	急性毒性，吸入，类别 1 皮肤腐蚀/刺激性，类别 1 严重眼损伤/刺激，类别 1 特异性靶器官毒性，一次接触，类别 1 （中枢神经系统，呼吸系统，心血管系统） 特异性靶器官毒性，反复接触，类别 1 （中枢神经系统，呼吸系统，血液系统） 急性毒性，经口，类别 3
毒理学参数	毒性终点浓度-1/（mg/m³）	10
	毒性终点浓度-2/（mg/m³）	0.13

1.32.3 环境行为

氯化氰受热分解或接触水、水蒸气会发生剧烈反应，释出剧毒和腐蚀性的烟雾，对大气具有较大的污染。氯化氰可溶于水，水溶液呈弱酸性，对水体可造成污染。

1.32.4 检测方法及依据

氯化氰的实验室检测方法见表 1.134。

表 1.134 氯化氰的实验室检测方法

检测方法	来源	类别
异烟酸 巴比妥酸分光光度法	《水质 氰化物的测定 容量法和分光光度法》（HJ 484—2009）	水质

1.32.5 事故预防及应急处置措施

1.32.5.1 预防措施

（1）预警措施

监控预警： 在生产区域或厂界布置氯化氰泄漏监控预警系统。

（2）防控措施

储存区：氯化氢储存区域设置防渗漏、防腐蚀、防淋溶、防流失等措施。

收集措施：设置应急事故水池、事故存液池或清净废水排放缓冲池等事故排水收集设施。

措施要求：针对环境风险单元设置的截流措施、收集措施，结合企事业单位实际情况，参照《化工建设项目环境保护工程设计标准》（GB/T 50483—2019）、《储罐区防火堤设计规范》（GB 50351—2014）、《石油化工企业设计防火标准》（GB 50160—2008）、《事故状态下水体污染的预防与控制技术要求》（Q/SY 1190—2013）等技术规范进行设置；收集措施除参照上述技术规范设计外，还需参照《石油化工污水处理设计规范》（GB 50747—2012）、《石油化工给水排水系统设计规范》（SH/T 3015—2019）等技术规范进行设置。

（3）日常管理

定期巡检及维护：设置专职或兼职人员进行日常检查及维护，包括定期检查设备运行情况、定期检查及补充应急物资、定期检查应急设施、定期检查管线及阀门等情况。日常确保截流措施阀门处于正常状态，同时保持收集设施的缓冲容量，确保收集设施在事故状态下能够顺利收集事故废水。

培训及演练：定期组织培训及演练，针对公司实际情况，熟悉如何有效地控制事故，避免事故失控和扩大化；学会使用应急救援设备和防护装备；明确各自救援职责。

台账：设专人负责，详细记录台账。

1.32.5.2　应急处置措施

（1）应急处理方法

应急人员防护：建议应急处理人员佩戴自给正压式呼吸器，穿防毒服，从上风处进入现场。

疏散隔离：人员迅速从泄漏污染区撤离至上风处，并提醒周边公众进行紧急

疏散。立即对泄漏区进行隔离直至气体散尽。

应急行为：在确保安全的情况下，采用关阀、堵漏等措施，尽可能切断泄漏源，合理通风，加速扩散。防止气体通过通风系统扩散或进入限制性空间。

消除方法：若可能翻转容器，使之逸出气体而非液体。喷雾状水抑制蒸气或改变蒸气云流向，避免水流接触泄漏物。禁止用水直接冲击泄漏物或泄漏源。若是液体，用砂土、惰性物质或蛭石吸收。构筑围堤或挖坑收容液体泄漏物。

泄漏容器处置：破损容器要由专业人员处理，修复、检验后再用。

（2）急救措施

吸入：迅速撤离现场至空气新鲜处，保持呼吸道通畅。保持安静，休息，半直立体位，并及时给予医疗护理。如呼吸困难，应给予输氧，必要时进行人工呼吸。如呼吸、心跳停止，应立即进行心肺复苏术并及时就医。密切接触者即使无症状，亦应观察 24～48 h。

皮肤接触：立即脱去被污染的衣物，用肥皂水和流动清水彻底冲洗至少 15 min。冻伤时，用大量清水冲洗，不要脱去衣服并及时就医。

眼睛接触：立即分开眼睑，用流动清水或生理盐水彻底冲洗 5～10 min 并及时就医。

食入：如患者神志清醒，催吐，洗胃并及时就医。

（3）灭火措施

消防人员防护：须佩戴空气呼吸器、穿全身防火防毒服，站在上风向灭火。

灭火方法：切断气源，尽可能将容器从火场移至空旷处。喷雾状水保持钢瓶等冷却，但避免该物质与水接触。喷水保持火场冷却，直至灭火结束。

灭火剂：雾状水、二氧化碳、干粉。

1.32.5.3 事后恢复

事故过程中产生的废物经收集鉴定后，处理处置。

1.32.5.4　建议配备的物资

建议配备的物资见表 1.135。

表 1.135　建议配备的物资

物资类别	所需物资
个体防护	防毒面具、空气呼吸器、防火防毒服、橡胶手套、面罩等
应急通讯	对讲机、扩音器等
预警装置	有毒气体报警器
应急监测	有毒气体检测器
应急照明	手电筒等
消防	雾状水、二氧化碳灭火器、干粉灭火器
污染控制	雾状水、砂石、蛭石、事故废水收集池、沙袋、围堰等

参考文献

[1]　国家安全监管总局办公厅. 危险化学品目录（2015 版）实施指南（试行）[S]. 2015.

[2]　JIS Z 7253—2019. 基于 GHS 化学品的危害通识　标签和安全数据表[S].

[3]　JIS Z 7252—2019. 基于 GHS 的化学品分类[S].

[4]　国家危险化学品安全公共服务互联网平台[DB/OL]. http：//hxp.nrcc.com.cn.

[5]　北京创想安科科技有限公司. MSDS 查询网[DB/OL]. http：//www.somsds.com.

[6]　北京化工研究院环境保护所/计算中心. 国际化学品安全卡（中文版）查询系统[DB/OL].
　　http：//icsc.brici.ac.cn.

1.33 一氧化碳

1.33.1 基本信息

在冶金、化学、石墨电极制造以及家用煤气或煤炉、汽车尾气中均有一氧化碳存在。工业上通常采取二氧化碳与碳反应的原理制取，在实验室中可将浓硫酸滴入甲酸裂解以制取一氧化碳。一氧化碳基本信息见表 1.136。

表 1.136 一氧化碳基本信息

中文名称	一氧化碳
英文名称	Carbon monoxide
英文别名	Carbon oxide；Carbonic oxide
UN 号	1016
CAS 号	630-08-0
ICSC 号	0023
RTECS 号	FG3500000
EC 号	006-001-00-2
分子式	CO
分子量	28.01

1.33.2 理化性质

一氧化碳的理化性质见表 1.137。

表 1.137　一氧化碳的理化性质

理化性质	外观与性状	无色、无臭、无味的气体
	熔点/℃	−207
	沸点/℃	−191.5
	临界温度/℃	−140.2
	临界压力/MPa	3.5
	相对密度/（水=1）	0.793
	相对蒸气密度/（空气=1）	0.967
	溶解性	微溶于水，易溶于氨水，溶于乙醇、苯等多数有机溶剂
	化学性质	可燃性、还原性、毒性、极弱的氧化性
燃烧爆炸危险性	可燃性	易燃
	爆炸上限（体积分数）/%	74.2
	爆炸下限（体积分数）/%	12.5
	危险特性	与空气混合能形成爆炸性混合物，遇明火、高热能引起燃烧爆炸。若遇高热，容器内压增大，有开裂和爆炸的危险
突发环境事件风险物质	临界量/t	7.5
	类型	涉气风险物质
《全球化学品统一分类和标签制度》（GHS）	中国	易燃气体，类别 1 加压气体 急性毒性，吸入，类别 3 生殖毒性，类别 1A 特异性靶器官毒性，反复接触，类别 1 易燃气体，类别 1 加压气体 急性毒性，吸入，类别 3 生殖毒性，类别 1A 特异性靶器官毒性，反复接触，类别 1
	欧盟	易燃气体，类别 1 加压气体 生殖毒性，类别 1A 急性毒性，类别 3 特异性靶器官毒性，反复接触，类别 1
	日本	易燃液体，类别 2

毒理学参数	急性毒性	LC$_{50}$：1807 ppm，4 h（大鼠吸入）；2 444 ppm，4 h（小鼠吸入）
	亚急性和慢性毒性	大鼠吸入 0.047～0.053 mg/L，4～8 h/d，30 d，出现生长缓慢，血红蛋白及红细胞数增高，肝脏的琥珀酸脱氢酶及细胞色素氧化酶的活性受到破坏。猴吸入 0.11 mg/L，经 3～6 个月引起心肌损伤
	毒性终点浓度-1/（mg/m^3）	380
	毒性终点浓度-2/（mg/m^3）	95

1.33.3 环境行为

通常条件下一氧化碳产生后主要进入空气的气相中，由于它在空气中很稳定，不易与其他物质产生化学反应，转变为二氧化碳的过程非常缓慢，故可在大气中停留 2～3 年之久。因此可以随气流远距离迁移扩散，这也是局部空气一氧化碳中浓度变化的主要机制。空气中一氧化碳的扩散和迁移受风速控制。一氧化碳在水中的溶解度很低，通过湿沉降从空气中清除的作用不大。其燃烧（分解）产物为二氧化碳。对环境有危害，对水体、土壤和大气可造成严重污染。

1.33.4 检测方法及依据

一氧化碳的现场应急监测方法及实验室检测方法见表 1.138 和表 1.139。

表 1.138 一氧化碳的现场应急监测方法

监测方法	来源	类别
检测试纸法	《环境污染事件应急处理技术》	空气
气体检测管法		空气
便携光学式（非分散红外吸收）检测器法		空气
便携式电化学传感器法		空气
定电位电解法	《固定污染源废气 一氧化碳的测定 定电位电解法》（HJ 973—2018）	固定污染源废气

监测方法	来源	类别
电化学传感器法	《环境空气 氯气等有毒有害气体的应急监测 电化学传感器法》（HJ 872—2017）	环境空气
气体速测管	《环境空气 氯气等有毒有害气体的应急监测 比长式检测管法》（HJ 871—2017）	环境空气
傅里叶红外仪法	《环境空气 无机有害气体的应急监测 便携式傅里叶红外仪法》（HJ 920—2017）	环境空气
非分散红外法自动监测	《环境空气 一氧化碳的自动测定 非分散红外法》（HJ 965—2018）	环境空气

表 1.139 一氧化碳的实验室检测方法

检测方法	来源	类别
非分散红外法	《空气质量 一氧化碳测定法 非分散红外法》（GB 9801—88）	空气
非色散红外吸收法	《固定污染源排气中一氧化碳的测定 非色散红外吸收法》（HJ/T 44—1999）	固定污染源排气
气相色谱法	《作业场所空气中一氧化碳的气相色谱测定方法》（WS/T 173—1999）	作业场所空气
气相色谱法	《空气中有害物质的测定方法（第二版）》	空气
硫酸钯-钼酸铵检气管比色法		空气

1.33.5 事故预防及应急处置措施

1.33.5.1 预防措施

（1）预警措施

监控预警： 在生产区域或厂界布置一氧化碳泄漏监控预警系统。

（2）防控措施

储存区： 一氧化碳储存区域设置防渗漏、防腐蚀、防淋溶、防流失等措施。

收集措施： 设置应急事故水池、事故存液池或清净废水排放缓冲池等事故排水收集设施。

措施要求： 针对环境风险单元设置的截流措施、收集措施，结合企事业单位实际情况，参照《化工建设项目环境保护工程设计标准》（GB/T 50483—2019）、《储罐区防火堤设计规范》（GB 50351—2014）、《石油化工企业设计防火标准》（GB 50160—2008）、《事故状态下水体污染的预防与控制技术要求》（Q/SY 1190—2013）等技术规范进行设置；收集措施除参照上述技术规范设计外，还需参照《石油化工污水处理设计规范》（GB 50747—2012）、《石油化工给水排水系统设计规范》（SH/T 3015—2019）等技术规范进行设置。

（3）日常管理

定期巡检及维护：设置专职或兼职人员进行日常检查及维护，包括定期检查设备运行情况、定期检查及补充应急物资、定期检查应急设施、定期检查管线及阀门等情况。日常确保截流措施阀门处于正常状态，同时保持收集设施的缓冲容量，确保收集设施在事故状态下能够顺利收集事故废水。

培训及演练：定期组织培训及演练，针对公司实际情况，熟悉如何有效地控制事故，避免事故失控和扩大化；学会使用应急救援设备和防护装备；明确各自救援职责。

台账：设专人负责，详细记录台账。

1.33.5.2　应急处置措施

（1）应急处理方法

应急人员防护：建议应急处理人员佩戴自给正压式呼吸器，穿防毒服，从上风处进入现场。

疏散隔离：人员迅速从泄漏污染区撤离至上风处，并提醒周边公众进行紧急疏散。立即对泄漏区进行隔离直至气体散尽。

应急行为：在确保安全的情况下，采用关阀、堵漏等措施，尽可能切断泄漏源，合理通风，加速扩散。防止气体通过通风系统扩散或进入限制性空间。

消除方法：喷雾状水稀释、溶解，构筑围堤或挖坑收容液体泄漏物。如有可能，将漏出气体用排风机送至空旷地方或装设适当喷头烧掉。也可以用管路导至炉中、凹地焚之。

泄漏容器处置：破损容器要由专业人员处理，修复、检验后再用。

（2）急救措施

吸入：迅速撤离现场至空气新鲜处，保持呼吸道通畅。保持安静，休息。如呼吸困难，应给予输氧，必要时进行人工呼吸。如呼吸、心跳停止，应立即进行心肺复苏术并及时就医。密切接触者即使无症状，亦应观察 24～48 h。

（3）灭火措施

消防人员防护：须佩戴空气呼吸器、穿全身防火防毒服，站在上风向灭火。

灭火方法：切断气源，若不能立即切断气源，则不允许熄灭泄漏处的火焰。尽可能将容器从火场移至空旷处。喷雾状水保持容器冷却，但避免该物质与水接触，从掩蔽位置灭火。喷水保持火场冷却，直至灭火结束。

灭火剂：雾状水、泡沫、干粉、二氧化碳。

1.33.5.3 事后恢复

事故过程中产生的废物经收集鉴定后，处理处置。

1.33.5.4 建议配备的物资

建议配备的物资见表 1.140。

表 1.140 建议配备的物资

物资类别	所需物资
个体防护	防毒面具、空气呼吸器、防火防毒服、橡胶手套、面罩等
应急通讯	对讲机、扩音器等
预警装置	有毒气体报警器
应急监测	有毒气体检测器
应急照明	手电筒等
消防	雾状水、二氧化碳灭火器、干粉灭火器、泡沫灭火器
污染控制	雾状水、事故废水收集池、沙袋、围堰等

参考文献

[1] 国家安全监管总局办公厅. 危险化学品目录（2015 版）实施指南（试行）[S]. 2015.

[2] 国家质量监督检验检疫总局检验监管司，国家质量监督总局进出口化学品安全研究中心，中国检验检疫科学研究院. 欧盟物质和混合物分类、标签和包装法规（CLP）指南[M]. 北京：中国标准出版社，2010.

[3] 杭士平. 空气中有害物质的测定方法[M]. 北京：人民卫生出版社，1986.

[4] 吕小明，刘军. 环境污染事件应急处理技术[M]. 北京：中国环境出版社，2012.

[5] 邵超峰，魏子章，叶晓颖. 典型化学品突发环境事件应急处理技术手册（中册）[M]. 北京：化学工业出版社，2019.

[6] JIS Z 7253—2019. 基于 GHS 化学品的危害通识 标签和安全数据表[S].

[7] JIS Z 7252—2019. 基于 GHS 的化学品分类[S].

[8] 国家危险化学品安全公共服务互联网平台[DB/OL]. http：//hxp.nrcc.com.cn.

[9] 北京创想安科科技有限公司. MSDS 查询网[DB/OL]. http：//www.somsds.com.

[10] 北京化工研究院环境保护所/计算中心. 国际化学品安全卡（中文版）查询系统[DB/OL]. http：//icsc.brici.ac.cn.

1.34 煤气

1.34.1 基本信息

煤气是以煤为原料加工制得的含有可燃组分的气体。可作为燃料，或用作合成氨、合成石油、有机合成、氢气制造等的原料。煤气的主要成分有烷烃、烯烃、芳烃、氢、一氧化碳等。燃烧时火焰温度 900～2 000℃。煤气基本信息见表 1.141。

表 1.141   煤气基本信息

中文名称	煤气
英文名称	Coal gas
UN 号	1023

1.34.2   理化性质

煤气的理化性质见表 1.142。

表 1.142   煤气的理化性质

	外观与性状	无色有臭味的气体
理化性质	相对蒸气密度/（空气=1）	0.4～0.6
	溶解性	不溶
燃烧爆炸危险性	可燃性	易燃
	爆炸上限（体积分数）/%	40
	爆炸下限（体积分数）/%	4.5
	危险特性	与空气可形成爆炸性混合物，遇明火、高热有燃烧爆炸危险
突发环境事件风险物质	临界量/t	7.5
	类型	涉气风险物质
《全球化学品统一分类和标签制度》（GHS）	欧盟	生殖毒性，类别 1B
毒理学参数	急性毒性	LC_{50}：2 069 mg/m³，4 h（大鼠吸入）

1.34.3   环境行为

天然煤气是通过钻井从地层中开采出来的，如天然气、煤层气。人工煤气则是利用固体或液体含碳燃料热分解或气化后获得的，常见有焦炉煤气、高炉煤气、发生炉煤气、油煤气等。煤气具有毒性且易燃，对大气具有较大的污染。

1.34.4　检测方法及依据

煤气的现场应急监测方法及实验室检测方法见表 1.143 和表 1.144。

表 1.143　煤气的现场应急监测方法

监测方法	来源	类别
检测试纸法	《环境污染事件应急处理技术》	空气
气体检测管法		空气
便携光学式（非分散红外吸收）检测器法		空气
便携式电化学传感器法		空气
定电位电解法	《固定污染源废气　一氧化碳的测定　定电位电解法》（HJ 973—2018）	固定污染源废气
电化学传感器法	《环境空气　氯气等有毒有害气体的应急监测　电化学传感器法》（HJ 872—2017）	环境空气
气体速测管	《环境空气　氯气等有毒有害气体的应急监测　比长式检测管法》（HJ 871—2017）	环境空气
傅里叶红外仪法	《环境空气　无机有害气体的应急监测　便携式傅里叶红外仪法》（HJ 920—2017）	环境空气
非分散红外法自动监测	《环境空气　一氧化碳的自动测定　非分散红外法》（HJ 965—2018）	环境空气

表 1.144　煤气的实验室检测方法

检测方法	来源	类别
非分散红外法	《空气质量　一氧化碳的测定　非分散红外法》（GB 9801—88）	空气
非色散红外吸收法	《固定污染源排气中一氧化碳的测定　非色散红外吸收法》（HJ/T 44—1999）	固定污染源排气
气相色谱法	《作业场所空气中一氧化碳的气相色谱测定方法》（WS/T 173—1999）	作业场所空气
气相色谱法	《空气中有害物质的测定方法（第二版）》	空气
硫酸钯-钼酸铵检气管比色法		空气

1.34.5　事故预防及应急处置措施

1.34.5.1　预防措施

（1）预警措施

监控预警：在生产区域或厂界布置煤气泄漏监控预警系统。

（2）防控措施

储存区：煤气储存区域设置防渗漏、防腐蚀、防淋溶、防流失等措施。

收集措施：设置应急事故水池、事故存液池或清净废水排放缓冲池等事故排水收集设施。

措施要求：针对环境风险单元设置的截流措施、收集措施，结合企事业单位实际情况，参照《化工建设项目环境保护工程设计标准》（GB/T 50483—2019）、《储罐区防火堤设计规范》（GB 50351—2014）、《石油化工企业设计防火标准》（GB 50160—2008）、《事故状态下水体污染的预防与控制技术要求》（Q/SY 1190—2013）等技术规范进行设置；收集措施除参照上述技术规范设计外，还需参照《石油化工污水处理设计规范》（GB 50747—2012）、《石油化工给水排水系统设计规范》（SH/T 3015—2019）等技术规范进行设置。

（3）日常管理

定期巡检及维护：设置专职或兼职人员进行日常检查及维护，包括定期检查设备运行情况、定期检查及补充应急物资、定期检查应急设施、定期检查管线及阀门等情况。日常确保截流措施阀门处于正常状态，同时保持收集设施的缓冲容量，确保收集设施在事故状态下能够顺利收集事故废水。

培训及演练：定期组织培训及演练，针对公司实际情况，熟悉如何有效地控制事故，避免事故失控和扩大化；学会使用应急救援设备和防护装备；明确各自救援职责。

台账：设专人负责，详细记录台账。

1.34.5.2　应急处置措施

（1）应急处理方法

应急人员防护：建议应急处理人员佩戴自给正压式呼吸器，穿防毒服，从上风处进入现场。

疏散隔离：人员迅速从泄漏污染区撤离至上风处，并提醒周边公众进行紧急疏散。立即对泄漏区进行隔离直至气体散尽。

应急行为：在确保安全的情况下，采用关阀、堵漏等措施，尽可能切断泄漏源，合理通风，加速扩散。防止气体通过通风系统扩散或进入限制性空间。

消除方法：用雾状水中和、稀释、溶解；抽排（室内）或强力通风（室外）。

泄漏容器处置：破损容器不能重复使用，且处置前要对容器中可能残余的气体进行处理。

（2）急救措施

吸入：迅速撤离现场至空气新鲜处，保持呼吸道通畅。保持安静，休息。如呼吸困难，应给予输氧。如呼吸、心跳停止，应立即进行心肺复苏术并及时就医。密切接触者即使无症状，亦应观察24～48 h。

（3）灭火措施

消防人员防护：须佩戴空气呼吸器、穿全身防火防毒服，站在上风向灭火。

灭火方法：煤气设施着火时，应逐渐降低煤气压力通入大量蒸汽或氮气，但设施内煤气压力不得低于10 Pa，严禁突然关闭煤气闸阀或水封阀，以防止回火爆炸。清除附近易燃物品，使火势不再扩大，火势威胁电器及电源时，应切断电源。局部着火，火势较小时，可用黄泥、湿毛毯、湿草袋或泡沫灭火器灭火。煤气设施已被烧红时，不得用水骤然冷却。灭火时，煤气阀门、压力表、蒸汽吹管应由专人控制操作。当发生煤气爆炸事故后，应立即切断煤气来源，迅速通蒸汽，将残余煤气吹扫干净。煤气爆炸引起的着火，应按着火事故处理规程，首先灭火后，再切断煤气。

灭火剂：雾状水、泡沫、二氧化碳。

1.34.5.3　事后恢复

事故过程中产生的废物经收集鉴定后，处理处置。

1.34.5.4　建议配备的物资

建议配备的物资见表 1.145。

表 1.145　建议配备的物资

物资类别	所需物资
个体防护	防毒面具、空气呼吸器、防火防毒服、橡胶手套、面罩等
应急通讯	对讲机、扩音器等
预警装置	有毒气体报警器
应急监测	有毒气体检测器
应急照明	手电筒等
消防	雾状水、二氧化碳灭火器、泡沫灭火器
污染控制	雾状水、事故废水收集池、沙袋、围堰等

参考文献

[1] 国家质量监督检验检疫总局检验监管司，国家质量监督总局进出口化学品安全研究中心，中国检验检疫科学研究院. 欧盟物质和混合物分类、标签和包装法规（CLP）指南[M]. 北京：中国标准出版社，2010.

[2] 杭士平. 空气中有害物质的测定方法[M]. 北京：人民卫生出版社，1986.

[3] 吕小明，刘军. 环境污染事件应急处理技术[M]. 北京：中国环境出版社，2012.

[4] 国家危险化学品安全公共服务互联网平台[DB/OL]. http://hxp.nrcc.com.cn.

[5] 北京创想安科科技有限公司. MSDS 查询网[DB/OL]. http://www.somsds.com.

1.35 氯甲烷

1.35.1 基本信息

氯甲烷是有机合成的重要原料。主要用来生产有机硅化合物-甲基氯硅烷，以及甲基纤维素。还广泛用作溶剂、提取剂、推进剂、制冷剂、局部麻醉剂、甲基化试剂，用于生产农药、医药、香料等。氯甲烷基本信息见表 1.146。

表 1.146 氯甲烷基本信息

中文名称	氯甲烷
中文别名	甲基氯
英文名称	Methyl chloride
英文别名	Chloromethane；Monochloromethane
UN 号	1063
CAS 号	74-87-3
ICSC 号	0419
RTECS 号	PA6300000
EC 号	602-001-00-7
分子式	CH_3Cl
分子量	50.49

1.35.2 理化性质

氯甲烷的理化性质见表 1.147。

表 1.147　氯甲烷的理化性质

理化性质	外观与性状	无色易液化的气体，具有醚样的微甜气味
	熔点/℃	−97.7
	沸点/℃	−23.7
	临界温度/℃	143.8
	临界压力/MPa	6.68
	相对密度/（水=1）	0.92
	相对蒸气密度/（空气=1）	1.78
	溶解性	微溶于水，易溶于氯仿、乙醚、乙醇、丙酮
	化学性质	无腐蚀性。在 60℃以上水解时生成甲醇。高温时（400℃以上）和强光下与水反应生成甲醇和盐酸；极端条件下加热或遇火焰生成光气
燃烧爆炸危险性	可燃性	易燃
	爆炸上限（体积分数）/%	19.0
	爆炸下限（体积分数）/%	7.0
	危险特性	与空气混合能形成爆炸性混合物，遇火花或高热能引起爆炸，极端条件下生成剧毒的光气。接触铝及其合金能生成自燃性的铝化合物
突发环境事件风险物质	临界量/t	10
	类型	涉气风险物质
《全球化学品统一分类和标签制度》（GHS）	中国	易燃气体，类别 1 加压气体 特异性靶器官毒性，反复接触，类别 2 易燃气体，类别 1 加压气体 皮肤腐蚀/刺激，类别 2 严重眼损伤/眼刺激，类别 2A 致癌性，类别 2 特异性靶器官毒性，反复接触，类别 2
	欧盟	易燃气体，类别 1 加压气体 致癌性，类别 2 特异性靶器官毒性，反复接触，类别 2

《全球化学品统一分类和标签制度》（GHS）	日本	加压气体 急性毒性，经口，类别 4 急性毒性，吸入，类别 4 生殖毒性，类别 1B 特异性靶器官毒性，一次接触，类别 1 （神经系统，心血管系统，肝脏，肾） 类别 3（麻醉效应） 特异性靶器官毒性，反复接触，类别 1 （肝脏，肾，中枢神经系统） 易燃气体，类别 1
毒理学参数	急性毒性	LC_{50}：5 300 mg/m³，4 h（大鼠吸入）
	致突变性	微生物致突变：鼠伤寒沙门菌 2 500 ppm。姐妹染色单体交换：人淋巴细胞 3%。哺乳动物细胞突变：人淋巴细胞 5%。程序外 DNA 合成：大鼠肝 1%。显性致死试验：大鼠吸入 3 000 ppm，每天 6 h，连续 5 d
	致畸性	大鼠孕后 7～19 d 吸入最低中毒剂量：1 500 ppm/6 h，致肌肉骨骼系统发育畸形。 小鼠孕后 6～17 d 吸入最低中毒剂量：500 ppm/6 h，致心血管系统发育畸形
	毒性终点浓度-1/（mg/m³）	6 200
	毒性终点浓度-2/（mg/m³）	1 900

1.35.3　环境行为

氯甲烷受热分解会释放出有毒烟气，对大气具有较大影响。氯甲烷在土壤中具有极强的迁移性。应注意其对大气、土壤、地表水的影响。

1.35.4　检测方法及依据

氯甲烷的实验室检测方法见表 1.148。

表 1.148　氯甲烷的实验室检测方法

检测方法	来源	类别
气相色谱-质谱法	《环境空气　挥发性有机物的测定　罐采样/气相色谱-质谱法》（HJ 759—2015）	空气
气相色谱-质谱法	《土壤和沉积物　挥发性卤代烃的测定　吹扫捕集/气相色谱-质谱法》（HJ 735—2015）	土壤和沉积物
气相色谱-质谱法	《土壤和沉积物　挥发性卤代烃的测定　顶空/气相色谱-质谱法》（HJ 736—2015）	土壤和沉积物
气相色谱-质谱法	《土壤和沉积物　挥发性有机物的测定　吹扫捕集/气相色谱-质谱法》（HJ 605—2011）	土壤

1.35.5　事故预防及应急处置措施

1.35.5.1　预防措施

（1）预警措施

监控预警： 在生产区域或厂界布置氯甲烷泄漏监控预警系统。

（2）防控措施

储存区： 氯甲烷储存区域设置防渗漏、防腐蚀、防淋溶、防流失等措施。

收集措施： 设置应急事故水池、事故存液池或清净废水排放缓冲池等事故排水收集设施。

措施要求： 针对环境风险单元设置的截流措施、收集措施，结合企事业单位实际情况，参照《化工建设项目环境保护工程设计标准》（GB/T 50483—2019）、《储罐区防火堤设计规范》（GB 50351—2014）、《石油化工企业设计防火标准》（GB 50160—2008）、《事故状态下水体污染的预防与控制技术要求》（Q/SY 1190—2013）等技术规范进行设置；收集措施除参照上述技术规范设计外，还需参照《石油化工污水处理设计规范》（GB 50747—2012）、《石油化工给水排水系统设计规范》（SH/T 3015—2019）等技术规范进行设置。

（3）日常管理

定期巡检及维护：设置专职或兼职人员进行日常检查及维护，包括定期检查设备运行情况、定期检查及补充应急物资、定期检查应急设施、定期检查管线及阀门等情况。日常确保截流措施阀门处于正常状态，同时保持收集设施的缓冲容量，确保收集设施在事故状态下能够顺利收集事故废水。

培训及演练：定期组织培训及演练，针对公司实际情况，熟悉如何有效地控制事故，避免事故失控和扩大化；学会使用应急救援设备和防护装备；明确各自救援职责。

台账：设专人负责，详细记录台账。

1.35.5.2 应急处置措施

（1）应急处理方法

应急人员防护：建议应急处理人员佩戴自给正压式呼吸器，穿防毒服，从上风处进入现场。

疏散隔离：人员迅速从泄漏污染区撤离至上风处，并提醒周边公众进行紧急疏散。立即对泄漏区进行隔离直至气体散尽。

应急行为：在确保安全的情况下，采用关阀、堵漏等措施，尽可能切断泄漏源，合理通风，加速扩散。防止气体通过通风系统扩散或进入限制性空间。

消除方法：喷雾状水稀释、溶解。构筑围堤或挖坑收容产生的大量废水。如有可能，将残余气体或漏出气体用排风机送至水洗塔或与水塔相连的通风橱内。

泄漏容器处置：破损容器要由专业人员处理，修复、检验后再用。

（2）急救措施

吸入：迅速撤离现场至空气新鲜处，保持呼吸道通畅。保持安静，休息。如呼吸困难，应给予输氧，必要时进行人工呼吸。如呼吸、心跳停止，应立即进行心肺复苏术并及时就医。密切接触者即使无症状，亦应观察 24～48 h。

皮肤接触：立即脱去被污染的衣物，用大量流动清水彻底冲洗至少 15 min。

冻伤时，用大量清水冲洗，不要脱去衣服并及时就医。

（3）灭火措施

消防人员防护：须佩戴空气呼吸器、穿全身防火防毒服，站在上风向灭火。

灭火方法：切断气源，若不能立即切断气源，则不允许熄灭正在燃烧的气体。尽可能将容器从火场移至空旷处。喷雾状水保持容器冷却，但避免该物质与水接触，从掩蔽位置灭火。喷水保持火场冷却，直至灭火结束。

灭火剂：雾状水、泡沫、二氧化碳。

1.35.5.3 事后恢复

事故过程中产生的废物经收集鉴定后，处理处置。

1.35.5.4 建议配备的物资

建议配备的物资见表 1.149。

表 1.149 建议配备的物资

物资类别	所需物资
个体防护	防毒面具、空气呼吸器、防火防毒服、橡胶手套、面罩等
应急通讯	对讲机、扩音器等
预警装置	有毒气体报警器
应急监测	有毒气体检测器
应急照明	手电筒等
消防	雾状水、二氧化碳灭火器、泡沫灭火器
污染控制	雾状水、事故废水收集池、沙袋、围堰等

参考文献

[1] 国家安全监管总局办公厅. 危险化学品目录（2015 版）实施指南（试行）[S]. 2015.

[2] 国家质量监督检验检疫总局检验监管司，国家质量监督总局进出口化学品安全研究中心，

中国检验检疫科学研究院. 欧盟物质和混合物分类、标签和包装法规（CLP）指南[M]. 北京：中国标准出版社，2010.

[3] JIS Z 7253—2019. 基于 GHS 化学品的危害通识 标签和安全数据表[S].

[4] JIS Z 7252—2019. 基于 GHS 的化学品分类[S].

[5] 国家危险化学品安全公共服务互联网平台[DB/OL]. http：//hxp.nrcc.com.cn.

[6] 北京创想安科科技有限公司. MSDS 查询网[DB/OL]. http：//www.somsds.com.

[7] 北京化工研究院环境保护所/计算中心. 国际化学品安全卡（中文版）查询系统[DB/OL]. http：//icsc.brici.ac.cn.

1.36 乙胺

1.36.1 基本信息

乙胺主要用于染料合成及用作萃取剂、乳化剂、医药原料、试剂等。乙胺基本信息见表 1.150。

表 1.150 乙胺基本信息

中文名称	乙胺
中文别名	乙烷胺；1-氨基乙烷
英文名称	Ethylamine
英文别名	Aminoethane
UN 号	1036
CAS 号	75-04-7
ICSC 号	0153
RTECS 号	KH2100000
EC 号	612-002-00-4
分子式	$CH_3CH_2NH_2$
分子量	45.08

1.36.2 理化性质

乙胺的理化性质见表 1.151。

表 1.151 乙胺的理化性质

理化性质	外观与性状	无色、有强烈氨味的液体或气体
	熔点/℃	−80.9
	沸点/℃	16.6
	临界温度/℃	183
	临界压力/MPa	5.62
	相对密度/（水=1）	0.70
	相对蒸气密度/（空气=1）	1.56
	溶解性	与水、乙醇、乙醚可以任意比例混溶
	化学性质	水溶液呈碱性；与无机酸、有机酸、酸性芳香族硝基化合物等作用具有一定熔点的盐；对光不稳定，在140~200℃时经紫外线照射，分解生成氢、氯、氨、甲烷和乙烷等。490~555℃于低压下进行热解，生成氢、氯、甲烷等。与氧化剂接触会发生猛烈反应
燃烧爆炸危险性	可燃性	易燃
	爆炸上限（体积分数）/%	14.0
	爆炸下限（体积分数）/%	3.5
	危险特性	其蒸气与空气可形成爆炸性混合物。遇热源和明火有燃烧爆炸的危险。其蒸气比空气重，能在较低处扩散到相当远的地方，遇明火会引起回燃
突发环境事件风险物质	临界量/t	10
	类型	涉气风险物质、涉水风险物质
《全球化学品统一分类和标签制度》（GHS）	中国	易燃气体，类别 1 加压气体 严重眼损伤/眼刺激，类别 2 特异性靶器官毒性，一次接触，类别 3（呼吸道刺激） 易燃液体，类别 2 皮肤腐蚀/刺激，类别 1 严重眼损伤/眼刺激，类别 1 特异性靶器官毒性，一次接触，类别 3（呼吸道刺激）

《全球化学品 统一分类和 标签制度》 （GHS）	欧盟	易燃气体，类别 1 加压气体 特异性靶器官毒性，一次接触，类别 3 眼刺激性，类别 2
	日本	易燃气体，类别 1
毒理学 参数	急性毒性	LD$_{50}$：400 mg/kg（大鼠经口）； 390 mg/kg（兔经皮）
	刺激性	家兔经眼：250 µg/24 h，重度刺激 家兔经皮：500 mg/24 h，轻度刺激
	毒性终点浓度-1/（mg/m^3）	500
	毒性终点浓度-2/（mg/m^3）	90

1.36.3　环境行为

乙胺蒸气与空气可形成爆炸性混合物，遇热源和明火有燃烧爆炸的危险，有害燃烧产物为一氧化碳、二氧化碳、氧化氮。该物质与水可任意比例混溶，因此对大气和水体可造成污染。

1.36.4　检测方法及依据

乙胺的实验室检测方法见表 1.152。

表 1.152　乙胺的实验室检测方法

检测方法	来源	类别
溶剂解吸—气相色谱法	《工作场所空气有毒物质测定　第 137 部分：乙胺、乙二胺和环己胺》（GBZ/T 300.137—2017）	环境空气

1.36.5   事故预防及应急处置措施

1.36.5.1   预防措施

（1）预警措施

监控预警： 在生产区域或厂界布置乙胺泄漏监控预警系统。

（2）防控措施

储存区： 乙胺储存区域设置防渗漏、防腐蚀、防淋溶、防流失等措施。

收集措施： 设置应急事故水池、事故存液池或清净废水排放缓冲池等事故排水收集设施。

措施要求： 针对环境风险单元设置的截流措施、收集措施，结合企事业单位实际情况，参照《化工建设项目环境保护工程设计标准》（GB/T 50483—2019）、《储罐区防火堤设计规范》（GB 50351—2014）、《石油化工企业设计防火标准》（GB 50160—2008）、《事故状态下水体污染的预防与控制技术要求》（Q/SY 1190—2013）等技术规范进行设置；收集措施除参照上述技术规范设计外，还需参照《石油化工污水处理设计规范》（GB 50747—2012）、《石油化工给水排水系统设计规范》（SH/T 3015—2019）等技术规范进行设置。

（3）日常管理

定期巡检及维护： 设置专职或兼职人员进行日常检查及维护，包括定期检查设备运行情况、定期检查及补充应急物资、定期检查应急设施、定期检查管线及阀门等情况。日常确保截流措施阀门处于正常状态，同时保持收集设施的缓冲容量，确保收集设施在事故状态下能够顺利收集事故废水。

培训及演练： 定期组织培训及演练，针对公司实际情况，熟悉如何有效地控制事故，避免事故失控和扩大化；学会使用应急救援设备和防护装备；明确各自救援职责。

台账： 设专人负责，详细记录台账。

1.36.5.2　应急处置措施

（1）应急处理方法

应急人员防护： 建议应急处理人员佩戴自给正压式呼吸器，穿防毒服，从上风处进入现场。

疏散隔离： 人员迅速从泄漏污染区撤离至上风处，并提醒周边公众进行紧急疏散。立即对泄漏区进行隔离直至气体散尽。

应急行为： 在确保安全的情况下，采用关阀、堵漏等措施，尽可能切断泄漏源，合理通风，加速扩散。防止气体通过通风系统扩散或进入限制性空间。

消除方法： 喷雾状水稀释、溶解。构筑围堤或挖坑收容产生的大量废水。如有可能，将残余气体或漏出气体用排风机送至水洗塔或与塔相连的通风橱内。若是液体泄漏，构筑围堤或挖坑收容液体泄漏物。用砂土、惰性物质或蛭石等吸收。禁止用水直接冲击泄漏物或泄漏源。

泄漏容器处置： 破损容器要由专业人员处理，修复、检验后再用。

（2）急救措施

吸入： 迅速撤离现场至空气新鲜处，保持呼吸道通畅。保持安静，休息，半直立体位，并及时给予医疗护理。如呼吸困难，应给予输氧，必要时进行人工呼吸。如呼吸、心跳停止，应立即进行心肺复苏术并及时就医。密切接触者即使无症状，亦应观察 24～48 h。

皮肤接触： 冻伤时，用大量清水冲洗，不要脱去衣服并及时就医。

眼睛接触： 立即分开眼睑，用流动清水或生理盐水彻底冲洗 5～10 min 并及时就医。

（3）灭火措施

消防人员防护： 须佩戴空气呼吸器、穿全身防火防毒服，站在上风向灭火。

灭火方法： 切断气源，如对周围环境无危险，让火自行燃尽。尽可能将容器从火场移至空旷处。喷雾状水保持容器冷却，但避免该物质与水接触。喷水保持火场冷却，直至灭火结束。

灭火剂：雾状水、抗溶性泡沫、干粉、二氧化碳。

1.36.5.3　事后恢复

事故过程中产生的废物经收集鉴定后，处理处置。

1.36.5.4　建议配备的物资

建议配备的物资见表 1.153。

表 1.153　建议配备的物资

物资类别	所需物资
个体防护	防毒面具、空气呼吸器、防毒服、橡胶手套、面罩等
应急通讯	对讲机、扩音器等
预警装置	有毒气体报警器
应急监测	有毒气体检测器
应急照明	手电筒等
消防	雾状水、二氧化碳灭火器、干粉灭火器、泡沫灭火器
污染控制	雾状水、砂石、蛭石、事故废水收集池、沙袋、围堰等

参考文献

[1]　国家安全监管总局办公厅. 危险化学品目录（2015 版）实施指南（试行）[S]. 2015.

[2]　国家质量监督检验检疫总局检验监管司，国家质量监督总局进出口化学品安全研究中心，
中国检验检疫科学研究院. 欧盟物质和混合物分类、标签和包装法规（CLP）指南[M]. 北
京：中国标准出版社，2010.

[3]　JIS Z 7253—2019. 基于 GHS 化学品的危害通识　标签和安全数据表[S].

[4]　JIS Z 7252—2019. 基于 GHS 的化学品分类[S].

[5]　国家危险化学品安全公共服务互联网平台[DB/OL]. http://hxp.nrcc.com.cn.

[6] 北京创想安科科技有限公司. MSDS 查询网[DB/OL]. http：//www.somsds.com.

[7] 北京化工研究院环境保护所/计算中心. 国际化学品安全卡（中文版）查询系统[DB/OL]. http：//icsc.brici.ac.cn.

1.37　甲胺

1.37.1　基本信息

甲胺是一种有机化合物，是重要的有机化工原料，属于低毒类，广泛用于制造医药、农药、炸药、染料、照相显影药、硫化促进剂、界面活性剂、防腐剂，有机合成用作制冷剂、溶剂。甲胺基本信息见表 1.154。

表 1.154　甲胺基本信息

中文名称	甲胺
中文别名	一甲胺；无水一甲胺；氨基甲烷
英文名称	Methylamine
英文别名	Methanamine；Aminomethane；Monomethylamine
UN 号	1061
CAS 号	74-89-5
ICSC 号	0178
RTECS 号	PF6300000
EC 号	612-001-00-9
分子式	CH_5N/CH_3NH_2
分子量	31.06

1.37.2　理化性质

甲胺的理化性质见表 1.155。

表 1.155　甲胺的理化性质

理化性质	外观与性状	无色压缩液化气体，有特殊气味
	熔点/℃	−93
	沸点/℃	−6
	临界温度/℃	156.9
	临界压力/MPa	4.07
	相对密度/（水=1）	0.7
	相对蒸气密度/（空气=1）	1.07
	溶解性	易溶于水，溶于乙醇、乙醚等
	化学性质	水溶液是一种强碱，与酸激烈反应并有腐蚀性。与强氧化剂激烈反应。浸蚀塑料、橡胶和涂层、浸蚀铜、锌合金、铝和镀锌表面
燃烧爆炸危险性	可燃性	易燃
	闪点/℃	−18
	自燃温度/℃	430
	爆炸上限（体积分数）/%	20.7
	爆炸下限（体积分数）/%	4.9
	危险特性	与空气混合能形成爆炸性混合物。接热、火星、火焰或氧化剂易燃烧爆炸。气体比空气重，能在较低处扩散到相当远的地方,遇明火会引着回燃
突发环境事件风险物质	临界量/t	5
	类型	涉气风险物质、涉水风险物质
《全球化学品统一分类和标签制度》（GHS）	中国	易燃气体，类别 1 加压气体 皮肤腐蚀/刺激，类别 2 严重眼损伤/眼刺激，类别 1 特异性靶器官毒性，一次接触，类别 3（呼吸道刺激） 易燃液体，类别 1 皮肤腐蚀/刺激，类别 1B 严重眼损伤/眼刺激，类别 1 特异性靶器官毒性，一次接触，类别 3（呼吸道刺激）
	欧盟	易燃气体，类别 1 加压气体 急性毒性，类别 4 特异性靶器官毒性，一次接触，类别 3 皮肤刺激性，类别 2 眼损伤，类别 1

《全球化学品统一分类和标签制度》（GHS）	日本	急性毒性，吸入，类别 4 皮肤腐蚀/刺激性，类别 1 严重眼损伤/刺激，类别 1 特异性靶器官毒性，一次接触，类别 1 （呼吸系统） 特异性靶器官毒性，反复接触，类别 2 （呼吸系统，肝脏） 皮肤腐蚀/刺激性，类别 2
毒理学参数	急性毒性	LD_{50}：5 700 mg/m^3（小鼠吸入）； 100～200 mg/kg（大鼠经口）
	亚急性和慢性毒性	豚鼠吸入 0.25 ppm，93 d，后吸入 0.5 mg/m^3，30 d，开始时出现一过性刺激现象，最终出现衰竭、肝凝血酶原形成功能障碍
	毒性终点浓度-1/（mg/m^3）	440
	毒性终点浓度-2/（mg/m^3）	81

1.37.3　环境行为

甲胺燃烧时产生有毒氮氧化物烟雾，对大气具有较大的污染。甲胺易溶于水，水溶液是一种强碱，与酸激烈反应并有腐蚀性，因此对水体也会造成一定程度的污染。

1.37.4　检测方法及依据

甲胺的实验室检测方法见表 1.156。

表 1.156　甲胺的实验室检测方法

检测方法	来源	类别
离子色谱法	《环境空气　氨、甲胺、二甲胺和三甲胺的测定　离子色谱法》 （HJ 1076—2019）	空气

1.37.5 事故预防及应急处置措施

1.37.5.1 预防措施

（1）预警措施

监控预警： 在生产区域或厂界布置甲胺泄漏监控预警系统。

（2）防控措施

储存区： 甲胺储存区域设置防渗漏、防腐蚀、防淋溶、防流失等措施。

收集措施： 设置应急事故水池、事故存液池或清净废水排放缓冲池等事故排水收集设施。

措施要求： 针对环境风险单元设置的截流措施、收集措施，结合企事业单位实际情况，参照《化工建设项目环境保护工程设计标准》（GB/T 50483—2019）、《储罐区防火堤设计规范》（GB 50351—2014）、《石油化工企业设计防火标准》（GB 50160—2008）、《事故状态下水体污染的预防与控制技术要求》（Q/SY 1190—2013）等技术规范进行设置；收集措施除参照上述技术规范设计外，还需参照《石油化工污水处理设计规范》（GB 50747—2012）、《石油化工给水排水系统设计规范》（SH/T 3015—2019）等技术规范进行设置。

（3）日常管理

定期巡检及维护： 设置专职或兼职人员进行日常检查及维护，包括定期检查设备运行情况、定期检查及补充应急物资、定期检查应急设施、定期检查管线及阀门等情况。日常确保截流措施阀门处于正常状态，同时保持收集设施的缓冲容量，确保收集设施在事故状态下能够顺利收集事故废水。

培训及演练： 定期组织培训及演练，针对公司实际情况，熟悉如何有效地控制事故，避免事故失控和扩大化；学会使用应急救援设备和防护装备；明确各自救援职责。

台账： 设专人负责，详细记录台账。

1.37.5.2　应急处置措施

（1）应急处理方法

应急人员防护：建议应急处理人员佩戴自给正压式呼吸器，穿全身防火防毒服，从上风处进入现场。

疏散隔离：人员迅速从泄漏污染区撤离至上风处，并提醒周边公众进行紧急疏散。立即对泄漏区进行隔离直至气体散尽。

应急行为：在确保安全的情况下，采用关阀、堵漏等措施，尽可能切断泄漏源，合理通风，加速扩散。

消除方法：喷雾状水稀释、溶解。构筑围堤或挖坑收容产生的大量废水。如有可能，将残余气体或漏出气体用排风机送至水洗塔或与水塔相连的通风橱内。若是液体泄漏，用砂土、惰性物质或蛭石等吸收。

泄漏容器处置：破损容器要由专业人员处理，修复、检验后再用。

（2）急救措施

吸入：迅速撤离现场至空气新鲜处，保持呼吸道通畅。保持安静，休息，半直立体位，并及时给予医疗护理。如呼吸困难，应给予输氧。如呼吸、心跳停止，应立即进行心肺复苏术并及时就医。密切接触者即使无症状，亦应观察24～48 h。

皮肤接触：立即脱去被污染的衣物，用大量流动清水彻底冲洗至少15 min。冻伤时用大量水冲洗，不要脱去衣服并及时就医。

眼睛接触：立即分开眼睑，用流动清水或生理盐水彻底冲洗5～10 min并及时就医。

食入：用水漱口，禁止催吐。给饮牛奶或蛋清并及时就医。

（3）灭火措施

消防人员防护：须佩戴空气呼吸器、穿全身防火防毒服，站在上风向灭火。

灭火方法：切断气源，如对周围环境无危险，让火自行燃烧完全。尽可能将容器从火场移至空旷处。喷雾状水保持容器冷却，但避免该物质与水接触。喷水保持火场冷却，直至灭火结束。

灭火剂：雾状水、二氧化碳、干粉。

1.37.5.3　事后恢复

事故过程中产生的废物经收集鉴定后，处理处置。

1.37.5.4　建议配备的物资

建议配备的物资见表 1.157。

表 1.157　建议配备的物资

物资类别	所需物资
个体防护	防毒面具、空气呼吸器、防毒防火服、橡胶手套、面罩等
应急通讯	对讲机、扩音器等
预警装置	可燃气体报警器
应急监测	可燃气体检测器
应急照明	手电筒等
消防	雾状水、二氧化碳灭火器、干粉灭火器
污染控制	砂土、蛭石、事故废水收集池、沙袋、围堰等

参考文献

[1]　国家安全监管总局办公厅. 危险化学品目录（2015 版）实施指南（试行）[S]. 2015.

[2]　国家质量监督检验检疫总局检验监管司，国家质量监督总局进出口化学品安全研究中心，
　　　中国检验检疫科学研究院. 欧盟物质和混合物分类、标签和包装法规（CLP）指南[M]. 北
　　　京：中国标准出版社，2010.

[3]　JIS Z 7253—2019. 基于 GHS 化学品的危害通识　标签和安全数据表[S].

[4]　JIS Z 7252—2019. 基于 GHS 的化学品分类[S].

[5]　国家危险化学品安全公共服务互联网平台[DB/OL]. http://hxp.nrcc.com.cn.

[6] 北京创想安科科技有限公司. MSDS 查询网[DB/OL]. http：//www.somsds.com.

[7] 北京化工研究院环境保护所/计算中心. 国际化学品安全卡（中文版）查询系统[DB/OL]. http：//icsc.brici.ac.cn.

1.38 氯乙烷

1.38.1 基本信息

氯乙烷是一种有机化合物，主要用作四乙基铅、乙基纤维素及乙基咔唑染料等的原料。也用作烟雾剂、冷冻剂、局部麻醉剂、杀虫剂、乙基化剂、烯烃聚合溶剂、汽油抗震剂等；还用作聚丙烯的催化剂，磷、硫、油脂、树脂、蜡等的溶剂，农药、染料、医药及其中间体的合成。氯乙烷基本信息见表 1.158。

表 1.158　氯乙烷基本信息

中文名称	氯乙烷
中文别名	乙基氯；一氯乙烷
英文名称	1-chloroethane
英文别名	Ethyl chloride；Monochloroethane
UN 号	1037
CAS 号	75-00-3
ICSC 号	0132
RTECS 号	KH7525000
EC 号	602-009-00-0
分子式	C_2H_5Cl/CH_3CH_2Cl
分子量	64.5

1.38.2 理化性质

氯乙烷的理化性质见表 1.159。

表 1.159　氯乙烷的理化性质

理化性质	外观与性状	无色气体，有类似醚样的气味
	熔点/℃	−138.7
	沸点/℃	12.5
	临界温度/℃	187.2
	临界压力/MPa	5.23
	相对密度/（水=1）	0.92
	相对蒸气密度/（空气=1）	2.22
	溶解性	微溶于水，可混溶于多数有机溶剂
	化学性质	氯乙烷在无水分存在时，加热至 400℃几乎不发生变化。400～500℃时部分分解成乙烯和氯化氢。在浮石存在下加热至 500～600℃时大部分分解成乙烯和氯化氢。金属、金属氯化物和金属氧化物能加速其分解。在醇碱溶液中，氯乙烷易脱去氯化氢生成乙烯。与水一起在封管中加热至 100℃水解成乙醇。在二氧化钛、氯化钡等催化剂存在下，300～425℃与水蒸气反应生成乙醇、乙醛、乙烯。光照下与氯反应生成 1,1-二氯乙烷。在五氧化锑存在下，则生成 1,2-二氯乙烷。在 Fridel-Crafts 型催化剂存在下与苯反应生成乙苯。与铅钠合金反应得到四乙基铅
燃烧爆炸危险性	可燃性	易燃
	闪点/℃	−50
	自燃温度/℃	519
	爆炸上限（体积分数）/%	14.8
	爆炸下限（体积分数）/%	3.6
	危险特性	气体/空气混合物有爆炸性
突发环境事件风险物质	临界量/t	5
	类型	涉气风险物质

《全球化学品统一分类和标签制度》（GHS）	中国	易燃气体，类别 1 加压气体 危害水生环境，长期危害，类别 3
	欧盟	易燃气体，类别 1 加压气体 致癌性，类别 2 危害水生环境，长期危险，类别 3
	日本	加压气体 皮肤腐蚀/刺激性，类别 2 严重眼损伤/刺激，类别 2 致癌性，类别 2 特异性靶器官毒性，一次接触，类别 1（呼吸系统，心脏），类别 2（肝脏），类别 3（麻醉效应） 特异性靶器官毒性，反复接触，类别 1（神经系统） 危害水生环境，急性危险，类别 3 危害水生环境，长期危险，类别 3 易燃气体，类别 1
毒理学参数	急性毒性	LC_{50}: 160 000 mg/m³，2 h（大鼠吸入）；146 000 mg/kg（小鼠吸入）
	毒性终点浓度-1/（mg/m³）	53 000
	毒性终点浓度-2/（mg/m³）	14 000

1.38.3 环境行为

加热或燃烧时，氯乙烷分解生成氯化氢，极端条件下会产生少量光气有毒气体，对大气具有较大的污染。该物质对环境可能有危害，应特别注意对地表水、土壤、大气和饮用水的污染，对水生生物应给予特别注意。

1.38.4 检测方法及依据

氯乙烷的实验室检测方法见表 1.160。

表 1.160 氯乙烷的实验室检测方法

检测方法	来源	类别
气相色谱-质谱法	《环境空气 挥发性有机物的测定 罐采样/气相色谱-质谱法》（HJ 759—2015）	空气
气相色谱-质谱法	《土壤和沉积物 挥发性卤代烃的测定 吹扫捕集/气相色谱-质谱法》（HJ 735—2015）	土壤和沉积物

1.38.5 事故预防及应急处置措施

1.38.5.1 预防措施

（1）预警措施

监控预警： 在生产区域或厂界布置氯乙烷泄漏监控预警系统。

（2）防控措施

储存区： 氯乙烷储存区域设置防渗漏、防腐蚀、防淋溶、防流失等措施。

收集措施： 设置应急事故水池、事故存液池或清净废水排放缓冲池等事故排水收集设施。

措施要求： 针对环境风险单元设置的截流措施、收集措施，结合企事业单位实际情况，参照《化工建设项目环境保护工程设计标准》（GB/T 50483—2019）、《储罐区防火堤设计规范》（GB 50351—2014）、《石油化工企业设计防火标准》（GB 50160—2008）、《事故状态下水体污染的预防与控制技术要求》（Q/SY 1190—2013）等技术规范进行设置；收集措施除参照上述技术规范设计外，还需参照《石油化工污水处理设计规范》（GB 50747—2012）、《石油化工给水排水系统设计规范》（SH/T 3015—2019）等技术规范进行设置。

（3）日常管理

定期巡检及维护： 设置专职或兼职人员进行日常检查及维护，包括定期检查设备运行情况、定期检查及补充应急物资、定期检查应急设施、定期检查管线及阀门等情况。日常确保截流措施阀门处于正常状态，同时保持收集设施的缓冲容量，确保收集设施在事故状态下能够顺利收集事故废水。

培训及演练：定期组织培训及演练，针对公司实际情况，熟悉如何有效地控制事故，避免事故失控和扩大化；学会使用应急救援设备和防护装备；明确各自救援职责。

台账：设专人负责，详细记录台账。

1.38.5.2　应急处置措施

（1）应急处理方法

应急人员防护：建议应急处理人员佩戴自给正压式呼吸器，穿防毒服，从上风处进入现场。

疏散隔离：人员迅速从泄漏污染区撤离至上风处，并提醒周边公众进行紧急疏散。立即对泄漏区进行隔离直至气体散尽。

应急行为：在确保安全的情况下，采用关阀、堵漏等措施，尽可能切断泄漏源，合理通风，加速扩散。

消除方法：喷雾状水抑制蒸气或改变蒸气云流向，构筑围堤或挖坑收容产生的大量废水。用工业覆盖层或吸附/吸收剂盖住泄漏点附近的下水道等地方。

泄漏容器处置：破损容器要由专业人员处理，修复、检验后再用。

（2）急救措施

吸入：迅速撤离现场至空气新鲜处，保持呼吸道通畅。保持安静，休息。如呼吸困难，应给予输氧。如呼吸、心跳停止，应立即进行心肺复苏术并及时就医。密切接触者即使无症状，亦应观察 24～48 h。

皮肤接触：如发生冻伤，用温水（38～42℃）复温，忌用热水或辐射热，不要揉搓并及时就医。

眼睛接触：立即分开眼睑，用流动清水彻底冲洗 5～10 min 并及时就医。

（3）灭火措施

消防人员防护： 须佩戴空气呼吸器、穿全身防火防毒服，站在上风向灭火。

灭火方法： 切断气源，如对周围环境无危险，让火自行燃烧完全。尽可能将容器从火场移至空旷处。喷雾状水保持容器冷却，但避免该物质与水接触。喷水保持火场冷却，直至灭火结束。

灭火剂： 雾状水、二氧化碳、干粉。

1.38.5.3　事后恢复

事故过程中产生的废物经收集鉴定后，处理处置。

1.38.5.4　建议配备的物资

建议配备的物资见表 1.161。

表 1.161　建议配备的物资

物资类别	所需物资
个体防护	防毒面具、空气呼吸器、防火防毒服、橡胶手套、面罩等
应急通讯	对讲机、扩音器等
预警装置	可燃气体报警器
应急监测	可燃气体检测器
应急照明	手电筒
消防	雾状水、二氧化碳灭火器、干粉灭火器
污染控制	雾状水、吸附剂、事故废水收集池、沙袋、围堰等

参考文献

[1]　国家安全监管总局办公厅. 危险化学品目录（2015 版）实施指南（试行）[S]. 2015.

[2]　国家质量监督检验检疫总局检验监管司，国家质量监督总局进出口化学品安全研究中心，中国检验检疫科学研究院. 欧盟物质和混合物分类、标签和包装法规（CLP）指南[M]. 北

京：中国标准出版社，2010.

[3]　JIS Z 7253—2019. 基于 GHS 化学品的危害通识　标签和安全数据表[S].

[4]　JIS Z 7252—2019. 基于 GHS 的化学品分类[S].

[5]　国家危险化学品安全公共服务互联网平台[DB/OL]. http://hxp.nrcc.com.cn.

[6]　北京创想安科科技有限公司. MSDS 查询网[DB/OL]. http://www.somsds.com.

[7]　北京化工研究院环境保护所/计算中心. 国际化学品安全卡（中文版）查询系统[DB/OL]. http://icsc.brici.ac.cn.

1.39　氯乙烯

1.39.1　基本信息

氯乙烯是一种应用于高分子化工的重要单体,用作塑料原料及用于有机合成,也用作冷冻剂等。氯乙烯基本信息见表 1.162。

表 1.162　氯乙烯基本信息

中文名称	氯乙烯
中文别名	乙烯基氯
英文名称	Vinyl chloride
英文别名	Chloroethene；Chloroethylene
UN 号	1086
CAS 号	75-01-4
ICSC 号	0082
RTECS 号	KU9625000
EC 号	602-023-00-7
分子式	$C_2H_3Cl/H_2C{=}CHCl$
分子量	62.5

1.39.2　理化性质

氯乙烯的理化性质见表 1.163。

表 1.163　氯乙烯的理化性质

理化性质	外观与性状	无色、有醚样气味的气体
	熔点/℃	−159.7
	沸点/℃	−13.9
	临界温度/℃	142
	临界压力/MPa	5.60
	相对密度/（水=1）	0.91
	相对蒸气密度/（空气=1）	2.15
	溶解性	微溶于水，溶于乙醇、乙醚、丙酮、苯等多数有机溶剂
	化学性质	该物质在加热和空气、光、催化剂、强氧化剂和金属铜和铝的作用下，容易发生聚合，有着火或爆炸危险。有湿气存在时，浸蚀铁和钢
燃烧爆炸危险性	可燃性	易燃
	闪点/℃	−78
	自燃温度/℃	472
	爆炸上限（体积分数）/%	33
	爆炸下限（体积分数）/%	3.6
	危险特性	气体/空气混合物有爆炸性，在特定条件下，该物质能生成过氧化物，引发爆炸性聚合
突发环境事件风险物质	临界量/t	5
	类型	涉气风险物质
《全球化学品统一分类和标签制度》（GHS）	中国	易燃气体，类别 1 化学不稳定性气体，类别 B 加压气体 致癌性，类别 1A
	欧盟	易燃气体，类别 1 加压气体 致癌性，类别 1A

《全球化学品统一分类和标签制度》（GHS）	日本	加压气体 皮肤腐蚀/刺激性，类别 2 生殖细胞致突变性，类别 2 致癌性，类别 1A 生殖毒性，类别 2 特异性靶器官毒性，一次接触，类别 1（中枢神经系统），类别 3（麻醉效应） 特异性靶器官毒性，反复接触，类别 1（肝脏，神经系统，血管，血液，呼吸系统，睾丸，骨骼） 危害水生环境，急性危险，类别 3 易燃气体，类别 1
毒理学参数	急性毒性	LD$_{50}$：500 mg/kg（大鼠经口）
	亚急性和慢性毒性	慢性中毒表现为神经衰弱综合征、肝肿大、肝功能异常、消化功能障碍、雷诺氏现象及肢端溶骨症。皮肤可出现干燥、皲裂、脱屑、湿疹等
	毒性终点浓度-1/（mg/m^3）	12 000
	毒性终点浓度-2/（mg/m^3）	3 100

1.39.3　环境行为

工业企业制取、生产和加工聚氯乙烯以及生产聚氯乙烯为基质的各类聚合物的过程，是氯乙烯析出并进入环境的主要来源，由于以聚氯乙烯为基质的各类聚合材料中，含有未参加聚合反应的氯乙烯单体，它在暴露过程中可逸出并进入环境。燃烧时，氯乙烯分解生成一氧化碳、二氧化碳、氯化氢和腐蚀性烟雾，极端条件下生成少量光气有毒气体，对大气具有较大影响。

1.39.4　检测方法及依据

氯乙烯的现场应急监测方法及实验室检测方法见表 1.164 和表 1.165。

表 1.164　氯乙烯的现场应急监测方法

监测方法	来源	类别
气体检测管法	《典型化学品突发性环境污染事件应急处理手册（第一册）》	空气
便携式气相色谱法		空气

表 1.165　氯乙烯的实验室检测方法

检测方法	来源	类别
吹扫捕集/气相色谱-质谱法	《水质　挥发性有机物的测定　吹扫捕集/气相色谱-质谱法》（HJ 639—2012）	水质
顶空/气相色谱-质谱法	《水质　挥发性有机物的测定　顶空/气相色谱-质谱法》（HJ 810—2016）	
气相色谱法	《固定污染源排气中氯乙烯的测定　气相色谱法》（HJ/T 34—1999）	环境空气
罐采样/气相色谱-质谱法	《环境空气　挥发性有机物的测定　罐采样/气相色谱-质谱法》（HJ 759—2015）	
顶空/气相色谱法	《土壤和沉积物　挥发性有机物的测定　顶空/气相色谱法》（HJ 741—2015）	土壤和沉积物
吹扫捕集/气相色谱-质谱法	《土壤和沉积物　挥发性有机物的测定　吹扫捕集/气相色谱-质谱法》（HJ 605—2011）	
直接进样-气相色谱法	《工作场所空气有毒物质测定卤代不饱和烃类化合物》（GBZ /T 160.64—2004）	工作场所空气

1.39.5　事故预防及应急处置措施

1.39.5.1　预防措施

（1）预警措施

监控预警：在生产区域或厂界布置氯乙烯泄漏监控预警系统。

（2）防控措施

储存区：氯乙烯储存区域设置防渗漏、防腐蚀、防淋溶、防流失等措施。

收集措施： 设置应急事故水池、事故存液池或清净废水排放缓冲池等事故排水收集设施。

措施要求： 针对环境风险单元设置的截流措施、收集措施，结合企事业单位实际情况，参照《化工建设项目环境保护工程设计标准》（GB/T 50483—2019）、《储罐区防火堤设计规范》（GB 50351—2014）、《石油化工企业设计防火标准》（GB 50160—2008）、《事故状态下水体污染的预防与控制技术要求》（Q/SY 1190—2013）等技术规范进行设置；收集措施除参照上述技术规范设计外，还需参照《石油化工污水处理设计规范》（GB 50747—2012）、《石油化工给水排水系统设计规范》（SH/T 3015—2019）等技术规范进行设置。

（3）日常管理

定期巡检及维护： 设置专职或兼职人员进行日常检查及维护，包括定期检查设备运行情况、定期检查及补充应急物资、定期检查应急设施、定期检查管线及阀门等情况。日常确保截流措施阀门处于正常状态，同时保持收集设施的缓冲容量，确保收集设施在事故状态下能够顺利收集事故废水。

培训及演练： 定期组织培训及演练，针对公司实际情况，熟悉如何有效地控制事故，避免事故失控和扩大化；学会使用应急救援设备和防护装备；明确各自救援职责。

台账： 设专人负责，详细记录台账。

1.39.5.2 应急处置措施

（1）应急处理方法

应急人员防护： 建议应急处理人员佩戴自给正压式呼吸器，穿气密式化学防护衣、化学鞋，从上风处进入现场。

疏散隔离： 人员迅速从泄漏污染区撤离至上风处，并提醒周边公众进行紧急疏散。立即对泄漏区进行隔离直至气体散尽。

应急行为： 在确保安全的情况下，采用关阀、堵漏等措施，尽可能切断泄漏源，合理通风，加速扩散。

消除方法：用工业覆盖层或吸附/吸收剂盖住泄漏点附近的下水道等地方，防止气体进入。喷雾状水溶解稀释，构筑围堤或挖坑收容产生的大量废水。

泄漏容器处置：破损容器要由专业人员处理，修复、检验后再用。

（2）急救措施

吸入：迅速撤离现场至空气新鲜处，保持呼吸道通畅。保持安静，休息，半直立体位，并及时给予医疗护理。如呼吸困难，应给予输氧。如呼吸、心跳停止，应立即进行心肺复苏术并及时就医。密切接触者即使无症状，亦应观察 24～48 h。

皮肤接触：立即脱去被污染的衣物，用大量流动清水彻底冲洗至少 15 min。如发生冻伤，用温水（38～42℃）复温，忌用热水或辐射热，不要揉搓并及时就医。

眼睛接触：立即分开眼睑，用流动清水或生理盐水彻底冲洗 5～10 min 并及时就医。

（3）灭火措施

消防人员防护：须佩戴空气呼吸器、穿气密式化学防护衣，站在上风向灭火。

灭火方法：切断气源，如对周围环境无危险，让火自行燃烧完全。尽可能将容器从火场移至空旷处。喷雾状水保持容器冷却，但避免该物质与水接触。喷水保持火场冷却，直至灭火结束。

灭火剂：雾状水、二氧化碳、干粉。

1.39.5.3 事后恢复

事故过程中产生的废物经收集鉴定后，处理处置。

1.39.5.4 建议配备的物资

建议配备的物资见表 1.166。

表 1.166　建议配备的物资

物资类别	所需物资
个体防护	防毒面具、空气呼吸器、防火防毒服、橡胶手套、面罩等
应急通讯	对讲机、扩音器等
预警装置	可燃气体报警器
应急监测	可燃气体检测器
应急照明	手电筒等
消防	雾状水、二氧化碳灭火器、干粉灭火器
污染控制	雾状水、事故废水收集池、沙袋、围堰等

参考文献

[1] 国家安全监管总局办公厅. 危险化学品目录（2015 版）实施指南（试行）[S]. 2015.

[2] 国家质量监督检验检疫总局检验监管司，国家质量监督总局进出口化学品安全研究中心，中国检验检疫科学研究院. 欧盟物质和混合物分类、标签和包装法规（CLP）指南[M]. 北京：中国标准出版社，2010.

[3] 尚建程，邵超峰. 典型化学品突发环境事件应急处理技术手册（上册）[M]. 北京：化学工业出版社，2019.

[4] JIS Z 7253—2019. 基于 GHS 化学品的危害通识　标签和安全数据表[S].

[5] JIS Z 7252—2019. 基于 GHS 的化学品分类[S].

[6] 国家危险化学品安全公共服务互联网平台[DB/OL]. http：//hxp.nrcc.com.cn.

[7] 北京创想安科科技有限公司. MSDS 查询网[DB/OL]. http：//www.somsds.com.

[8] 北京化工研究院环境保护所/计算中心. 国际化学品安全卡（中文版）查询系统[DB/OL]. http：//icsc.brici.ac.cn.

1.40 氟乙烯

1.40.1 基本信息

氟乙烯是用于制聚氟乙烯树脂和同其他单体的共聚物。氟乙烯基本信息见表 1.167。

表 1.167 氟乙烯基本信息

中文名称	氟乙烯
中文别名	乙烯基氟
英文名称	Vinyl fiuoride
英文别名	Fluoroethene；Fluoroethylene
UN 号	1860
CAS 号	75-02-5
ICSC 号	0598
RTECS 号	YZ7351000
分子式	C_2CH_3F
分子量	46.1

1.40.2 理化性质

氟乙烯的理化性质见表 1.168。

表 1.168 氟乙烯的理化性质

理化性质	外观与性状	无色气体，有特殊气味
	熔点/℃	−161
	沸点/℃	−72
	临界温度/℃	54.7

理化性质	临界压力/MPa	5.62
	相对密度/（水=1）	0.78
	相对蒸气密度/（空气=1）	1.6
	溶解性	不溶于水，溶于醇、醚等
	化学性质	该物质可能易聚合
燃烧爆炸危险性	可燃性	易燃
	自燃温度/℃	385
	爆炸上限（体积分数）/%	21.7
	爆炸下限（体积分数）/%	2.6
	危险特性	气体/空气混合物有爆炸性
突发环境事件风险物质	临界量/t	5
	类型	涉气风险物质
《全球化学品统一分类和标签制度》（GHS）	中国	易燃气体，类别 1 化学不稳定性气体，类别 B 加压气体 生殖细胞致突变性，类别 2 致癌性，类别 1B 特异性靶器官毒性，一次接触，类别 3（麻醉效应） 特异性靶器官毒性，反复接触，类别 2
	日本	加压气体 生殖细胞致突变性，类别 2 致癌性，类别 1B 特异性靶器官毒性，一次接触，类别 3（麻醉效应） 特异性靶器官毒性，反复接触，类别 2（肝脏） 易燃气体，类别 1
毒理学参数	毒性终点浓度-1/（mg/m³）	71 000
	毒性终点浓度-2/（mg/m³）	12 000

1.40.3 环境行为

氟乙烯加热和燃烧时，该物质分解生成氟化氢有毒气体，对大气有较大污染。

1.40.4　检测方法及依据

氟乙烯的实验室检测方法见表 1.169。

表 1.169　氟乙烯的实验室检测方法

检测方法	来源	类别
气相色谱-质谱法	《环境空气　挥发性有机物的测定　罐采样/气相色谱-质谱法》（HJ 759—2015）	环境空气

1.40.5　事故预防及应急处置措施

1.40.5.1　预防措施

（1）预警措施

监控预警： 在生产区域或厂界布置氟乙烯泄漏监控预警系统。

（2）防控措施

储存区： 氟乙烯储存区域设置防渗漏、防腐蚀、防淋溶等措施。

（3）日常管理

定期巡检及维护： 设置专职或兼职人员进行日常检查及维护，包括定期检查设备运行情况、定期检查及补充应急物资、定期检查应急设施、定期检查管线及阀门等情况。

培训及演练： 定期组织培训及演练，针对公司实际情况，熟悉如何有效地控制事故，避免事故失控和扩大化；学会使用应急救援设备和防护装备；明确各自救援职责。

台账： 设专人负责，详细记录台账。

1.40.5.2　应急处置措施

（1）应急处理方法

应急人员防护：建议应急处理人员佩戴自给正压式呼吸器，穿防毒服，从上风处进入现场。

疏散隔离：人员迅速从泄漏污染区撤离至上风处，并提醒周边公众进行紧急疏散。立即对泄漏区进行隔离直至气体散尽。

应急行为：在确保安全的情况下，采用关阀、堵漏等措施，尽可能切断泄漏源，合理通风，加速扩散。防止气体通过通风系统扩散或进入限制性空间。

消除方法：用工业覆盖层或吸附/吸收剂盖住泄漏点附近的下水道等地方，防止气体进入。用管路导至炉中、凹地焚之。

泄漏容器处置：破损容器要由专业人员处理，修复、检验后再用。

（2）急救措施

吸入：迅速撤离现场至空气新鲜处，保持呼吸道通畅。保持安静，休息。如呼吸困难，应给予输氧。如呼吸、心跳停止，应立即进行心肺复苏术并及时就医。密切接触者即使无症状，亦应观察 24～48 h。

皮肤接触：立即脱去被污染的衣物，用大量流动清水彻底冲洗至少 15 min。如发生冻伤，用温水（38～42℃）复温，忌用热水或辐射热，不要揉搓并及时就医。

眼睛接触：立即分开眼睑，用流动清水或生理盐水彻底冲洗 5～10 min 并及时就医。

（3）灭火措施

消防人员防护：须佩戴空气呼吸器、穿全身防火防毒服，站在上风向灭火。

灭火方法：切断气源，如对周围环境无危险，让火自行燃烧完全。尽可能将容器从火场移至空旷处。喷雾状水保持容器冷却，但避免该物质与水接触。喷水保持火场冷却，直至灭火结束。

灭火剂：雾状水、普通泡沫、干粉。

1.40.5.3　事后恢复

事故过程中产生的废物经收集鉴定后，处理处置。

1.40.5.4　建议配备的物资

建议配备的物资见表 1.170。

表 1.170　建议配备的物资

物资类别	所需物资
个体防护	防毒面具、空气呼吸器、防火防毒服、橡胶手套、面罩等
应急通讯	对讲机、扩音器等
预警装置	可燃气体报警器
应急监测	可燃气体检测器
应急照明	手电筒
消防	雾状水、泡沫灭火器、干粉灭火器
污染控制	吸收剂等

参考文献

[1] 国家安全监管总局办公厅. 危险化学品目录（2015 版）实施指南（试行）[S]. 2015.

[2] JIS Z 7253—2019. 基于 GHS 化学品的危害通识　标签和安全数据表[S].

[3] JIS Z 7252—2019. 基于 GHS 的化学品分类[S].

[4] 国家危险化学品安全公共服务互联网平台[DB/OL]. http：//hxp.nrcc.com.cn.

[5] 北京创想安科科技有限公司. MSDS 查询网[DB/OL]. http：//www.somsds.com.

[6] 北京化工研究院环境保护所/计算中心. 国际化学品安全卡（中文版）查询系统[DB/OL].
http：//icsc.brici.ac.cn.

1.41 1,1-二氟乙烷

1.41.1 基本信息

1,1-二氟乙烷主要用作气溶胶分散剂、低温溶剂、制冷剂、气溶胶喷射剂及有机合成中间体。1,1-二氟乙烷基本信息见表 1.171。

表 1.171 1,1-二氟乙烷基本信息

中文名称	1,1-二氟乙烷
中文别名	1,1-二氟代乙烷；氟化乙烯；氟利昂 152a
英文名称	1,1-difluoroethane
英文别名	Ethane，1,1-difluoro-；Ethylene fluoride；HFC-152a；Freon 152a
UN 号	1030
CAS 号	75-37-6
ICSC 号	1729
RTECS 号	KI1410000
分子式	CH_3CHF_2
分子量	66.051

1.41.2 理化性质

1,1-二氟乙烷的理化性质见表 1.172。

表 1.172 1,1-二氟乙烷的理化性质

理化性质	外观与性状	无色无味的气体
	熔点/℃	−117
	沸点/℃	−25.8
	临界温度/℃	113.6

理化性质	临界压力/MPa	4.5
	相对密度/（水=1）	0.898
	相对蒸气密度/（空气=1）	2.281
	溶解性	不溶于水
	化学性质	具有很强的水解稳定性。在日光作用下，可被氯化为各种一氯代同分异构衍生物和部分高氯产品。脱氢氟化作用将产生可以聚合的不饱和产物
燃烧爆炸危险性	可燃性	易燃
	闪点/℃	−81.1
	自燃温度/℃	455
	爆炸上限（体积分数）/%	18
	爆炸下限（体积分数）/%	3.7
	危险特性	气体/空气混合物有爆炸性
突发环境事件风险物质	临界量/t	5
	类型	涉气风险物质
《全球化学品统一分类和标签制度》（GHS）	中国	易燃气体，类别 1 加压气体 特异性靶器官毒性，一次接触，类别 3 （麻醉效应）
	欧盟	—
	日本	加压气体 特异性靶器官毒性，一次接触，类别 3 （麻醉效应） 易燃液体，类别 2
毒理学参数	急性毒性	LC_{50}：977 000 mg/m^3，2 h（小鼠吸入）
	毒性终点浓度-1/（mg/m^3）	67 000
	毒性终点浓度-2/（mg/m^3）	40 000

1.41.3　环境行为

　　1,1-二氟乙烷加热和燃烧时该物质迅速地分解，生成含有氟化氢、一氧化碳的有毒烟雾和刺激性烟雾，极端条件下生成光气有毒气体，对大气具有较大污染。其造成温室效应的能力是二氧化碳的几百倍，可能造成全球气候变暖。

1.41.4　检测方法及依据

1,1-二氟乙烷的实验室检测方法见表 1.173。

表 1.173　1,1-二氟乙烷的实验室检测方法

检测方法	来源	类别
气相色谱-质谱法	《环境空气　挥发性有机物的测定　罐采样/气相色谱-质谱法》（HJ 759—2015）	环境空气

1.41.5　事故预防及应急处置措施

1.41.5.1　预防措施

（1）预警措施

监控预警：在生产区域或厂界布置 1,1-二氟乙烷泄漏监控预警系统。

（2）防控措施

储存区：1,1-二氟乙烷储存区域设置防渗漏、防腐蚀、防淋溶、防流失等措施。

收集措施：设置应急事故水池、事故存液池或清净废水排放缓冲池等事故排水收集设施。

措施要求：针对环境风险单元设置的截流措施、收集措施，结合企事业单位实际情况，参照《化工建设项目环境保护工程设计标准》（GB/T 50483—2019）、《储罐区防火堤设计规范》（GB 50351—2014）、《石油化工企业设计防火标准》（GB 50160—2008）、《事故状态下水体污染的预防与控制技术要求》（Q/SY 1190—2013）等技术规范进行设置；收集措施除参照上述技术规范设计外，还需参照《石油化工污水处理设计规范》（GB 50747—2012）、《石油化工给水排水系统设计规范》（SH/T 3015—2019）等技术规范进行设置。

（3）日常管理

定期巡检及维护： 设置专职或兼职人员进行日常检查及维护，包括定期检查设备运行情况、定期检查及补充应急物资、定期检查应急设施、定期检查管线及阀门等情况。日常确保截流措施阀门处于正常状态，同时保持收集设施的缓冲容量，确保收集设施在事故状态下能够顺利收集事故废水。

培训及演练： 定期组织培训及演练，针对公司实际情况，熟悉如何有效地控制事故，避免事故失控和扩大化；学会使用应急救援设备和防护装备；明确各自救援职责。

台账： 设专人负责，详细记录台账。

1.41.5.2 应急处置措施

（1）应急处理方法

应急人员防护： 建议应急处理人员佩戴自给正压式呼吸器，穿防毒服，从上风处进入现场。

疏散隔离： 人员迅速从泄漏污染区撤离至上风处，并提醒周边公众进行紧急疏散。立即对泄漏区进行隔离直至气体散尽。

应急行为： 在确保安全的情况下，采用关阀、堵漏等措施，尽可能切断泄漏源，合理通风，加速扩散。防止气体通过通风系统扩散或进入限制性空间。

消除方法： 喷雾状水溶解、稀释，构筑围堤或挖坑收容产生的大量废水。如有可能，将漏出气体用排风机送至空旷地方或装设适当喷头烧掉。也可用管路导至炉中、凹地焚之。

泄漏容器处置： 破损容器要由专业人员处理，修复、检验后再用。

（2）急救措施

吸入： 迅速撤离现场至空气新鲜处，保持呼吸道通畅。保持安静，休息。如呼吸困难，应及时给予输氧，必要时进行人工呼吸。如呼吸、心跳停止，应立即进行心肺复苏术并及时就医。密切接触者即使无症状，亦应观察 24～48 h。

皮肤接触：立即脱去被污染的衣物，用大量流动清水彻底冲洗至少 15 min。如发生冻伤，用温水（38～42℃）复温，忌用热水或辐射热，不要揉搓并及时就医。

眼睛接触：立即分开眼睑，用流动清水或生理盐水彻底冲洗 5～10 min 并及时就医。

（3）灭火措施

消防人员防护：须佩戴空气呼吸器、穿全身防火防毒服，站在上风向灭火。

灭火方法：切断气源，如对周围环境无危险，让火自行燃烧完全。尽可能将容器从火场移至空旷处。喷雾状水保持容器冷却，但避免该物质与水接触。喷水保持火场冷却，直至灭火结束。

灭火剂：雾状水、二氧化碳、干粉。

1.41.5.3　事后恢复

事故过程中产生的废物经收集鉴定后，处理处置。

1.41.5.4　建议配备的物资

建议配备的物资见表 1.174。

表 1.174　建议配备的物资

物资类别	所需物资
个体防护	防毒面具、空气呼吸器、防火防毒服、橡胶手套、面罩等
应急通讯	对讲机、扩音器等
预警装置	可燃气体报警器
应急监测	可燃气体检测器
应急照明	手电筒
消防	雾状水、二氧化碳灭火器、干粉灭火器
污染控制	雾状水、事故废水收集池、沙袋、围堰等

参考文献

[1] 国家安全监管总局办公厅. 危险化学品目录（2015 版）实施指南（试行）[S]. 2015.

[2] JIS Z 7253—2019. 基于 GHS 化学品的危害通识 标签和安全数据表[S].

[3] JIS Z 7252—2019. 基于 GHS 的化学品分类[S].

[4] 国家危险化学品安全公共服务互联网平台[DB/OL]. http：//hxp.nrcc.com.cn.

[5] 北京创想安科科技有限公司. MSDS 查询网[DB/OL]. http：//www.somsds.com.

[6] 北京化工研究院环境保护所/计算中心. 国际化学品安全卡（中文版）查询系统[DB/OL]. http：//icsc.brici.ac.cn.

1.42 1,1-二氟乙烯

1.42.1 基本信息

1,1-二氟乙烯主要用来生产聚偏氟乙烯，用作氟树脂、氟橡胶的单体原料。1,1-二氟乙烯基本信息见表 1.175。

表 1.175 1,1-二氟乙烯基本信息

中文名称	1,1-二氟乙烯
中文别名	亚乙烯基二氟
英文名称	Vinylidene fluoride
英文别名	1,1-difluoroethylene；1,1-difluorethene；Vinylidene difluoride
UN 号	1959
CAS 号	75-38-7
ICSC 号	0687
RTECS 号	KW0560000
分子式	$C_2H_2F_2/F_2C=CH_2$
分子量	64.04

1.42.2 理化性质

1,1-二氟乙烯的理化性质见表 1.176。

表 1.176　1,1-二氟乙烯的理化性质

理化性质	外观与性状	无色气体，有特殊气味
	熔点/℃	−144
	沸点/℃	−83
	临界温度/℃	30.1
	临界压力/MPa	4.43
	相对密度/（水=1）	0.617
	相对蒸气密度/（空气=1）	2.2
	溶解性	微溶于水，溶于乙醇、乙醚等
	化学性质	能发生聚合，释放出大量热
燃烧爆炸危险性	可燃性	易燃
	闪点/℃	−123
	自燃温度/℃	640
	爆炸上限（体积分数）/%	21.3
	爆炸下限（体积分数）/%	5.5
	危险特性	气体/空气混合物有爆炸性
突发环境事件风险物质	临界量/t	5
	类型	涉气风险物质
《全球化学品统一分类和标签制度》（GHS）	中国	易燃气体，类别 1 加压气体 特异性靶器官毒性，一次接触，类别 3（麻醉效应） 自反应物质和混合物，E 型
	日本	加压气体 特异性靶器官毒性，一次接触，类别 3（麻醉效应） 易燃气体，类别 1
毒理学参数	急性毒性	LC_{50}: 128 000 ppm，4 h（大鼠吸入）；800 ppb，4 h（豚鼠吸入）
	毒性终点浓度-1/（mg/m^3）	28 000
	毒性终点浓度-2/（mg/m^3）	15 000

1.42.3 环境行为

1,1-二氟乙烯加热或燃烧时分解生成氟化氢、氟和氟化物有毒和腐蚀性烟雾，对环境有危害，应特别注意对大气的污染。

1.42.4 检测方法及依据

1,1-二氟乙烯的实验室检测方法见表 1.177。

表 1.177 1,1-二氟乙烯的实验室检测方法

检测方法	来源	类别
气相色谱-质谱法	《环境空气　挥发性有机物的测定　罐采样/气相色谱-质谱法》（HJ 759—2015）	环境空气

1.42.5 事故预防及应急处置措施

1.42.5.1 预防措施

（1）预警措施

监控预警： 在生产区域或厂界布置 1,1-二氟乙烯泄漏监控预警系统。

（2）防控措施

储存区： 1,1-二氟乙烯储存区域设置防渗漏、防腐蚀、防淋溶、防流失等措施。

收集措施： 设置应急事故水池、事故存液池或清净废水排放缓冲池等事故排水收集设施。

措施要求： 针对环境风险单元设置的截流措施、收集措施，结合企事业单位实际情况，参照《化工建设项目环境保护工程设计标准》（GB/T 50483—2019）、《储罐区防火堤设计规范》（GB 50351—2014）、《石油化工企业设计防火标准》

（GB 50160—2008）、《事故状态下水体污染的预防与控制技术要求》（Q/SY 1190—2013）等技术规范进行设置；收集措施除参照上述技术规范设计外，还需参照《石油化工污水处理设计规范》（GB 50747—2012）、《石油化工给水排水系统设计规范》（SH/T 3015—2019）等技术规范进行设置。

（3）日常管理

定期巡检及维护：设置专职或兼职人员进行日常检查及维护，包括定期检查设备运行情况、定期检查及补充应急物资、定期检查应急设施、定期检查管线及阀门等情况。日常确保截流措施阀门处于正常状态，同时保持收集设施的缓冲容量，确保收集设施在事故状态下能够顺利收集事故废水。

培训及演练：定期组织培训及演练，针对公司实际情况，熟悉如何有效地控制事故，避免事故失控和扩大化；学会使用应急救援设备和防护装备；明确各自救援职责。

台账：设专人负责，详细记录台账。

1.42.5.2 应急处置措施

（1）应急处理方法

应急人员防护：建议应急处理人员佩戴自给正压式呼吸器，穿防毒服，从上风处进入现场。

疏散隔离：人员迅速从泄漏污染区撤离至上风处，并提醒周边公众进行紧急疏散。立即对泄漏区进行隔离直至气体散尽。

应急行为：在确保安全的情况下，采用关阀、堵漏等措施，尽可能切断泄漏源，合理通风，加速扩散。防止气体通过通风系统扩散或进入限制性空间。

消除方法：用工业覆盖层或吸附/吸收剂盖住泄漏点附近的下水道等地方，防止气体进入。如无危险，就地燃烧，同时喷雾状水使周围冷却，以防其他可燃物着火。

泄漏容器处置：破损容器要由专业人员处理，修复、检验后再用。

（2）急救措施

吸入：迅速撤离现场至空气新鲜处，保持呼吸道通畅。保持安静，休息。如呼吸困难，应给予输氧。如呼吸、心跳停止，应立即进行心肺复苏术并及时就医。密切接触者即使无症状，亦应观察 24～48 h。

皮肤接触：立即脱去被污染的衣物，用大量流动清水彻底冲洗至少 15 min。如发生冻伤，用温水（38～42℃）复温，忌用热水或辐射热，不要揉搓并及时就医。

眼睛接触：立即分开眼睑，用流动清水或生理盐水彻底冲洗 5～10 min 并及时就医。

（3）灭火措施

消防人员防护：须佩戴空气呼吸器、穿全身防火防毒服，站在上风向灭火。

灭火方法：切断气源，如对周围环境无危险，让火自行燃烧完全。尽可能将容器从火场移至空旷处。喷雾状水保持容器冷却，但避免该物质与水接触。喷水保持火场冷却，直至灭火结束。

灭火剂：雾状水、二氧化碳、干粉、普通泡沫。

1.42.5.3 事后恢复

事故过程中产生的废物经收集鉴定后，处理处置。

1.42.5.4 建议配备的物资

建议配备的物资见表 1.178。

表 1.178 建议配备的物资

物资类别	所需物资
个体防护	防毒面具、空气呼吸器、防火防毒服、橡胶手套、面罩等
应急通讯	对讲机、扩音器等
预警装置	可燃气体报警器

物资类别	所需物资
应急监测	可燃气体检测器
应急照明	手电筒
消防	雾状水、二氧化碳灭火器、干粉灭火器、泡沫灭火器
污染控制	雾状水、吸附剂、事故废水收集池、沙袋、围堰等

参考文献

[1] 国家安全监管总局办公厅. 危险化学品目录（2015 版）实施指南（试行）[S]. 2015.

[2] JIS Z 7253—2019. 基于 GHS 化学品的危害通识　标签和安全数据表[S].

[3] JIS Z 7252—2019. 基于 GHS 的化学品分类[S].

[4] 国家危险化学品安全公共服务互联网平台[DB/OL]. http：//hxp.nrcc.com.cn.

[5] 北京创想安科科技有限公司. MSDS 查询网[DB/OL]. http：//www.somsds.com.

[6] 北京化工研究院环境保护所/计算中心. 国际化学品安全卡（中文版）查询系统[DB/OL]. http：//icsc.brici.ac.cn.

1.43　三氟氯乙烯

1.43.1　基本信息

三氟氯乙烯可通过本体聚合制成聚三氟氯乙烯树脂，用于精密仪器的密封等薄膜，也可以乳液形式制备成涂料。三氟氯乙烯基本信息见表 1.179。

表 1.179　三氟氯乙烯基本信息

中文名称	三氟氯乙烯
中文别名	氯三氟乙烯
英文名称	Trifluorochloroethylene
英文别名	Chlorotrifluoroethylene；Trifluorovinyl chloride
UN 号	1082
CAS 号	79-38-9

ICSC 号	0685
RTECS 号	KV0525000
分子式	C_2ClF_3
分子量	116.47

1.43.2 理化性质

三氟氯乙烯的理化性质见表 1.180。

表 1.180 三氟氯乙烯的理化性质

	外观与性状	无色无味气体
理化性质	熔点/℃	−158
	沸点/℃	−28
	临界温度/℃	107
	临界压力/MPa	4.05
	相对密度/（水=1）	1.20
	相对蒸气密度/（空气=1）	4.13
	溶解性	溶于醚,在水中沉底并沸腾,可产生可见的易燃物蒸气云
燃烧爆炸危险性	可燃性	易燃
	闪点/℃	−27.8
	自燃温度/℃	—
	爆炸上限（体积分数）/%	38.7
	爆炸下限（体积分数）/%	8.4
	危险特性	与空气混合能形成爆炸性混合物,遇明火、高热能引起燃烧爆炸
突发环境事件风险物质	临界量/t	5
	类型	涉气风险物质
《全球化学品统一分类和标签制度》（GHS）	中国	易燃气体,类别 1 加压气体 急性毒性,吸入,类别 3 特异性靶器官毒性,一次接触,类别 2 特异性靶器官毒性,反复接触,类别 2

《全球化学品统一分类和标签制度》（GHS）	日本	加压气体 特异性靶器官毒性，一次接触，类别 2（肾） 特异性靶器官毒性，反复接触，类别 2（肾） 易燃液体，类别 4
毒理学参数	急性毒性	LD$_{50}$：268 mg/kg（小鼠经口） LC$_{50}$：1 000 ppm，4 h（大鼠吸入）
	毒性终点浓度-1/（mg/m^3）	2 000
	毒性终点浓度-2/（mg/m^3）	410

1.43.3 环境行为

三氟氯乙烯燃烧时生成含氯化氢和氟化氢等有毒和腐蚀性气体，对大气具有较大污染。在水中沉底并沸腾，可产生可见的易燃物蒸气云，因此对水体也有影响。

1.43.4 检测方法及依据

三氟氯乙烯的实验室检测方法见表 1.181。

表 1.181 三氟氯乙烯的实验室检测方法

检测方法	来源	类别
气相色谱-质谱法	《环境空气 挥发性有机物的测定 罐采样/气相色谱-质谱法》（HJ 759—2015）	环境空气

1.43.5 事故预防及应急处置措施

1.43.5.1 预防措施

（1）预警措施

监控预警： 在生产区域或厂界布置三氟氯乙烯泄漏监控预警系统。

（2）防控措施

储存区：三氟氯乙烯储存区域设置防渗漏、防腐蚀、防淋溶、防流失等措施。

收集措施：设置应急事故水池、事故存液池或清净废水排放缓冲池等事故排水收集设施。

措施要求：针对环境风险单元设置的截流措施、收集措施，结合企事业单位实际情况，参照《化工建设项目环境保护工程设计标准》（GB/T 50483—2019）、《储罐区防火堤设计规范》（GB 50351—2014）、《石油化工企业设计防火标准》（GB 50160—2008）、《事故状态下水体污染的预防与控制技术要求》（Q/SY 1190—2013）等技术规范进行设置；收集措施除参照上述技术规范设计外，还需参照《石油化工污水处理设计规范》（GB 50747—2012）、《石油化工给水排水系统设计规范》（SH/T 3015—2019）等技术规范进行设置。

（3）日常管理

定期巡检及维护：设置专职或兼职人员进行日常检查及维护，包括定期检查设备运行情况、定期检查及补充应急物资、定期检查应急设施、定期检查管线及阀门等情况。日常确保截流措施阀门处于正常状态，同时保持收集设施的缓冲容量，确保收集设施在事故状态下能够顺利收集事故废水。

培训及演练：定期组织培训及演练，针对公司实际情况，熟悉如何有效地控制事故，避免事故失控和扩大化；学会使用应急救援设备和防护装备；明确各自救援职责。

台账：设专人负责，详细记录台账。

1.43.5.2　应急处置措施

（1）应急处理方法

应急人员防护：建议应急处理人员佩戴自给正压式呼吸器，穿防毒服，从上风处进入现场。

疏散隔离：人员迅速从泄漏污染区撤离至上风处，并提醒周边公众进行紧急

疏散。立即对泄漏区进行隔离直至气体散尽。

应急行为：在确保安全的情况下，采用关阀、堵漏等措施，尽可能切断泄漏源，合理通风，加速扩散。防止气体通过下水道、通风系统和有限空间扩散。

消除方法：喷雾状水抑制蒸气或改变蒸气云流向，避免水流接触泄漏物。若可能翻转容器，使之逸出气体而非液体。

泄漏容器处置：破损容器要由专业人员处理，修复、检验后再用。

（2）急救措施

吸入：迅速撤离现场至空气新鲜处，保持呼吸道通畅。保持安静，休息。如呼吸困难，应给予输氧。如呼吸、心跳停止，应立即进行心肺复苏术并及时就医。密切接触者即使无症状，亦应观察 24～48 h。

皮肤接触：立即脱去被污染的衣物，用大量流动清水彻底冲洗至少 15 min。如发生冻伤，用温水（38～42℃）复温，忌用热水或辐射热，不要揉搓并及时就医。

眼睛接触：立即分开眼睑，用流动清水或生理盐水彻底冲洗 5～10 min 并及时就医。

（3）灭火措施

消防人员防护：须佩戴空气呼吸器、穿全身防火防毒服，站在上风向灭火。

灭火方法：切断气源，如对周围环境无危险，让火自行燃烧完全。尽可能将容器从火场移至空旷处。喷雾状水保持容器冷却，但避免该物质与水接触。喷水保持火场冷却，直至灭火结束。

灭火剂：雾状水、抗溶性泡沫、干粉、二氧化碳。

1.43.5.3　事后恢复

事故过程中产生的废物经收集鉴定后，处理处置。

1.43.5.4 建议配备的物资

建议配备的物资见表 1.182。

表 1.182 建议配备的物资

物资类别	所需物资
个体防护	防毒面具、空气呼吸器、防火防毒服、橡胶手套、面罩等
应急通讯	对讲机、扩音器等
预警装置	可燃气体报警器
应急监测	可燃气体检测器
应急照明	手电筒
消防	雾状水、二氧化碳灭火器、泡沫灭火器、干粉灭火器
污染控制	雾状水、事故废水收集池、沙袋、围堰等

参考文献

[1] 国家安全监管总局办公厅. 危险化学品目录（2015 版）实施指南（试行）[S]. 2015.

[2] JIS Z 7253—2019. 基于 GHS 化学品的危害通识 标签和安全数据表[S].

[3] JIS Z 7252—2019. 基于 GHS 的化学品分类[S].

[4] 国家危险化学品安全公共服务互联网平台[DB/OL]. http：//hxp.nrcc.com.cn.

[5] 北京创想安科科技有限公司. MSDS 查询网[DB/OL]. http：//www.somsds.com.

[6] 北京化工研究院环境保护所/计算中心. 国际化学品安全卡（中文版）查询系统[DB/OL]. http：//icsc.brici.ac.cn.

1.44 四氟乙烯

1.44.1 基本信息

四氟乙烯是制造聚四氟乙烯及其他氟塑料、氟橡胶和全氟丙烯的单体，可用作制造新型的热塑料、工程塑料、耐油耐低温橡胶、新型灭火剂和抑雾剂的原料。四氟乙烯基本信息见表 1.183。

表 1.183 四氟乙烯基本信息

中文名称	四氟乙烯
中文别名	全氟乙烯
英文名称	Tetrafluoroethene
英文别名	Ethylene tetrafluoride
CAS 号	116-14-3
EC 号	204-126-9
分子式	C_2F_4
分子量	100.02

1.44.2 理化性质

四氟乙烯的理化性质见表 1.184。

表 1.184 四氟乙烯的理化性质

	外观与性状	无色无味气体
理化性质	熔点/℃	−142.5
	沸点/℃	−75.9
	临界温度/℃	33.3
	临界压力/MPa	3.82

理化性质	相对密度/（水=1）	1.519
	相对蒸气密度/（空气=1）	3.87
	溶解性	不溶于水
	化学性质	易聚合
燃烧爆炸危险性	可燃性	易燃
	闪点/℃	−60
	爆炸上限（体积分数）/%	60
	爆炸下限（体积分数）/%	11
	危险特性	与空气混合能形成爆炸性混合物
突发环境事件风险物质	临界量/t	5
	类型	涉气风险物质
《全球化学品统一分类和标签制度》（GHS）	中国	易燃气体，类别 1 化学不稳定性气体，类别 B 加压气体 严重眼损伤/眼刺激，类别 2B 致癌性，类别 2 特异性靶器官毒性，一次接触，类别 2 特异性靶器官毒性，反复接触，类别 2
	日本	急性毒性，经口，类别 4
毒理学参数	急性毒性	LC_{50}：16 400 mg/m³，4 h（大鼠吸入）； 143 g/m³，4 h（小鼠吸入）； 116 g/m³，4 h（豚鼠吸入）
	毒性终点浓度-1/（mg/m³）	1 300
	毒性终点浓度-2/（mg/m³）	220

1.44.3 环境行为

四氟乙烯有害燃烧产物有一氧化碳、二氧化碳、氟化氢，对大气具有较大的污染。

1.44.4 检测方法及依据

四氟乙烯的实验室检测方法见表 1.185。

表 1.185　四氟乙烯的实验室检测方法

检测方法	来源	类别
直接进样-气相色谱法	《车间空气中四氟乙烯的直接进样气相色谱测定方法》（GB/T 16094—1995）	空气
气相色谱-质谱法	《环境空气　挥发性有机物的测定　罐采样/气相色谱-质谱法》（HJ 759—2015）	环境空气

1.44.5　事故预防及应急处置措施

1.44.5.1　预防措施

（1）预警措施

监控预警： 在生产区域或厂界布置四氟乙烯泄漏监控预警系统。

（2）防控措施

储存区： 四氟乙烯储存区域设置防渗漏、防腐蚀、防淋溶、防流失等措施。

收集措施： 设置应急事故水池、事故存液池或清净废水排放缓冲池等事故排水收集设施。

措施要求： 针对环境风险单元设置的截流措施、收集措施，结合企事业单位实际情况，参照《化工建设项目环境保护工程设计标准》（GB/T 50483—2019）、《储罐区防火堤设计规范》（GB 50351—2014）、《石油化工企业设计防火标准》（GB 50160—2008）、《事故状态下水体污染的预防与控制技术要求》（Q/SY 1190—2013）等技术规范进行设置；收集措施除参照上述技术规范设计外，还需参照《石油化工污水处理设计规范》（GB 50747—2012）、《石油化工给水排水系统设计规范》（SH/T 3015—2019）等技术规范进行设置。

（3）日常管理

定期巡检及维护： 设置专职或兼职人员进行日常检查及维护，包括定期检查设备运行情况、定期检查及补充应急物资、定期检查应急设施、定期检查管线及阀门等情况。日常确保截流措施阀门处于正常状态，同时保持收集设施的缓冲容量，确保收集设施在事故状态下能够顺利收集事故废水。

培训及演练：定期组织培训及演练，针对公司实际情况，熟悉如何有效地控制事故，避免事故失控和扩大化。学会使用应急救援设备和防护装备。明确各自救援职责。

台账：设专人负责，详细记录台账。

1.44.5.2　应急处置措施

（1）应急处理方法

应急人员防护：建议应急处理人员佩戴自给正压式呼吸器，穿防毒服，从上风处进入现场。

疏散隔离：人员迅速从泄漏污染区撤离至上风处，并提醒周边公众进行紧急疏散。立即对泄漏区进行隔离直至气体散尽。

应急行为：在确保安全的情况下，采用关阀、堵漏等措施，尽可能切断泄漏源，合理通风，加速扩散。防止气体通过通风系统扩散或进入限制性空间。

消除方法：喷雾状水稀释，构筑围堤或挖坑收容产生的大量废水。禁止用水直接冲击泄漏物或泄漏源。

泄漏容器处置：破损容器要由专业人员处理，修复、检验后再用。

（2）急救措施

吸入：迅速撤离现场至空气新鲜处，保持呼吸道通畅。保持安静，休息。如呼吸困难，应给予输氧。如呼吸、心跳停止，应立即进行心肺复苏术并及时就医。密切接触者即使无症状，亦应观察 24～48 h。

皮肤接触：立即脱去被污染的衣物，用大量流动清水彻底冲洗至少 15 min。冻伤时用大量清水冲洗，不要脱去衣服并及时就医。

眼睛接触：立即分开眼睑，用流动清水或生理盐水彻底冲洗 5～10 min 并及时就医。

（3）灭火措施

消防人员防护：须佩戴空气呼吸器、穿全身防火防毒服，站在上风向灭火。

灭火方法：切断气源，如对周围环境无危险，让火自行燃烧完全。尽可能将容器从火场移至空旷处。喷雾状水保持容器冷却，但避免该物质与水接触。喷水保持火场冷却，直至灭火结束。

灭火剂：雾状水、普通泡沫、干粉。

1.44.5.3 事后恢复

事故过程中产生的废物经收集鉴定后，处理处置。

1.44.5.4 建议配备的物资

建议配备的物资见表1.186。

表 1.186 建议配备的物资

物资类别	所需物资
个体防护	防毒面具、空气呼吸器、防火防毒服、橡胶手套、面罩等
应急通讯	对讲机、扩音器等
预警装置	可燃气体报警器
应急监测	可燃气体检测器
应急照明	手电筒
消防	雾状水、二氧化碳灭火器、泡沫灭火器
污染控制	雾状水、事故废水收集池、沙袋、围堰等

参考文献

[1] 国家安全监管总局办公厅. 危险化学品目录（2015版）实施指南（试行）[S]. 2015.

[2] JIS Z 7253—2019. 基于GHS化学品的危害通识 标签和安全数据表[S].

[3] JIS Z 7252—2019. 基于GHS的化学品分类[S].

[4] 国家危险化学品安全公共服务互联网平台[DB/OL]. http：//hxp.nrcc.com.cn.

[5] 北京创想安科科技有限公司. MSDS 查询网[DB/OL]. http：//www.somsds.com.

1.45 二甲胺

1.45.1 基本信息

二甲胺在室温下是气体，用作制药、染料、杀虫剂和橡胶硫化促进剂的原料。二甲胺基本信息见表 1.187。

表 1.187 二甲胺基本信息

中文名称	二甲胺
中文别名	N-甲基甲胺
英文名称	Dimethylamine
英文别名	Methanamine，N-methyl
UN 号	1032
CAS 号	124-40-3
ICSC 号	0260
RTECS 号	IP8750000
EC 号	612-001-00-9
分子式	$(CH_3)_2NH/C_2H_7N$
分子量	45.1

1.45.2 理化性质

二甲胺的理化性质见表 1.188。

表 1.188　二甲胺的理化性质

理化性质	外观与性状	无色气体，有刺鼻气味
	熔点/℃	−92.2
	沸点/℃	7.0
	临界温度/℃	164.5
	临界压力/MPa	5.31
	相对密度/（水=1）	0.68
	相对蒸气密度/（空气=1）	1.6
	溶解性	易溶于水，溶于乙醇、乙醚
燃烧爆炸危险性	可燃性	易燃
	闪点/℃	−20
	自燃温度/℃	400
	爆炸上限（体积分数）/%	14.4
	爆炸下限（体积分数）/%	2.8
	危险特性	与空气混合能形成爆炸性混合物
突发环境事件风险物质	临界量/t	5
	类型	涉气风险物质、涉水风险物质
《全球化学品统一分类和标签制度》（GHS）	中国	易燃气体，类别 1 加压气体 皮肤腐蚀/刺激，类别 2 严重眼损伤/眼刺激，类别 1 特异性靶器官毒性，一次接触，类别 3 （呼吸道刺激） 易燃液体，类别 1 皮肤腐蚀/刺激，类别 1B 严重眼损伤/眼刺激，类别 1 特异性靶器官毒性，一次接触，类别 3 （呼吸道刺激）
	日本	加压气体 急性毒性，吸入，类别 4 皮肤腐蚀/刺激性，类别 1 严重眼损伤/刺激，类别 1 皮肤致敏物，类别 1 特异性靶器官毒性，一次接触，类别 1 （呼吸系统），类别 3（麻醉效应） 特异性靶器官毒性，反复接触，类别 1 （呼吸系统） 危害水生环境，急性危险，类别 2 危害水生环境，长期危险，类别 3 加压气体

毒理学参数	急性毒性	LC$_{50}$：8 354 mg/m^3，6 h（大鼠吸入）
	毒性终点浓度-1/（mg/m^3）	460
	毒性终点浓度-2/（mg/m^3）	120

1.45.3　环境行为

二甲胺与空气混合能形成爆炸性混合物。燃烧时，二甲胺分解生成含氮氧化物有毒烟雾，对大气具有较大的污染。

1.45.4　检测方法及依据

二甲胺的实验室检测方法见表 1.189。

表 1.189　二甲胺的实验室检测方法

检测方法	来源	类别
离子色谱法	《环境空气　氨、甲胺、二甲胺和三甲胺的测定　离子色谱法》（HJ 1076—2019）	空气

1.45.5　事故预防及应急处置措施

1.45.5.1　预防措施

（1）预警措施

监控预警： 在生产区域或厂界布置二甲胺泄漏监控预警系统。

（2）防控措施

储存区： 二甲胺储存区域设置防渗漏、防腐蚀、防淋溶、防流失等措施。

收集措施： 设置应急事故水池、事故存液池或清净废水排放缓冲池等事故排水收集设施。

措施要求： 针对环境风险单元设置的截流措施、收集措施，结合企事业单位实际情况，参照《化工建设项目环境保护工程设计标准》（GB/T 50483—2019）、《储罐区防火堤设计规范》（GB 50351—2014）、《石油化工企业设计防火标准》（GB 50160—2008）、《事故状态下水体污染的预防与控制技术要求》（Q/SY 1190—2013）等技术规范进行设置；收集措施除参照上述技术规范设计外，还需参照《石油化工污水处理设计规范》（GB 50747—2012）、《石油化工给水排水系统设计规范》（SH/T 3015—2019）等技术规范进行设置。

（3）日常管理

定期巡检及维护： 设置专职或兼职人员进行日常检查及维护，包括定期检查设备运行情况、定期检查及补充应急物资、定期检查应急设施、定期检查管线及阀门等情况。日常确保截流措施阀门处于正常状态，同时保持收集设施的缓冲容量，确保收集设施在事故状态下能够顺利收集事故废水。

培训及演练： 定期组织培训及演练，针对公司实际情况，熟悉如何有效地控制事故，避免事故失控和扩大化；学会使用应急救援设备和防护装备；明确各自救援职责。

台账： 设专人负责，详细记录台账。

1.45.5.2 应急处置措施

（1）应急处理方法

应急人员防护： 建议应急处理人员佩戴自给正压式呼吸器，穿防毒服，从上风处进入现场。

疏散隔离： 人员迅速从泄漏污染区撤离至上风处，并提醒周边公众进行紧急疏散。立即对泄漏区进行隔离直至气体散尽。

应急行为： 在确保安全的情况下，采用关阀、堵漏等措施，尽可能切断泄漏源，合理通风，加速扩散。防止气体通过通风系统扩散或进入限制性空间。

消除方法： 构筑围堤或挖坑收容液体泄漏物。用硫酸氢钠（$NaHSO_4$）中和。

泄漏容器处置：破损容器要由专业人员处理，修复、检验后再用。

（2）急救措施

吸入：迅速撤离现场至空气新鲜处，保持呼吸道通畅。保持安静，休息，半直立体位，并及时给予医疗护理。如呼吸困难，应给予输氧，必要时进行人工呼吸。如呼吸、心跳停止，应立即进行心肺复苏术并及时就医。密切接触者即使无症状，亦应观察 24～48 h。

皮肤接触：立即脱去被污染的衣物，用大量流动清水彻底冲洗至少 15 min。冻伤时用大量清水冲洗，不要脱去衣服并及时就医。

眼睛接触：立即分开眼睑，用流动清水或生理盐水彻底冲洗 5～10 min 并及时就医。

（3）灭火措施

消防人员防护：须佩戴空气呼吸器、穿全身防火防毒服，站在上风向灭火。

灭火方法：切断气源，如对周围环境无危险，让火自行燃烧完全。尽可能将容器从火场移至空旷处。喷雾状水保持容器冷却，但避免该物质与水接触。喷水保持火场冷却，直至灭火结束。

灭火剂：雾状水、抗溶性泡沫、干粉、二氧化碳。

1.45.5.3　事后恢复

事故过程中产生的废物经收集鉴定后，处理处置。

1.45.5.4　建议配备的物资

建议配备的物资见表 1.190。

表 1.190　建议配备的物资

物资类别	所需物资
个体防护	防毒面具、空气呼吸器、防火防毒服、橡胶手套、面罩等
应急通讯	对讲机、扩音器等

物资类别	所需物资
预警装置	可燃气体报警器
应急监测	可燃气体检测器
应急照明	手电筒
消防	雾状水、二氧化碳灭火器、泡沫灭火器、干粉灭火器
污染控制	硫酸氢钠、雾状水、事故废水收集池、沙袋、围堰等

参考文献

[1] 国家安全监管总局办公厅. 危险化学品目录（2015 版）实施指南（试行）[S]. 2015.

[2] JIS Z 7253—2019. 基于 GHS 化学品的危害通识　标签和安全数据表[S].

[3] JIS Z 7252—2019. 基于 GHS 的化学品分类[S].

[4] 国家危险化学品安全公共服务互联网平台[DB/OL]. http：//hxp.nrcc.com.cn.

[5] 北京创想安科科技有限公司. MSDS 查询网[DB/OL]. http：//www.somsds.com.

[6] 北京化工研究院环境保护所/计算中心. 国际化学品安全卡（中文版）查询系统[DB/OL]. http：//icsc.brici.ac.cn.

1.46　三氟溴乙烯

1.46.1　基本信息

三氟溴乙烯是用于聚合反应、作为化学中间体。三氟溴乙烯基本信息见表 1.191。

表 1.191　三氟溴乙烯基本信息

中文名称	三氟溴乙烯
中文别名	三氟乙烯溴；溴代三氟乙烯
英文名称	Bromotrifluoroethylene

英文别名	Trifluorobromoethylene；Trifluorovinyl bromide
UN 号	2419
CAS 号	598-73-2
EC 号	209-948-1
分子式	C_2BrF_3/F_2CCBrF
分子量	160.9

1.46.2 理化性质

三氟溴乙烯的理化性质见表 1.192。

表 1.192 三氟溴乙烯的理化性质

	外观与性状	无色、有发霉干草气味的有毒气体
理化性质	沸点/℃	−3
	临界温度/℃	184.8
	临界压力/MPa	4.479
	相对密度/（水=1）	1.86
	相对蒸气密度/（空气=1）	5.6
	溶解性	与水部分混溶，溶于有机溶剂
	化学性质	在空气中自燃，遇空气中的湿气即能水解
燃烧爆炸危险性	可燃性	易燃
	闪点/℃	9
	危险特性	与空气混合能形成爆炸性混合物
突发环境事件风险物质	临界量/t	5
	类型	涉气风险物质、涉水风险物质
《全球化学品统一分类和标签制度》（GHS）	中国	易燃气体，类别 1 加压气体
毒理学参数	急性毒性	LC_{50}: 150～200 g/m³，2 h（小鼠吸入）
	毒性终点浓度-1/（mg/m³）	9 200
	毒性终点浓度-2/（mg/m³）	1 500

1.46.3　环境行为

三氟溴乙烯在常温常压下是无色、有发霉干草气味的有毒气体，在空气中可自燃，遇空气中的湿气可水解，对大气具有一定程度的污染。

1.46.4　检测方法及依据

三氟溴乙烯的实验室检测方法见表 1.193。

表 1.193　三氟溴乙烯的实验室检测方法

检测方法	来源	类别
滤膜采样/氟离子选择电极法	《环境空气　氟化物的测定　滤膜采样/氟离子选择电极法》（HJ 955—2018）	环境空气
气相色谱-质谱法	《环境空气　挥发性有机物的测定　罐采样/气相色谱-质谱法》（HJ 759—2015）	环境空气

1.46.5　事故预防及应急处置措施

1.46.5.1　预防措施

（1）预警措施

监控预警：在生产区域或厂界布置三氟溴乙烯泄漏监控预警系统。

（2）防控措施

储存区：三氟溴乙烯储存区域设置防渗漏、防腐蚀、防淋溶、防流失等措施。

收集措施：设置应急事故水池、事故存液池或清净废水排放缓冲池等事故排水收集设施。

措施要求：针对环境风险单元设置的截流措施、收集措施，结合企事业单位实际情况，参照《化工建设项目环境保护工程设计标准》（GB/T 50483—2019）、《储罐区防火堤设计规范》（GB 50351—2014）、《石油化工企业设计防火标准》

（GB 50160—2008）、《事故状态下水体污染的预防与控制技术要求》（Q/SY 1190—
2013）等技术规范进行设置；收集措施除参照上述技术规范设计外，还需参照《石
油化工污水处理设计规范》（GB 50747—2012）、《石油化工给水排水系统设计规
范》（SH/T 3015—2019）等技术规范进行设置。

（3）日常管理

定期巡检及维护： 设置专职或兼职人员进行日常检查及维护，包括定期检查
设备运行情况、定期检查及补充应急物资、定期检查应急设施、定期检查管线及
阀门等情况。日常确保截流措施阀门处于正常状态，同时保持收集设施的缓冲容
量，确保收集设施在事故状态下能够顺利收集事故废水。

培训及演练： 定期组织培训及演练，针对公司实际情况，熟悉如何有效地控
制事故，避免事故失控和扩大化；学会使用应急救援设备和防护装备；明确各自
救援职责。

台账： 设专人负责，详细记录台账。

1.46.5.2　应急处置措施

（1）应急处理方法

应急人员防护： 建议应急处理人员佩戴自给正压式呼吸器，穿防毒服，从上
风处进入现场。

疏散隔离： 人员迅速从泄漏污染区撤离至上风处，并提醒周边公众进行紧急
疏散。立即对泄漏区进行隔离直至气体散尽。

应急行为： 在确保安全的情况下，采用关阀、堵漏等措施，尽可能切断泄漏
源，合理通风，加速扩散。防止气体通过通风系统扩散或进入限制性空间。

消除方法： 用工业覆盖层或吸附/吸收剂盖住泄漏点附近的下水道等地方，防
止气体进入。防止气体低凹处积聚，遇点火源着火爆炸。若可能翻转容器，使之逸
出气体而非液体。喷雾状水稀释，构筑围堤或挖坑收容产生的大量废水。避免水流
接触泄漏物。如有可能，将漏出气体用排风机送至空旷地方或装设适当喷头烧掉。

泄漏容器处置：破损容器要由专业人员处理，修复、检验后再用。

（2）急救措施

吸入：迅速撤离现场至空气新鲜处，保持呼吸道通畅。保持安静，休息。如呼吸困难，应给予输氧。如呼吸、心跳停止，应立即进行心肺复苏术并及时就医。密切接触者即使无症状，亦应观察 24～48 h。

皮肤接触：立即脱去被污染的衣物，用大量流动清水彻底冲洗至少 15 min 并及时就医。

眼睛接触：立即分开眼睑，用流动清水或生理盐水彻底冲洗 5～10 min 并及时就医。

（3）灭火措施

消防人员防护：须佩戴空气呼吸器、穿全身防火防毒服，站在上风向灭火。

灭火方法：切断气源，若不能切断气源，则不允许熄灭泄漏处的火焰。尽可能将容器从火场移至空旷处。喷雾状水保持容器冷却，但避免该物质与水接触。喷水保持火场冷却，直至灭火结束。

灭火剂：雾状水、泡沫、干粉、二氧化碳。

1.46.5.3　事后恢复

事故过程中产生的废物经收集鉴定后，处理处置。

1.46.5.4　建议配备的物资

建议配备的物资见表 1.194。

表 1.194　建议配备的物资

物资类别	所需物资
个体防护	防毒面具、空气呼吸器、防火防毒服、橡胶手套、面罩等
应急通讯	对讲机、扩音器等
预警装置	可燃气体报警器

物资类别	所需物资
应急监测	可燃气体检测器
应急照明	手电筒
消防	雾状水、二氧化碳灭火器、干粉灭火器、泡沫灭火器
污染控制	雾状水、事故废水收集池、沙袋、围堰等

参考文献

[1] 国家安全监管总局办公厅. 危险化学品目录（2015 版）实施指南（试行）[S]. 2015.

[2] 国家危险化学品安全公共服务互联网平台[DB/OL]. http：//hxp.nrcc.com.cn.

[3] 北京创想安科科技有限公司. MSDS 查询网[DB/OL]. http：//www.somsds.com.

1.47 二氯硅烷

1.47.1 基本信息

二氯硅烷用于制造半导体，尤其在外延法工艺中作为硅源。二氯硅烷基本信息见表 1.195。

表 1.195 二氯硅烷基本信息

中文名称	二氯硅烷
英文名称	Dichlorosilane
英文别名	Silicon chloride hydride；Silicon chloridehydride
CAS 号	4109-96-0
EC 号	223-888-3
分子式	Cl_2H_2Si
分子量	101.01

1.47.2　理化性质

二氯硅烷的理化性质见表 1.196。

表 1.196　二氯硅烷的理化性质

理化性质	外观与性状	无色气体，有特征气味
	熔点/℃	−122
	沸点/℃	8.3
	相对密度/（水=1）	1.26
	相对蒸气密度/（空气=1）	3.48
	溶解性	溶于苯、乙醚等多数有机溶剂
	化学性质	与空气、氯或溴接触会燃烧
燃烧爆炸危险性	可燃性	易燃
	闪点/℃	−52
	自燃温度/℃	58
	爆炸上限（体积分数）/%	96.0
	爆炸下限（体积分数）/%	4.1
	危险特性	其蒸气能与空气形成范围广阔的爆炸性混合物
突发环境事件风险物质	临界量/t	5
	类型	涉气风险物质
《全球化学品统一分类和标签制度》（GHS）	中国	易燃气体，类别 1 加压气体 急性毒性，吸入，类别 2 皮肤腐蚀/刺激，类别 1 严重眼损伤/眼刺激，类别 1 特异性靶器官毒性，一次接触，类别 2
	日本	加压气体 急性毒性，吸入，类别 2 皮肤腐蚀/刺激性，类别 1 严重眼损伤/刺激，类别 1 特异性靶器官毒性，一次接触，类别 2 （呼吸系统） 急性毒性，吸入，类别 1
毒理学参数	急性毒性	LC_{50}：144 ppm（小鼠吸入）
	毒性终点浓度-1/（mg/m³）	210
	毒性终点浓度-2/（mg/m³）	45

1.47.3 环境行为

加热和燃烧时，该物质分解生成氯化氢有毒和腐蚀性烟雾，对大气具有较大的污染。该物质与水或潮湿空气反应，生成氯化氢，因此对水体也会造成一定程度的污染。

1.47.4 事故预防及应急处置措施

1.47.4.1 预防措施

（1）预警措施

监控预警： 在生产区域或厂界布置二氯硅烷泄漏监控预警系统。

（2）防控措施

储存区： 二氯硅烷储存区域设置防渗漏、防腐蚀、防淋溶、防流失等措施。

收集措施： 设置应急事故水池、事故存液池或清净废水排放缓冲池等事故排水收集设施。

措施要求： 针对环境风险单元设置的截流措施、收集措施，结合企事业单位实际情况，参照《化工建设项目环境保护工程设计标准》（GB/T 50483—2019）、《储罐区防火堤设计规范》（GB 50351—2014）、《石油化工企业设计防火标准》（GB 50160—2008）、《事故状态下水体污染的预防与控制技术要求》（Q/SY 1190—2013）等技术规范进行设置；收集措施除参照上述技术规范设计外，还需参照《石油化工污水处理设计规范》（GB 50747—2012）、《石油化工给水排水系统设计规范》（SH/T 3015—2019）等技术规范进行设置。

（3）日常管理

定期巡检及维护： 设置专职或兼职人员进行日常检查及维护，包括定期检查设备运行情况、定期检查及补充应急物资、定期检查应急设施、定期检查管线及阀门等情况。日常确保截流措施阀门处于正常状态，同时保持收集设施的缓冲容量，确保收集设施在事故状态下能够顺利收集事故废水。

培训及演练：定期组织培训及演练，针对公司实际情况，熟悉如何有效地控制事故，避免事故失控和扩大化；学会使用应急救援设备和防护装备；明确各自救援职责。

台账：设专人负责，详细记录台账。

1.47.4.2　应急处置措施

（1）应急处理方法

应急人员防护：建议应急处理人员佩戴自给正压式呼吸器，穿防毒服，从上风处进入现场。

疏散隔离：人员迅速从泄漏污染区撤离至上风处，并提醒周边公众进行紧急疏散。立即对泄漏区进行隔离直至气体散尽。

应急行为：在确保安全的情况下，采用关阀、堵漏等措施，尽可能切断泄漏源，合理通风，加速扩散。防止气体通过通风系统扩散或进入限制性空间。

泄漏容器处置：破损容器要由专业人员处理，修复、检验后再用。

（2）急救措施

吸入：迅速撤离现场至空气新鲜处，保持呼吸道通畅。保持安静，休息。如呼吸困难，应给予输氧。如呼吸、心跳停止，应立即进行心肺复苏术并及时就医。密切接触者即使无症状，亦应观察 24～48 h。

皮肤接触：立即脱去被污染的衣物，用大量流动清水彻底冲洗至少 15 min 并及时就医。

眼睛接触：立即分开眼睑，用流动清水或生理盐水彻底冲洗 5～10 min 并及时就医。

（3）灭火措施

消防人员防护：须佩戴空气呼吸器、穿全身防火防毒服，站在上风向灭火。

灭火方法：切断气源，若不能切断气源，则不允许熄灭泄漏处的火焰。尽可能将容器从火场移至空旷处。喷雾状水保持容器冷却，但避免该物质与水接触。喷水保持火场冷却，直至灭火结束。火场中有大量本品泄漏物时，禁用水、泡沫和酸碱灭火剂。

灭火剂：雾状水、泡沫、干粉、二氧化碳。

1.47.4.3　事后恢复

事故过程中产生的废物经收集鉴定后，处理处置。

1.47.4.4　建议配备的物资

建议配备的物资见表 1.197。

表 1.197　建议配备的物资

物资类别	所需物资
个体防护	防毒面具、空气呼吸器、防火防毒服、橡胶手套、面罩等
应急通讯	对讲机、扩音器等
预警装置	可燃气体报警器
应急监测	可燃气体检测器
应急照明	手电筒
消防	雾状水、二氧化碳灭火器、干粉灭火器、泡沫灭火器
污染控制	事故废水收集池、沙袋、围堰等

参考文献

[1]　国家安全监管总局办公厅. 危险化学品目录（2015 版）实施指南（试行）[S]. 2015.

[2]　JIS Z 7253—2019. 基于 GHS 化学品的危害通识　标签和安全数据表[S].

[3]　JIS Z 7252—2019. 基于 GHS 的化学品分类[S].

[4]　国家危险化学品安全公共服务互联网平台[DB/OL]. http：//hxp.nrcc.com.cn.

[5]　北京创想安科科技有限公司. MSDS 查询网[DB/OL]. http：//www.somsds.com.

1.48 一氧化二氯

1.48.1 基本信息

一氧化二氯用作氯化剂、氧化剂，是次氯酸的酸酐，溶于水产生不稳定的次氯酸并最终变为盐酸。一氧化二氯基本信息见表 1.198。

表 1.198 一氧化二氯基本信息

中文名称	一氧化二氯
中文别名	次氯酸酐
英文名称	Dichlorine oxide
英文别名	Chlorine monoxide；Chloroxydul；Dichlorine monooxide
CAS 号	7791-21-1
EC 号	232-243-5
分子式	Cl_2O
分子量	86.9

1.48.2 理化性质

一氧化二氯的理化性质见表 1.199。

表 1.199 一氧化二氯的理化性质

理化性质	外观与性状	黄棕色气体，有刺激性气味
	熔点/℃	−120.6
	沸点/℃	2.0
	相对蒸气密度/（空气=1）	3.02
	溶解性	极易溶于水，溶于四氯化碳
	化学性质	强氧化剂

燃烧爆炸危险性	可燃性	易燃
	爆炸上限（体积分数）/%	100
	爆炸下限（体积分数）/%	23.5
	危险特性	加热至42℃以上可发生爆炸。与还原剂接触有燃烧爆炸危险。与许多烃加热到50℃以上发生爆炸性反应。和氧气混合物的爆炸界限为25%
突发环境事件风险物质	临界量/t	5
	类型	涉气风险物质、涉水风险物质

1.48.3　环境行为

一氧化二氯为黄棕色、有刺激性气味气体，加热至42℃以上可发生爆炸，对大气具有一定程度的污染。一氧化二氯极易溶于水，溶于水后产生不稳定的次氯酸并最终变为盐酸，可造成水体污染。

1.48.4　事故预防及应急处置措施

1.48.4.1　预防措施

（1）预警措施

监控预警： 在生产区域或厂界布置一氧化二氯泄漏监控预警系统。

（2）防控措施

储存区： 一氧化二氯储存区域设置防渗漏、防腐蚀、防淋溶、防流失等措施。

收集措施： 设置应急事故水池、事故存液池或清净废水排放缓冲池等事故排水收集设施。

措施要求： 针对环境风险单元设置的截流措施、收集措施，结合企事业单位实际情况，参照《化工建设项目环境保护工程设计标准》（GB/T 50483—2019）、《储罐区防火堤设计规范》（GB 50351—2014）、《石油化工企业设计防火标准》（GB 50160—2008）、《事故状态下水体污染的预防与控制技术要求》（Q/SY 1190—

2013）等技术规范进行设置；收集措施除参照上述技术规范设计外，还需参照《石油化工污水处理设计规范》（GB 50747—2012）、《石油化工给水排水系统设计规范》（SH/T 3015—2019）等技术规范进行设置。

（3）日常管理

定期巡检及维护： 设置专职或兼职人员进行日常检查及维护，包括定期检查设备运行情况、定期检查及补充应急物资、定期检查应急设施、定期检查管线及阀门等情况。日常确保截流措施阀门处于正常状态，同时保持收集设施的缓冲容量，确保收集设施在事故状态下能够顺利收集事故废水。

培训及演练： 定期组织培训及演练，针对公司实际情况，熟悉如何有效地控制事故，避免事故失控和扩大化；学会使用应急救援设备和防护装备；明确各自救援职责。

台账： 设专人负责，详细记录台账。

1.48.4.2 应急处置措施

（1）应急处理方法

应急人员防护： 建议应急处理人员佩戴自给正压式呼吸器，穿防毒服，从上风处进入现场。

疏散隔离： 人员迅速从泄漏污染区撤离至上风处，并提醒周边公众进行紧急疏散。立即对泄漏区进行隔离直至气体散尽。

应急行为： 在确保安全的情况下，采用关阀、堵漏等措施，尽可能切断泄漏源，合理通风，加速扩散。防止气体通过通风系统扩散或进入限制性空间。

消除方法： 用工业覆盖层或吸附/吸收剂盖住泄漏点附近的下水道等地方，防止气体进入。防止气体低凹处积聚，遇点火源着火爆炸。喷雾状水稀释，构筑围堤或挖坑收容产生的大量废水。如有可能，将漏出气体用排风机送至空旷地方或装设适当喷头烧掉。

泄漏容器处置： 破损容器要由专业人员处理，修复、检验后再用。

（2）急救措施

吸入：迅速撤离现场至空气新鲜处，保持呼吸道通畅。保持安静，休息。如呼吸困难，应给予输氧，必要时进行人工呼吸。如呼吸、心跳停止，应立即进行心肺复苏术并及时就医。密切接触者即使无症状，亦应观察 24～48 h。

皮肤接触：立即脱去被污染的衣物，用大量流动清水彻底冲洗至少 15 min 并及时就医。

眼睛接触：立即分开眼睑，用流动清水或生理盐水彻底冲洗 5～10 min 并及时就医。

（3）灭火措施

消防人员防护：须佩戴空气呼吸器、穿全身防火防毒服，站在上风向灭火。

灭火方法：切断气源，尽可能将容器从火场移至空旷处。喷雾状水保持容器冷却，但避免一氧化二氯与水接触。喷水保持火场冷却，直至灭火结束。根据着火原因选择适当灭火剂灭火。

灭火剂：雾状水、泡沫、干粉、二氧化碳。

1.48.4.3　事后恢复

事故过程中产生的废物经收集鉴定后，处理处置。

1.48.4.4　建议配备的物资

建议配备的物资见表 1.200。

表 1.200　建议配备的物资

物资类别	所需物资
个体防护	防毒面具、空气呼吸器、防火防毒服、橡胶手套、面罩等
应急通讯	对讲机、扩音器等
预警装置	可燃气体报警器
应急监测	可燃气体检测器

物资类别	所需物资
应急照明	手电筒
消防	雾状水、二氧化碳灭火器、干粉灭火器、泡沫灭火器
污染控制	雾状水、吸附剂、事故废水收集池、沙袋、围堰等

参考文献

[1]　北京创想安科科技有限公司. MSDS 查询网[DB/OL]. http：//www.somsds.com.

1.49　甲烷

1.49.1　基本信息

甲烷是最简单的有机物，也是含碳量最小（含氢量最大）的烃，可用来作为燃料及制造氢气、炭黑、一氧化碳、乙炔、氢氰酸及甲醛等物质的原料。甲烷基本信息见表 1.201。

表 1.201　甲烷基本信息

中文名称	甲烷
中文别名	甲基氢化物；碳烷
英文名称	Methane
英文别名	Methyl hydride
UN 号	1971
CAS 号	74-82-8
ICSC 号	0291
RTECS 号	PA1490000
EC 号	601-001-00-4
分子式	CH_4
分子量	16

1.49.2　理化性质

甲烷的理化性质见表 1.202。

表 1.202　甲烷的理化性质

理化性质	外观与性状	无色气体，无气味
	熔点/℃	−183
	沸点/℃	−161
	临界温度/℃	−82.6
	临界压力/MPa	4.59
	相对密度/（水=1）	0.42
	相对蒸气密度/（空气=1）	0.6
	溶解性	微溶于水
	化学性质	通常情况下，甲烷比较稳定，与高锰酸钾等强氧化剂不反应，与强酸、强碱也不反应。但是在特定条件下，甲烷也会发生卤化、氧化、分解等反应
燃烧爆炸危险性	可燃性	极易燃
	闪点/℃	−188
	自燃温度/℃	537
	爆炸上限（体积分数）/%	15
	爆炸下限（体积分数）/%	5
	危险特性	气体/空气混合物有爆炸性
突发环境事件风险物质	临界量/t	10
	类型	涉气风险物质
《全球化学品统一分类和标签制度》（GHS）	中国	易燃气体，类别 1 加压气体
	欧盟	易燃气体，类别 1 加压气体
	日本	加压气体 生殖细胞致突变性，类别 2
毒理学参数	急性毒性	小鼠吸入 2%浓度×60 min，麻醉作用； 兔吸入 2%浓度×60 min，麻醉作用
	毒性终点浓度-1/（mg/m³）	260 000
	毒性终点浓度-2/（mg/m³）	150 000

1.49.3　环境行为

由于甲烷密度小，在释放出来后，会迅速上升到大气层，长期蓄积会形成一个透明的保护罩，使得地球的温度逐渐增高，从而引起连锁性的气候问题。应特别注意对地表水、土壤、大气和饮用水的污染。

1.49.4　检测方法及依据

甲烷的现场应急监测方法及实验室检测方法见表 1.203 和表 1.204。

表 1.203　甲烷的现场应急监测方法

监测方法	来源	类别
快速气体检测管法	《典型化学品突发环境事件应急处理技术手册（下册）》	空气
FID	《环境空气和废气　总烃、甲烷和非甲烷总烃便携式监测仪技术要求及检测方法》（HJ 1012—2018）	环境空气和废气

表 1.204　甲烷的实验室检测方法

检测方法	来源	类别
直接进样-气相色谱法	《环境空气　总烃、甲烷和非甲烷总烃的测定　直接进样-气相色谱法》（HJ 604—2017）	空气
气相色谱法	《空气中有害物质的测定方法（第二版）》	空气
气相色谱法	《固定污染源废气　总烃、甲烷和非甲烷总烃的测定　气相色谱法》（HJ 38—2017）	固定污染源废气

1.49.5　事故预防及应急处置措施

1.49.5.1　预防措施

（1）预警措施

监控预警： 在生产区域或厂界布置甲烷泄漏监控预警系统。

（2）防控措施

储存区：甲烷储存区域设置防渗漏、防腐蚀、防淋溶、防流失等措施。

收集措施：设置应急事故水池、事故存液池或清净废水排放缓冲池等事故排水收集设施。

措施要求：针对环境风险单元设置的截流措施、收集措施，结合企事业单位实际情况，参照《化工建设项目环境保护工程设计标准》（GB/T 50483—2019）、《储罐区防火堤设计规范》（GB 50351—2014）、《石油化工企业设计防火标准》（GB 50160—2008）、《事故状态下水体污染的预防与控制技术要求》（Q/SY 1190—2013）等技术规范进行设置；收集措施除参照上述技术规范设计外，还需参照《石油化工污水处理设计规范》（GB 50747—2012）、《石油化工给水排水系统设计规范》（SH/T 3015—2019）等技术规范进行设置。

（3）日常管理

定期巡检及维护：设置专职或兼职人员进行日常检查及维护，包括定期检查设备运行情况、定期检查及补充应急物资、定期检查应急设施、定期检查管线及阀门等情况。日常确保截流措施阀门处于正常状态，同时保持收集设施的缓冲容量，确保收集设施在事故状态下能够顺利收集事故废水。

培训及演练：定期组织培训及演练，针对公司实际情况，熟悉如何有效地控制事故，避免事故失控和扩大化；学会使用应急救援设备和防护装备；明确各自救援职责。

台账：设专人负责，详细记录台账。

1.49.5.2　应急处置措施

（1）应急处理方法

应急人员防护：建议应急处理人员佩戴自给正压式呼吸器，穿防毒服，从上风处进入现场。

疏散隔离：人员迅速从泄漏污染区撤离至上风处，并提醒周边公众进行紧急

疏散。立即对泄漏区进行隔离直至气体散尽。

应急行为：在确保安全的情况下，采用关阀、堵漏等措施，尽可能切断泄漏源，合理通风，加速扩散。防止气体通过通风系统扩散或进入限制性空间。

消除方法：喷雾状水稀释、溶解。构筑围堤或挖坑收容产生的大量废水。如有可能，将漏出气体用排风机送至空旷地方或装设适当喷头烧掉。

泄漏容器处置：破损容器要由专业人员处理，修复、检验后再用。

（2）急救措施

吸入：迅速撤离现场至空气新鲜处，保持呼吸道通畅。保持安静，休息。如呼吸困难，应给予输氧，必要时进行人工呼吸。如呼吸、心跳停止，应立即进行心肺复苏术并及时就医。密切接触者即使无症状，亦应观察24～48 h。

皮肤接触：立即脱去被污染的衣物，用大量流动清水彻底冲洗至少15 min。如发生冻伤，用温水（38～42℃）复温，忌用热水或辐射热，不要揉搓并及时就医。

眼睛接触：立即分开眼睑，用流动清水或生理盐水彻底冲洗5～10 min并及时就医。

（3）灭火措施

消防人员防护：须佩戴空气呼吸器、穿全身防火防毒服，站在上风向灭火。

灭火方法：切断气源，如对周围环境无危险，让火自行燃烧完全。尽可能将容器从火场移至空旷处。喷雾状水保持容器冷却，但避免该物质与水接触。喷水保持火场冷却，直至灭火结束。

灭火剂：雾状水、泡沫、干粉、二氧化碳。

1.49.5.3　事后恢复

事故过程中产生的废物经收集鉴定后，处理处置。

1.49.5.4 建议配备的物资

建议配备的物资见表 1.205。

表 1.205 建议配备的物资

物资类别	所需物资
个体防护	防毒面具、空气呼吸器、防火防毒服、橡胶手套、面罩等
应急通讯	对讲机、扩音器等
预警装置	可燃气体报警器
应急监测	可燃气体检测器
应急照明	手电筒
消防	雾状水、二氧化碳灭火器、干粉灭火器、泡沫灭火器
污染控制	雾状水、事故废水收集池、沙袋、围堰等

参考文献

[1] 国家安全监管总局办公厅. 危险化学品目录（2015 版）实施指南（试行）[S]. 2015.

[2] 国家质量监督检验检疫总局检验监管司，国家质量监督总局进出口化学品安全研究中心，中国检验检疫科学研究院. 欧盟物质和混合物分类、标签和包装法规（CLP）指南[M]. 北京：中国标准出版社，2010.

[3] 杭士平. 空气中有害物质的测定方法[M]. 北京：人民卫生出版社，1986.

[4] 邵超峰，尚建程，张艳娇，等. 典型化学品突发环境事件应急处理技术手册（下册）[M]. 北京：化学工业出版社，2019.

[5] JIS Z 7253—2019. 基于 GHS 化学品的危害通识 标签和安全数据表[S].

[6] JIS Z 7252—2019. 基于 GHS 的化学品分类[S].

[7] 国家危险化学品安全公共服务互联网平台[DB/OL]. http://hxp.nrcc.com.cn.

[8] 北京创想安科科技有限公司. MSDS 查询网[DB/OL]. http://www.somsds.com.

[9] 北京化工研究院环境保护所/计算中心. 国际化学品安全卡（中文版）查询系统[DB/OL]. http://icsc.brici.ac.cn.

1.50 乙烷

1.50.1 基本信息

乙烷是最简单的含碳—碳单键的烃，可以在冷冻设施中作为制冷剂使用。乙烷基本信息见表 1.206。

表 1.206 乙烷基本信息

中文名称	乙烷
英文名称	Ethane
UN 号	1035
CAS 号	74-84-0
ICSC 号	0266
RTECS 号	KH3800000
EC 号	601-002-00-X
分子式	C_2H_6/CH_3CH_3
分子量	30.1

1.50.2 理化性质

乙烷的理化性质见表 1.207。

表 1.207 乙烷的理化性质

理化性质	外观与性状	无色无味气体
	熔点/℃	−183
	沸点/℃	−89
	临界温度/℃	32.2
	临界压力/MPa	4.87

理化性质	相对密度/（水=1）	0.45
	相对蒸气密度/（空气=1）	1.05
	溶解性	不溶于水，微溶于乙醇、丙酮，溶于苯，与四氯化碳互溶
	化学性质	乙烷是低级烷烃的一种，能发生很多烷烃的典型反应
燃烧爆炸危险性	可燃性	易燃
	自燃温度/℃	472
	爆炸上限（体积分数）/%	12.5
	爆炸下限（体积分数）/%	3.0
	危险特性	气体/空气混合物有爆炸性
突发环境事件风险物质	临界量/t	10
	类型	涉气风险物质
《全球化学品统一分类和标签制度》（GHS）	中国	易燃气体，类别 1 加压气体
	欧盟	易燃气体，类别 1 加压气体
	日本	加压气体 特异性靶器官毒性，一次接触，类别 3（麻醉效应） 易燃气体，类别 1
毒理学参数	毒性终点浓度-1/（mg/m^3）	490 000
	毒性终点浓度-2/（mg/m^3）	280 000

1.50.3 环境行为

乙烷存在于石油气、天然气、焦炉气及石油裂解气中，经分离而得。乙烷高度易燃，对大气具有较大的污染。

1.50.4 检测方法及依据

乙烷的现场应急监测方法及实验室检测方法见表 1.208 和表 1.209。

表1.208 乙烷的现场应急监测方法

监测方法	来源	类别
便携式傅里叶变换红外多组分气体分析仪	《环境污染事件应急处理技术》	空气

表1.209 乙烷的实验室检测方法

检测方法	来源	类别
气相色谱-质谱法	《环境空气 挥发性有机物的测定 罐采样/气相色谱-质谱法》（HJ 759—2015）	环境空气

1.50.5 事故预防及应急处置措施

1.50.5.1 预防措施

（1）预警措施

监控预警： 在生产区域或厂界布置乙烷泄漏监控预警系统。

（2）防控措施

储存区： 乙烷储存区域设置防渗漏、防腐蚀、防淋溶、防流失等措施。

收集措施： 设置应急事故水池、事故存液池或清净废水排放缓冲池等事故排水收集设施。

措施要求： 针对环境风险单元设置的截流措施、收集措施，结合企事业单位实际情况，参照《化工建设项目环境保护工程设计标准》（GB/T 50483—2019）、《储罐区防火堤设计规范》（GB 50351—2014）、《石油化工企业设计防火标准》（GB 50160—2008）、《事故状态下水体污染的预防与控制技术要求》（Q/SY 1190—2013）等技术规范进行设置；收集措施除参照上述技术规范设计外，还需参照《石油化工污水处理设计规范》（GB 50747—2012）、《石油化工给水排水系统设计规范》（SH/T 3015—2019）等技术规范进行设置。

（3）日常管理

定期巡检及维护： 设置专职或兼职人员进行日常检查及维护，包括定期检查设备运行情况、定期检查及补充应急物资、定期检查应急设施、定期检查管线及阀门等情况。日常确保截流措施阀门处于正常状态，同时保持收集设施的缓冲容量，确保收集设施在事故状态下能够顺利收集事故废水。

培训及演练： 定期组织培训及演练，针对公司实际情况，熟悉如何有效地控制事故，避免事故失控和扩大化；学会使用应急救援设备和防护装备；明确各自救援职责。

台账： 设专人负责，详细记录台账。

1.50.5.2　应急处置措施

（1）应急处理方法

应急人员防护： 建议应急处理人员佩戴自给正压式呼吸器，穿防毒服，从上风处进入现场。

疏散隔离： 人员迅速从泄漏污染区撤离至上风处，并提醒周边公众进行紧急疏散。立即对泄漏区进行隔离直至气体散尽。

应急行为： 在确保安全的情况下，采用关阀、堵漏等措施，尽可能切断泄漏源，合理通风，加速扩散。防止气体通过通风系统扩散或进入限制性空间。

泄漏容器处置： 破损容器要由专业人员处理，修复、检验后再用。

（2）急救措施

吸入： 迅速撤离现场至空气新鲜处，保持呼吸道通畅。保持安静，休息，半直立体位，并及时给予医疗护理。如呼吸困难，应给予输氧，必要时进行人工呼吸。如呼吸、心跳停止，应立即进行心肺复苏术并及时就医。密切接触者即使无症状，亦应观察 24～48 h。

皮肤接触： 立即脱去被污染的衣物，用大量流动清水彻底冲洗至少 15 min。冻伤时用大量清水冲洗，不要脱去衣服并及时就医。

眼睛接触：立即分开眼睑，用流动清水或生理盐水彻底冲洗 5～10 min 并及时就医。

（3）灭火措施

消防人员防护：须佩戴空气呼吸器、穿全身防火防毒服，站在上风向灭火。

灭火方法：切断气源，如对周围环境无危险，让火自行燃烧完全。尽可能将容器从火场移至空旷处。喷雾状水保持容器冷却，但避免该物质与水接触。喷水保持火场冷却，直至灭火结束。

灭火剂：雾状水、干粉。

1.50.5.3 事后恢复

事故过程中产生的废物经收集鉴定后，处理处置。

1.50.5.4 建议配备的物资

建议配备的物资见表 1.210。

表 1.210 建议配备的物资

物资类别	所需物资
个体防护	防毒面具、空气呼吸器、防火防毒服、橡胶手套、面罩等
应急通讯	对讲机、扩音器等
预警装置	可燃气体报警器
应急监测	可燃气体检测器
应急照明	手电筒
消防	雾状水、干粉灭火器
污染控制	事故废水收集池、沙袋、围堰等

参考文献

[1] 国家安全监管总局办公厅. 危险化学品目录（2015 版）实施指南（试行）[S]. 2015.

[2] 国家质量监督检验检疫总局检验监管司，国家质量监督总局进出口化学品安全研究中心，

中国检验检疫科学研究院. 欧盟物质和混合物分类、标签和包装法规（CLP）指南[M]. 北京：中国标准出版社，2010.

[3] 吕小明，刘军. 环境污染事件应急处理技术[M]. 北京：中国环境出版社，2012.

[4] JIS Z 7253—2019. 基于 GHS 化学品的危害通识　标签和安全数据表[S].

[5] JIS Z 7252—2019. 基于 GHS 的化学品分类[S].

[6] 国家危险化学品安全公共服务互联网平台[DB/OL]. http：//hxp.nrcc.com.cn.

[7] 北京创想安科科技有限公司. MSDS 查询网[DB/OL]. http：//www.somsds.com.

[8] 北京化工研究院环境保护所/计算中心. 国际化学品安全卡（中文版）查询系统[DB/OL]. http：//icsc.brici.ac.cn.

1.51　乙烯

1.51.1　基本信息

乙烯是合成纤维、合成橡胶、合成塑料（聚乙烯及聚氯乙烯）、合成乙醇（酒精）的基本化工原料，也用于制造氯乙烯、苯乙烯、环氧乙烷、醋酸、乙醛和炸药等，也可用作水果和蔬菜的催熟剂，是一种已证实的植物激素。乙烯基本信息见表 1.211。

表 1.211　乙烯基本信息

中文名称	乙烯
英文名称	Ethylene
英文别名	Ethene
UN 号	1962
CAS 号	74-85-1
ICSC 号	0475

RTECS 号	KV5340000
EC 号	601-010-00-3
分子式	$C_2H_4/CH_2=CH_2$
分子量	28.5

1.51.2　理化性质

乙烯的理化性质见表 1.212。

表 1.212　乙烯的理化性质

	外观与性状	无色、有特殊气味
理化性质	熔点/℃	−169.2
	沸点/℃	−104
	临界温度/℃	9.2
	临界压力/MPa	5.04
	相对密度/（水=1）	0.61
	相对蒸气密度/（空气=1）	0.98
	溶解性	难溶于水，易溶于四氯化碳等有机溶剂
	化学性质	常温下极易被氧化剂氧化
燃烧爆炸危险性	可燃性	极易燃
	自燃温度/℃	490
	爆炸上限（体积分数）/%	36.0
	爆炸下限（体积分数）/%	2.7
	危险特性	蒸气/空气混合物有爆炸性
突发环境事件风险物质	临界量/t	10
	类型	涉气风险物质
《全球化学品统一分类和标签制度》（GHS）	中国	易燃气体，类别 1 加压气体 特异性靶器官毒性，一次接触，类别 3 （麻醉效应）
	欧盟	易燃气体，类别 1 加压气体 特异性靶器官毒性，一次接触，类别 3

《全球化学品统一分类和标签制度》（GHS）	日本	加压气体 特异性靶器官毒性，一次接触，类别 3 （麻醉效应） 危害水生环境，急性危险，类别 3 危害水生环境，长期危险，类别 3 易燃气体，类别 1
毒理学参数	毒性终点浓度-1/（mg/m³）	46 000
	毒性终点浓度-2/（mg/m³）	7 600

1.51.3 环境行为

乙烯的有害燃烧产物为一氧化碳，对环境有危害，对鱼类应给予特别注意。还应特别注意对地表水、土壤、大气和饮用水的污染。

1.51.4 检测方法及依据

乙烯的现场应急监测方法及实验室检测方法见表 1.213 和表 1.214。

表 1.213 乙烯的现场应急监测方法

监测方法	来源	类别
便携式气相色谱法	《典型化学品突发环境事件应急处理技术手册（下册）》	空气
傅里叶红外仪法	《环境空气 挥发性有机物的测定 便携式傅里叶红外仪法》（HJ 919—2017）	环境空气

表 1.214 乙烯的实验室检测方法

检测方法	来源	类别
气相色谱法	《空气中有害物质的测定方法（第二版）》	空气

1.51.5　事故预防及应急处置措施

1.51.5.1　预防措施

（1）预警措施

监控预警： 在生产区域或厂界布置乙烯泄漏监控预警系统。

（2）防控措施

储存区： 乙烯储存区域设置防渗漏、防腐蚀、防淋溶、防流失等措施。

收集措施： 设置应急事故水池、事故存液池或清净废水排放缓冲池等事故排水收集设施。

措施要求： 针对环境风险单元设置的截流措施、收集措施，结合企事业单位实际情况，参照《化工建设项目环境保护工程设计标准》（GB/T 50483—2019）、《储罐区防火堤设计规范》（GB 50351—2014）、《石油化工企业设计防火标准》（GB 50160—2008）、《事故状态下水体污染的预防与控制技术要求》（Q/SY 1190—2013）等技术规范进行设置；收集措施除参照上述技术规范设计外，还需参照《石油化工污水处理设计规范》（GB 50747—2012）、《石油化工给水排水系统设计规范》（SH/T 3015—2019）等技术规范进行设置。

（3）日常管理

定期巡检及维护： 设置专职或兼职人员进行日常检查及维护，包括定期检查设备运行情况、定期检查及补充应急物资、定期检查应急设施、定期检查管线及阀门等情况。日常确保截流措施阀门处于正常状态，同时保持收集设施的缓冲容量，确保收集设施在事故状态下能够顺利收集事故废水。

培训及演练： 定期组织培训及演练，针对公司实际情况，熟悉如何有效地控制事故，避免事故失控和扩大化；学会使用应急救援设备和防护装备；明确各自救援职责。

台账： 设专人负责，详细记录台账。

1.51.5.2　应急处置措施

（1）应急处理方法

应急人员防护：建议应急处理人员佩戴自给正压式呼吸器，穿防毒服，从上风处进入现场。

疏散隔离：人员迅速从泄漏污染区撤离至上风处，并提醒周边公众进行紧急疏散。立即对泄漏区进行隔离直至气体散尽。

应急行为：在确保安全的情况下，采用关阀、堵漏等措施，尽可能切断泄漏源，合理通风，加速扩散。防止气体通过通风系统扩散或进入限制性空间。

消除方法：如有可能，将漏出气体用排风机送至空旷地方或装设适当喷头烧掉。

泄漏容器处置：破损容器要由专业人员处理，修复、检验后再用。

（2）急救措施

吸入：迅速撤离现场至空气新鲜处，保持呼吸道通畅。保持安静，休息。如呼吸困难，应给予输氧，必要时进行人工呼吸。如呼吸、心跳停止，应立即进行心肺复苏术并及时就医。密切接触者即使无症状，亦应观察 24～48 h。

皮肤接触：立即脱去被污染的衣物，用大量流动清水彻底冲洗至少 15 min。如发生冻伤，用温水（38～42℃）复温，忌用热水或辐射热，不要揉搓并及时就医。

（3）灭火措施

消防人员防护：须佩戴空气呼吸器、穿全身防火防毒服，站在上风向灭火。

灭火方法：切断气源，如对周围环境无危险，让火自行燃烧完全。喷雾状水保持容器冷却，但避免该物质与水接触。喷水保持火场冷却，直至灭火结束。

灭火剂：雾状水、泡沫、二氧化碳、干粉。

1.51.5.3　事后恢复

事故过程中产生的废物经收集鉴定后，处理处置。

1.51.5.4 建议配备的物资

建议配备的物资见表 1.215。

表 1.215 建议配备的物资

物资类别	所需物资
个体防护	防毒面具、空气呼吸器、防火防毒服、橡胶手套、面罩等
应急通讯	对讲机、扩音器等
预警装置	可燃气体报警器
应急监测	可燃气体检测器
应急照明	手电筒
消防	雾状水、二氧化碳灭火器、干粉灭火器、泡沫灭火器
污染控制	雾状水、事故废水收集池、沙袋、围堰等

参考文献

[1] 国家安全监管总局办公厅. 危险化学品目录（2015 版）实施指南（试行）[S]. 2015.

[2] 国家质量监督检验检疫总局检验监管司，国家质量监督总局进出口化学品安全研究中心，中国检验检疫科学研究院. 欧盟物质和混合物分类、标签和包装法规（CLP）指南[M]. 北京：中国标准出版社，2010.

[3] 杭士平. 空气中有害物质的测定方法[M]. 北京：人民卫生出版社，1986.

[4] JIS Z 7253—2019. 基于 GHS 化学品的危害通识 标签和安全数据表[S].

[5] JIS Z 7252—2019. 基于 GHS 的化学品分类[S].

[6] 国家危险化学品安全公共服务互联网平台[DB/OL]. http：//hxp.nrcc.com.cn.

[7] 北京创想安科科技有限公司. MSDS 查询网[DB/OL]. http：//www.somsds.com.

[8] 北京化工研究院环境保护所/计算中心. 国际化学品安全卡（中文版）查询系统[DB/OL]. http：//icsc.brici.ac.cn.

1.52　乙炔

1.52.1　基本信息

乙炔是炔烃化合物中体积最小的一员，主要为工业用途，特别是烧焊金属方面。乙炔基本信息见表 1.216。

表 1.216　乙炔基本信息

中文名称	乙炔
中文别名	电石气；风煤
英文名称	Ethyne
英文别名	Welding gas
UN 号	1001
CAS 号	74-86-2
ICSC 号	0089
RTECS 号	AO9600000
EC 号	601-015-00-0
分子式	C_2H_2
分子量	26

1.52.2　理化性质

乙炔的理化性质见表 1.217。

表 1.217　乙炔的理化性质

理化性质	外观与性状	无色无味气体
	熔点/℃	−88
	沸点/℃	−84

理化性质	临界温度/℃	35.2
	临界压力/MPa	6.14
	相对密度/（水=1）	0.91
	相对蒸气密度/（空气=1）	0.620 8
	溶解性	不溶于水
	化学性质	纯乙炔在空气中燃烧可达 2 100℃左右，在氧气中燃烧可达 3 600℃。化学性质很活泼，能起加成、氧化、聚合及金属取代等反应。与氧化剂接触会发生剧烈反应。与氟、氯等接触会发生剧烈的化学反应
燃烧爆炸危险性	可燃性	易燃
	闪点/℃	−17.78
	自燃温度/℃	305
	爆炸上限（体积分数）/%	72.3
	爆炸下限（体积分数）/%	2.3
	危险特性	在液态和固态下或在气态和一定压力下有猛烈爆炸的危险，受热、震动、电火花等因素都可以引发爆炸。与空气混合能形成爆炸性混合物，遇明火、高热能引起燃烧爆炸。能与铜、银、汞等的化合物生成爆炸性物质
突发环境事件风险物质	临界量/t	10
	类型	涉气风险物质
《全球化学品统一分类和标签制度》（GHS）	中国	易燃气体，类别 1 化学不稳定性气体，类别 A 加压气体
	欧盟	易燃气体，类别 1 加压气体
	日本	加压气体 特异性靶器官毒性，一次接触，类别 3（麻醉效应） 易燃气体，类别 1
毒理学参数	急性毒性	纯乙炔属微毒类，具有弱麻醉和阻止细胞氧化的作用。高浓度时排挤空气中的氧，引起单纯性窒息作用。乙炔中常混有磷化氢、硫化氢等气体，故常伴有此类毒物的毒作用。人接触 100 mg/m³ 能耐受 30～60 min，20%引起明显缺氧，30%时共济失调，35%下 5 min 引起意识丧失，在含 10% 乙炔的空气中 5 h，有轻度中毒反应

毒理学参数	亚急性和慢性毒性	动物长期吸入非致死性浓度该品，出现血红蛋白、网织细胞、淋巴细胞增加和中性粒细胞减少。尸检有支气管炎、肺炎、肺水肿、肝充血和脂肪浸润
	毒性终点浓度-1/（mg/m³）	430 000
	毒性终点浓度-2/（mg/m³）	240 000

1.52.3 环境行为

乙炔与空气混合能形成爆炸性混合物，遇明火、高热能引起燃烧爆炸，有害燃烧产物为一氧化碳、二氧化碳，对大气具有较大的污染。

1.52.4 检测方法及依据

乙炔的现场应急监测方法及实验室检测方法见表 1.218 和表 1.219。

表 1.218　乙炔的现场应急监测方法

监测方法	来源	类别
傅里叶红外仪法	《环境空气　挥发性有机物的测定　便携式傅里叶红外仪法》（HJ 919—2017）	环境空气

表 1.219　乙炔的实验室检测方法

检测方法	来源	类别
气相色谱法	《空气中有害物质的测定方法（第二版）》	空气
气相色谱法	《工作场所有害物质监测方法》	空气
气相色谱-质谱法	《环境空气　挥发性有机物的测定　罐采样/气相色谱-质谱法》（HJ 759—2015）	环境空气

1.52.5 事故预防及应急处置措施

1.52.5.1 预防措施

（1）预警措施

监控预警：在生产区域或厂界布置乙炔泄漏监控预警系统。

（2）防控措施

储存区：乙炔储存区域设置防渗漏、防腐蚀、防淋溶、防流失等措施。

收集措施：设置应急事故水池、事故存液池或清净废水排放缓冲池等事故排水收集设施。

措施要求：针对环境风险单元设置的截流措施、收集措施，结合企事业单位实际情况，参照《化工建设项目环境保护工程设计标准》（GB/T 50483—2019）、《储罐区防火堤设计规范》（GB 50351—2014）、《石油化工企业设计防火标准》（GB 50160—2008）、《事故状态下水体污染的预防与控制技术要求》（Q/SY 1190—2013）等技术规范进行设置；收集措施除参照上述技术规范设计外，还需参照《石油化工污水处理设计规范》（GB 50747—2012）、《石油化工给水排水系统设计规范》（SH/T 3015—2019）等技术规范进行设置。

（3）日常管理

定期巡检及维护：设置专职或兼职人员进行日常检查及维护，包括定期检查设备运行情况、定期检查及补充应急物资、定期检查应急设施、定期检查管线及阀门等情况。日常确保截流措施阀门处于正常状态，同时保持收集设施的缓冲容量，确保收集设施在事故状态下能够顺利收集事故废水。

培训及演练：定期组织培训及演练，针对公司实际情况，熟悉如何有效地控制事故，避免事故失控和扩大化；学会使用应急救援设备和防护装备；明确各自救援职责。

台账：设专人负责，详细记录台账。

1.52.5.2　应急处置措施

（1）应急处理方法

应急人员防护：建议应急处理人员佩戴自给正压式呼吸器，穿防毒服，从上风处进入现场。

疏散隔离：人员迅速从泄漏污染区撤离至上风处，并提醒周边公众进行紧急疏散。立即对泄漏区进行隔离直至气体散尽。

应急行为：在确保安全的情况下，采用关阀、堵漏等措施，尽可能切断泄漏源，合理通风，加速扩散。如有可能，将残余气体或漏出气体用排风机送至水洗塔或与水塔相连的通风橱内。防止气体通过下水道、通风系统和密闭性空间扩散。

消除方法：若可能翻转容器，使之逸出气体而非液体。喷雾状水抑制蒸气或改变蒸气云流向，避免水流接触泄漏物。

泄漏容器处置：破损容器要由专业人员处理，修复、检验后再用。

（2）急救措施

吸入：迅速撤离现场至空气新鲜处，保持呼吸道通畅。保持安静，休息。如呼吸困难，应给予输氧，必要时进行人工呼吸。如呼吸、心跳停止，应立即进行心肺复苏术并及时就医。密切接触者即使无症状，亦应观察 24～48 h。

眼睛接触：立即分开眼睑，用流动清水或生理盐水彻底冲洗 5～10 min 并及时就医。

（3）灭火措施

消防人员防护：须佩戴空气呼吸器、穿全身防火防毒服，站在上风向灭火。

灭火方法：切断气源，如对周围环境无危险，让火自行燃烧完全。尽可能将容器从火场移至空旷处。喷雾状水保持容器冷却，但避免该物质与水接触。喷水保持火场冷却，直至灭火结束。

灭火剂：雾状水、二氧化碳、干粉。

1.52.5.3　事后恢复

事故过程中产生的废物经收集鉴定后，处理处置。

1.52.5.4　建议配备的物资

建议配备的物资见表 1.220。

表 1.220　建议配备的物资

物资类别	所需物资
个体防护	防毒面具、空气呼吸器、防毒防火服、橡胶手套、面罩等
应急通讯	对讲机、扩音器等
预警装置	可燃气体报警器
应急监测	可燃气体检测器
应急照明	手电筒
消防	雾状水、二氧化碳灭火器、干粉灭火器
污染控制	雾状水、事故废水收集池、沙袋、围堰等

参考文献

[1] 国家安全监管总局办公厅. 危险化学品目录（2015 版）实施指南（试行）[S]. 2015.

[2] 国家质量监督检验检疫总局检验监管司，国家质量监督总局进出口化学品安全研究中心，中国检验检疫科学研究院. 欧盟物质和混合物分类、标签和包装法规（CLP）指南[M]. 北京：中国标准出版社，2010.

[3] 杭士平. 空气中有害物质的测定方法[M]. 北京：人民卫生出版社，1986.

[4] 徐伯洪，闫慧芳. 工作场所有害物质检测方法[M]. 北京：中国人民公安大学出版社，2003.

[5] JIS Z 7253—2019. 基于 GHS 化学品的危害通识　标签和安全数据表[S].

[6] JIS Z 7252—2019. 基于 GHS 的化学品分类[S].

[7] 国家危险化学品安全公共服务互联网平台[DB/OL]. http://hxp.nrcc.com.cn.

[8] 北京创想安科科技有限公司. MSDS 查询网[DB/OL]. http：//www.somsds.com.

[9] 北京化工研究院环境保护所/计算中心. 国际化学品安全卡（中文版）查询系统[DB/OL].
http：//icsc.brici.ac.cn.

1.53 丙烷

1.53.1 基本信息

丙烷用作冷冻剂、内燃机燃料或有机合成原料。丙烷基本信息见表 1.221。

表 1.221 丙烷基本信息

中文名称	丙烷
中文别名	正丙烷
英文名称	Propane
UN 号	1978
CAS 号	74-98-6
ICSC 号	0319
RTECS 号	TX2275000
EC 号	601-003-00-5
分子式	$C_3H_8/CH_3CH_2CH_3$
分子量	44.1

1.53.2 理化性质

丙烷的理化性质见表 1.222。

表 1.222　丙烷的理化性质

理化性质	外观与性状	无色气体，无臭
	熔点/℃	−187.6
	沸点/℃	−42.1
	临界温度/℃	96.8
	临界压力/MPa	4.25
	相对密度/（水=1）	0.5
	相对蒸气密度/（空气=1）	1.6
	溶解性	微溶于水，溶于乙醇、乙醚
	化学性质	丙烷在较高温度下与过量氯气作用生成四氯化碳和四氯乙烯。在低温下容易与水生成固态水合物，引起天然气管道的堵塞
燃烧爆炸危险性	可燃性	易燃
	闪点/℃	−104
	自燃温度/℃	450
	爆炸上限（体积分数）/%	2.1
	爆炸下限（体积分数）/%	9.5
	危险特性	气体/空气混合物有爆炸性
突发环境事件风险物质	临界量/t	10
	类型	涉气风险物质
《全球化学品统一分类和标签制度》（GHS）	中国	易燃气体，类别 1 加压气体
	欧盟	易燃气体，类别 1 加压气体
	日本	加压气体 特异性靶器官毒性，一次接触，类别 3 （麻醉效应） 急性毒性，吸入，类别 4
毒理学参数	毒性终点浓度-1/（mg/m^3）	59 000
	毒性终点浓度-2/（mg/m^3）	31 000

1.53.3　环境行为

　　丙烷在工业上的来源是处理天然气或精炼原油的副产物。在处理天然气的过程中，必须将丁烷、丙烷和大量的乙烷从原气中去除，否则这些挥发物会在天然气管道中发生缩合。精炼原油的过程中，丙烷作为一个副产物出现在裂解石油制备汽油和燃料油的过程中，由于是副产物，丙烷的产量不能够轻易地根据需求而转变。丙烷对环境有危害，对水体、土壤和大气可造成污染。

1.53.4 检测方法及依据

丙烷的现场应急监测方法及实验室检测方法见表 1.223 和表 1.224。

表 1.223 丙烷的现场应急监测方法

监测方法	来源	类别
傅里叶红外仪法	《环境空气 挥发性有机物的测定 便携式傅里叶红外仪法》（HJ 919—2017）	环境空气

表 1.224 丙烷的实验室检测方法

检测方法	来源	类别
气相色谱法	《工作场所空气中甲烷、丙烷、丁烷或异丁烷直接进样气相色谱测定》	工作场所空气
气相色谱-质谱法	《环境空气 挥发性有机物的测定 罐采样/气相色谱-质谱法》（HJ 759—2015）	环境空气

1.53.5 事故预防及应急处置措施

1.53.5.1 预防措施

（1）预警措施

监控预警： 在生产区域或厂界布置丙烷泄漏监控预警系统。

（2）防控措施

储存区： 丙烷储存区域设置防渗漏、防腐蚀、防淋溶、防流失等措施。

收集措施： 设置应急事故水池、事故存液池或清净废水排放缓冲池等事故排水收集设施。

措施要求： 针对环境风险单元设置的截流措施、收集措施，结合企事业单位实际情况，参照《化工建设项目环境保护工程设计标准》（GB/T 50483—2019）、《储罐区防火堤设计规范》（GB 50351—2014）、《石油化工企业设计防火标准》（GB 50160—2008）、《事故状态下水体污染的预防与控制技术要求》（Q/SY 1190—2013）等技术规范进行设置；收集措施除参照上述技术规范设计外，还需参照《石油化工污水处理设计规范》（GB 50747—2012）、《石油化工给水排水系统设计规范》（SH/T 3015—2019）等技术规范进行设置。

（3）日常管理

定期巡检及维护： 设置专职或兼职人员进行日常检查及维护，包括定期检查设备运行情况、定期检查及补充应急物资、定期检查应急设施、定期检查管线及阀门等情况。日常确保截流措施阀门处于正常状态，同时保持收集设施的缓冲容量，确保收集设施在事故状态下能够顺利收集事故废水。

培训及演练： 定期组织培训及演练，针对公司实际情况，熟悉如何有效地控制事故，避免事故失控和扩大化；学会使用应急救援设备和防护装备；明确各自救援职责。

台账： 设专人负责，详细记录台账。

1.53.5.2 应急处置措施

（1）应急处理方法

应急人员防护： 建议应急处理人员佩戴自给正压式呼吸器，穿防毒服，从上风处进入现场。

疏散隔离： 人员迅速从泄漏污染区撤离至上风处，并提醒周边公众进行紧急疏散。立即对泄漏区进行隔离直至气体散尽。

应急行为： 在确保安全的情况下，采用关阀、堵漏等措施，尽可能切断泄漏源，合理通风，加速扩散。防止气体通过通风系统扩散或进入限制性空间。

消除方法： 用工业覆盖层或吸附/吸收剂盖住泄漏点附近的下水道等地方，防止气体进入。喷雾状水稀释，构筑围堤或挖坑收容产生的大量废水。如有可能，将漏出气体用排风机送至空旷地方或装设适当喷头烧掉。

泄漏容器处置： 破损容器要由专业人员处理，修复、检验后再用。

（2）急救措施

吸入： 迅速撤离现场至空气新鲜处，保持呼吸道通畅。保持安静，休息。如呼吸困难，应给予输氧，必要时进行人工呼吸。如呼吸、心跳停止，应立即进行心肺复苏术并及时就医。密切接触者即使无症状，亦应观察 24～48 h。

皮肤接触： 立即脱去被污染的衣物，用大量流动清水彻底冲洗至少 15 min。如发生冻伤，用温水（38～42℃）复温，忌用热水或辐射热，不要揉搓并及时就医。

眼睛接触： 立即分开眼睑，用流动清水或生理盐水彻底冲洗 5～10 min 并及时就医。

（3）灭火措施

消防人员防护： 须佩戴空气呼吸器、穿全身防火防毒服，站在上风向灭火。

灭火方法： 切断气源，如对周围环境无危险，让火自行燃烧完全。尽可能将容器从火场移至空旷处。喷雾状水保持容器冷却，但避免该物质与水接触。喷水保持火场冷却，直至灭火结束。

灭火剂： 雾状水、二氧化碳、干粉。

1.53.5.3　事后恢复

事故过程中产生的废物经收集鉴定后，处理处置。

1.53.5.4　建议配备的物资

建议配备的物资见表 1.225。

表 1.225　建议配备的物资

物资类别	所需物资
个体防护	防毒面具、空气呼吸器、防火防毒服、橡胶手套、面罩等
应急通讯	对讲机、扩音器等
预警装置	可燃气体报警器
应急监测	可燃气体检测器
应急照明	手电筒
消防	雾状水、二氧化碳灭火器、干粉灭火器
污染控制	雾状水、吸附剂、事故废水收集池、沙袋、围堰等

参考文献

[1]　国家安全监管总局办公厅. 危险化学品目录（2015 版）实施指南（试行）[S]. 2015.

[2]　国家质量监督检验检疫总局检验监管司，国家质量监督总局进出口化学品安全研究中心，中国检验检疫科学研究院. 欧盟物质和混合物分类、标签和包装法规（CLP）指南[M]. 北京：中国标准出版社，2010.

[3]　JIS Z 7253—2019. 基于 GHS 化学品的危害通识　标签和安全数据表[S].

[4]　JIS Z 7252—2019. 基于 GHS 的化学品分类[S].

[5]　国家危险化学品安全公共服务互联网平台[DB/OL]. http：//hxp.nrcc.com.cn.

[6]　北京创想安科科技有限公司. MSDS 查询网[DB/OL]. http：//www.somsds.com.

[7]　北京化工研究院环境保护所/计算中心. 国际化学品安全卡（中文版）查询系统[DB/OL]. http：//icsc.brici.ac.cn.

1.54 丙炔

1.54.1 基本信息

丙炔在工业上可用于制造丙酮等。丙炔基本信息见表 1.226。

表 1.226 丙炔基本信息

中文名称	丙炔
中文别名	甲基乙炔
英文名称	Propyne
英文别名	Allylene；Methyl acetylene
UN 号	1954
CAS 号	74-99-7
ICSC 号	0560
RTECS 号	UK4250000
分子式	$C_3H_4/CH_3CH{\equiv}CH$
分子量	40.07

1.54.2 理化性质

丙炔的理化性质见表 1.227。

表 1.227 丙炔的理化性质

	外观与性状	无色气体
理化性质	熔点/℃	−102.7
	沸点/℃	−23.2
	临界温度/℃	129.2
	临界压力/MPa	5.63
	相对密度/（水=1）	0.71（−50℃）
	相对蒸气密度/（空气=1）	1.38
	溶解性	微溶于水，溶于乙醇、乙醚等多数有机溶剂

燃烧爆炸危险性	可燃性	易燃
	爆炸上限（体积分数）/%	11.7
	爆炸下限（体积分数）/%	2.4
	危险特性	与空气混合能形成爆炸性混合物，遇热源和明火有燃烧爆炸的危险。气体比空气重，可能沿地面流动，可能造成远处着火。由于流动、搅拌等，可能产生静电
突发环境事件风险物质	临界量/t	10
	类型	涉气风险物质
《全球化学品统一分类和标签制度》（GHS）	日本	加压气体 特异性靶器官毒性，一次接触，类别3 （麻醉效应，刺激呼吸道） 易燃气体，类别1
毒理学参数	毒性终点浓度-1/（mg/m³）	25 000
	毒性终点浓度-2/（mg/m³）	4 200

1.54.3　环境行为

丙炔与空气混合能形成爆炸性混合物，遇热源和明火有燃烧爆炸的危险，有害燃烧产物为一氧化碳、二氧化碳，对大气具有较大的污染。

1.54.4　事故预防及应急处置措施

1.54.4.1　预防措施

（1）预警措施

监控预警： 在生产区域或厂界布置丙炔泄漏监控预警系统。

（2）防控措施

储存区： 丙炔储存区域设置防渗漏、防腐蚀、防淋溶、防流失等措施。

收集措施： 设置应急事故水池、事故存液池或清净废水排放缓冲池等事故排水收集设施。

措施要求： 针对环境风险单元设置的截流措施、收集措施，结合企事业单位实际情况，参照《化工建设项目环境保护工程设计标准》（GB/T 50483—2019）、《储罐区防火堤设计规范》（GB 50351—2014）、《石油化工企业设计防火标准》（GB 50160—2008）、《事故状态下水体污染的预防与控制技术要求》（Q/SY 1190—2013）等技术规范进行设置；收集措施除参照上述技术规范设计外，还需参照《石油化工污水处理设计规范》（GB 50747—2012）、《石油化工给水排水系统设计规范》（SH/T 3015—2019）等技术规范进行设置。

（3）日常管理

定期巡检及维护： 设置专职或兼职人员进行日常检查及维护，包括定期检查设备运行情况、定期检查及补充应急物资、定期检查应急设施、定期检查管线及阀门等情况。日常确保截流措施阀门处于正常状态，同时保持收集设施的缓冲容量，确保收集设施在事故状态下能够顺利收集事故废水。

培训及演练： 定期组织培训及演练，针对公司实际情况，熟悉如何有效地控制事故，避免事故失控和扩大化；学会使用应急救援设备和防护装备；明确各自救援职责。

台账： 设专人负责，详细记录台账。

1.54.4.2　应急处置措施

（1）应急处理方法

应急人员防护： 建议应急处理人员佩戴自给正压式呼吸器，穿防毒服，从上风处进入现场。

疏散隔离： 人员迅速从泄漏污染区撤离至上风处，并提醒周边公众进行紧急疏散。立即对泄漏区进行隔离直至气体散尽。

应急行为： 在确保安全的情况下，采用关阀、堵漏等措施，尽可能切断泄漏源，合理通风，加速扩散。防止气体通过通风系统扩散或进入限制性空间。

消除方法： 用工业覆盖层或吸附/吸收剂盖住泄漏点附近的下水道等地方，防止气体进入。喷雾状水稀释、溶解。构筑围堤或挖坑收容产生的大量废水。如有可能，将漏出气体用排风机送至空旷地方或装设适当喷头烧掉。

泄漏容器处置：破损容器要由专业人员处理，修复、检验后再用。

（2）急救措施

吸入：迅速撤离现场至空气新鲜处，保持呼吸道通畅。保持安静，休息。如呼吸困难，应给予输氧，必要时进行人工呼吸。如呼吸、心跳停止，应立即进行心肺复苏术并及时就医。密切接触者即使无症状，亦应观察 24～48 h。

皮肤接触：立即脱去被污染的衣物，用大量流动清水彻底冲洗至少 15 min。如发生冻伤，用温水（38～42℃）复温，忌用热水或辐射热，不要揉搓并及时就医。

眼睛接触：立即分开眼睑，用流动清水或生理盐水彻底冲洗 5～10 min 并及时就医。

（3）灭火措施

消防人员防护：须佩戴空气呼吸器、穿全身防火防毒服，站在上风向灭火。

灭火方法：切断气源，如对周围环境无危险，让火自行燃烧完全。尽可能将容器从火场移至空旷处。喷雾状水保持容器冷却，但避免该物质与水接触。喷水保持火场冷却，直至灭火结束。

灭火剂：雾状水、泡沫、干粉、二氧化碳。

1.54.4.3　事后恢复

事故过程中产生的废物经收集鉴定后，处理处置。

1.54.4.4　建议配备的物资

建议配备的物资见表 1.228。

表 1.228　建议配备的物资

物资类别	所需物资
个体防护	防毒面具、空气呼吸器、防毒防火服、橡胶手套、面罩等
应急通讯	对讲机、扩音器等
预警装置	可燃气体报警器
应急监测	可燃气体检测器
应急照明	手电筒
消防	雾状水、泡沫灭火器、干粉灭火器、二氧化碳灭火器
污染控制	吸附剂、雾状水、事故废水收集池、沙袋、围堰等

参考文献

[1]　JIS Z 7253—2019. 基于 GHS 化学品的危害通识　标签和安全数据表[S].

[2]　JIS Z 7252—2019. 基于 GHS 的化学品分类[S].

[3]　国家危险化学品安全公共服务互联网平台[DB/OL]. http：//hxp.nrcc.com.cn.

[4]　北京创想安科科技有限公司. MSDS 查询网[DB/OL]. http：//www.somsds.com.

[5]　北京化工研究院环境保护所/计算中心. 国际化学品安全卡（中文版）查询系统[DB/OL].
http：//icsc.brici.ac.cn.

1.55　环丙烷

1.55.1　基本信息

环丙烷在工业上用于有机合成，在医药上可作麻醉剂。环丙烷基本信息见表 1.229。

表 1.229　环丙烷基本信息

中文名称	环丙烷
中文别名	三亚甲基
英文名称	Cyclopropane
CAS 号	75-19-4
RTECS 号	GZ0690000
分子式	C_3H_6
分子量	42.8

1.55.2　理化性质

环丙烷的理化性质见表 1.230。

表 1.230　环丙烷的理化性质

	外观与性状	无色气体，有石油醚样气味
理化性质	熔点/℃	−127.4
	沸点/℃	−32.8
	临界温度/℃	124.7
	临界压力/MPa	5.49
	相对密度/（水=1）	1.879
	相对蒸气密度/（空气=1）	1.88
	溶解性	微溶于水，易溶于乙醇、乙醚等多数有机溶剂
	化学性质	性质不稳定，易变为开链化合物，也易被浓硫酸吸收。加氢生成丙烷；与溴作用得 1,3-二溴丙烷，热解后则生成丙烯
燃烧爆炸危险性	可燃性	易燃
	闪点/℃	−94
	爆炸上限（体积分数）/%	10.3
	爆炸下限（体积分数）/%	2.4
	危险特性	与空气混合能形成爆炸性混合物，遇明火、高热极易燃烧爆炸。气体比空气重，能在较低处扩散到相当远的地方，遇火源会着火回燃
突发环境事件风险物质	临界量/t	10
	类型	涉气风险物质

《全球化学品统一分类和标签制度》（GHS）	中国	易燃气体，类别 1 加压气体
	欧盟	易燃气体，类别 1 加压气体
	日本	加压气体 特异性靶器官毒性，一次接触，类别 3 （麻醉效应） 易燃液体，类别 2
毒理学参数	毒性终点浓度-1/（mg/m³）	9 600
	毒性终点浓度-2/（mg/m³）	1 600

1.55.3　环境行为

环丙烷代谢后变为开链化合物，易被浓硫酸吸收。在环境中，加氢生成丙烷；与溴作用得 1,3-二溴丙烷，热解后则生成丙烯。该物质对环境有危害，应特别注意对地表水、土壤、大气和饮用水的污染。

1.55.4　检测方法及依据

环丙烷的现场应急监测方法及实验室检测方法见表 1.231 和表 1.232。

表 1.231　环丙烷的现场应急监测方法

监测方法	来源	类别
便携式气相色谱法	《典型化学品突发环境事件应急处理技术手册（中册）》	空气

表 1.232　环丙烷的实验室检测方法

检测方法	来源	类别
气相色谱法	《分析化学手册（第四分册，色谱分析）》	空气

1.55.5　事故预防及应急处置措施

1.55.5.1　预防措施

（1）预警措施

监控预警： 在生产区域或厂界布置环丙烷泄漏监控预警系统。

（2）防控措施

储存区： 环丙烷储存区域设置防渗漏、防腐蚀、防淋溶、防流失等措施。

收集措施： 设置应急事故水池、事故存液池或清净废水排放缓冲池等事故排水收集设施。

措施要求： 针对环境风险单元设置的截流措施、收集措施，结合企事业单位实际情况，参照《化工建设项目环境保护工程设计标准》（GB/T 50483—2019）、《储罐区防火堤设计规范》（GB 50351—2014）、《石油化工企业设计防火标准》（GB 50160—2008）、《事故状态下水体污染的预防与控制技术要求》（Q/SY 1190—2013）等技术规范进行设置；收集措施除参照上述技术规范设计外，还需参照《石油化工污水处理设计规范》（GB 50747—2012）、《石油化工给水排水系统设计规范》（SH/T 3015—2019）等技术规范进行设置。

（3）日常管理

定期巡检及维护： 设置专职或兼职人员进行日常检查及维护，包括定期检查设备运行情况、定期检查及补充应急物资、定期检查应急设施、定期检查管线及阀门等情况。日常确保截流措施阀门处于正常状态，同时保持收集设施的缓冲容量，确保收集设施在事故状态下能够顺利收集事故废水。

培训及演练： 定期组织培训及演练，针对公司实际情况，熟悉如何有效地控制事故，避免事故失控和扩大化；学会使用应急救援设备和防护装备；明确各自救援职责。

台账： 设专人负责，详细记录台账。

1.55.5.2　应急处置措施

（1）应急处理方法

应急人员防护：建议应急处理人员佩戴自给正压式呼吸器，穿防静电工作服，从上风处进入现场。

疏散隔离：人员迅速从泄漏污染区撤离至上风处，并提醒周边公众进行紧急疏散。立即对泄漏区进行隔离直至气体散尽。

应急行为：在确保安全的情况下，采用关阀、堵漏等措施，尽可能切断泄漏源，合理通风，加速扩散。防止气体通过通风系统扩散或进入限制性空间。

消除方法：用工业覆盖层或吸附/吸收剂盖住泄漏点附近的下水道等地方，防止气体进入。如无危险，就地燃烧，同时喷雾状水使周围冷却，以防其他可燃物着火。或将漏气的容器移至空旷处，注意通风。

泄漏容器处置：破损容器要由专业人员处理，修复、检验后再用。

（2）急救措施

吸入：迅速撤离现场至空气新鲜处，保持呼吸道通畅。如呼吸困难，应给予输氧。如呼吸、心跳停止，应立即进行心肺复苏术并及时就医。密切接触者即使无症状，亦应观察 24～48 h。

皮肤接触：立即脱去被污染的衣物，用大量流动清水彻底冲洗至少 15 min。冻伤时用大量清水冲洗，不要脱去衣服并及时就医。

眼睛接触：立即分开眼睑，用流动清水或生理盐水彻底冲洗 5～10 min 并及时就医。

（3）灭火措施

消防人员防护：须佩戴空气呼吸器、穿全身防火防毒服，站在上风向灭火。

灭火方法：切断气源，如对周围环境无危险，让火自行燃烧完全。尽可能将容器从火场移至空旷处。喷雾状水保持容器冷却，但避免该物质与水接触。喷水保持火场冷却，直至灭火结束。

灭火剂：雾状水、泡沫、二氧化碳、干粉。

1.55.5.3　事后恢复

事故过程中产生的废物经收集鉴定后，处理处置。

1.55.5.4　建议配备的物资

建议配备的物资见表 1.233。

表 1.233　建议配备的物资

物资类别	所需物资
个体防护	防毒面具、空气呼吸器、防毒防火服、橡胶手套、面罩等
应急通讯	对讲机、扩音器等
预警装置	可燃气体报警器
应急监测	可燃气体检测器
应急照明	手电筒
消防	雾状水、二氧化碳灭火器、干粉灭火器、泡沫灭火器
污染控制	吸附剂、雾状水、事故废水收集池、沙袋、围堰等

参考文献

[1]　国家安全监管总局办公厅. 危险化学品目录（2015 版）实施指南（试行）[S]. 2015.

[2]　成都科学技术大学分析化学教研室. 分析化学手册（第四分册，色谱分析）[M]. 北京：化学工业出版社，2016.

[3]　国家质量监督检验检疫总局检验监管司，国家质量监督总局进出口化学品安全研究中心，中国检验检疫科学研究院. 欧盟物质和混合物分类、标签和包装法规（CLP）指南[M]. 北京：中国标准出版社，2010.

[4]　邵超峰，魏子章，叶晓颖. 典型化学品突发环境事件应急处理技术手册（中册）[M]. 北京：化学工业出版社，2019.

[5] JIS Z 7253—2019. 基于 GHS 化学品的危害通识 标签和安全数据表[S].

[6] JIS Z 7252—2019. 基于 GHS 的化学品分类[S].

[7] 国家危险化学品安全公共服务互联网平台[DB/OL]. http：//hxp.nrcc.com.cn.

[8] 北京创想安科科技有限公司. MSDS 查询网[DB/OL]. http：//www.somsds.com.

1.56 异丁烷

1.56.1 基本信息

异丁烷用于合成异辛烷，作为汽油辛烷值改进剂，用于制异丁烯、丙烯、甲基丙烯酸，用作制冷剂等。异丁烷基本信息见表 1.234。

表 1.234 异丁烷基本信息

中文名称	异丁烷
中文别名	2-甲基丙烷；1,1-二甲基乙烷；三甲基甲烷
英文名称	Isobutane
英文别名	2-methylpropane；1,1-dimethylethane；Trimethylmethane
UN 号	1969
CAS 号	75-28-5
ICSC 号	0901
RTECS 号	TZ4300000
EC 号	601-004-00-0
分子式	C_4H_{10}
分子量	58

1.56.2 理化性质

异丁烷的理化性质见表 1.235。

表 1.235　异丁烷的理化性质

理化性质	外观与性状	无色、稍有气味的气体
	熔点/℃	−159.6
	沸点/℃	−11.8
	临界温度/℃	135
	临界压力/MPa	3.65
	相对密度/（水=1）	0.56
	相对蒸气密度/（空气=1）	2.01
	溶解性	微溶于水，溶于乙醚
	化学性质	与氧化剂接触发生猛烈反应
燃烧爆炸危险性	可燃性	易燃
	爆炸上限（体积分数）/%	8.4
	爆炸下限（体积分数）/%	1.9
	危险特性	与空气混合能形成爆炸性混合物，遇热源和明火有燃烧爆炸的危险。其蒸气比空气重，能在较低处扩散到相当远的地方，遇火源会着火回燃
突发环境事件风险物质	临界量/t	10
	类型	涉气风险物质
《全球化学品统一分类和标签制度》（GHS）	中国	易燃气体，类别 1 加压气体
	日本	加压气体 特异性靶器官毒性，一次接触，类别 1（循环器官系统），类别 3（麻醉效应） 危害水生环境，急性危险，类别 3
毒理学参数	毒性终点浓度-1/（mg/m³）	130 000
	毒性终点浓度-2/（mg/m³）	40 000

1.56.3　环境行为

异丁烷存在于石油气、天然气和裂化气中。由石油裂化过程中产生的碳四馏分，经分离而得。异丁烷的有害燃烧产物为一氧化碳。异丁烷对环境可能有危害，应特别注意对地表水、土壤、大气和饮用水的污染。

1.56.4　检测方法及依据

异丁烷的现场应急监测方法及实验室检测方法见表 1.236 和表 1.237。

表 1.236　异丁烷的现场应急监测方法

监测方法	来源	类别
便携式气相色谱-质谱法	《固定污染源废气　挥发性有机物的测定　便携式气相色谱-质谱法》（征求意见稿）	固定污染源废气
便携式气相色谱-质谱法	《环境空气　挥发性有机物的测定　便携式气相色谱-质谱法》（征求意见稿）	环境空气

表 1.237　异丁烷的实验室检测方法

监测方法	来源	类别
气相色谱法	《工作场所空气中甲烷、丙烷、丁烷或异丁烷直接进样气相色谱测定》	环境空气
气相色谱-质谱法	《环境空气　挥发性有机物的测定　罐采样/气相色谱-质谱法》（HJ 759—2015）	环境空气
气相色谱-质谱法	《固定污染源废气　挥发性有机物的测定　固相吸附-热脱附/气相色谱-质谱法》（HJ 734—2014）	固定污染源废气
气相色谱-质谱法	《环境空气　挥发性有机物的测定　吸附管采样-热脱附/气相色谱-质谱法》（HJ 644—2013）	空气

1.56.5　事故预防及应急处置措施

1.56.5.1　预防措施

（1）预警措施

监控预警： 在生产区域或厂界布置异丁烷泄漏监控预警系统。

（2）防控措施

储存区： 异丁烷储存区域设置防渗漏、防腐蚀、防淋溶、防流失等措施。

收集措施： 设置应急事故水池、事故存液池或清净废水排放缓冲池等事故排水收集设施。

措施要求： 针对环境风险单元设置的截流措施、收集措施，结合企事业单位实际情况，参照《化工建设项目环境保护工程设计标准》（GB/T 50483—2019）、《储罐区防火堤设计规范》（GB 50351—2014）、《石油化工企业设计防火标准》（GB 50160—2008）、《事故状态下水体污染的预防与控制技术要求》（Q/SY 1190—2013）等技术规范进行设置；收集措施除参照上述技术规范设计外，还需参照《石油化工污水处理设计规范》（GB 50747—2012）、《石油化工给水排水系统设计规范》（SH/T 3015—2019）等技术规范进行设置。

（3）日常管理

定期巡检及维护： 设置专职或兼职人员进行日常检查及维护，包括定期检查设备运行情况、定期检查及补充应急物资、定期检查应急设施、定期检查管线及阀门等情况。日常确保截流措施阀门处于正常状态，同时保持收集设施的缓冲容量，确保收集设施在事故状态下能够顺利收集事故废水。

培训及演练： 定期组织培训及演练，针对公司实际情况，熟悉如何有效地控制事故，避免事故失控和扩大化；学会使用应急救援设备和防护装备；明确各自救援职责。

台账： 设专人负责，详细记录台账。

1.56.5.2　应急处置措施

（1）应急处理方法

应急人员防护： 建议应急处理人员佩戴自给正压式呼吸器，穿防毒服，从上风处进入现场。

疏散隔离： 人员迅速从泄漏污染区撤离至上风处，并提醒周边公众进行紧急疏散。立即对泄漏区进行隔离直至气体散尽。

应急行为： 在确保安全的情况下，采用关阀、堵漏等措施，尽可能切断泄漏源，合理通风，加速扩散。防止气体通过通风系统扩散或进入限制性空间。

消除方法：用工业覆盖层或吸附/吸收剂盖住泄漏点附近的下水道等地方，防止气体进入。喷雾状水稀释、溶解。构筑围堤或挖坑收容产生的大量废水。如有可能，将漏出气体用排风机送至空旷地方或装设适当喷头烧掉。

泄漏容器处置：破损容器要由专业人员处理，修复、检验后再用。

（2）急救措施

吸入：迅速撤离现场至空气新鲜处，保持呼吸道通畅。保持安静，休息。如呼吸困难，应给予输氧。如呼吸、心跳停止，应立即进行心肺复苏术并及时就医。密切接触者即使无症状，亦应观察 24～48 h。

皮肤接触：立即脱去被污染的衣物，用大量流动清水彻底冲洗至少 15 min。如发生冻伤，用温水（38～42℃）复温，忌用热水或辐射热，不要揉搓并及时就医。

眼睛接触：立即分开眼睑，用流动清水或生理盐水彻底冲洗 5～10 min 并及时就医。

（3）灭火措施

消防人员防护：须佩戴空气呼吸器、穿全身防火防毒服，站在上风向灭火。

灭火方法：切断气源，如对周围环境无危险，让火自行燃烧完全。尽可能将容器从火场移至空旷处。喷雾状水保持容器冷却，但避免该物质与水接触。喷水保持火场冷却，直至灭火结束。

灭火剂：雾状水、泡沫、二氧化碳、干粉。

1.56.5.3　事后恢复

事故过程中产生的废物经收集鉴定后，处理处置。

1.56.5.4　建议配备的物资

建议配备的物资见表 1.238。

表 1.238　建议配备的物资

物资类别	所需物资
个体防护	防毒面具、空气呼吸器、防毒防火服、橡胶手套、面罩等
应急通讯	对讲机、扩音器等
预警装置	可燃气体报警器
应急监测	可燃气体检测器
应急照明	手电筒
消防	雾状水、二氧化碳灭火器、泡沫灭火器、干粉灭火器
污染控制	雾状水、吸附剂、事故废水收集池、沙袋、围堰等

参考文献

[1]　国家安全监管总局办公厅. 危险化学品目录（2015 版）实施指南（试行）[S]. 2015.

[2]　JIS Z 7253—2019. 基于 GHS 化学品的危害通识　标签和安全数据表[S].

[3]　JIS Z 7252—2019. 基于 GHS 的化学品分类[S].

[4]　国家危险化学品安全公共服务互联网平台[DB/OL]. http：//hxp.nrcc.com.cn.

[5]　北京创想安科科技有限公司. MSDS 查询网[DB/OL]. http：//www.somsds.com.

[6]　北京化工研究院环境保护所/计算中心. 国际化学品安全卡（中文版）查询系统[DB/OL].
　　 http：//icsc.brici.ac.cn.

1.57　丁烷

1.57.1　基本信息

丁烷可用作溶剂、制冷剂和有机合成原料。油田气、湿天然气和裂化气中都含有正丁烷，经分离而得。丁烷基本信息见表 1.239。

表 1.239　丁烷基本信息

中文名称	丁烷
中文别名	正丁烷
英文名称	Butane
英文别名	n-butane
UN 号	1011
CAS 号	106-97-8
ICSC 号	0232
RTECS 号	EJ4200000
EC 号	601-004-00-0
分子式	C_4H_{10}
分子量	58.12

1.57.2　理化性质

丁烷的理化性质见表 1.240。

表 1.240　丁烷的理化性质

	外观与性状	无色气体，有轻微刺激性气味
理化性质	熔点/℃	−138.4
	沸点/℃	−0.5
	临界温度/℃	151.9
	临界压力/MPa	3.79
	相对密度/（水=1）	0.58
	相对蒸气密度/（空气=1）	2.05
	溶解性	易溶于水、醇、氯仿
	化学性质	与氧化剂接触发生猛烈反应
燃烧爆炸危险性	可燃性	易燃
	闪点/℃	−60
	爆炸上限（体积分数）/%	8.4
	爆炸下限（体积分数）/%	1.8
	危险特性	与空气混合能形成爆炸性混合物,遇热源和明火有燃烧爆炸的危险。气体比空气重，能在较低处扩散到相当远的地方，遇火源会着火回燃

突发环境事件 风险物质	临界量/t	10
	类型	涉气风险物质、涉水风险物质
《全球化学品 统一分类和 标签制度》 （GHS）	中国	易燃气体，类别 1 加压气体
	欧盟	易燃气体，类别 1 加压气体
	日本	加压气体 特异性靶器官毒性，一次接触，类别 3 （麻醉效应） 特异性靶器官毒性，反复接触，类别 1 （中枢神经系统） 易燃液体，类别 2
毒理学 参数	急性毒性	LC_{50}：658 000 ppm，4 h（大鼠吸入）
	毒性终点浓度-1/（mg/m³）	130 000
	毒性终点浓度-2/（mg/m³）	40 000

1.57.3　环境行为

丁烷的有害燃烧产物为一氧化碳、二氧化碳。丁烷对环境有危害，对鱼类和水体要给予特别注意。应特别注意对地表水、土壤、大气和饮用水的污染。

1.57.4　检测方法及依据

丁烷的现场应急监测方法及实验室检测方法见表 1.241 和表 1.242。

表 1.241　丁烷的现场应急监测方法

监测方法	来源	类别
便携式气相色谱-质谱法	《固定污染源废气　挥发性有机物的测定　便携式气相色谱-质谱法》（征求意见稿）	固定污染源废气
便携式气相色谱-质谱法	《环境空气　挥发性有机物的测定　便携式气相色谱-质谱法》（征求意见稿）	环境空气

表 1.242　丁烷的实验室检测方法

检测方法	来源	类别
气相色谱法	《工作场所空气中甲烷、丙烷、丁烷或异丁烷直接进样气相色谱测定》	环境空气
气相色谱-质谱法	《环境空气　挥发性有机物的测定　罐采样/气相色谱-质谱法》（HJ 759—2015）	环境空气
气相色谱-质谱法	《固定污染源废气　挥发性有机物的测定　固相吸附-热脱附/气相色谱-质谱法》（HJ 734—2014）	固定污染源废气
气相色谱-质谱法	《环境空气　挥发性有机物的测定　吸附管采样-热脱附/气相色谱-质谱法》（HJ 644—2013）	空气

1.57.5　事故预防及应急处置措施

1.57.5.1　预防措施

（1）预警措施

监控预警： 在生产区域或厂界布置丁烷泄漏监控预警系统。

（2）防控措施

储存区： 丁烷储存区域设置防渗漏、防腐蚀、防淋溶、防流失等措施。

收集措施： 设置应急事故水池、事故存液池或清净废水排放缓冲池等事故排水收集设施。

措施要求： 针对环境风险单元设置的截流措施、收集措施，结合企事业单位实际情况，参照《化工建设项目环境保护工程设计标准》（GB/T 50483—2019）、《储罐区防火堤设计规范》（GB 50351—2014）、《石油化工企业设计防火标准》（GB 50160—2008）、《事故状态下水体污染的预防与控制技术要求》（Q/SY 1190—2013）等技术规范进行设置；收集措施除参照上述技术规范设计外，还需参照《石油化工污水处理设计规范》（GB 50747—2012）、《石油化工给水排水系统设计规范》（SH/T 3015—2019）等技术规范进行设置。

（3）日常管理

定期巡检及维护：设置专职或兼职人员进行日常检查及维护，包括定期检查设备运行情况、定期检查及补充应急物资、定期检查应急设施、定期检查管线及阀门等情况。日常确保截流措施阀门处于正常状态，同时保持收集设施的缓冲容量，确保收集设施在事故状态下能够顺利收集事故废水。

培训及演练：定期组织培训及演练，针对公司实际情况，熟悉如何有效地控制事故，避免事故失控和扩大化；学会使用应急救援设备和防护装备；明确各自救援职责。

台账：设专人负责，详细记录台账。

1.57.5.2　应急处置措施

（1）应急处理方法

应急人员防护：建议应急处理人员佩戴自给正压式呼吸器，穿防毒服，从上风处进入现场。

疏散隔离：人员迅速从泄漏污染区撤离至上风处，并提醒周边公众进行紧急疏散。立即对泄漏区进行隔离直至气体散尽。

应急行为：在确保安全的情况下，采用关阀、堵漏等措施，尽可能切断泄漏源，合理通风，加速扩散。防止气体通过通风系统扩散或进入限制性空间。

消除方法：用工业覆盖层或吸附/吸收剂盖住泄漏点附近的下水道等地方，防止气体进入。喷雾状水稀释、溶解。构筑围堤或挖坑收容产生的大量废水。如有可能，将漏出气体用排风机送至空旷地方或装设适当喷头烧掉。

泄漏容器处置：破损容器要由专业人员处理，修复、检验后再用。

（2）急救措施

吸入：迅速撤离现场至空气新鲜处，保持呼吸道通畅。保持安静，休息。如呼吸困难，应给予输氧。如呼吸、心跳停止，应立即进行心肺复苏术并及时就医。密切接触者即使无症状，亦应观察 24～48 h。

皮肤接触：立即脱去被污染的衣物，用大量流动清水彻底冲洗至少 15 min。冻伤时用大量清水冲洗，不要脱去衣服并及时就医。

眼睛接触：立即分开眼睑，用流动清水或生理盐水彻底冲洗 5～10 min 并及时就医。

（3）灭火措施

消防人员防护：须佩戴空气呼吸器、穿全身防火防毒服，站在上风向灭火。

灭火方法：切断气源，如对周围环境无危险，让火自行燃烧完全。尽可能将容器从火场移至空旷处。喷雾状水保持容器冷却，但避免该物质与水接触。喷水保持火场冷却，直至灭火结束。

灭火剂：雾状水、二氧化碳、干粉。

1.57.5.3　事后恢复

事故过程中产生的废物经收集鉴定后，处理处置。

1.57.5.4　建议配备的物资

建议配备的物资见表 1.243。

表 1.243　建议配备的物资

物资类别	所需物资
个体防护	防毒面具、空气呼吸器、防毒防火服、橡胶手套、面罩等
应急通讯	对讲机、扩音器等
预警装置	可燃气体报警器
应急监测	可燃气体检测器
应急照明	手电筒
消防	雾状水、二氧化碳灭火器、干粉灭火器
污染控制	雾状水、吸附剂、事故废水收集池、沙袋、围堰等

参考文献

[1] 国家安全监管总局办公厅. 危险化学品目录（2015 版）实施指南（试行）[S]. 2015.

[2] 国家质量监督检验检疫总局检验监管司，国家质量监督总局进出口化学品安全研究中心，中国检验检疫科学研究院. 欧盟物质和混合物分类、标签和包装法规（CLP）指南[M]. 北京：中国标准出版社，2010.

[3] JIS Z 7253—2019. 基于 GHS 化学品的危害通识　标签和安全数据表[S].

[4] JIS Z 7252—2019. 基于 GHS 的化学品分类[S].

[5] 国家危险化学品安全公共服务互联网平台[DB/OL]. http://hxp.nrcc.com.cn.

[6] 北京创想安科科技有限公司. MSDS 查询网[DB/OL]. http://www.somsds.com.

[7] 北京化工研究院环境保护所/计算中心. 国际化学品安全卡（中文版）查询系统[DB/OL]. http://icsc.brici.ac.cn.

1.58 1-丁烯

1.58.1 基本信息

1-丁烯是合成仲丁醇、脱氢制丁二烯的原料。1-丁烯基本信息见表 1.244。

表 1.244　1-丁烯基本信息

中文名称	1-丁烯
中文别名	正丁烯；α-丁烯乙基乙烯
英文名称	1-butylene
英文别名	Alpha-butene；Alpha-butylene；Ethylethylene；N-butylene
UN 号	1012
CAS 号	106-98-9
ICSC 号	0396

EC 号	203-449-2
分子式	C_4H_8
分子量	56.11

1.58.2 理化性质

1-丁烯的理化性质见表 1.245。

表 1.245　1-丁烯的理化性质

	外观与性状	无色无味压缩或液化气体
理化性质	熔点/℃	−185.4
	沸点/℃	−6.3
	临界温度/℃	146.6
	临界压力/MPa	4.023
	相对密度/（水=1）	0.577
	相对蒸气密度/（空气=1）	1.93
	溶解性	不溶于水，微溶于苯，易溶于乙醇、乙醚
	化学性质	与氧化剂接触发生猛烈反应，严禁与强氧化剂、强酸、过氧酸、卤素等相配
燃烧爆炸危险性	可燃性	易燃
	闪点/℃	−80
	自燃温度/℃	
	爆炸上限（体积分数）/%	10
	爆炸下限（体积分数）/%	6
	危险特性	与空气混合能形成爆炸性混合物。遇热源和明火有燃烧爆炸的危险。若遇高热，可发生聚合反应，放出大量热量而引起容器破裂和爆炸事故。气体比空气密度大，能在较低处扩散到相当远的地方，遇火源会着火回燃
突发环境事件风险物质	临界量/t	10
	类型	涉气风险物质
《全球化学品统一分类和标签制度》（GHS）	中国	易燃气体，类别 1 加压气体
	欧盟	易燃气体，类别 1 加压气体

《全球化学品统一分类和标签制度》（GHS）	日本	加压气体 严重眼损伤/刺激，类别 2B 易燃气体，类别 1
毒理学参数	急性毒性	LC_{50}：420 000 mg/m³，2 h（小鼠吸入）
	亚急性和慢性毒性	小鼠吸入 6%本品，20 次，处死后尸检见支气管、骨髓等呈刺激性病变； 大鼠吸入 100 mg/m³，140 d（连续），血胆碱酯酶活性下降，白细胞总数减少
	毒性终点浓度-1/（mg/m³）	40 000
	毒性终点浓度-2/（mg/m³）	6 700

1.58.3　环境行为

1-丁烯与空气混合能形成爆炸性混合物。遇热源和明火有燃烧爆炸的危险，有害燃烧产物为一氧化碳、二氧化碳，对大气具有较大污染。

1.58.4　检测方法及依据

1-丁烯的现场应急监测方法及实验室检测方法见表 1.246 和表 1.247。

表 1.246　1-丁烯的现场应急监测方法

监测方法	来源	类别
便携式气质联用仪法	《典型化学品突发环境事件应急处理技术手册（下册）》	空气
便携式气相色谱-质谱法	《固定污染源废气　挥发性有机物的测定　便携式气相色谱-质谱法》（征求意见稿）	固定污染源废气
便携式气相色谱-质谱法	《环境空气　挥发性有机物的测定　便携式气相色谱-质谱法》（征求意见稿）	环境空气

表 1.247　1-丁烯的实验室检测方法

检测方法	来源	类别
气相色谱法	《空气中有害物质的测定方法（第二版）》	空气
直接进样-气相色谱法	《工作场所空气有毒物质测定　烃烃类化合物》（GBZ/T 160.39—2007）	空气
气相色谱-质谱法	《环境空气　挥发性有机物的测定　罐采样/气相色谱-质谱法》（HJ 759—2015）	环境空气
气相色谱-质谱法	《固定污染源废气　挥发性有机物的测定　固相吸附-热脱附/气相色谱-质谱法》（HJ 734—2014）	固定污染源废气
气相色谱-质谱法	《环境空气　挥发性有机物的测定　吸附管采样-热脱附/气相色谱-质谱法》（HJ 644—2013）	空气

1.58.5　事故预防及应急处置措施

1.58.5.1　预防措施

（1）预警措施

监控预警：在生产区域或厂界布置 1-丁烯泄漏监控预警系统。

（2）防控措施

储存区：1-丁烯储存区域设置防渗漏、防腐蚀、防淋溶、防流失等措施。

收集措施：设置应急事故水池、事故存液池或清净废水排放缓冲池等事故排水收集设施。

措施要求：针对环境风险单元设置的截流措施、收集措施，结合企事业单位实际情况，参照《化工建设项目环境保护工程设计标准》（GB/T 50483—2019）、《储罐区防火堤设计规范》（GB 50351—2014）、《石油化工企业设计防火标准》（GB 50160—2008）、《事故状态下水体污染的预防与控制技术要求》（Q/SY 1190—2013）等技术规范进行设置；收集措施除参照上述技术规范设计外，还需参照《石油化工污水处理设计规范》（GB 50747—2012）、《石油化工给水排水系统设计规范》（SH/T 3015—2019）等技术规范进行设置。

（3）日常管理

定期巡检及维护：设置专职或兼职人员进行日常检查及维护，包括定期检查设备运行情况、定期检查及补充应急物资、定期检查应急设施、定期检查管线及阀门等情况。日常确保截流措施阀门处于正常状态，同时保持收集设施的缓冲容量，确保收集设施在事故状态下能够顺利收集事故废水。

培训及演练：定期组织培训及演练，针对公司实际情况，熟悉如何有效地控制事故，避免事故失控和扩大化；学会使用应急救援设备和防护装备；明确各自救援职责。

台账：设专人负责，详细记录台账。

1.58.5.2 应急处置措施

（1）应急处理方法

应急人员防护：建议应急处理人员佩戴自给正压式呼吸器，穿防毒服，从上风处进入现场。

疏散隔离：人员迅速从泄漏污染区撤离至上风处，并提醒周边公众进行紧急疏散。立即对泄漏区进行隔离直至气体散尽。

应急行为：在确保安全的情况下，采用关阀、堵漏等措施，尽可能切断泄漏源，合理通风，加速扩散。防止气体通过通风系统扩散或进入限制性空间。

消除方法：用工业覆盖层或吸附/吸收剂盖住泄漏点附近的下水道等地方，防止气体进入。喷雾状水稀释、溶解。构筑围堤或挖坑收容产生的大量废水。用防爆泵转移至槽车或专用收集器内，回收或运至废物处理场所处置。

泄漏容器处置：破损容器要由专业人员处理，修复、检验后再用。

（2）急救措施

吸入：迅速撤离现场至空气新鲜处，保持呼吸道通畅。保持安静，休息。如呼吸困难，应给予输氧。如呼吸、心跳停止，应立即进行心肺复苏术并及时就医。

密切接触者即使无症状，亦应观察 24～48 h。

皮肤接触：立即脱去被污染的衣物，用大量流动清水彻底冲洗至少 15 min。冻伤时用大量清水冲洗，不要脱去衣服并及时就医。

眼睛接触：立即分开眼睑，用流动清水或生理盐水彻底冲洗 5～10 min 并及时就医。

（3）灭火措施

消防人员防护：须佩戴空气呼吸器、穿全身防火防毒服，站在上风向灭火。

灭火方法：切断气源，如对周围环境无危险，让火自行燃烧完全，不允许熄灭泄漏处的火焰。尽可能将容器从火场移至空旷处。喷雾状水保持容器冷却，但避免该物质与水接触。喷水保持火场冷却，直至灭火结束。

灭火剂：雾状水、泡沫、干粉、二氧化碳。

1.58.5.3 事后恢复

事故过程中产生的废物经收集鉴定后，处理处置。

1.58.5.4 建议配备的物资

建议配备的物资见表 1.248。

表 1.248　建议配备的物资

物资类别	所需物资
个体防护	防毒面具、空气呼吸器、防毒防火服、橡胶手套、面罩等
应急通讯	对讲机、扩音器等
预警装置	可燃气体报警器
应急监测	可燃气体检测器
应急照明	手电筒
消防	雾状水、二氧化碳灭火器、干粉灭火器、泡沫灭火器
污染控制	雾状水、吸附剂、事故废水收集池、沙袋、围堰等

参考文献

[1] 国家安全监管总局办公厅. 危险化学品目录（2015 版）实施指南（试行）[S]. 2015.

[2] 国家质量监督检验检疫总局检验监管司，国家质量监督总局进出口化学品安全研究中心，中国检验检疫科学研究院. 欧盟物质和混合物分类、标签和包装法规（CLP）指南[M]. 北京：中国标准出版社，2010.

[3] 杭士平. 空气中有害物质的测定方法[M]. 北京：人民卫生出版社，1986.

[4] 邵超峰，尚建程，张艳娇，等. 典型化学品突发环境事件应急处理技术手册（下册）[M]. 北京：化学工业出版社，2019.

[5] JIS Z 7253—2019. 基于 GHS 化学品的危害通识　标签和安全数据表[S].

[6] JIS Z 7252—2019. 基于 GHS 的化学品分类[S].

[7] 国家危险化学品安全公共服务互联网平台[DB/OL]. http：//hxp.nrcc.com.cn.

[8] 北京创想安科科技有限公司. MSDS 查询网[DB/OL]. http：//www.somsds.com.

[9] 北京化工研究院环境保护所/计算中心. 国际化学品安全卡（中文版）查询系统[DB/OL]. http：//icsc.brici.ac.cn.

1.59 1,3-丁二烯

1.59.1 基本信息

1,3-丁二烯是制造合成橡胶、合成树脂、尼龙等的原料。随着苯乙烯塑料的发展，利用苯乙烯与丁二烯共聚，生产各种用途广泛的树脂（如 ABS 树脂、SBS 树脂、BS 树脂、MBS 树脂）。1,3-丁二烯基本信息见表 1.249。

表 1.249　1,3-丁二烯基本信息

中文名称	1,3-丁二烯
中文别名	联乙烯、乙烯基乙烯
英文名称	1,3-butadiene
英文别名	Ethylene vinyl；Divinyl
UN 号	1010
CAS 号	106-99-0
ICSC 号	0017
RTECS 号	EI9275000
EC 号	601-013-00-X
分子式	C_4H_6
分子量	54.1

1.59.2　理化性质

1,3-丁二烯的理化性质见表 1.250。

表 1.250　1,3-丁二烯的理化性质

	外观与性状	无色微弱芳香气味气体
理化性质	熔点/℃	−108.9
	沸点/℃	−4.5
	临界温度/℃	152
	临界压力/MPa	4.33
	相对密度/（水=1）	0.62
	相对蒸气密度/（空气=1）	1.84
	溶解性	稍溶于水，溶于乙醇、甲醇，易溶于丙酮、乙醚、氯仿等
燃烧爆炸危险性	可燃性	易燃
	闪点/℃	−76
	自燃温度/℃	415
	爆炸上限（体积分数）/%	16.3
	爆炸下限（体积分数）/%	1.4

燃烧爆炸 危险性	危险特性	与空气混合能形成爆炸性混合物。接触热、火星、火焰或氧化剂易燃烧爆炸。若遇高热，可发生聚合反应，放出大量热量而引起容器破裂和爆炸事故。气体比空气重，能在较低处扩散到相当远的地方，遇火源会着火回燃
突发环境事件 风险物质	临界量/t	10
	类型	涉气风险物质
《全球化学品 统一分类和标 签制度》 （GHS）	中国	易燃气体，类别 1 加压气体 生殖细胞致突变性，类别 1B 致癌性，类别 1A
	欧盟	易燃气体，类别 1 加压气体 致癌性，类别 1A 生殖细胞致突变性，类别 1B
	日本	加压气体 严重眼损伤/刺激，类别 2 生殖细胞致突变性，类别 1B 致癌性，类别 1A 生殖毒性，类别 1B 特异性靶器官毒性，一次接触，，类别 3 （刺激呼吸道，麻醉效应） 特异性靶器官毒性，反复接触，类别 1 （女性遗传器官），类别 2（心脏，血管系，肝脏） 易燃气体，类别 1
毒理学 参数	急性毒性	LD_{50}: 5 480 mg/kg（大鼠经口）；285 000 mg/m³，4 h（大鼠吸入）
	亚急性和慢性毒性	大鼠吸入 30 mg/m³，81 d，造血功能亢进，心肌和肾脏有轻度退行性变
	毒性终点浓度-1/（mg/m³）	49 000
	毒性终点浓度-2/（mg/m³）	12 000

1.59.3 环境行为

在大气中 1,3-丁二烯可以与臭氧或二氧化氮在光催化氧化作用下，生成甲醛及丙烯醛，并刺激人的眼睛，高浓度下可以使人窒息而死。在大气中以气态形式存在，可以被光化学所诱发的羟基游离基、臭氧或硝基游离基所降解。在土壤中具有中等程度的迁移性，并具有较大的挥发性，而逸发至大气中。该物质对环境有危害，对鱼类应给予特别注意。还需特别注意地表水、土壤、大气和饮用水的污染。该物质如果液体释放出来，很快蒸发成气体。然后在阳光下迅速分解。在阳光下，几乎在一天内全部分解。

1.59.4 检测方法及依据

1,3-丁二烯的现场应急监测方法及实验室检测方法见表 1.251 和表 1.252。

表 1.251 1,3-丁二烯的现场应急监测方法

监测方法	来源	类别
便携式气相色谱-光离子监测器法	《典型化学品突发环境事件应急处理技术手册（中册）》	空气
便携式气相色谱-质谱法	《固定污染源废气 挥发性有机物的测定 便携式气相色谱-质谱法》（征求意见稿）	固定污染源废气
便携式气相色谱-质谱法	《环境空气 挥发性有机物的测定 便携式气相色谱-质谱法》（征求意见稿）	环境空气

表 1.252 1,3-丁二烯的实验室检测方法

检测方法	来源	类别
气相色谱法	《空气中有害物的测定方法（第二版）》	空气
顶空气相色谱法	《水质 挥发性卤代烃的测定 顶空气相色谱法》（HJ 620—2011）	水质
溶剂解析-气相色谱法	《工作场所空气有毒物质测定 第 61 部分：丁烯、1,3-丁二烯和二聚环戊二烯》（GBZ/T 300.61—2017）	工作场所空气
气袋法	《固定污染源废气 挥发性有机物的采样 气袋法》（HJ 732—2014）	固定污染源废气
固相吸附-热脱附/气相色谱-质谱法	《固定污染源废气 挥发性有机物的测定 固相吸附-热脱附/气相色谱-质谱法》（HJ 734—2014）	固定污染源废气

检测方法	来源	类别
气相色谱-质谱法	《环境空气　挥发性有机物的测定　罐采样/气相色谱-质谱法》（HJ 759—2015）	环境空气
气相色谱-质谱法	《环境空气　挥发性有机物的测定　吸附管采样-热脱附/气相色谱-质谱法》（HJ 644—2013）	空气

1.59.5　事故预防及应急处置措施

1.59.5.1　预防措施

（1）预警措施

监控预警： 在生产区域或厂界布置 1,3-丁二烯泄漏监控预警系统。

（2）防控措施

储存区： 1,3-丁二烯储存区域设置防渗漏、防腐蚀、防淋溶、防流失等措施。

收集措施： 设置应急事故水池、事故存液池或清净废水排放缓冲池等事故排水收集设施。

措施要求： 针对环境风险单元设置的截流措施、收集措施，结合企事业单位实际情况，参照《化工建设项目环境保护工程设计标准》（GB/T 50483—2019）、《储罐区防火堤设计规范》（GB 50351—2014）、《石油化工企业设计防火标准》（GB 50160—2008）、《事故状态下水体污染的预防与控制技术要求》（Q/SY 1190—2013）等技术规范进行设置；收集措施除参照上述技术规范设计外，还需参照《石油化工污水处理设计规范》（GB 50747—2012）、《石油化工给水排水系统设计规范》（SH/T 3015—2019）等技术规范进行设置。

（3）日常管理

定期巡检及维护： 设置专职或兼职人员进行日常检查及维护，包括定期检查设备运行情况、定期检查及补充应急物资、定期检查应急设施、定期检查管线及阀门等情况。日常确保截流措施阀门处于正常状态，同时保持收集设施的缓冲容量，确保收集设施在事故状态下能够顺利收集事故废水。

培训及演练： 定期组织培训及演练，针对公司实际情况，熟悉如何有效地控制事故，避免事故失控和扩大化；学会使用应急救援设备和防护装备；明确各自救援职责。

台账： 设专人负责，详细记录台账。

1.59.5.2 应急处置措施

（1）应急处理方法

应急人员防护： 建议应急处理人员佩戴自给正压式呼吸器，穿静电防护服，从上风处进入现场。

疏散隔离： 人员迅速从泄漏污染区撤离至上风处，并提醒周边公众进行紧急疏散。立即对泄漏区进行隔离直至气体散尽。

应急行为： 在确保安全的情况下，采用关阀、堵漏等措施，尽可能切断泄漏源，合理通风，加速扩散。防止气体通过通风系统扩散或进入限制性空间。

消除方法： 用泡沫覆盖，降低蒸气灾害。喷雾状水冷却和稀释蒸气。构筑围堤或挖坑收容产生的大量废水。如有可能，将漏出气体用排风机送至空旷地方或装设适当喷头烧掉。

泄漏容器处置： 破损容器要由专业人员处理，修复、检验后再用。

（2）急救措施

吸入： 迅速撤离现场至空气新鲜处，保持呼吸道通畅。保持安静，休息。如呼吸困难，应给予输氧。如呼吸、心跳停止，应立即进行心肺复苏术并及时就医。密切接触者即使无症状，亦应观察 24～48 h。

皮肤接触： 立即脱去被污染的衣物，用大量流动清水彻底冲洗至少 15 min 并及时就医。

眼睛接触： 立即分开眼睑，用流动清水或生理盐水彻底冲洗 5～10 min 并及时就医。

食入： 饮足量温水，催吐并及时就医。

（3）灭火措施

消防人员防护：须佩戴空气呼吸器，穿静电防护服、全身消防服，站在上风向灭火。

灭火方法：切断气源，若不能切断气源，则不允许熄灭泄漏处的火焰。尽可能将容器从火场移至空旷处。喷雾状水保持容器冷却，但避免该物质与水接触。喷水保持火场冷却，直至灭火结束。

灭火剂：泡沫、干粉、二氧化碳、砂土。

1.59.5.3 事后恢复

事故过程中产生的废物经收集鉴定后，处理处置。

1.59.5.4 建议配备的物资

建议配备的物资见表 1.253。

表 1.253　建议配备的物资

物资类别	所需物资
个体防护	防毒面具、空气呼吸器、防毒防火服、橡胶手套、面罩等
应急通讯	对讲机、扩音器等
预警装置	可燃气体报警器
应急监测	可燃气体检测器
应急照明	手电筒
消防	二氧化碳灭火器、泡沫灭火器、干粉灭火器、砂土
污染控制	雾状水、泡沫、事故废水收集池、沙袋、围堰等

参考文献

[1] 国家安全监管总局办公厅. 危险化学品目录（2015 版）实施指南（试行）[S]. 2015.

[2] 国家质量监督检验检疫总局检验监管司, 国家质量监督总局进出口化学品安全研究中心,

中国检验检疫科学研究院. 欧盟物质和混合物分类、标签和包装法规（CLP）指南[M]. 北京：中国标准出版社，2010.

[3] 杭士平. 空气中有害物质的测定方法[M]. 北京：人民卫生出版社，1986.

[4] 邵超峰，魏子章，叶晓颖. 典型化学品突发环境事件应急处理技术手册（中册）[M]. 北京：化学工业出版社，2019.

[5] JIS Z 7253—2019. 基于 GHS 化学品的危害通识 标签和安全数据表[S].

[6] JIS Z 7252—2019. 基于 GHS 的化学品分类[S].

[7] 国家危险化学品安全公共服务互联网平台[DB/OL]. http：//hxp.nrcc.com.cn.

[8] 北京创想安科科技有限公司. MSDS 查询网[DB/OL]. http：//www.somsds.com.

[9] 北京化工研究院环境保护所/计算中心. 国际化学品安全卡（中文版）查询系统[DB/OL]. http：//icsc.brici.ac.cn.

1.60 乙基乙炔

1.60.1 基本信息

乙基乙炔可用作有机合成的中间体及特殊燃料。乙基乙炔基本信息见表 1.254。

表 1.254 乙基乙炔基本信息

中文名称	乙基乙炔
中文别名	1-丁炔
英文名称	Ethylacetylene
英文别名	1-butyne
CAS 号	107-00-6
分子式	C_4H_6
分子量	54

1.60.2　理化性质

乙基乙炔的理化性质见表 1.255。

表 1.255　乙基乙炔的理化性质

	外观与性状	无色有恶臭的气体
理化性质	熔点/℃	−130
	沸点/℃	8.1
	相对密度/（水=1）	0.67（0℃）
	溶解性	不溶于水，溶于乙醇、乙醚等多数有机溶剂
	化学性质	可以发生炔烃的一般反应。叁键碳所连的氢有酸性，可生成炔钠或格氏试剂。本品易聚合，只有经过稳定化处理才允许储运
燃烧爆炸危险性	可燃性	易燃
	危险特性	与空气混合能形成爆炸性混合物。遇热、明火或强氧化剂有燃烧爆炸的危险。气体比空气重，能在较低处扩散到相当远的地方，遇明火会引着回燃
突发环境事件风险物质	临界量/t	10
	类型	涉气风险物质
《全球化学品统一分类和标签制度》（GHS）	中国	易燃气体，类别1 加压气体

1.60.3　环境行为

乙基乙炔的有害燃烧产物为一氧化碳、二氧化碳，对大气具有较大的污染。

1.60.4　事故预防及应急处置措施

1.60.4.1　预防措施

（1）预警措施

监控预警：在生产区域或厂界布置乙基乙炔泄漏监控预警系统。

（2）防控措施

储存区：乙基乙炔储存区域设置防渗漏、防腐蚀、防淋溶、防流失等措施。

收集措施：设置应急事故水池、事故存液池或清净废水排放缓冲池等事故排水收集设施。

措施要求：针对环境风险单元设置的截流措施、收集措施，结合企事业单位实际情况，参照《化工建设项目环境保护工程设计标准》（GB/T 50483—2019）、《储罐区防火堤设计规范》（GB 50351—2014）、《石油化工企业设计防火标准》（GB 50160—2008）、《事故状态下水体污染的预防与控制技术要求》（Q/SY 1190—2013）等技术规范进行设置；收集措施除参照上述技术规范设计外，还需参照《石油化工污水处理设计规范》（GB 50747—2012）、《石油化工给水排水系统设计规范》（SH/T 3015—2019）等技术规范进行设置。

（3）日常管理

定期巡检及维护：设置专职或兼职人员进行日常检查及维护，包括定期检查设备运行情况、定期检查及补充应急物资、定期检查应急设施、定期检查管线及阀门等情况。日常确保截流措施阀门处于正常状态，同时保持收集设施的缓冲容量，确保收集设施在事故状态下能够顺利收集事故废水。

培训及演练：定期组织培训及演练，针对公司实际情况，熟悉如何有效地控制事故，避免事故失控和扩大化；学会使用应急救援设备和防护装备；明确各自救援职责。

台账：设专人负责，详细记录台账。

1.60.4.2 应急处置措施

（1）应急处理方法

应急人员防护：建议应急处理人员佩戴自给正压式呼吸器，穿防毒服，从上风处进入现场。

疏散隔离：人员迅速从泄漏污染区撤离至上风处，并提醒周边公众进行紧急

疏散。立即对泄漏区进行隔离直至气体散尽。

应急行为：在确保安全的情况下，采用关阀、堵漏等措施，尽可能切断泄漏源，合理通风，加速扩散。防止气体通过通风系统扩散或进入限制性空间。

消除方法：喷雾状水稀释。构筑围堤或挖坑收容产生的大量废水。如有可能，将漏出气体用排风机送至空旷地方或装设适当喷头烧掉。

泄漏容器处置：破损容器要由专业人员处理，修复、检验后再用。

（2）急救措施

吸入：迅速撤离现场至空气新鲜处，保持呼吸道通畅。保持安静，休息。如呼吸困难，应给予输氧。如呼吸、心跳停止，应立即进行心肺复苏术并及时就医。密切接触者即使无症状，亦应观察 24～48 h。

皮肤接触：立即脱去被污染的衣物，用大量流动清水彻底冲洗至少 15 min 并及时就医。

眼睛接触：立即分开眼睑，用流动清水或生理盐水彻底冲洗 5～10 min 并及时就医。

食用：漱口，饮水并及时就医。

（3）灭火措施

消防人员防护：须佩戴空气呼吸器、穿全身防火防毒服，站在上风向灭火。

灭火方法：切断气源，若不能切断气源，则不允许熄灭泄漏处的火焰。尽可能将容器从火场移至空旷处。喷雾状水保持容器冷却，但避免该物质与水接触。喷水保持火场冷却，直至灭火结束。

灭火剂：雾状水、泡沫、二氧化碳、干粉。

1.60.4.3　事后恢复

事故过程中产生的废物经收集鉴定后，处理处置。

1.60.4.4 建议配备的物资

建议配备的物资见表 1.256。

表 1.256 建议配备的物资

物资类别	所需物资
个体防护	防毒面具、空气呼吸器、防毒防火服、橡胶手套、面罩等
应急通讯	对讲机、扩音器等
预警装置	可燃气体报警器
应急监测	可燃气体检测器
应急照明	手电筒
消防	雾状水、二氧化碳灭火器、干粉灭火器、泡沫灭火器
污染控制	雾状水、事故废水收集池、沙袋、围堰等

参考文献

[1] 国家安全监管总局办公厅. 危险化学品目录（2015 版）实施指南（试行）[S]. 2015.

[2] 国家危险化学品安全公共服务互联网平台[DB/OL]. http://hxp.nrcc.com.cn.

[3] 北京创想安科科技有限公司. MSDS 查询网[DB/OL]. http://www.somsds.com.

1.61 2-丁烯

1.61.1 基本信息

2-丁烯用于制作丁二烯及合成碳四、碳五的衍生物等。2-丁烯基本信息见表 1.257。

表 1.257　2-丁烯基本信息

中文名称	2-丁烯
英文名称	2-butylene
CAS 号	590-18-1
分子式	C_4H_8
分子量	56

1.61.2　理化性质

2-丁烯的理化性质见表 1.258。

表 1.258　2-丁烯的理化性质

	外观与性状	无色气体
理化性质	熔点/℃	−139
	沸点/℃	4
	临界温度/℃	160
	临界压力/MPa	4.1
	相对密度/（水=1）	0.63
	相对蒸气密度/（空气=1）	2
	溶解性	不溶于水，溶于多数有机溶剂
	化学性质	受热可能发生剧烈的聚合反应。与氧化剂接触发生猛烈反应
燃烧爆炸危险性	可燃性	易燃
	闪点/℃	−73
	爆炸上限（体积分数）/%	9.7
	爆炸下限（体积分数）/%	1.6
	危险特性	与空气混合能形成爆炸性混合物。遇热源和明火有燃烧爆炸的危险。气体比空气重，能在较低处扩散到相当远的地方，遇火源会着火回燃
突发环境事件风险物质	临界量/t	10
	类型	涉气风险物质
《全球化学品统一分类和标签制度》（GHS）	中国	易燃气体，类别 1 加压气体
	日本	加压气体 易燃气体，类别 1

毒理学 参数	急性毒性	LC$_{50}$：420 000 mg/m^3，2 h（小鼠吸入）
	毒性终点浓度-1/（mg/m^3）	15 000
	毒性终点浓度-2/（mg/m^3）	2 500

1.61.3 环境行为

2-丁烯与空气混合能形成爆炸性混合物。遇热源和明火有燃烧爆炸的危险，有害燃烧产物为一氧化碳、二氧化碳，对大气具有较大污染。

1.61.4 检测方法及依据

2-丁烯的现场应急监测方法及实验室检测方法见表 1.259 和表 1.260。

表 1.259　2-丁烯的现场应急监测方法

监测方法	来源	类别
便携式气相色谱-质谱法	《固定污染源废气　挥发性有机物的测定　便携式气相色谱-质谱法》（征求意见稿）	固定污染源废气
便携式气相色谱-质谱法	《环境空气　挥发性有机物的测定　便携式气相色谱-质谱法》（征求意见稿）	环境空气

表 1.260　2-丁烯的实验室检测方法

检测方法	来源	类别
气相色谱法	《工作场所空气有毒物质测定　第 61 部分：丁烯、1,3-丁二烯和二聚环戊二烯》（GBZ/T 300.61—2017）	作场所空气
气相色谱-质谱法	《环境空气　挥发性有机物的测定　罐采样/气相色谱-质谱法》（HJ 759—2015）	环境空气
气相色谱-质谱法	《固定污染源废气　挥发性有机物的测定　固相吸附-热脱附/气相色谱-质谱法》（HJ 734—2014）	固定污染源废气
气相色谱-质谱法	《环境空气　挥发性有机物的测定　吸附管采样-热脱附/气相色谱-质谱法》（HJ 644—2013）	空气

1.61.5　事故预防及应急处置措施

1.61.5.1　预防措施

（1）预警措施

监控预警：在生产区域或厂界布置 2-丁烯泄漏监控预警系统。

（2）防控措施

储存区：2-丁烯储存区域设置防渗漏、防腐蚀、防淋溶、防流失等措施。

收集措施：设置应急事故水池、事故存液池或清净废水排放缓冲池等事故排水收集设施。

措施要求：针对环境风险单元设置的截流措施、收集措施，结合企事业单位实际情况，参照《化工建设项目环境保护工程设计标准》（GB/T 50483—2019）、《储罐区防火堤设计规范》（GB 50351—2014）、《石油化工企业设计防火标准》（GB 50160—2008）、《事故状态下水体污染的预防与控制技术要求》（Q/SY 1190—2013）等技术规范进行设置；收集措施除参照上述技术规范设计外，还需参照《石油化工污水处理设计规范》（GB 50747—2012）、《石油化工给水排水系统设计规范》（SH/T 3015—2019）等技术规范进行设置。

（3）日常管理

定期巡检及维护：设置专职或兼职人员进行日常检查及维护，包括定期检查设备运行情况、定期检查及补充应急物资、定期检查应急设施、定期检查管线及阀门等情况。日常确保截流措施阀门处于正常状态，同时保持收集设施的缓冲容量，确保收集设施在事故状态下能够顺利收集事故废水。

培训及演练：定期组织培训及演练，针对公司实际情况，熟悉如何有效地控制事故，避免事故失控和扩大化；学会使用应急救援设备和防护装备；明确各自救援职责。

台账：设专人负责，详细记录台账。

1.61.5.2　应急处置措施

（1）应急处理方法

应急人员防护：建议应急处理人员佩戴自给正压式呼吸器，穿防毒服，从上风处进入现场。

疏散隔离：人员迅速从泄漏污染区撤离至上风处，并提醒周边公众进行紧急疏散。立即对泄漏区进行隔离直至气体散尽。

应急行为：在确保安全的情况下，采用关阀、堵漏等措施，尽可能切断泄漏源，合理通风，加速扩散。防止气体通过通风系统扩散或进入限制性空间。

消除方法：用工业覆盖层或吸附/吸收剂盖住泄漏点附近的下水道等地方，防止气体进入。喷雾状水稀释，构筑围堤或挖坑收容产生的大量废水。如有可能，将漏出气体用排风机送至空旷地方或装设适当喷头烧掉。

泄漏容器处置：破损容器要由专业人员处理，修复、检验后再用。

（2）急救措施

吸入：迅速撤离现场至空气新鲜处，保持呼吸道通畅。保持安静，休息。如呼吸困难，应给予输氧。如呼吸、心跳停止，应立即进行心肺复苏术并及时就医。密切接触者即使无症状，亦应观察 24～48 h。

皮肤接触：立即脱去被污染的衣物，用大量肥皂水或流动清水彻底冲洗至少15 min 并及时就医。

眼睛接触：立即分开眼睑，用流动清水或生理盐水彻底冲洗 5～10 min 并及时就医。

食入：误服者用水漱口，饮足量温水，催吐并及时就医。

（3）灭火措施

消防人员防护：须佩戴空气呼吸器、穿全身防火防毒服，站在上风向灭火。

灭火方法：切断气源，若不能切断气源，则不允许熄灭泄漏处的火焰。尽可能将容器从火场移至空旷处。喷雾状水保持容器冷却，但避免该物质与水接触。

喷水保持火场冷却，直至灭火结束。

灭火剂：雾状水、泡沫、二氧化碳、干粉。

1.61.5.3 事后恢复

事故过程中产生的废物经收集鉴定后，处理处置。

1.61.5.4 建议配备的物资

建议配备的物资见表 1.261。

表 1.261 建议配备的物资

物资类别	所需物资
个体防护	防毒面具、空气呼吸器、防毒防火服、橡胶手套、面罩等
应急通讯	对讲机、扩音器等
预警装置	可燃气体报警器
应急监测	可燃气体检测器
应急照明	手电筒
消防	雾状水、二氧化碳灭火器、干粉灭火器、泡沫灭火器
污染控制	雾状水、吸收剂、事故废水收集池、沙袋、围堰等

参考文献

[1] 国家安全监管总局办公厅. 危险化学品目录（2015 版）实施指南（试行）[S]. 2015.

[2] JIS Z 7253—2019. 基于 GHS 化学品的危害通识 标签和安全数据表[S].

[3] JIS Z 7252—2019. 基于 GHS 的化学品分类[S].

[4] 北京创想安科科技有限公司. MSDS 查询网[DB/OL]. http://www.somsds.com.

1.62 乙烯基甲醚

1.62.1 基本信息

乙烯基甲醚可用于生产戊二醛及高分子材料、涂料、增塑剂、黏合剂等。乙烯基甲醚基本信息见表 1.262。

表 1.262 乙烯基甲醚基本信息

中文名称	乙烯基甲醚
中文别名	甲基乙烯基醚
英文名称	Methoxyethene
英文别名	Methylvinyloxide；Agrisynthmve；Methoxy-ethen
CAS 号	107-25-5
RTECS 号	KO2300000
分子式	C_3H_6O
分子量	58.08

1.62.2 理化性质

乙烯基甲醚的理化性质见表 1.263。

表 1.263 乙烯基甲醚的理化性质

	外观与性状	一种无色气体，带有香甜、愉快的气味
理化性质	熔点/℃	−122.2
	沸点/℃	6
	溶解性	微溶于水
	化学性质	具有良好的黏合性和化学稳定性

燃烧爆炸危险性	可燃性	易燃
	危险特性	与空气混合能形成爆炸性混合物；遇明火、高热能引起燃烧爆炸。该气体比空气重，可能沿地面流动，造成远处着火。若遇高热，容器内压增大，有开裂和爆炸的危险
突发环境事件风险物质	临界量/t	10
	类型	涉气风险物质
《全球化学品统一分类和标签制度》（GHS）	中国	易燃气体，类别 1 化学不稳定性气体，类别 B 加压气体
	欧盟	易燃气体，类别 1 加压气体
	日本	加压气体 特异性靶器官毒性，一次接触，类别 3（麻醉效应） 易燃液体，类别 4

1.62.3　环境行为

乙烯基甲醚与空气混合能形成爆炸性混合物；遇明火、高热能引起燃烧爆炸，有害燃烧产物为一氧化碳、二氧化碳，对大气具有较大的污染。

1.62.4　事故预防及应急处置措施

1.62.4.1　预防措施

（1）预警措施

监控预警： 在生产区域或厂界布置乙烯基甲醚泄漏监控预警系统。

（2）防控措施

储存区： 乙烯基甲醚储存区域设置防渗漏、防腐蚀、防淋溶、防流失等措施。

收集措施： 设置应急事故水池、事故存液池或清净废水排放缓冲池等事故排水收集设施。

措施要求：针对环境风险单元设置的截流措施、收集措施，结合企事业单位实际情况，参照《化工建设项目环境保护工程设计标准》（GB/T 50483—2019）、《储罐区防火堤设计规范》（GB 50351—2014）、《石油化工企业设计防火标准》（GB 50160—2008）、《事故状态下水体污染的预防与控制技术要求》（Q/SY 1190—2013）等技术规范进行设置；收集措施除参照上述技术规范设计外，还需参照《石油化工污水处理设计规范》（GB 50747—2012）、《石油化工给水排水系统设计规范》（SH/T 3015—2019）等技术规范进行设置。

（3）日常管理

定期巡检及维护：设置专职或兼职人员进行日常检查及维护，包括定期检查设备运行情况、定期检查及补充应急物资、定期检查应急设施、定期检查管线及阀门等情况。日常确保截流措施阀门处于正常状态，同时保持收集设施的缓冲容量，确保收集设施在事故状态下能够顺利收集事故废水。

培训及演练：定期组织培训及演练，针对公司实际情况，熟悉如何有效地控制事故，避免事故失控和扩大化；学会使用应急救援设备和防护装备；明确各自救援职责。

台账：设专人负责，详细记录台账。

1.62.4.2　应急处置措施

（1）应急处理方法

应急人员防护：建议应急处理人员佩戴自给正压式呼吸器，穿防毒服，从上风处进入现场。

疏散隔离：人员迅速从泄漏污染区撤离至上风处，并提醒周边公众进行紧急疏散。立即对泄漏区进行隔离直至气体散尽。

应急行为：在确保安全的情况下，采用关阀、堵漏等措施，尽可能切断泄漏源，合理通风，加速扩散。防止气体通过通风系统扩散或进入限制性空间。

消除方法：若可能翻转容器，使之逸出气体而非液体。喷雾状水抑制蒸气或改变蒸气云流向，避免水流接触泄漏物。

泄漏容器处置：破损容器要由专业人员处理，修复、检验后再用。

（2）急救措施

吸入：迅速撤离现场至空气新鲜处，保持呼吸道通畅。保持安静，休息。如呼吸困难，应给予输氧。如呼吸、心跳停止，应立即进行心肺复苏术并及时就医。密切接触者即使无症状，亦应观察 24～48 h。

皮肤接触：立即脱去被污染的衣物，用大量流动清水彻底冲洗至少 15 min。如发生冻伤，用温水（38～42℃）复温，忌用热水或辐射热，不要揉搓并及时就医。

（3）灭火措施

消防人员防护：须佩戴空气呼吸器、穿全身防火防毒服，站在上风向灭火。

灭火方法：切断气源，若不能切断气源，则不允许熄灭泄漏处的火焰。尽可能将容器从火场移至空旷处。喷雾状水保持容器冷却，但避免该物质与水接触。喷水保持火场冷却，直至灭火结束。

灭火剂：雾状水、泡沫、二氧化碳。

1.62.4.3　事后恢复

事故过程中产生的废物经收集鉴定后，处理处置。

1.62.4.4　建议配备的物资

建议配备的物资见表 1.264。

表 1.264　建议配备的物资

物资类别	所需物资
个体防护	防毒面具、空气呼吸器、防毒防火服、橡胶手套、面罩等
应急通讯	对讲机、扩音器等
预警装置	可燃气体报警器

物资类别	所需物资
应急监测	可燃气体检测器
应急照明	手电筒
消防	雾状水、二氧化碳灭火器、泡沫灭火器
污染控制	雾状水、事故废水收集池、沙袋、围堰等

参考文献

[1]　国家安全监管总局办公厅. 危险化学品目录（2015 版）实施指南（试行）[S]. 2015.

[2]　国家质量监督检验检疫总局检验监管司，国家质量监督总局进出口化学品安全研究中心，中国检验检疫科学研究院. 欧盟物质和混合物分类、标签和包装法规（CLP）指南[M]. 北京：中国标准出版社，2010.

[3]　JIS Z 7253—2019. 基于 GHS 化学品的危害通识　标签和安全数据表[S].

[4]　JIS Z 7252—2019. 基于 GHS 的化学品分类[S].

[5]　国家危险化学品安全公共服务互联网平台[DB/OL]. http：//hxp.nrcc.com.cn.

[6]　北京创想安科科技有限公司. MSDS 查询网[DB/OL]. http：//www.somsds.com.

1.63　丙烯

1.63.1　基本信息

丙烯是三大合成材料的基本原料之一，其用量最大的是生产聚丙烯。另外，丙烯可制备丙烯腈、环氧丙烷、异丙醇、苯酚、丙酮、丁醇、辛醇、丙烯酸及其脂类、丙二醇、环氧氯丙烷和合成甘油等。丙烯基本信息见表 1.265。

表 1.265　丙烯基本信息

中文名称	丙烯
中文别名	甲基乙烯
英文名称	Propylene
英文别名	Methylethylene；Propene
UN 号	1077
CAS 号	115-07-1
ICSC 号	0559
RTECS 号	UC6740000
EC 号	601-011-00-9
分子式	C_3H_6
分子量	42.08

1.63.2　理化性质

丙烯的理化性质见表 1.266。

表 1.266　丙烯的理化性质

理化性质	外观与性状	无色、无臭、稍带有甜味的气体
	熔点/℃	−185
	沸点/℃	−47.7
	临界温度/℃	91.9
	临界压力/MPa	4.62
	相对密度/（水=1）	0.5
	相对蒸气密度/（空气=1）	1.5
	溶解性	不溶于水，溶于有机溶剂
	化学性质	丙烯化学性质活泼，可发生聚合反应、加氢反应、水合反应、催化氧化反应、环氧化反应，丙烯可与卤素及溴化氢反应
燃烧爆炸危险性	可燃性	易燃
	自燃温度/℃	460
	爆炸上限（体积分数）/%	10.3
	爆炸下限（体积分数）/%	2.4

燃烧爆炸危险性	危险特性	其蒸气与空气可形成爆炸性混合物；遇明火、高热能引起燃烧爆炸。气体比空气重，可能沿地面流动，可能造成远处着火
突发环境事件风险物质	临界量/t	10
	类型	涉气风险物质
《全球化学品统一分类和标签制度》（GHS）	中国	易燃气体，类别 1 加压气体
	欧盟	易燃气体，类别 1 加压气体
	日本	加压气体 特异性靶器官毒性，一次接触，类别 3 （麻醉效应） 危害水生环境，急性危险，类别 3 危害水生环境，长期危险，类别 3 急性毒性，经口，类别 3
毒理学参数	急性毒性	人若吸入丙烯可引起意识丧失,当浓度为15%时，需 30 min；24%时，需 3 min；35%～40%时，需 20 s；40%以上时，仅需 6 s，并引起呕吐
	慢性毒性	长期接触可引起头昏、乏力、全身不适、思维不集中。个别人胃肠道功能发生紊乱
	毒性终点浓度-1/（mg/m³）	29 000
	毒性终点浓度-2/（mg/m³）	4 800

1.63.3　环境行为

丙烯蒸气与空气可形成爆炸性混合物；遇明火、高热能引起燃烧爆炸，有害燃烧产物为一氧化碳、二氧化碳，对大气具有较大污染。

1.63.4　检测方法及依据

丙烯的现场应急监测方法及实验室检测方法见表 1.267 和表 1.268。

表 1.267　丙烯的现场应急监测方法

监测方法	来源	类别
便携式气相色谱法	《典型化学品突发环境事件应急处理技术手册（下册）》	空气
便携式气相色谱-质谱法	《固定污染源废气　挥发性有机物的测定　便携式气相色谱-质谱法》（征求意见稿）	固定污染源废气
便携式气相色谱-质谱法	《环境空气　挥发性有机物的测定　便携式气相色谱-质谱法》（征求意见稿）	环境空气
傅里叶红外仪法	《环境空气　挥发性有机物的测定　便携式傅里叶红外仪法》（HJ 919—2017）	环境空气

表 1.268　丙烯的实验室检测方法

检测方法	来源	类别
溶剂解吸气相色谱法	《工作场所有害物质监测方法》	空气
气相色谱法	《分析化学手册（第四分册，色谱分析）》	空气
气相色谱-质谱法	《环境空气　挥发性有机物的测定　罐采样/气相色谱-质谱法》（HJ 759—2015）	环境空气
气相色谱-质谱法	《固定污染源废气　挥发性有机物的测定　固相吸附-热脱附/气相色谱-质谱法》（HJ 734—2014）	固定污染源废气
气相色谱-质谱法	《环境空气　挥发性有机物的测定　吸附管采样-热脱附/气相色谱-质谱法》（HJ 644—2013）	空气

1.63.5　事故预防及应急处置措施

1.63.5.1　预防措施

（1）预警措施

监控预警： 在生产区域或厂界布置丙烯泄漏监控预警系统。

（2）防控措施

储存区： 丙烯储存区域设置防渗漏、防腐蚀、防淋溶、防流失等措施。

收集措施：设置应急事故水池、事故存液池或清净废水排放缓冲池等事故排水收集设施。

措施要求：针对环境风险单元设置的截流措施、收集措施，结合企事业单位实际情况，参照《化工建设项目环境保护工程设计标准》（GB/T 50483—2019）、《储罐区防火堤设计规范》（GB 50351—2014）、《石油化工企业设计防火标准》（GB 50160—2008）、《事故状态下水体污染的预防与控制技术要求》（Q/SY 1190—2013）等技术规范进行设置；收集措施除参照上述技术规范设计外，还需参照《石油化工污水处理设计规范》（GB 50747—2012）、《石油化工给水排水系统设计规范》（SH/T 3015—2019）等技术规范进行设置。

（3）日常管理

定期巡检及维护：设置专职或兼职人员进行日常检查及维护，包括定期检查设备运行情况、定期检查及补充应急物资、定期检查应急设施、定期检查管线及阀门等情况。日常确保截流措施阀门处于正常状态，同时保持收集设施的缓冲容量，确保收集设施在事故状态下能够顺利收集事故废水。

培训及演练：定期组织培训及演练，针对公司实际情况，熟悉如何有效地控制事故，避免事故失控和扩大化；学会使用应急救援设备和防护装备；明确各自救援职责。

台账：设专人负责，详细记录台账。

1.63.5.2　应急处置措施

（1）应急处理方法

应急人员防护：建议应急处理人员佩戴自给正压式呼吸器，穿防毒服，从上风处进入现场。

疏散隔离：人员迅速从泄漏污染区撤离至上风处，并提醒周边公众进行紧急疏散。立即对泄漏区进行隔离直至气体散尽。

应急行为：在确保安全的情况下，采用关阀、堵漏等措施，尽可能切断泄漏源，合理通风，加速扩散。防止气体通过通风系统扩散或进入限制性空间。

消除方法：用工业覆盖层或吸附/吸收剂盖住泄漏点附近的下水道等地方，防止气体进入。喷雾状水稀释、溶解。构筑围堤或挖坑收容产生的大量废水。如有可能，将漏出气体用排风机送至空旷地方或装设适当喷头烧掉。

泄漏容器处置：破损容器要由专业人员处理，修复、检验后再用。

（2）急救措施

吸入：迅速撤离现场至空气新鲜处，保持呼吸道通畅。保持安静，休息。如呼吸困难，应给予输氧。如呼吸、心跳停止，应立即进行心肺复苏术并及时就医。密切接触者即使无症状，亦应观察 24~48 h。

皮肤接触：立即脱去被污染的衣物，用大量流动清水彻底冲洗至少 15 min。如发生冻伤，用温水（38~42℃）复温，忌用热水或辐射热，不要揉搓并及时就医。

眼睛接触：立即分开眼睑，用流动清水或生理盐水彻底冲洗 5~10 min 并及时就医。

（3）灭火措施

消防人员防护：须佩戴空气呼吸器、穿全身防火防毒服，站在上风向灭火。

灭火方法：切断气源，如对周围环境无危险，让火自行燃烧完全。喷雾状水保持容器冷却，但避免该物质与水接触。喷水保持火场冷却，直至灭火结束。

灭火剂：雾状水、泡沫、二氧化碳、干粉。

1.63.5.3　事后恢复

事故过程中产生的废物经收集鉴定后，处理处置。

1.63.5.4　建议配备的物资

建议配备的物资见表 1.269。

表 1.269　建议配备的物资

物资类别	所需物资
个体防护	防毒面具、空气呼吸器、防毒防火服、橡胶手套、面罩等
应急通讯	对讲机、扩音器等
预警装置	可燃气体报警器
应急监测	可燃气体检测器
应急照明	手电筒
消防	雾状水、二氧化碳灭火器、干粉灭火器、泡沫灭火器
污染控制	雾状水、事故废水收集池、沙袋、围堰等

参考文献

[1]　国家安全监管总局办公厅. 危险化学品目录（2015 版）实施指南（试行）[S]. 2015.

[2]　成都科学技术大学分析化学教研室. 分析化学手册（第四分册，色谱分析）[M]. 北京：化学工业出版社，2016.

[3]　国家质量监督检验检疫总局检验监管司，国家质量监督总局进出口化学品安全研究中心，中国检验检疫科学研究院. 欧盟物质和混合物分类、标签和包装法规（CLP）指南[M]. 北京：中国标准出版社，2010.

[4]　邵超峰，尚建程，张艳娇，等. 典型化学品突发环境事件应急处理技术手册（下册）[M]. 北京：化学工业出版社，2019.

[5]　徐伯洪，闫慧芳. 工作场所有害物质检测方法[M]. 北京：中国人民公安大学出版社，2003.

[6]　JIS Z 7253—2019. 基于 GHS 化学品的危害通识　标签和安全数据表[S].

[7]　JIS Z 7252—2019. 基于 GHS 的化学品分类[S].

[8]　国家危险化学品安全公共服务互联网平台[DB/OL]. http：//hxp.nrcc.com.cn.

[9]　北京创想安科科技有限公司. MSDS 查询网[DB/OL]. http：//www.somsds.com.

[10]　北京化工研究院环境保护所/计算中心. 国际化学品安全卡（中文版）查询系统[DB/OL]. http：//icsc.brici.ac.cn.

1.64 二甲醚

1.64.1 基本信息

二甲醚主要作为甲基化剂用于生产硫酸二甲酯，还可合成 *N,N*-二甲基苯胺、醋酸甲酯、醋酐、亚乙基二甲酯和乙烯等；也可用作烷基化剂、冷冻剂、发泡剂、溶剂、浸出剂、萃取剂、麻醉药、燃料、民用复合乙醇及氟里昂气溶胶的代用品。用于护发、护肤、药品和涂料中，作为各类气雾推进剂。在国外推广的燃料添加剂在制药、染料、农药工业中有许多独特的用途。二甲醚基本信息见表 1.270。

表 1.270 二甲醚基本信息

中文名称	二甲醚
中文别名	氧代二甲烷；甲醚；氧代双甲烷；甲氧基甲烷
英文名称	Dimethyl ether
英文别名	Methyl ether；Oxybismethane；Wood ether；Methoxymethane
UN 号	1033
CAS 号	115-10-6
ICSC 号	0454
RTECS 号	PM4780000
EC 号	603-019-00-8
分子式	C_2H_6O
分子量	46.07

1.64.2 理化性质

二甲醚的理化性质见表 1.271。

表 1.271　二甲醚的理化性质

理化性质	外观与性状	无色气体，有醚类特有的气味
	熔点/℃	−141.5
	沸点/℃	−24.8
	临界温度/℃	127
	临界压力/MPa	5.33
	相对密度/（水=1）	0.666
	相对蒸气密度/（空气=1）	1.6
	溶解性	溶于水、乙醇、乙醚
	化学性质	甲醚具有甲基化反应性能。与一氧化碳反应生成乙酸或乙酸甲酯；与二氧化碳反应生成甲氧基乙酸；与氰化氢反应生成乙腈。可氯化成各种氯化衍生物。与氧化剂反应
燃烧爆炸危险性	可燃性	易燃
	闪点/℃	−41
	自燃温度/℃	350
	爆炸上限（体积分数）/%	26.7
	爆炸下限（体积分数）/%	3.4
突发环境事件风险物质	临界量/t	10
	类型	涉气风险物质、涉水风险物质
《全球化学品统一分类和标签制度》（GHS）	中国	易燃气体，类别1 加压气体
	欧盟	易燃气体，类别1 加压气体
	日本	加压气体 特异性靶器官毒性，一次接触，类别3 （麻醉效应） 易燃气体，类别1
毒理学参数	急性毒性	LC_{50}：620 000 mg/m^3，4 h（大鼠吸入）
	亚急性和慢性毒性	大鼠吸入2%甲醚，每天6 h，每周5 d，30周，体重增加，血、尿及组织病理学检查均未见明显异常，但血清丙氨酸、天门冬氨酸和天门冬氨酸转氨酶增高，有肝毒性
	毒性终点浓度-1/（mg/m^3）	14 000
	毒性终点浓度-2/（mg/m^3）	7 200

1.64.3　环境行为

二甲醚为易燃气体，接触空气或在光照条件下可生成具有潜在爆炸危险性的氧化物。气体比空气重，能在较低处扩散到相当远的地方，遇火源会着火回燃。若遇高热，容器内压增大，有开裂和爆炸的危险，对大气具有较大的危害。

1.64.4　检测方法及依据

二甲醚的实验室检测方法见表 1.272。

表 1.272　二甲醚的实验室检测方法

检测方法	来源	类别
傅立叶红外光谱法	《傅立叶红外光谱法快速测定液化石油气中二甲醚的含量》	气体

1.64.5　事故预防及应急处置措施

1.64.5.1　预防措施

（1）预警措施

监控预警：在生产区域或厂界布置二甲醚泄漏监控预警系统。

（2）防控措施

储存区：二甲醚储存区域设置防渗漏、防腐蚀、防淋溶、防流失等措施。

收集措施：设置应急事故水池、事故存液池或清净废水排放缓冲池等事故排水收集设施。

措施要求：针对环境风险单元设置的截流措施、收集措施，结合企事业单位实际情况，参照《化工建设项目环境保护工程设计标准》（GB/T 50483—2019）、《储罐区防火堤设计规范》（GB 50351—2014）、《石油化工企业设计防火标准》

（GB 50160—2008）、《事故状态下水体污染的预防与控制技术要求》（Q/SY 1190—2013）等技术规范进行设置；收集措施除参照上述技术规范设计外，还需参照《石油化工污水处理设计规范》（GB 50747—2012）、《石油化工给水排水系统设计规范》（SH/T 3015—2019）等技术规范进行设置。

（3）日常管理

定期巡检及维护：设置专职或兼职人员进行日常检查及维护，包括定期检查设备运行情况、定期检查及补充应急物资、定期检查应急设施、定期检查管线及阀门等情况。日常确保截流措施阀门处于正常状态，同时保持收集设施的缓冲容量，确保收集设施在事故状态下能够顺利收集事故废水。

培训及演练：定期组织培训及演练，针对公司实际情况，熟悉如何有效地控制事故，避免事故失控和扩大化；学会使用应急救援设备和防护装备；明确各自救援职责。

台账：设专人负责，详细记录台账。

1.64.5.2　应急处置措施

（1）应急处理方法

应急人员防护：建议应急处理人员佩戴自给正压式呼吸器，穿防毒服，从上风处进入现场。

疏散隔离：人员迅速从泄漏污染区撤离至上风处，并提醒周边公众进行紧急疏散。立即对泄漏区进行隔离直至气体散尽。

应急行为：在确保安全的情况下，采用关阀、堵漏等措施，尽可能切断泄漏源，合理通风，加速扩散。防止气体通过通风系统扩散或进入限制性空间。

消除方法：用工业覆盖层或吸附/吸收剂盖住泄漏点附近的下水道等地方，防止气体进入。喷雾状水稀释、溶解。构筑围堤或挖坑收容产生的大量废水。

泄漏容器处置：破损容器要由专业人员处理，修复、检验后再用。

（2）急救措施

吸入：迅速撤离现场至空气新鲜处，保持呼吸道通畅。保持安静，休息。如呼吸困难，应给予输氧。如呼吸、心跳停止，应立即进行心肺复苏术并及时就医。密切接触者即使无症状，亦应观察 24～48 h。

皮肤接触：立即脱去被污染的衣物，用大量流动清水彻底冲洗至少 15 min。如发生冻伤，用温水（38～42℃）复温，忌用热水或辐射热，不要揉搓并及时就医。

眼睛接触：立即分开眼睑，用流动清水或生理盐水彻底冲洗 5～10 min 并及时就医。

（3）灭火措施

消防人员防护：须佩戴空气呼吸器、穿全身防火防毒服，站在上风向灭火。

灭火方法：切断气源，如对周围环境无危险，让火自行燃烧完全。尽可能将容器从火场移至空旷处。喷雾状水保持容器冷却，但避免该物质与水接触。喷水保持火场冷却，直至灭火结束。

灭火剂：雾状水、二氧化碳、干粉。

1.64.5.3 事后恢复

事故过程中产生的废物经收集鉴定后，处理处置。

1.64.5.4 建议配备的物资

建议配备的物资见表 1.273。

表 1.273 建议配备的物资

物资类别	所需物资
个体防护	防毒面具、空气呼吸器、防毒防火服、橡胶手套、面罩等
应急通讯	对讲机、扩音器等
预警装置	可燃气体报警器

物资类别	所需物资
应急监测	可燃气体检测器
应急照明	手电筒
消防	雾状水、二氧化碳灭火器、干粉灭火器
污染控制	雾状水、吸收剂、事故废水收集池、沙袋、围堰等

参考文献

[1] 国家安全监管总局办公厅. 危险化学品目录（2015 版）实施指南（试行）[S]. 2015.

[2] 国家质量监督检验检疫总局检验监管司，国家质量监督总局进出口化学品安全研究中心，中国检验检疫科学研究院. 欧盟物质和混合物分类、标签和包装法规（CLP）指南[M]. 北京：中国标准出版社，2010.

[3] JIS Z 7253—2019. 基于 GHS 化学品的危害通识 标签和安全数据表[S].

[4] JIS Z 7252—2019. 基于 GHS 的化学品分类[S].

[5] 国家危险化学品安全公共服务互联网平台[DB/OL]. http：//hxp.NRCC.com.cn.

[6] 北京创想安科科技有限公司. MSDS 查询网[DB/OL]. http：//www.somsds.com.

[7] 北京化工研究院环境保护所/计算中心. 国际化学品安全卡（中文版）查询系统[DB/OL]. http：//icsc.brici.ac.cn.

1.65 异丁烯

1.65.1 基本信息

异丁烯是重要的化工原料，主要用于制备丁基橡胶、聚异丁烯、甲基丙烯腈、抗氧剂、叔丁酚、叔丁基醚等。生产异丁烯的方法有轻油 C_4 馏分分离、叔丁醇脱水、醚化裂解。异丁烯基本信息见表 1.274。

表 1.274 异丁烯基本信息

中文名称	异丁烯
中文别名	2-甲基-1-丙烯；2-甲基丙烯；1,1-二甲基乙烯
英文名称	Isobutene
英文别名	Isobutylene；2-Methylpropene；1,1-Dimethylethylene
UN 号	1055
CAS 号	115-11-7
ICSC 号	1027
RTECS 号	UD0890000
EC 号	601-012-00-4
分子式	C_4H_8
分子量	56.1

1.65.2 理化性质

异丁烯的理化性质见表 1.275。

表 1.275 异丁烯的理化性质

	外观与性状	无色气体
理化性质	熔点/℃	−140.3
	沸点/℃	−6.9
	临界温度/℃	144.8
	临界压力/MPa	3.99
	相对密度/（水=1）	0.67（−49℃）
	相对蒸气密度/（空气=1）	2.0
	溶解性	不溶于水，易溶于醇、醚和硫酸
	化学性质	受热可能发生剧烈的聚合反应。与氧化剂接触发生猛烈反应
燃烧爆炸危险性	可燃性	易燃
	闪点/℃	−77
	自燃温度/℃	465
	爆炸上限（体积分数）/%	8.8
	爆炸下限（体积分数）/%	1.8

燃烧爆炸 危险性	危险特性	与空气混合能形成爆炸性混合物。与卤素、氧化剂、强酸激烈反应，有着火和爆炸的危险。遇热源和明火有燃烧爆炸的危险。气体比空气重，能在较低处扩散到相当远的地方，遇火源会着火回燃
突发环境事件 风险物质	临界量/t	10
	类型	涉气风险物质
《全球化学品 统一分类和 标签制度》 （GHS）	中国	加压气体 易燃气体，类别 1
	日本	易燃气体，类别 1 加压气体
毒理学 参数	急性毒性	LC_{50}：620 000 mg/m³，4 h（大鼠吸入）
	毒性终点浓度-1/（mg/m³）	24 000
	毒性终点浓度-2/（mg/m³）	5 800

1.65.3　环境行为

异丁烯与空气混合能形成爆炸性混合物，遇热源和明火有燃烧爆炸的危险，有害燃烧产物为一氧化碳、二氧化碳，对大气具有较大污染。

1.65.4　检测方法及依据

异丁烯的现场应急监测方法及实验室检测方法见表 1.276 和表 1.277。

表 1.276　异丁烯的现场应急监测方法

监测方法	来源	类别
便携式气相色谱-质谱法	《固定污染源废气　挥发性有机物的测定　便携式气相色谱-质谱法》（征求意见稿）	固定污染源废气
便携式气相色谱-质谱法	《环境空气　挥发性有机物的测定　便携式气相色谱-质谱法》（征求意见稿）	环境空气

表 1.277　异丁烯的实验室检测方法

检测方法	来源	类别
气相色谱法	《工作场所空气有毒物质测定　第 61 部分：丁烯、1,3-丁二烯和二聚环戊二烯》（GBZ/T 300.61—2017）	工作场所空气
气相色谱-质谱法	《环境空气　挥发性有机物的测定　罐采样/气相色谱-质谱法》（HJ 759—2015）	环境空气
气相色谱-质谱法	《固定污染源废气　挥发性有机物的测定　固相吸附-热脱附/气相色谱-质谱法》（HJ 734—2014）	固定污染源废气
气相色谱-质谱法	《环境空气　挥发性有机物的测定　吸附管采样-热脱附/气相色谱-质谱法》（HJ 644—2013）	空气

1.65.5　事故预防及应急处置措施

1.65.5.1　预防措施

（1）预警措施

监控预警：在生产区域或厂界布置异丁烯泄漏监控预警系统。

（2）防控措施

储存区：异丁烯储存区域设置防渗漏、防腐蚀、防淋溶、防流失等措施。

收集措施：设置应急事故水池、事故存液池或清净废水排放缓冲池等事故排水收集设施。

措施要求：针对环境风险单元设置的截流措施、收集措施，结合企事业单位实际情况，参照《化工建设项目环境保护工程设计标准》（GB/T 50483—2019）、《储罐区防火堤设计规范》（GB 50351—2014）、《石油化工企业设计防火标准》（GB 50160—2008）、《事故状态下水体污染的预防与控制技术要求》（Q/SY 1190—2013）等技术规范进行设置；收集措施除参照上述技术规范设计外，还需参照《石油化工污水处理设计规范》（GB 50747—2012）、《石油化工给水排水系统设计规范》（SH/T 3015—2019）等技术规范进行设置。

（3）日常管理

定期巡检及维护： 设置专职或兼职人员进行日常检查及维护，包括定期检查设备运行情况、定期检查及补充应急物资、定期检查应急设施、定期检查管线及阀门等情况。日常确保截流措施阀门处于正常状态，同时保持收集设施的缓冲容量，确保收集设施在事故状态下能够顺利收集事故废水。

培训及演练： 定期组织培训及演练，针对公司实际情况，熟悉如何有效地控制事故，避免事故失控和扩大化；学会使用应急救援设备和防护装备；明确各自救援职责。

台账： 设专人负责，详细记录台账。

1.65.5.2　应急处置措施

（1）应急处理方法

应急人员防护： 建议应急处理人员佩戴自给正压式呼吸器，穿防毒服，从上风处进入现场。

疏散隔离： 人员迅速从泄漏污染区撤离至上风处，并提醒周边公众进行紧急疏散。立即对泄漏区进行隔离直至气体散尽。

应急行为： 在确保安全的情况下，采用关阀、堵漏等措施，尽可能切断泄漏源，合理通风，加速扩散。防止气体通过通风系统扩散或进入限制性空间。

消除方法： 用工业覆盖层或吸附/吸收剂盖住泄漏点附近的下水道等地方，防止气体进入。大量泄漏时，可用湿棉被包裹泄漏口，堵漏，为进一步抢修赢得时间。

泄漏容器处置： 破损容器要由专业人员处理，修复、检验后再用。

（2）急救措施

吸入： 迅速撤离现场至空气新鲜处，保持呼吸道通畅。保持安静，休息。如呼吸困难，应给予输氧。如呼吸、心跳停止，应立即进行心肺复苏术并及时就医。密切接触者即使无症状，亦应观察24~48 h。

皮肤接触：立即脱去被污染的衣物，用大量流动清水彻底冲洗至少 15 min。如发生冻伤，用温水（38～42℃）复温，忌用热水或辐射热，不要揉搓并及时就医。

眼睛接触：立即分开眼睑，用流动清水或生理盐水彻底冲洗 5～10 min 并及时就医。

（3）灭火措施

消防人员防护：须佩戴空气呼吸器、穿全身防火防毒服，站在上风向灭火。

灭火方法：切断气源，如对周围环境无危险，让火自行燃烧完全。尽可能将容器从火场移至空旷处。喷雾状水保持容器冷却，但避免该物质与水接触。喷水保持火场冷却，直至灭火结束。

灭火剂：雾状水、二氧化碳、干粉。

1.65.5.3 事后恢复

事故过程中产生的废物经收集鉴定后，处理处置。

1.65.5.4 建议配备的物资

建议配备的物资见表 1.278。

表 1.278 建议配备的物资

物资类别	所需物资
个体防护	防毒面具、空气呼吸器、防毒防火服、橡胶手套、面罩等
应急通讯	对讲机、扩音器等
预警装置	可燃气体报警器
应急监测	可燃气体检测器
应急照明	手电筒
消防	雾状水、二氧化碳灭火器、干粉灭火器
污染控制	雾状水、吸收剂、事故废水收集池、沙袋、围堰等

参考文献

[1] 国家安全监管总局办公厅. 危险化学品目录（2015 版）实施指南（试行）[S]. 2015.

[2] JIS Z 7253—2019. 基于 GHS 化学品的危害通识　标签和安全数据表[S].

[3] JIS Z 7252—2019. 基于 GHS 的化学品分类[S].

[4] 国家危险化学品安全公共服务互联网平台[DB/OL]. http：//hxp.nrcc.com.cn.

[5] 北京创想安科科技有限公司. MSDS 查询网[DB/OL]. http：//www.somsds.com.

[6] 北京化工研究院环境保护所/计算中心. 国际化学品安全卡（中文版）查询系统[DB/OL].
http：//icsc.brici.ac.cn.

1.66　丙二烯

1.66.1　基本信息

丙二烯是重要的基础有机化学原料。丙二烯基本信息见表 1.279。

表 1.279　丙二烯基本信息

中文名称	丙二烯
英文名称	Allene
英文别名	Dimethylene methane
UN 号	2200
CAS 号	463-49-0
RTECS 号	BA0400000
分子式	C_3H_4
分子量	40.06

1.66.2　理化性质

丙二烯的理化性质见表 1.280。

表 1.280　丙二烯的理化性质

理化性质	外观与性状	无色气体，略带甜味
	熔点/℃	−136
	沸点/℃	−34.5
	临界压力/MPa	5.25
	相对密度/（水=1）	1.79
	相对蒸气密度/（空气=1）	1.42
	溶解性	不溶于水，微溶于乙醇，溶于苯、石油醚，易溶于乙醚
	化学性质	受热不稳定，加热时发生重排形成丙炔
燃烧爆炸危险性	可燃性	易燃
	爆炸上限（体积分数）/%	13
	爆炸下限（体积分数）/%	2.1
	危险特性	易燃，与空气混合能形成爆炸性混合物。遇热源和明火有燃烧爆炸的危险。在 200 kPa 大气压下可发生爆炸性分解。气体比空气重，能在较低处扩散到相当远的地方，遇火源会着火回燃
突发环境事件风险物质	临界量/t	10
	类型	涉气风险物质
《全球化学品统一分类和标签制度》（GHS）	中国	易燃气体，类别 1 加压气体 特异性靶器官毒性，一次接触，类别 3 （麻醉效应）
毒理学参数	毒性终点浓度-1/（mg/m³）	25 000
	毒性终点浓度-2/（mg/m³）	4 100

1.66.3　环境行为

丙二烯有害燃烧产物为一氧化碳、二氧化碳。该物质对环境有危害，对水体、土壤和大气可造成污染。

1.66.4 事故预防及应急处置措施

1.66.4.1 预防措施

（1）预警措施

监控预警： 在生产区域或厂界布置丙二烯泄漏监控预警系统。

（2）防控措施

储存区： 丙二烯储存区域设置防渗漏、防腐蚀、防淋溶、防流失等措施。

收集措施： 设置应急事故水池、事故存液池或清净废水排放缓冲池等事故排水收集设施。

措施要求： 针对环境风险单元设置的截流措施、收集措施，结合企事业单位实际情况，参照《化工建设项目环境保护工程设计标准》（GB/T 50483—2019）、《储罐区防火堤设计规范》（GB 50351—2014）、《石油化工企业设计防火标准》（GB 50160—2008）、《事故状态下水体污染的预防与控制技术要求》（Q/SY 1190—2013）等技术规范进行设置；收集措施除参照上述技术规范设计外，还需参照《石油化工污水处理设计规范》（GB 50747—2012）、《石油化工给水排水系统设计规范》（SH/T 3015—2019）等技术规范进行设置。

（3）日常管理

定期巡检及维护： 设置专职或兼职人员进行日常检查及维护，包括定期检查设备运行情况、定期检查及补充应急物资、定期检查应急设施、定期检查管线及阀门等情况。日常确保截流措施阀门处于正常状态，同时保持收集设施的缓冲容量，确保收集设施在事故状态下能够顺利收集事故废水。

培训及演练： 定期组织培训及演练，针对公司实际情况，熟悉如何有效地控制事故，避免事故失控和扩大化；学会使用应急救援设备和防护装备；明确各自救援职责。

台账： 设专人负责，详细记录台账。

1.66.4.2　应急处置措施

（1）应急处理方法

应急人员防护：建议应急处理人员佩戴自给正压式呼吸器，穿防毒服，从上风处进入现场。

疏散隔离：人员迅速从泄漏污染区撤离至上风处，并提醒周边公众进行紧急疏散。立即对泄漏区进行隔离直至气体散尽。

应急行为：在确保安全的情况下，采用关阀、堵漏等措施，尽可能切断泄漏源，合理通风，加速扩散。防止气体通过通风系统扩散或进入限制性空间。

消除方法：用工业覆盖层或吸附/吸收剂盖住泄漏点附近的下水道等地方，防止气体进入。喷雾状水稀释，构筑围堤或挖坑收容产生的大量废水。如有可能，用管路导至炉中、凹地焚之。

泄漏容器处置：破损容器要由专业人员处理，修复、检验后再用。

（2）急救措施

吸入：迅速撤离现场至空气新鲜处，保持呼吸道通畅。保持安静，休息。如呼吸困难，应给予输氧。如呼吸、心跳停止，应立即进行心肺复苏术并及时就医。密切接触者即使无症状，亦应观察 24～48 h。

皮肤接触：如有冻伤应立即就医。

眼睛接触：如有冻伤应立即就医。

（3）灭火措施

消防人员防护：须佩戴空气呼吸器、穿全身防火防毒服，站在上风向灭火。

灭火方法：切断气源，如对周围环境无危险，让火自行燃烧完全。尽可能将容器从火场移至空旷处。喷雾状水保持容器冷却，但避免该物质与水接触。喷水保持火场冷却，直至灭火结束。

灭火剂：雾状水、泡沫、二氧化碳、干粉。

1.66.4.3　事后恢复

事故过程中产生的废物经收集鉴定后，处理处置。

1.66.4.4　建议配备的物资

建议配备的物资见表 1.281。

表 1.281　建议配备的物资

物资类别	所需物资
个体防护	防毒面具、空气呼吸器、防毒防火服、橡胶手套、面罩等
应急通讯	对讲机、扩音器等
预警装置	可燃气体报警器
应急监测	可燃气体检测器
应急照明	手电筒
消防	雾状水、二氧化碳灭火器、干粉灭火器、泡沫灭火器
污染控制	雾状水、吸附剂、事故废水收集池、沙袋、围堰等

参考文献

[1]　国家安全监管总局办公厅. 危险化学品目录（2015 版）实施指南（试行）[S]. 2015.

[2]　国家危险化学品安全公共服务互联网平台[DB/OL]. http：//hxp.nrcc.com.cn.

[3]　北京创想安科科技有限公司. MSDS 查询网[DB/OL]. http：//www.somsds.com.

1.67　2,2-二甲基丙烷

1.67.1　基本信息

2,2-二甲基丙烷可用作丁基橡胶的原料，在石油和天然气中小量存在，可由氯化特丁基与甲基氯化镁反应而制得。该物质作为汽油的组成成分，用以制备汽油。2,2-二甲基丙烷基本信息见表1.282。

表 1.282　2,2-二甲基丙烷基本信息

中文名称	2,2-二甲基丙烷
中文别名	新戊烷；季戊烷；1,1,1-三甲基乙烷
英文名称	2,2-dimethylpropane
英文别名	Tetramethylmethane；tert-pentane；Neopentane；1,1,1-trimethylethane
UN 号	2044
CAS 号	463-82-1
ICSC 号	1773
EC 号	601-005-00-6
分子式	C_5H_{12}
分子量	72.2

1.67.2　理化性质

2,2-二甲基丙烷的理化性质见表1.283。

表 1.283　2,2-二甲基丙烷的理化性质

理化性质	外观与性状	常温常压下为无色气体，标准状况下为极易挥发的液体
	熔点/℃	−19.5
	沸点/℃	9.5
	临界温度/℃	160.6
	临界压力/MPa	3.2
	相对密度/（水=1）	0.59
	相对蒸气密度/（空气=1）	2.48
	溶解性	不溶于水，溶于乙醇和乙醚
	化学性质	与氧化剂能发生强烈反应，引起燃烧或爆炸

	可燃性	易燃
燃烧爆炸 危险性	闪点/℃	−22
	自燃温度/℃	550
	爆炸上限（体积分数）/%	7.5
	爆炸下限（体积分数）/%	1.3
	危险特性	其蒸气与空气可形成爆炸性混合物。遇热源和明火有燃烧爆炸的危险。与氧化剂能发生强烈反应，引起燃烧或爆炸。其蒸气比空气重，能在较低处扩散到相当远的地方，遇火源会着火回燃
突发环境事件 风险物质	临界量/t	10
	类型	涉气风险物质
《全球化学品 统一分类和 标签制度》 （GHS）	中国	易燃气体，类别 1 加压气体 危害水生环境，急性危害，类别 2 危害水生环境，长期危害，类别 2
	欧盟	易燃气体，类别 1 加压气体 危害水生环境，长期危害，类别 2
毒理学 参数	急性毒性	LC_{50}：380 000 mg/m³，2 h（大鼠吸入）
	亚急性和慢性毒性	动物吸入：25.2 mg/m³、116 mg/m³、332 mg/m³、800 mg/m³，117 d，未见中毒反应
	毒性终点浓度-1/（mg/m³）	570 000
	毒性终点浓度-2/（mg/m³）	96 000

1.67.3　环境行为

2,2-二甲基丙烷对环境可能有危害，尤其易富集在鱼类体内，应给予特别注意。该物质会残留在环境中，不易降解，会对地表水、土壤、大气产生一定的污染。

1.67.4　检测方法及依据

2,2-二甲基丙烷的现场应急监测方法及实验室检测方法见表 1.284 和表 1.285。

表 1.284　2,2-二甲基丙烷的现场应急监测方法

监测方法	来源	类别
便携式气相色谱-质谱法	《固定污染源废气　挥发性有机物的测定　便携式气相色谱-质谱法》（征求意见稿）	固定污染源废气
便携式气相色谱-质谱法	《环境空气　挥发性有机物的测定　便携式气相色谱-质谱法》（征求意见稿）	环境空气

表 1.285　2,2-二甲基丙烷的实验室检测方法

检测方法	来源	类别
气相色谱法	《分析化学手册（第四分册，色谱分析）》	空气
气相色谱-质谱法	《环境空气　挥发性有机物的测定　罐采样/气相色谱-质谱法》（HJ 759—2015）	环境空气
气相色谱-质谱法	《固定污染源废气　挥发性有机物的测定　固相吸附-热脱附/气相色谱-质谱法》（HJ 734—2014）	固定污染源废气
气相色谱-质谱法	《环境空气　挥发性有机物的测定　吸附管采样-热脱附/气相色谱-质谱法》（HJ 644—2013）	空气

1.67.5　事故预防及应急处置措施

1.67.5.1　预防措施

（1）预警措施

监控预警：在生产区域或厂界布置 2,2-二甲基丙烷泄漏监控预警系统。

（2）防控措施

储存区：2,2-二甲基丙烷储存区域设置防渗漏、防腐蚀、防淋溶、防流失等措施。

收集措施：设置应急事故水池、事故存液池或清净废水排放缓冲池等事故排水收集设施。

措施要求：针对环境风险单元设置的截流措施、收集措施，结合企事业单位

实际情况，参照《化工建设项目环境保护工程设计标准》（GB/T 50483—2019）、《储罐区防火堤设计规范》（GB 50351—2014）、《石油化工企业设计防火标准》（GB 50160—2008）、《事故状态下水体污染的预防与控制技术要求》（Q/SY 1190—2013）等技术规范进行设置；收集措施除参照上述技术规范设计外，还需参照《石油化工污水处理设计规范》（GB 50747—2012）、《石油化工给水排水系统设计规范》（SH/T 3015—2019）等技术规范进行设置。

（3）日常管理

定期巡检及维护：设置专职或兼职人员进行日常检查及维护，包括定期检查设备运行情况、定期检查及补充应急物资、定期检查应急设施、定期检查管线及阀门等情况。日常确保截流措施阀门处于正常状态，同时保持收集设施的缓冲容量，确保收集设施在事故状态下能够顺利收集事故废水。

培训及演练：定期组织培训及演练，针对公司实际情况，熟悉如何有效地控制事故，避免事故失控和扩大化；学会使用应急救援设备和防护装备；明确各自救援职责。

台账：设专人负责，详细记录台账。

1.67.5.2　应急处置措施

（1）应急处理方法

应急人员防护：建议应急处理人员佩戴自给正压式呼吸器，穿防毒服，从上风处进入现场。

疏散隔离：人员迅速从泄漏污染区撤离至上风处，并提醒周边公众进行紧急疏散。立即对泄漏区进行隔离直至气体散尽。

应急行为：在确保安全的情况下，采用关阀、堵漏等措施，尽可能切断泄漏源，合理通风，加速扩散。防止气体通过通风系统扩散或进入限制性空间。

消除方法：喷雾状水稀释，构筑围堤或挖坑收容产生的大量废水。若是液体，用工业覆盖层或吸附/吸收剂盖住泄漏点附近的下水道等地方，防止气体进入。小量泄漏，用砂土或其他不然材料吸附或吸收。大量泄漏，构筑围堤或挖坑收容；用泡沫覆盖，降低蒸气灾害。用防爆泵转移至槽车或专用收集器内，回收或运至废物处理所处置。或用管路导至炉中、凹地焚之。如无危险，就地燃烧。

泄漏容器处置：破损容器要由专业人员处理，修复、检验后再用。

（2）急救措施

吸入：迅速撤离现场至空气新鲜处，保持呼吸道通畅。保持安静，休息如呼吸困难，应给予输氧。如呼吸、心跳停止，应立即进行心肺复苏术并及时就医。密切接触者即使无症状，亦应观察 24～48 h。

皮肤接触：立即脱去被污染的衣物，用大量流动清水彻底冲洗至少 15 min 并及时就医。

眼睛接触：立即分开眼睑，用流动清水或生理盐水彻底冲洗 5～10 min 并及时就医。

食入：饮足量温水，催吐并及时就医。

（3）灭火措施

消防人员防护：须佩戴空气呼吸器、穿全身防火防毒服，站在上风向灭火。

灭火方法：切断气源，如对周围环境无危险，让火自行燃烧完全，不允许熄灭正在燃烧的气体。尽可能将容器从火场移至空旷处。喷雾状水保持容器冷却，但避免该物质与水接触。喷水保持火场冷却，直至灭火结束。

灭火剂：雾状水、泡沫、干粉、二氧化碳。

1.67.5.3　事后恢复

事故过程中产生的废物经收集鉴定后，处理处置。

1.67.5.4　建议配备的物资

建议配备的物资见表 1.286。

表 1.286　建议配备的物资

物资类别	所需物资
个体防护	防毒面具、空气呼吸器、防毒防火服、橡胶手套、面罩等
应急通讯	对讲机、扩音器等
预警装置	可燃气体报警器
应急监测	可燃气体检测器
应急照明	手电筒
消防	雾状水、二氧化碳灭火器、泡沫灭火器、干粉灭火器
污染控制	雾状水、吸收剂、泡沫、事故废水收集池、沙袋、围堰等

参考文献

[1]　国家安全监管总局办公厅. 危险化学品目录（2015 版）实施指南（试行）[S]. 2015.

[2]　成都科学技术大学分析化学教研室. 分析化学手册（第四分册，色谱分析）[M]. 北京：化学工业出版社，2016.

[3]　国家质量监督检验检疫总局检验监管司，国家质量监督总局进出口化学品安全研究中心，中国检验检疫科学研究院. 欧盟物质和混合物分类、标签和包装法规（CLP）指南[M]. 北京：中国标准出版社，2010.

[4]　邵超峰，尚建程，张艳娇，等. 典型化学品突发环境事件应急处理技术手册（下册）[M]. 北京：化学工业出版社，2019.

[5]　国家危险化学品安全公共服务互联网平台[DB/OL]. http：//hxp.nrcc.com.cn.

[6]　北京创想安科科技有限公司. MSDS 查询网[DB/OL]. http：//www.somsds.com.

[7]　北京化工研究院环境保护所/计算中心. 国际化学品安全卡（中文版）查询系统[DB/OL]. http：//icsc.brici.ac.cn.

1.68 顺-2-丁烯

1.68.1 基本信息

顺-2-丁烯主要用于脱氢制丁二烯，也可经水合制取仲丁醇。顺-2-丁烯基本信息见表 1.287。

表 1.287 顺-2-丁烯基本信息

中文名称	顺-2-丁烯
中文别名	2-丁烯（顺式）；（Z）-2-丁烯；cis-2-丁烯；正-2-丁烯
英文名称	*cis*-2-Butene
英文别名	2-butylene，（Z）-；cis-dimethyl ethylene；beta-cis-butylene
UN 号	1012
CAS 号	590-18-1
ICSC 号	0397
EC 号	610-012-00-4
分子式	C_4H_8
分子量	56.1

1.68.2 理化性质

顺-2-丁烯的理化性质见表 1.288。

表 1.288 顺-2-丁烯的理化性质

理化性质	外观与性状	无色压缩或液化气体
	熔点/℃	−138.9
	沸点/℃	3.7
	临界温度/℃	160

理化性质	临界压力/MPa	4.10
	相对密度/（水=1）	0.616
	相对蒸气密度/（空气=1）	1.9
	溶解性	不溶于水，溶于多数有机溶剂
	化学性质	受热可能发生剧烈的聚合反应，与氧化剂接触会发生猛烈反应
燃烧爆炸危险性	可燃性	易燃
	闪点/℃	−73
	爆炸上限（体积分数）/%	9
	爆炸下限（体积分数）/%	1.7
	危险特性	与空气混合能形成爆炸性混合物。遇热源和明火有燃烧爆炸的危险。钢瓶受热有火灾和爆炸的危险。气体比空气重，能在较低处扩散到相当远的地方，遇明火会引着回燃
突发环境事件风险物质	临界量/t	10
	类型	涉气风险物质
《全球化学品统一分类和标签制度》（GHS）	日本	加压气体 易燃液体，类别3
毒理学参数	急性毒性	LC_{50}：420 g/m³，2 h（小鼠吸入）
	毒性终点浓度-1/（mg/m³）	30 000
	毒性终点浓度-2/（mg/m³）	5 100

1.68.3 环境行为

顺-2-丁烯对环境可能有危害，对鱼类应给予特别注意。还应特别注意对地表水、土壤、大气和饮用水的污染。

1.68.4 检测方法及依据

顺-2-丁烯的现场应急监测方法及实验室检测方法见表1.289和表1.290。

表 1.289 顺-2-丁烯的现场应急监测方法

监测方法	来源	类别
便携式气相色谱-质谱法	《固定污染源废气 挥发性有机物的测定 便携式气相色谱-质谱法》（征求意见稿）	固定污染源废气
便携式气相色谱-质谱法	《环境空气 挥发性有机物的测定 便携式气相色谱-质谱法》（征求意见稿）	环境空气

表 1.290 顺-2-丁烯的实验室检测方法

检测方法	来源	类别
气相色谱-质谱法	《环境空气 挥发性有机物的测定 罐采样/气相色谱-质谱法》（HJ 759—2015）	环境空气
气相色谱-质谱法	《固定污染源废气 挥发性有机物的测定 固相吸附-热脱附/气相色谱-质谱法》（HJ 734—2014）	固定污染源废气
气相色谱-质谱法	《环境空气 挥发性有机物的测定 吸附管采样-热脱附/气相色谱-质谱法》（HJ 644—2013）	空气

1.68.5 事故预防及应急处置措施

1.68.5.1 预防措施

（1）预警措施

监控预警： 在生产区域或厂界布置顺-2-丁烯泄漏监控预警系统。

（2）防控措施

储存区： 顺-2-丁烯储存区域设置防渗漏、防腐蚀、防淋溶、防流失等措施。

收集措施： 设置应急事故水池、事故存液池或清净废水排放缓冲池等事故排水收集设施。

措施要求： 针对环境风险单元设置的截流措施、收集措施，结合企事业单位实际情况，参照《化工建设项目环境保护工程设计标准》（GB/T 50483—2019）、《储罐区防火堤设计规范》（GB 50351—2014）、《石油化工企业设计防火标准》

（GB 50160—2008）、《事故状态下水体污染的预防与控制技术要求》（Q/SY 1190—2013）等技术规范进行设置；收集措施除参照上述技术规范设计外，还需参照《石油化工污水处理设计规范》（GB 50747—2012）、《石油化工给水排水系统设计规范》（SH/T 3015—2019）等技术规范进行设置。

（3）日常管理

定期巡检及维护：设置专职或兼职人员进行日常检查及维护，包括定期检查设备运行情况、定期检查及补充应急物资、定期检查应急设施、定期检查管线及阀门等情况。日常确保截流措施阀门处于正常状态，同时保持收集设施的缓冲容量，确保收集设施在事故状态下能够顺利收集事故废水。

培训及演练：定期组织培训及演练，针对公司实际情况，熟悉如何有效地控制事故，避免事故失控和扩大化；学会使用应急救援设备和防护装备；明确各自救援职责。

台账：设专人负责，详细记录台账。

1.68.5.2 应急处置措施

（1）应急处理方法

应急人员防护：建议应急处理人员佩戴自给正压式呼吸器，穿防毒服，从上风处进入现场。

疏散隔离：人员迅速从泄漏污染区撤离至上风处，并提醒周边公众进行紧急疏散。立即对泄漏区进行隔离直至气体散尽。

应急行为：在确保安全的情况下，采用关阀、堵漏等措施，尽可能切断泄漏源，合理通风，加速扩散。防止气体通过通风系统扩散或进入限制性空间。

泄漏容器处置：破损容器要由专业人员处理，修复、检验后再用。

（2）急救措施

吸入：迅速撤离现场至空气新鲜处，保持呼吸道通畅。保持安静，休息。如呼吸困难，应给予输氧。如呼吸、心跳停止，应立即进行心肺复苏术并及时就医。

密切接触者即使无症状，亦应观察 24～48 h。

皮肤接触：立即脱去被污染的衣物，用大量流动清水彻底冲洗至少 15 min。如发生冻伤，用温水（38～42℃）复温，忌用热水或辐射热，不要揉搓并及时就医。

眼睛接触：立即分开眼睑，用流动清水或生理盐水彻底冲洗 5～10 min 并及时就医。

（3）灭火措施

消防人员防护：须佩戴空气呼吸器、穿全身防火防毒服，站在上风向灭火。

灭火方法：切断气源，若不能切断气源，则不允许熄灭泄漏处的火焰。尽可能将容器从火场移至空旷处。喷雾状水保持容器冷却，但避免该物质与水接触。喷水保持火场冷却，直至灭火结束。根据着火原因选择适当灭火器。

灭火剂：雾状水、泡沫、二氧化碳、干粉。

1.68.5.3 事后恢复

事故过程中产生的废物经收集鉴定后，处理处置。

1.68.5.4 建议配备的物资

建议配备的物资见表 1.291。

表 1.291 建议配备的物资

物资类别	所需物资
个体防护	防毒面具、空气呼吸器、防毒防火服、橡胶手套、面罩等
应急通讯	对讲机、扩音器等
预警装置	可燃气体报警器
应急监测	可燃气体检测器
应急照明	手电筒
消防	雾状水、二氧化碳灭火器、干粉灭火器、泡沫灭火器
污染控制	事故废水收集池、沙袋、围堰等

参考文献

[1] JIS Z 7253—2019. 基于 GHS 化学品的危害通识 标签和安全数据表[S].

[2] JIS Z 7252—2019. 基于 GHS 的化学品分类[S].

[3] 国家危险化学品安全公共服务互联网平台[DB/OL]. http：//hxp.nrcc.com.cn.

[4] 北京创想安科科技有限公司. MSDS 查询网[DB/OL]. http：//www.somsds.com.

[5] 北京化工研究院环境保护所/计算中心. 国际化学品安全卡（中文版）查询系统[DB/OL].
     http：//icsc.brici.ac.cn.

1.69 反式-2-丁烯

1.69.1 基本信息

反式-2-丁烯是丁烯系列产品之一，主要作为标准气、校正气或配制标准混合气，广泛应用于石油化学工业中。反式-2-丁烯基本信息见表 1.292。

表 1.292 反式-2-丁烯基本信息

中文名称	反式-2-丁烯
中文别名	（E）-2-丁烯；反二甲基乙烯；β-反丁烯
英文名称	*Trans*-2-butene
英文别名	2-butene，（E）-；Trans-dimethyl ethylene；Beta-trans-butylene
UN 号	1012
CAS 号	624-64-6
ICSC 号	0398
EC 号	601-012-00-4
分子式	C_4H_8
分子量	56.1

1.69.2　理化性质

反式-2-丁烯的理化性质见表 1.293。

表 1.293　反式-2-丁烯的理化性质

	外观与性状	无色气体
理化性质	熔点/℃	−140
	沸点/℃	1
	相对密度/（水=1）	0.6
	相对蒸气密度/（空气=1）	1.9
	溶解性	溶于有机溶剂，不溶于水
燃烧爆炸危险性	可燃性	易燃
	自燃温度/℃	324
	爆炸上限（体积分数）/%	7.9
	爆炸下限（体积分数）/%	1.8
	危险特性	气体/空气混合物有爆炸性
突发环境事件风险物质	临界量/t	10
	类型	涉气风险物质
《全球化学品统一分类和标签制度》（GHS）	日本	氧化性气体，类别 1 加压气体 易燃液体，类别 3
毒理学参数	毒性终点浓度-1/（mg/m³）	33 000
	毒性终点浓度-2/（mg/m³）	5 500

1.69.3　环境行为

该物质对环境可能有危害，对鱼类应给予特别注意。还应特别注意对地表水、土壤、大气和饮用水的污染。

1.69.4　检测方法及依据

反式-2-丁烯的现场应急监测方法及实验室检测方法见表 1.294 和表 1.295。

表 1.294 反式-2-丁烯的现场应急监测方法

监测方法	来源	类别
便携式气相色谱-质谱法	《固定污染源废气 挥发性有机物的测定 便携式气相色谱-质谱法》（征求意见稿）	固定污染源废气
便携式气相色谱-质谱法	《环境空气 挥发性有机物的测定 便携式气相色谱-质谱法》（征求意见稿）	环境空气

表 1.295 反式-2-丁烯的实验室检测方法

检测方法	来源	类别
气相色谱-质谱法	《环境空气 挥发性有机物的测定 罐采样/气相色谱-质谱法》（HJ 759—2015）	环境空气
气相色谱-质谱法	《固定污染源废气 挥发性有机物的测定 固相吸附-热脱附/气相色谱-质谱法》（HJ 734—2014）	固定污染源废气
气相色谱-质谱法	《环境空气 挥发性有机物的测定 吸附管采样-热脱附/气相色谱-质谱法》（HJ 644—2013）	空气

1.69.5 事故预防及应急处置措施

1.69.5.1 预防措施

（1）预警措施

监控预警：在生产区域或厂界布置反式-2-丁烯泄漏监控预警系统。

（2）防控措施

储存区：反式-2-丁烯储存区域设置防渗漏、防腐蚀、防淋溶、防流失等措施。

收集措施：设置应急事故水池、事故存液池或清净废水排放缓冲池等事故排水收集设施。

措施要求：针对环境风险单元设置的截流措施、收集措施，结合企事业单位实际情况，参照《化工建设项目环境保护工程设计标准》（GB/T 50483—2019）、

《储罐区防火堤设计规范》（GB 50351—2014）、《石油化工企业设计防火标准》（GB 50160—2008）、《事故状态下水体污染的预防与控制技术要求》（Q/SY 1190—2013）等技术规范进行设置；收集措施除参照上述技术规范设计外，还需参照《石油化工污水处理设计规范》（GB 50747—2012）、《石油化工给水排水系统设计规范》（SH/T 3015—2019）等技术规范进行设置。

（3）日常管理

定期巡检及维护：设置专职或兼职人员进行日常检查及维护，包括定期检查设备运行情况、定期检查及补充应急物资、定期检查应急设施、定期检查管线及阀门等情况。日常确保截流措施阀门处于正常状态，同时保持收集设施的缓冲容量，确保收集设施在事故状态下能够顺利收集事故废水。

培训及演练：定期组织培训及演练，针对公司实际情况，熟悉如何有效地控制事故，避免事故失控和扩大化；学会使用应急救援设备和防护装备；明确各自救援职责。

台账：设专人负责，详细记录台账。

1.69.5.2　应急处置措施

（1）应急处理方法

应急人员防护：建议应急处理人员佩戴自给正压式呼吸器，穿防毒服，从上风处进入现场。

疏散隔离：人员迅速从泄漏污染区撤离至上风处，并提醒周边公众进行紧急疏散。立即对泄漏区进行隔离直至气体散尽。

应急行为：在确保安全的情况下，采用关阀、堵漏等措施，尽可能切断泄漏源，合理通风，加速扩散。防止气体通过通风系统扩散或进入限制性空间。

泄漏容器处置：破损容器要由专业人员处理，修复、检验后再用。

（2）急救措施

吸入：迅速撤离现场至空气新鲜处，保持呼吸道通畅。保持安静，休息。如呼吸困难，应给予输氧。如呼吸、心跳停止，应立即进行心肺复苏术并及时就医。密切接触者即使无症状，亦应观察 24～48 h。

皮肤接触： 立即脱去被污染的衣物，用大量流动清水彻底冲洗至少 15 min。冻伤时用大量清水冲洗，不要脱去衣服并及时就医。

眼睛接触： 立即分开眼睑，用流动清水或生理盐水彻底冲洗 5～10 min 并及时就医。

（3）灭火措施

消防人员防护： 须佩戴空气呼吸器、穿全身防火防毒服，站在上风向灭火。

灭火方法： 切断气源，若不能切断气源，则不允许熄灭泄漏处的火焰。尽可能将容器从火场移至空旷处。喷雾状水保持容器冷却，但避免该物质与水接触。喷水保持火场冷却，直至灭火结束。根据着火原因选择适当灭火器。

灭火剂： 雾状水、泡沫、二氧化碳、干粉。

1.69.5.3　事后恢复

事故过程中产生的废物经收集鉴定后，处理处置。

1.69.5.4　建议配备的物资

建议配备的物资见表 1.296。

表 1.296　建议配备的物资

物资类别	所需物资
个体防护	防毒面具、空气呼吸器、防毒防火服、橡胶手套、面罩等
应急通讯	对讲机、扩音器等
预警装置	可燃气体报警器
应急监测	可燃气体检测器
应急照明	手电筒
消防	雾状水、二氧化碳灭火器、干粉灭火器、泡沫灭火器
污染控制	事故废水收集池、沙袋、围堰等

参考文献

[1] JIS Z 7253—2019. 基于 GHS 化学品的危害通识 标签和安全数据表[S].

[2] JIS Z 7252—2019. 基于 GHS 的化学品分类[S].

[3] 北京创想安科科技有限公司. MSDS 查询网[DB/OL]. http：//www.somsds.com.

[4] 北京化工研究院环境保护所/计算中心. 国际化学品安全卡（中文版）查询系统[DB/OL]. http：//icsc.brici.ac.cn.

1.70 乙烯基乙炔

1.70.1 基本信息

乙烯基乙炔是工业上重要的烯炔烃化合物，是以乙炔为原料合成氯丁橡胶的重要中间体。在乙烯装置产生的碳四馏分中，含有少量的乙烯基乙炔。在碳四馏分的后续应用过程中，这种组分属有害杂质。一般采取萃取精馏或选择加氢的方法将其去除。乙烯基乙炔基本信息见表 1.297。

表 1.297 乙烯基乙炔基本信息

中文名称	乙烯基乙炔
中文别名	1-烯-3-丁炔
英文名称	Butenyne
英文别名	1-butenyne；Vinyl-acetylene；3-butene-1-yne；3-buten-1-yne；Monovinyl acetylene
UN 号	1954
CAS 号	689-97-4
分子式	C_4H_4
分子量	52.04

1.70.2 理化性质

乙烯基乙炔的理化性质见表 1.298。

表 1.298 乙烯基乙炔的理化性质

理化性质	外观与性状	常温下为气态，具有类似乙炔气味的气体
	熔点/℃	−118
	沸点/℃	5
	临界温度/℃	16.8
	临界压力/MPa	5.035
	相对密度/（水=1）	0.709 5
	相对蒸气密度/（空气=1）	1.8
	化学性质	在空气中非常容易氧化成爆炸性的过氧化物，易发生加成反应和聚合反应
燃烧爆炸危险性	可燃性	易燃
	闪点/℃	−20.6
	爆炸上限（体积分数）/%	117
	爆炸下限（体积分数）/%	7.33
	危险特性	其蒸气与空气接触后即形成爆炸性混合物。遇明火、高热极易燃烧爆炸。在空气中非常容易氧化生成过氧化物，受热或撞击，甚至轻微摩擦即发生爆炸。能与浓硫酸、发烟硝酸发生猛烈反应，甚至发生爆炸。在精馏操作过程中，易发生自聚，引起事故，应加阻聚剂。热分解排出辛辣刺激烟雾
突发环境事件风险物质	临界量/t	10
	类型	涉气风险物质
毒理学参数	急性毒性	LC_{50}：97.2 mg/L，2 h（小鼠吸入）

1.70.3 环境行为

乙烯基乙炔泄漏会污染土壤、地表水、地下水环境，在土壤、地表水、地下水环境不易被降解。水体中硫酸二甲酯的自净过程还要受水温、水的曝气程度（搅动）、pH、水面大小及深度等因素影响。

1.70.4 检测方法及依据

乙烯基乙炔的现场应急监测方法及实验室检测方法见表 1.299 和表 1.300。

表 1.299 乙烯基乙炔的现场应急监测方法

监测方法	来源	类别
便携式气相色谱法	《典型化学品突发环境事件应急处理技术手册（下册）》	空气

表 1.300 乙烯基乙炔的实验室检测方法

检测方法	来源	类别
气相色谱法	《分析化学手册（第四分册，色谱分析）》	空气

1.70.5 事故预防及应急处置措施

1.70.5.1 预防措施

（1）预警措施

监控预警： 在生产区域或厂界布置乙烯基乙炔泄漏监控预警系统。

（2）防控措施

储存区： 乙烯基乙炔储存区域设置防渗漏、防腐蚀、防淋溶、防流失等措施。

收集措施： 设置应急事故水池、事故存液池或清净废水排放缓冲池等事故排水收集设施。

措施要求： 针对环境风险单元设置的截流措施、收集措施，结合企事业单位实际情况，参照《化工建设项目环境保护工程设计标准》（GB/T 50483—2019）、《储罐区防火堤设计规范》（GB 50351—2014）、《石油化工企业设计防火标准》（GB 50160—2008）、《事故状态下水体污染的预防与控制技术要求》（Q/SY 1190—

2013）等技术规范进行设置；收集措施除参照上述技术规范设计外，还需参照《石油化工污水处理设计规范》（GB 50747—2012）、《石油化工给水排水系统设计规范》（SH/T 3015—2019）等技术规范进行设置。

（3）日常管理

定期巡检及维护：设置专职或兼职人员进行日常检查及维护，包括定期检查设备运行情况、定期检查及补充应急物资、定期检查应急设施、定期检查管线及阀门等情况。日常确保截流措施阀门处于正常状态，同时保持收集设施的缓冲容量，确保收集设施在事故状态下能够顺利收集事故废水。

培训及演练：定期组织培训及演练，针对公司实际情况，熟悉如何有效地控制事故，避免事故失控和扩大化；学会使用应急救援设备和防护装备；明确各自救援职责。

台账：设专人负责，详细记录台账。

1.70.5.2 应急处置措施

（1）应急处理方法

应急人员防护：建议应急处理人员佩戴自给正压式呼吸器，穿防毒服，从上风处进入现场。

疏散隔离：人员迅速从泄漏污染区撤离至上风处，并提醒周边公众进行紧急疏散。立即对泄漏区进行隔离直至气体散尽。

应急行为：在确保安全的情况下，采用关阀、堵漏等措施，尽可能切断泄漏源，合理通风，加速扩散。防止气体通过通风系统扩散或进入限制性空间。

消除方法：用工业覆盖层或吸附/吸收剂盖住泄漏点附近的下水道等地方，防止气体进入。如无危险，就地燃烧，同时喷雾状水使周围冷却，以防其他可燃物着火。或用管路导至炉中、凹地焚之。

泄漏容器处置：破损容器不能重复使用，且处置前要对容器中可能残余的气体进行处理。

（2）急救措施

吸入：迅速撤离现场至空气新鲜处，保持呼吸道通畅。保持安静，休息。如呼吸困难，应给予输氧。如呼吸、心跳停止，应立即进行心肺复苏术并及时就医。密切接触者即使无症状，亦应观察 24～48 h。

皮肤接触：立即脱去被污染的衣物，用大量流动清水彻底冲洗至少 15 min 并及时就医。

眼睛接触：立即分开眼睑，用流动清水或生理盐水彻底冲洗 5～10 min 并及时就医。

（3）灭火措施

消防人员防护：须佩戴空气呼吸器、穿全身防火防毒服，站在上风向灭火。

灭火方法：切断气源，如对周围环境无危险，让火自行燃烧完全。尽可能将容器从火场移至空旷处。喷雾状水保持容器冷却，但避免该物质与水接触。喷水保持火场冷却，直至灭火结束。

灭火剂：雾状水、泡沫、二氧化碳。

1.70.5.3　事后恢复

事故过程中产生的废物经收集鉴定后，处理处置。

1.70.5.4　建议配备的物资

建议配备的物资见表 1.301。

表 1.301　建议配备的物资

物资类别	所需物资
个体防护	防毒面具、空气呼吸器、防毒防火服、橡胶手套、面罩等
应急通讯	对讲机、扩音器等
预警装置	可燃气体报警器
应急监测	可燃气体检测器
应急照明	手电筒

物资类别	所需物资
消防	雾状水、二氧化碳灭火器、泡沫灭火器
污染控制	雾状水、吸附剂、事故废水收集池、沙袋、围堰等

参考文献

[1]　成都科学技术大学分析化学教研室. 分析化学手册（第四分册，色谱分析）[M]. 北京：化学工业出版社，2016.

[2]　邵超峰，尚建程，张艳娇，等. 典型化学品突发环境事件应急处理技术手册（下册）[M]. 北京：化学工业出版社，2019.

[3]　北京创想安科科技有限公司. MSDS 查询网[DB/OL]. http：//www.somsds.com.

1.71　氢气

1.71.1　基本信息

氢气是世界上已知的密度最小的气体，可作为飞艇、氢气球的填充气体。工业上一般从天然气或水煤气制得氢气，而不采用高耗能的电解水的方法。制得的氢气大量用于石化行业的裂化反应，用作合成氨、合成甲醇、合成盐酸的原料，冶金用还原剂，石油炼制中加氢脱硫剂等。氢气基本信息见表 1.302。

表 1.302　氢气基本信息

中文名称	氢气
中文别名	纯氢、液氢
英文名称	hydrogen
CAS 号	1333-74-0
分子式	H_2
分子量	2.01

1.71.2 理化性质

氢气的理化性质见表 1.303。

表 1.303 氢气的理化性质

理化性质	外观与性状	无色透明、无臭无味的气体
	熔点/℃	−259.2
	沸点/℃	−252.77
	临界温度/℃	−240
	临界压力/MPa	1.30
	相对密度/（水=1）	0.07（−252℃）
	相对蒸气密度/（空气=1）	0.07
	溶解性	不溶于水，不溶于乙醇、乙醚
	化学性质	常温下性质稳定，在点燃或加热的条件下与许多物质发生化学反应。与氟、氯、溴等卤素会发生剧烈反应
燃烧爆炸危险性	可燃性	易燃
	爆炸上限（体积分数）/%	75
	爆炸下限（体积分数）/%	5
	危险特性	与空气混合能形成爆炸性混合物，遇热或明火即会发生爆炸。气体比空气轻，在室内使用和储存时，漏气上升滞留屋顶不易排出，遇火星会引起爆炸
突发环境事件风险物质	临界量/t	10
	类型	涉气风险物质
《全球化学品统一分类和标签制度》（GHS）	中国	易燃气体，类别1 加压气体
	欧盟	易燃气体，类别1 加压气体
	日本	急性毒性，经口，类别3

1.71.3 环境行为

氢气虽无毒，但若空气中氢气含量增高，将引起缺氧性窒息。液氢外溢并突然大面积蒸发还会造成环境缺氧，并有可能和空气一起形成爆炸混合物，引发燃烧爆炸事故。该物质对大气具有较大影响。

1.71.4　事故预防及应急处置措施

1.71.4.1　预防措施

（1）预警措施

监控预警： 在生产区域或厂界布置氢气泄漏监控预警系统。

（2）防控措施

储存区： 氢气储存区域设置防渗漏、防腐蚀、防淋溶、防流失等措施。

收集措施： 设置应急事故水池、事故存液池或清净废水排放缓冲池等事故排水收集设施。

措施要求： 针对环境风险单元设置的截流措施、收集措施，结合企事业单位实际情况，参照《化工建设项目环境保护工程设计标准》（GB/T 50483—2019）、《储罐区防火堤设计规范》（GB 50351—2014）、《石油化工企业设计防火标准》（GB 50160—2008）、《事故状态下水体污染的预防与控制技术要求》（Q/SY 1190—2013）等技术规范进行设置；收集措施除参照上述技术规范设计外，还需参照《石油化工污水处理设计规范》（GB 50747—2012）、《石油化工给水排水系统设计规范》（SH/T 3015—2019）等技术规范进行设置。

（3）日常管理

定期巡检及维护： 设置专职或兼职人员进行日常检查及维护，包括定期检查设备运行情况、定期检查及补充应急物资、定期检查应急设施、定期检查管线及阀门等情况。日常确保截流措施阀门处于正常状态，同时保持收集设施的缓冲容量，确保收集设施在事故状态下能够顺利收集事故废水。

培训及演练： 定期组织培训及演练，针对公司实际情况，熟悉如何有效地控制事故，避免事故失控和扩大化；学会使用应急救援设备和防护装备；明确各自救援职责。

台账： 设专人负责，详细记录台账。

1.71.4.2 应急处置措施

（1）应急处理方法

应急人员防护： 建议应急处理人员佩戴自给正压式呼吸器，穿防毒服，从上风处进入现场。

疏散隔离： 人员迅速从泄漏污染区撤离至上风处，并提醒周边公众进行紧急疏散。立即对泄漏区进行隔离直至气体散尽。

应急行为： 在确保安全的情况下，采用关阀、堵漏等措施，尽可能切断泄漏源，合理通风，加速扩散。防止气体通过通风系统扩散或进入限制性空间。

消除方法： 喷雾状水抑制蒸气或改变蒸气云流向。构筑围堤或挖坑收容产生的大量废水。如有可能，将漏出气体用排风机送至空旷地方或装设喷头烧掉。

泄漏容器处置： 破损容器要由专业人员处理，修复、检验后再用。

（2）急救措施

吸入： 迅速撤离现场至空气新鲜处，保持呼吸道通畅。保持安静，休息。如呼吸困难，应给予输氧。如呼吸、心跳停止，应立即进行心肺复苏术并及时就医。密切接触者即使无症状，亦应观察 24～48 h。

皮肤接触： 立即脱去被污染的衣物，用大量流动清水彻底冲洗至少 15 min。冻伤时用大量清水冲洗，不要脱去衣服并及时就医。

眼睛接触： 立即分开眼睑，用流动清水或生理盐水彻底冲洗 5～10 min 并及时就医。

（3）灭火措施

消防人员防护： 须佩戴空气呼吸器、穿全身防火防毒服，站在上风向灭火。

灭火方法： 切断气源，如对周围环境无危险，让火自行燃烧完全。尽可能将容器从火场移至空旷处。喷雾状水保持容器冷却，但避免该物质与水接触。喷水保持火场冷却，直至灭火结束。

灭火剂：雾状水、二氧化碳、干粉。

1.71.4.3　事后恢复

事故过程中产生的废物经收集鉴定后，处理处置。

1.71.4.4　建议配备的物资

建议配备的物资见表 1.304。

表 1.304　建议配备的物资

物资类别	所需物资
个体防护	防毒面具、空气呼吸器、防毒防火服、橡胶手套、面罩等
应急通讯	对讲机、扩音器等
预警装置	可燃气体报警器
应急监测	可燃气体检测器
应急照明	手电筒
消防	雾状水、二氧化碳灭火器、干粉灭火器
污染控制	雾状水、事故废水收集池、沙袋、围堰等

参考文献

[1]　国家安全监管总局办公厅. 危险化学品目录（2015 版）实施指南（试行）[S]. 2015.

[2]　国家质量监督检验检疫总局检验监管司，国家质量监督总局进出口化学品安全研究中心，中国检验检疫科学研究院. 欧盟物质和混合物分类、标签和包装法规（CLP）指南[M]. 北京：中国标准出版社，2010.

[3]　JIS Z 7253—2019. 基于 GHS 化学品的危害通识　标签和安全数据表[S].

[4]　JIS Z 7252—2019. 基于 GHS 的化学品分类[S].

[5]　国家危险化学品安全公共服务互联网平台[DB/OL]. http：//hxp.nrcc.com.cn.

[6]　北京创想安科科技有限公司. MSDS 查询网[DB/OL]. http：//www.somsds.com.

1.72 丁烯

1.72.1 基本信息

丁烯是重要的基础化工原料之一。丁烯基本信息见表 1.305。

表 1.305 丁烯基本信息

中文名称	丁烯
英文名称	Butylene
CAS 号	25167-67-3
分子式	C_4H_8
分子量	56.1

1.72.2 理化性质

丁烯的理化性质见表 1.306。

表 1.306 丁烯的理化性质

理化性质	外观与性状	无色气体
	溶解性	不溶于水，易溶于乙醇、乙醚，微溶于苯
燃烧爆炸危险性	可燃性	易燃
	爆炸上限（体积分数）/%	9.6
	爆炸下限（体积分数）/%	1.8
突发环境事件风险物质	临界量/t	10
	类型	涉气风险物质
《全球化学品统一分类和标签制度》（GHS）	日本	加压气体 严重眼损伤/刺激，类别 2B

1.72.3 环境行为

该物质对环境有危害，应特别注意对地表水、土壤、大气和饮用水的污染。

1.72.4 检测方法及依据

丁烯的现场应急监测方法及实验室检测方法见表 1.307 和表 1.308。

表 1.307 丁烯的现场应急监测方法

监测方法	来源	类别
便携式气相色谱-质谱法	《固定污染源废气 挥发性有机物的测定 便携式气相色谱-质谱法》（征求意见稿）	固定污染源废气
便携式气相色谱-质谱法	《环境空气 挥发性有机物的测定 便携式气相色谱-质谱法》（征求意见稿）	环境空气

表 1.308 丁烯的实验室检测方法

检测方法	来源	类别
气相色谱法	《工作场所空气有毒物质测定 第 61 部分：丁烯、1,3-丁二烯和二聚环戊二烯》（GBZ/T 300.61—2017）	工作场所空气
气相色谱-质谱法	《环境空气 挥发性有机物的测定 罐采样/气相色谱-质谱法》（HJ 759—2015）	环境空气
气相色谱-质谱法	《固定污染源废气 挥发性有机物的测定 固相吸附-热脱附/气相色谱-质谱法》（HJ 734—2014）	固定污染源废气
气相色谱-质谱法	《环境空气 挥发性有机物的测定 吸附管采样-热脱附/气相色谱-质谱法》（HJ 644—2013）	空气

1.72.5　事故预防及应急处置措施

1.72.5.1　预防措施

（1）预警措施

监控预警：在生产区域或厂界布置丁烯泄漏监控预警系统。

（2）防控措施

储存区：丁烯储存区域设置防渗漏、防腐蚀、防淋溶、防流失等措施。

收集措施：设置应急事故水池、事故存液池或清净废水排放缓冲池等事故排水收集设施。

措施要求：针对环境风险单元设置的截流措施、收集措施，结合企事业单位实际情况，参照《化工建设项目环境保护工程设计标准》（GB/T 50483—2019）、《储罐区防火堤设计规范》（GB 50351—2014）、《石油化工企业设计防火标准》（GB 50160—2008）、《事故状态下水体污染的预防与控制技术要求》（Q/SY 1190—2013）等技术规范进行设置；收集措施除参照上述技术规范设计外，还需参照《石油化工污水处理设计规范》（GB 50747—2012）、《石油化工给水排水系统设计规范》（SH/T 3015—2019）等技术规范进行设置。

（3）日常管理

定期巡检及维护：设置专职或兼职人员进行日常检查及维护，包括定期检查设备运行情况、定期检查及补充应急物资、定期检查应急设施、定期检查管线及阀门等情况。日常确保截流措施阀门处于正常状态，同时保持收集设施的缓冲容量，确保收集设施在事故状态下能够顺利收集事故废水。

培训及演练：定期组织培训及演练，针对公司实际情况，熟悉如何有效地控制事故，避免事故失控和扩大化；学会使用应急救援设备和防护装备；明确各自救援职责。

台账：设专人负责，详细记录台账。

1.72.5.2　应急处置措施

（1）应急处理方法

应急人员防护：建议应急处理人员佩戴自给正压式呼吸器，穿防毒服，从上风处进入现场。

疏散隔离：人员迅速从泄漏污染区撤离至上风处，并提醒周边公众进行紧急疏散。立即对泄漏区进行隔离直至气体散尽。

应急行为：在确保安全的情况下，采用关阀、堵漏等措施，尽可能切断泄漏源，合理通风，加速扩散。防止气体通过通风系统扩散或进入限制性空间。

泄漏容器处置：破损容器要由专业人员处理，修复、检验后再用。

（2）急救措施

吸入：迅速撤离现场至空气新鲜处，保持呼吸道通畅。保持安静，休息。如呼吸困难，应给予输氧。如呼吸、心跳停止，应立即进行心肺复苏术并及时就医。密切接触者即使无症状，亦应观察 24～48 h。

皮肤接触：立即脱去被污染的衣物，用大量流动清水彻底冲洗至少 15 min。冻伤时用大量清水冲洗，不要脱衣服并及时就医。

眼睛接触：立即分开眼睑，用流动清水或生理盐水彻底冲洗 5～10 min 并及时就医。

（3）灭火措施

消防人员防护：须佩戴空气呼吸器、穿全身防火防毒服，站在上风向灭火。

灭火方法：切断气源，若不能切断气源，则不允许熄灭泄漏处的火焰。尽可能将容器从火场移至空旷处。喷雾状水保持容器冷却，但避免该物质与水接触。喷水保持火场冷却，直至灭火结束。根据着火原因选择适当灭火器。

灭火剂：雾状水、泡沫、二氧化碳、干粉。

1.72.5.3　事后恢复

事故过程中产生的废物经收集鉴定后，处理处置。

1.72.5.4　建议配备的物资

建议配备的物资见表 1.309。

表 1.309　建议配备的物资

物资类别	所需物资
个体防护	防毒面具、空气呼吸器、防毒防火服、橡胶手套、面罩等
应急通讯	对讲机、扩音器等
预警装置	可燃气体报警器
应急监测	可燃气体检测器
应急照明	手电筒
消防	雾状水、二氧化碳灭火器、干粉灭火器、泡沫灭火器
污染控制	事故废水收集池、沙袋、围堰等

参考文献

[1] 国家质量监督检验检疫总局检验监管司，国家质量监督总局进出口化学品安全研究中心，中国检验检疫科学研究院. 欧盟物质和混合物分类、标签和包装法规（CLP）指南[M]. 北京：中国标准出版社，2010.

[2] JIS Z 7253—2019. 基于 GHS 化学品的危害通识　标签和安全数据表[S].

[3] JIS Z 7252—2019. 基于 GHS 的化学品分类[S].

1.73　石油气

1.73.1　基本信息

　　石油气是天然气、油田气、炼厂气及石油裂解气的总称。天然气是蕴藏在地层内的可燃性气体，主要成分是低分子量的烷烃混合物及少量氮气、二氧化碳和硫化氢等气体。油田气又称油田伴生气，是开采石油时分离出的气体。主要成分是甲烷、乙烷及一定数量的丙烷、丁烷和汽油。可用于制取液化气或直接用作燃料及化工原料。炼厂气是石油加工过程中各种装置产生的气体的总称，包括催化裂化气、焦化气、加氢裂化气、减黏裂化气、重整气等。石油裂解气是将某些石油馏分甚至原油在 800℃以上进行裂解所得的乙烯、丙烯、丁二烯等的总称。由裂解气可生产出各种塑料、合成纤维、合成橡胶、药品、染料和炸药等。石油气中还含有少量非烃化合物（如一氧化碳、二氧化碳、硫化氢、硫醇及氨等），虽含量很少，但给石油气的加工利用造成许多麻烦，如使催化剂中毒和设备腐蚀等，所以在对石油气加工使用前必须进行净化分离。石油气主要用作民用燃料、发动机燃料、制氢原料、加热炉燃料以及打火机的气体燃料等，也可用作石油化工的原料。石油气基本信息见表 1.310。

表 1.310　石油气基本信息

中文名称	石油气
中文别名	液化石油气；压凝汽油
英文名称	Liquefied petroleum gas
CAS 号	68476-85-7

1.73.2 理化性质

石油气的理化性质见表 1.311。

表 1.311 石油气的理化性质

理化性质	化学性质	与氟、氯等接触会发生剧烈的化学反应
燃烧爆炸危险性	可燃性	易燃
	危险特性	极易燃，与空气混合能形成爆炸性混合物。遇热源和明火有燃烧爆炸的危险。其蒸气比空气重，能在较低处扩散到相当远的地方，遇明火会引着回燃
突发环境事件风险物质	临界量/t	10
	类型	涉气风险物质
《全球化学品统一分类和标签制度》（GHS）	中国	易燃气体，类别 1 加压气体 生殖细胞致突变性，类别 1B
	欧盟	易燃气体，类别 1 加压气体 致癌性，类别 1A 生殖细胞致突变性，类别 1B
	日本	加压气体 易燃液体，类别 3
毒理学参数	亚急性和慢性毒性	长期接触低浓度者，可出现头痛、头晕、睡眠不佳、易疲劳、情绪不稳以及植物神经功能紊乱等
	毒性终点浓度-1/（mg/m³）	720 000
	毒性终点浓度-2/（mg/m³）	410 000

1.73.3 环境行为

石油气的有害燃烧产物包括一氧化碳、二氧化碳。该物质对环境有危害，应特别注意对地表水、土壤、大气和饮用水的污染。

1.73.4　检测方法及依据

石油气的实验室检测方法见表 1.312。

表 1.312　石油气的实验室检测方法

监测方法	来源	类别
色谱法	《液化石油气组成测定法（色谱法）》（SH/T 0230—1992）	液化石油气
气相色谱法	《人工煤气和液化石油气常量组分气相色谱分析方法》（GB/T 10410—2008）	液化石油气

1.73.5　事故预防及应急处置措施

1.73.5.1　预防措施

（1）预警措施

监控预警： 在生产区域或厂界布置石油气泄漏监控预警系统。

（2）防控措施

储存区： 石油气储存区域设置防渗漏、防腐蚀、防淋溶、防流失等措施。

收集措施： 设置应急事故水池、事故存液池或清净废水排放缓冲池等事故排水收集设施。

措施要求： 针对环境风险单元设置的截流措施、收集措施，结合企事业单位实际情况，参照《化工建设项目环境保护工程设计标准》（GB/T 50483—2019）、《储罐区防火堤设计规范》（GB 50351—2014）、《石油化工企业设计防火标准》（GB 50160—2008）、《事故状态下水体污染的预防与控制技术要求》（Q/SY 1190—2013）等技术规范进行设置；收集措施除参照上述技术规范设计外，还需参照《石油化工污水处理设计规范》（GB 50747—2012）、《石油化工给水排水系统设计规范》（SH/T 3015—2019）等技术规范进行设置。

（3）日常管理

定期巡检及维护： 设置专职或兼职人员进行日常检查及维护，包括定期检查设备运行情况、定期检查及补充应急物资、定期检查应急设施、定期检查管线及阀门等情况。日常确保截流措施阀门处于正常状态，同时保持收集设施的缓冲容量，确保收集设施在事故状态下能够顺利收集事故废水。

培训及演练： 定期组织培训及演练，针对公司实际情况，熟悉如何有效地控制事故，避免事故失控和扩大化；学会使用应急救援设备和防护装备；明确各自救援职责。

台账： 设专人负责，详细记录台账。

1.73.5.2 应急处置措施

（1）应急处理方法

应急人员防护： 建议应急处理人员佩戴自给正压式呼吸器，穿防静电服，从上风处进入现场。

疏散隔离： 人员迅速从泄漏污染区撤离至上风处，并提醒周边公众进行紧急疏散。立即对泄漏区进行隔离直至气体散尽。少量泄漏时隔离 100 m，大量泄漏时隔离 800 m，严格限制人员出入。

应急行为： 在确保安全的情况下，采用关阀、堵漏等措施，尽可能切断泄漏源，合理通风，加速扩散。防止气体通过下水道、通风系统和密闭性空间扩散。

消除方法： 用工业覆盖层或吸附/吸收剂盖住泄漏点附近的下水道等地方，防止气体进入。若可能翻转容器，使之逸出气体而非液体。喷雾状水抑制蒸气或改变蒸气云流向。禁止用水直接冲击泄漏物或泄漏源。

泄漏容器处置： 破损容器要由专业人员处理，修复、检验后再用。

（2）急救措施

吸入： 迅速撤离现场至空气新鲜处，保持呼吸道通畅。保持安静，休息。如呼吸困难，应给予输氧，必要时进行人工呼吸。如呼吸、心跳停止，应立即进行心肺复苏术并及时就医。密切接触者即使无症状，亦应观察 24~48 h。

皮肤接触： 立即脱去被污染的衣物，用大量流动清水彻底冲洗至少 15 min。如果发生冻伤，将患部浸泡于 38~42℃的温水中复温，不要涂擦，不要使用热水或辐射热。使用清洁、干燥的敷料包扎并及时就医。

眼睛接触： 立即分开眼睑，用流动清水或生理盐水彻底冲洗 5~10 min 并及时就医。

（3）灭火措施

消防人员防护： 须佩戴空气呼吸器、穿全身防火防毒服，站在上风向灭火。

灭火方法： 切断气源，若不能切断气源，则不允许熄灭泄漏处的火焰。尽可能将容器从火场移至空旷处。喷雾状水保持容器冷却，但避免该物质与水接触。喷水保持火场冷却，直至灭火结束。

灭火剂： 雾状水、泡沫、二氧化碳。

1.73.5.3　事后恢复

事故过程中产生的废物经收集鉴定后，处理处置。

1.73.5.4　建议配备的物资

建议配备的物资见表 1.313。

表 1.313　建议配备的物资

物资类别	所需物资
个体防护	防毒面具、空气呼吸器、防毒防火服、橡胶手套、面罩等
应急通讯	对讲机、扩音器等
预警装置	可燃气体报警器
应急监测	可燃气体检测器
应急照明	手电筒
消防	雾状水、二氧化碳灭火器、泡沫灭火器
污染控制	雾状水、事故废水收集池、沙袋、围堰等

参考文献

[1] 国家安全监管总局办公厅. 危险化学品目录（2015版）实施指南（试行）[S]. 2015.

[2] 国家质量监督检验检疫总局检验监管司，国家质量监督总局进出口化学品安全研究中心，中国检验检疫科学研究院. 欧盟物质和混合物分类、标签和包装法规（CLP）指南[M]. 北京：中国标准出版社，2010.

[3] JIS Z 7253—2019. 基于GHS化学品的危害通识　标签和安全数据表[S].

[4] JIS Z 7252—2019. 基于GHS的化学品分类[S].

[5] 国家危险化学品安全公共服务互联网平台[DB/OL]. http：//hxp.nrcc.com.cn.

[6] 北京创想安科科技有限公司. MSDS查询网[DB/OL]. http：//www.somsds.com.

第 2 章

典型事故案例

近年来，气态环境风险物质发生事故层出不穷，诱因多样，不仅造成了巨大的财产损失和人员伤亡，对环境也造成了一定程度的污染。本章将近年来气态环境风险物质所发生的环境事故典型案例按照引发原因进行分类，主要包括人为操作不当、设备故障、违规生产、缺少防控措施、交通事故、储存不当、自然灾害等。本书共收集 55 起典型的突发性环境污染事故，详细介绍了典型案例的事故经过、事故原因、应急处置过程以及影响后果。

2.1 非正常操作造成的事故案例

2.1.1 非正常操作造成的泄漏事故

2.1.1.1 2005 年 SZ 市××农用生物化学品有限公司光气泄漏事故

（1）事故经过

2005 年 12 月 8 日，SZ 市××农用生物化学品有限公司光气生产车间冷冻盐水循环泵发生故障，造成毒气泄漏。该公司周边 1.5 km 范围内的 SZ 市 WZ 区 MD 镇 MD 二小和 MD 三中部分学生和村民受毒气影响出现呕吐、头晕等症状。

（2）事故原因

经调查，SZ 市××农用生物化学品有限公司光气生产车间由于人为操作不当导致 2 号冷冻盐水循环泵发生故障，引起了毒气泄漏（主要是含氯酸性气体和少量光气）。加之当日风力小，毒气扩散至周边 1.5 km 范围内，导致周边学生和村民身体受到损害。

2.1.1.2 2003 年 XZ 市××给水所二氧化氯泄漏事故

（1）事故经过

2003 年 8 月 21 日上午 10 时左右，XZ 市××给水所配药操作间房屋改造，两个农民工在施工过程中将二氧化氯发生器的投药管砸裂，造成约 7 cm×1 cm 的裂缝，导致二氧化氯泄漏。水电段给水司机于 10 时 10 分在巡视配药设备运转状态时发现了此情况，与电工在没有采取任何防护措施的情况下进行了紧急处置，用高压胶带将破裂处缠好，10 时 35 分左右处置完毕后离开现场。离开现场后不久两人均出现不同程度的头痛、呛咳、呕吐、胸痛等症状。

（2）事故原因

在施工过程中操作工将二氧化氯发生器的投药管砸裂，造成约 7 cm×1 cm 的裂缝，导致二氧化氯泄漏。

（3）事故后果

本次二氧化氯泄漏事故对环境造成的影响较小，其危害主要表现在损害人体健康。本事故共造成 2 人中毒。

2.1.1.3　2009 年 SY 市××化工有限公司一氧化氮泄漏事故

（1）事故经过

2009 年 5 月 25 日上午，SY 市××化工有限公司操作人员在一次重氮化作业完毕后，发现 11 号反应釜的底阀被异物堵塞，阀门关不上。带班班长唐某用清水两次冲洗反应釜壁后，戴防尘口罩从人孔口进入釜内徒手取异物，因无法取出，叫另一操作工高某下楼去取老虎钳，当高某返回后，发现唐某已倒在反应釜内。随即，高某下楼去车间外开真空泵启动真空系统，置换釜内空气，并迅速到楼下去取防毒面具和喊人救援。随后，当相关人员赶到出事地点时，发现 11 号反应釜内已有 2 人晕倒在釜底（另一人为郭某），遂立即组织人员开展事故救援，先后将在釜内的郭某和唐某救出，并将两人迅速送 SY 市第二人民医院，最终 2 人经抢救无效死亡。

（2）应急处置

发现唐某倒在反应釜内，高某下楼去车间外开真空泵启动真空系统，置换釜内空气，并迅速到楼下去取防毒面具和喊人救援。当相关人员赶到出事地点时，发现唐某、郭某晕倒在 11 号反应釜釜底，立即组织人员开展事故救援，先后将在釜内的郭某和唐某救出，并将两人迅速送 SY 市第二人民医院。

（3）事故原因

唐某对反应釜内作业环境的危险性和危害性估计不足，安全意识淡薄，在未佩戴相应的防护用具的情况下，冒险作业，导致事故发生（一氧化氮、二氧化氮中毒);郭某因施救心切,未考虑到釜内的危险危害因素,未采取正确的防护措施,冒险入釜救人,导致事故扩大。

(4)事故后果

本次一氧化氮泄漏事故对环境造成的影响较小,其危害主要表现在人员伤亡方面,共造成 2 人死亡。

2.1.1.4 2005 年 WX 市××化工股份有限公司液氯泄漏事故

(1)事故经过

2005 年 4 月 12 日凌晨 3 时 30 分左右,WX 市××化工股份有限公司热电厂因职工违章拉闸造成停电,氯甲烷装置液氯工段液氯泵进口短管破裂,引起液氯泄漏,氯气从泵房门缝泄出,对周边企业和居民造成威胁。

(2)应急处置

①现场处置

事故发生后,WX 市安监局立即赶往××化工股份有限公司,检查指导切断液氯泄漏点。4 月 12 日 15 时,现场堵漏处置全部结束。WX 市消防支队出动 14 辆消防车、80 余名消防官兵对泄漏在泵房地坑内的余氯进行中和稀释,卫生部门动员收治医院全力进行医学检查和治疗工作。

②应急监测

事故发生后,当地环保、卫生部门迅速对现场和周边地区设立了 6 个监测点,对现场及周边环境空气中浓度按每 20 min/次采样的频率进行气体浓度检测至 12 日 18 时左右,现场及周边各监测点现场浓度均小于《工业企业设计卫生标准》(GBZ 1—2010)中氯的最高容许浓度标准(氯气≤0.1 mg/m^3)。

(3)事故原因

事故调查表明,事故是因职工违规操作造成停电引起氯甲烷装置液氯工段液氯泵停运,液氯泵出口端止回阀失效,液氯气化器内的压力反冲,对泵进口短管冲击产生裂纹。停电后,因温度升高,管道内液氯气化使管内压力增加,加上在安装施工中泵进口连接短管的材质被擅自改变，埋下隐患。液氯泵进口短管在反冲力、管内压力的先后作用下，造成有缺陷的管壁最终破裂导致液氯泄漏。

（4）事故后果

事故导致近 2 000 名市民被紧急疏散，处于该厂下风向的硫酸厂、水泥制品厂等部分人员和周边居民因吸入氯气后产生不适反应，88 人留院治疗。本次事故周边部分农田受损。

2.1.1.5 2019 年 JN 市××制药有限公司二氧化氮中毒事故

（1）事故经过

2019 年 4 月 15 日，位于 JN 市 LC 区 DJ 镇的××制药有限公司安排对四车间地下室−15℃冷媒管道系统进行改造。8 时 30 分左右，公司技改处安排建设公司施工负责人姬某带领施工人员到达四车间地下室。携带的工器具主要有临时用电配电箱 1 个、便携式小型电焊机 2 台、手持式电动切割机 2 台、冲击电钻 1 台，以及扳手、锤头等。8 时 50 分左右，四车间副主任王某 A、自动化控制工程师刘某到现场向施工人员口头交代具体改造工作，之后，王某 A、刘某、姬某陆续离开现场。9 时左右，四车间工段长李某 B 填写《级动火证》和《临时用电许可证》《二级动火证》，经四车间主持工作的副主任签字批准后，四车间安全员徐某通知公司 EHS 办公室主管人员赵某 A 一同进行现场审核确认。李某 B 找四车间电工王某 B 办理《临时用电许可证》，王某 B 于 9 时 10 分左右确认现场条件后签字。李某 B 找王某 A 签字批准后，把一式三联《临时用电许可证》交给四车间安排的施工作业监护人孙某。9 时 30 分左右，赵某 A 来到现场察看，签署动火票后，将一式三联动火票交给四车间安全员徐某后离开，之后，徐某将动火票交给监护人孙某。赵某 A 走后，王某 B 为施工队办理临时用电接线取电，施工人员开始进行拆卸法兰、切割管道等作业。11 时 30 分左右，施工人员离开施工现场去吃饭。13 时 0 分左右，施工人员返回施工现场。13 时 30 分左右，刘某和车间工段长王某 C 到现场再次口头交代施工方案，稍后分别离开。15 时左右，刘某来到地下室了解改造施工情况，7 名施工人员在内室作业，四车监护人孙某在场，四车间维修班高某、王某 B 两人在内室循环水箱南侧进行引风机风道维护作业，四车间操作工赵某 B 在内室门口附近清理地面积水。随后，姬某也来到作业现场。15 时 10 分左右，刘某和姬某在转身离开地下室内室时，听见作业区域有异常声音，刘某和赵某 B 看到堆放冷媒增效剂的位置上方冒出火光，随即产生爆燃，黄色烟雾迅速弥漫。刘某、赵某 B、姬某 3 人因现场烟雾大、气味呛，跑出地下室。刘某跑出地下室后，立即打电话向四车间副主任王某 A 报告，企业立即组织应急救援。

（2）应急处置

王某 A 接报后，立即报告四车间主持工作的副主任呆某，呆某立即报告公司 EHS 办公室副主任郑某，并安排人员到其他车间调用正压式空气呼吸器和拨打 "120" 急救电话，开始实施救援。郑某即刻报告公司安全总监陈某，陈某报告公司总经理李某 A，李某 A 向 LC 区应急管理局报告事故情况。王某 A 安排人员启动另 2 台地下室抽风机（施工作业时启动了 1 台）。郑某和生产部副总监曲某及公司领导褚某、赵某 C、陈某等陆续赶到现场，公司消防队也带着正压式空气呼吸器赶到现场。王某 A、王某 C、郑某等人佩戴正压式空气呼吸器、身绑绳索进入作业区域救援。进入作业区域只见浓烟未见明火，现场烟雾浓重，可见度差，救援人员边搜救人员边喷水降温、稀释烟气。15 时 40 分左右救出第一个人，15 时 50 分左右第一批 "120" 救护车赶到。救援后期，随着地下室烟雾变小，因部分正压式空气呼吸器现场使用后气压不足，部分救援接应人员佩戴普通防护面具进入地下室参与救援。16 时 30 分左右，第 10 人被搜救出来。16 时 40 分左右，事故现场基本处置完毕，现场存放的 48 袋 LMZ 冷媒增效剂及其底部塑料托盘全部烧毁，燃烧过程中引燃或烤焦了部分室内电缆、管道及设备保温层。接到报告后，省委、省政府主要领导等立即做出批示指示，省长和副省长立即赶赴事故现场指导救援工作。JN 市委、市政府及历城区主要领导也立即赶到事故现场，启动应急预案，现场成立了由市委书记、市长任组长的事故处置领导小组，下设医疗救护、环境监测、善后处置、舆情引导等 7 个专项工作组，有力有序做好事故处置各项工作。应急管理部危化司副司长一行连夜赶到事故现场，协调指导事故救援和调查工作。此次事故应急救援，共投入公安干警、医护人员等340余人，调动车辆60余台，出动救护车10车次，消防车3辆。被陆续搜救出来的10人中，8人当场死亡，2人送医院抢救无效死亡。12名搜救人员因烟雾熏呛受伤送医院治疗，截至4月22日全部康复出院。经环保部门连续7天监测，事故对周边环境未造成影响，4月22日后停止监测。

（3）事故原因

直接原因：

××制药公司四车间地下室管道改造作业过程中违规进行动火作业，电焊或切割产生的焊渣或火花引燃现场堆放的冷媒增效剂（主要成分是作为氧化剂的亚硝酸钠，有机物苯并三氮唑、苯甲酸钠），瞬间产生爆燃，放出大量氮氧化物等有毒气体，造成现场施工和监护人员中毒窒息死亡。

间接原因：

①风险辨识及管控措施不到位。未严格按照《安全生产风险分级管控体系通则》（DB37/T 2882—2016）和《生产安全事故隐患排查治理体系通则》（DB37/T 2883—2016）开展安全生产风险分级管控和隐患排查治理，特别是对动火作业没有按标准判定风险等级，四车间动火作业风险分级管控JHA记录表中，将动火风险全部判定为低风险。未按照《安全生产法》第二十六条的规定，对采购的LMZ冷媒增效剂，进一步跟踪索要相关资料、了解新材料的组分及其危险性。风险管控措施不落实，负责对此次动火作业现场审核确认及审批的相关人员，未对作业现场存放的LMZ冷媒增效剂进行风险辨识，未督促现场作业人员及时移除或采取隔离措施。

②对特殊作业安全管理不到位。未严格执行《化学品生产单位特殊作业安全规范》（GB 30871—2014），票证管理混乱，未按规定存放动火和临时用电特殊作业票证，未按公司制度在车间公告展板展示；受限空间管理未结合现场情况的变化重新进行辨识，未将作业条件发生变化的地下室纳入受限空间管理，未办理受

限空间作业票证；作业前风险分析、现场确认环节存在重大缺陷，没有识别出施工作业现场存放的 48 袋 LMZ 冷媒增效剂的风险危害因素动火作业审批把关不严，安全措施落实不到位，在未采取 LMZ 冷媒增效剂移除或隔离防护措施前（仅在动火作业票证中划掉电焊机作业，实际上切割也属于动火作业），违规将动火作业票证交给现场监护人、作业人，形成事实上的审批。

③对改造项目管理不规范。负责技术改造零星维修项目的技改部门没有制定规范的施工方案和安全作业方案，以任务派工单代替施工方案，该次施工既未履行变更管理手续，又无书面材料和正规设计图纸。在管道改造作业的同时，四车间维修班高某、王某 B 两人在四车间地下室循环水箱南侧进行引风机风道维护作业，未明确相关要求、制定相关安全防护措施。

④对外包施工队伍管理不到位。对外来承包施工队伍安全生产条件和资质审查把关不严，日常管理不到位。施工前培训考核缺少动火、临时用电、受限空间作业等重要内容，本次事故遇难人员中有 1 名外来施工人员未接受安全教育培训，现场监护人员没有发现，并未阻止其进入施工现场进行作业。

⑤事故应急处置能力不足。未编制本次管道改造作业的应急救援处置方案；企业部分救援人员自我保护意识不强，进入事故现场时佩戴空气呼吸器不规范，在不了解事故现场毒性的情况下，转移遇难人员时曾摘下呼吸器请求增加人手，导致 12 名救援人员中毒呛伤。

⑥未深刻吸取以往事故教训，事故防范和整改措施落实不到位。该企业 2015 年至 2016 年连续发生了 3 起火灾爆炸事故，2015 年"4·30"环合反应釜爆燃事故暴露出企业对设备构造和风险分析不到位、出现危险因素盲点等问题；2016 年"8·16"五车间火灾事故暴露出动火作业许可证审批不符合规范要求、车间作业票证和现场管理不严格、外来施工人员携带非防爆工具进行切割作业、没有尽到对外来施工队伍管理的职责等问题；2016 年"10·10"废水回收车间爆炸事故暴露企业存在风险辨识不到位、建设项目管理混乱、变更管理不严格、操作规程不完善、异常工况处置能力差等问题。本次事故发生原因依然涉及上述问题，暴露出

企业安全意识淡薄、整改落实不彻底，制度执行不到位，导致同类事故重复发生。

（4）事故后果

本次事故造成 10 人死亡、12 人受伤，直接经济损失达 1 867 万元，对环境的污染较小。

2.1.1.6　2003 年 ZZ 市××食品工业有限公司二氧化氮泄漏中毒事故

（1）事故经过

2003 年 8 月 18 日 17 时 ZZ 市××食品工业有限公司原料处理车间 10 名工人开始清理公司用于腌渍青长豆的腌菜池及周围环境卫生。先是卢某和李某下去清理池底，30 min 后蔡某下去帮忙。在清理废弃物时，蔡某闻到一股好似烂青豆的气味，约 20 min 便感觉头晕、恶心、呕吐、四肢乏力、呼吸困难，随即昏倒。此时在池面上的车间主任吴某发现情况，认为天气炎热蔡某中暑了，就下去救人。到池底后，转身发现另一角落的卢某、李某也倒在池底。吴某随即呼叫池面上的工人拿绳子来拉人，与此同时自己感到头晕、恶心、乏力。池面上的 2 名年青女工见状立即下去帮忙救人，在池底也闻到烂菜豆味并出现症状。最后在公司工人的积极抢救下，6 名下池工人被及时送往距离 4 km 的县医院抢救。蔡某、李某于第 2 天出院，卢某转送市级医院抢救第 3 天痊愈出院。发生中毒的腌菜池呈长方形，池底低于地面 2 m、池长 3 m、宽 2 m、深 2.2 m，体积 13.2 m³。池面上有铁架支撑，呈三角形的顶棚用铁皮防雨，池面通风良好，池底静风。泄漏中毒事故后第 2 天上午 8 时（现场未破坏），经 ZZ 市卫生防疫站劳动卫生科对池底空气采样、测定，采用气相色谱仪检测结果显示硫化氢＜1.6 mg/m³、氰化氢＜0.04 mg/m³、二氧化硫为 3.2 mg/m³，上述 3 项指标符合《工作场所有害因素职业接触限值》（GBZ 2—2002）[①]中的要求。二氧化氮平均浓度为 80 mg/m³，超过《工作场所有害因素职业接触限值》（GBZ 2—2002）中标准的 16 倍，本起急性中毒以二氧化

---

① 目前，该标准更新为《工业场所有害因素职业接触限值》（GBZ 2—2007）。

氮中毒为主。

（2）事故原因

本次工人发生中毒是在清理腌渍剩余 50 kg 腐烂菜豆时，且南方处于高温天气，池底产生的有害气体导致工人急性中毒。公司领导安全生产意识淡薄，认为企业本身对食品生产要求严格不会发生中毒事故。公司员工缺乏防范意识，下池底抢救的 3 名工人未戴任何防毒面罩或其他应急措施，且公司未配备有毒气体预警装置。

（3）事故后果

本次二氧化氮泄漏事故对环境造成的影响较小，其危害主要表现在损害人体健康方面，共造成 6 名工人二氧化氮急性中毒。

2.1.1.7 2000 年××市××食品厂三甲胺泄漏中毒事故

（1）事故经过

2000 年 5 月××市××食品厂因污水调节池发生堵塞，造成污水外溢。1 名工人下池疏通，下到一半即从梯子上跌落池底，随后又有 2 名工人因下池救人相继跌落池底。其他人员见状，立即报警求救。1 h 后，消防人员佩戴防毒面具下池将 3 人救上地面时呈昏迷状态，嘴角流出粉红色泡沫状分泌物、鼻孔渗血，不久 3 人当场死亡。

（2）应急处置

其他工作人员见 3 人跌落池底后，立即报警求救。1 h 后，消防人员佩戴防毒面具下池将 3 人救上地面。

（3）事故原因

此食品厂是生猪屠宰企业，生产过程中产生的污水中含有猪的内脏和血水等杂物，经长时间滞留，发酵分解产生三甲胺、甲烷、硫化氢等有害气体。工人在进入污水调节池开展清污作业时，未佩戴防护措施，接触大量有害物质，导致中毒事件发生。

（4）事故后果

本次三甲胺泄漏事故对环境造成的影响较小，其危害主要表现在损害人体健康方面。本事故共造成 3 人死亡。

2.1.1.8 2015 年 JC 市××化工有限公司硫化氢泄漏中毒事故

（1）事故经过

2015 年 5 月 16 日 5 时 58 分开始，JC 市 YC 县××化工有限公司二车间南炉组接班的填料工崔某 A 和崔某 B 从南至北依次给各孔反应炉加兰炭，6 时 3 分给 9 号反应炉（与发生泄漏的 9 号冷凝管对应）加了兰炭。

6 时 14 分，张某 A 从反应炉炉顶下来后上到 3 号冷却池上，察看 9 号冷凝管的泄漏情况，当时 3 号冷却池内 3 根冷凝管管体经凌晨排水后均露在水面上。

6 时 15 分，田某上到 3 号冷却池上，手拿塑料膜和其他堵漏材料准备处理泄漏的冷凝管。

6 时 21 分，在张某 A 的指挥和配合下，田某检修泄漏的 9 号冷凝管，检修过程中，田某在池内中毒昏倒。6 时 27 分，张某 A 呼救并对田某施救，随即也昏倒在池内。二车间中炉组准备收产品的吴某（二车间中炉组保管）听到张某 A 的呼救声后，边喊边跑，上到二车间南炉组炉顶叫崔某 B 和崔某 A 停止加炭、赶快下去救人。

6 时 29 分以后，在吴某的呼救下，二车间北炉组的张某 B、路某，南炉组的张某 C、王某 A、崔某 A、崔某 B，中炉组的马某 B、李某、酒某、杨某等人未佩戴防毒面具，先后上到 3 号冷却池施救。在此过程中，崔某 B 跌入南侧相邻的 4 号冷却池中，后被他人救出。崔某 A 拿塑料膜和编织袋塞住了冷却池西侧 2 号、5 号、6 号冷凝器出口的尾气排空口（尾气排空口仅在清理管道堵塞时打开，生产时密闭），张某 B、张某 C、王某 A、李某 4 人相继在冷却池内中毒昏倒。

6 时 35 分至 48 分，一车间的崔某 C、王某 B、吉某、马某 C、刘某、邢某等人闻讯分别赶赴事故现场施救，施救中救援人员均未佩戴防毒面具（部分人员佩戴口罩、捂毛巾），此过程中将张某 B 救出池外，崔某 C 中毒掉落池外受伤，马某 C 在池内中毒后被他人救出池外，王某 B、马某 B 在池内中毒倒下，后被他人救出池外。

6 时 58 分至 7 时 50 分，二车间元某 A 和元某 B、一车间王某 C、某村支部书记崔某 D 和支委崔某 E 等十几人，对冷却池内中毒人员进行施救，最终将冷却池内中毒昏倒的张某 C、李某、王某 A、张某 A、田某等人全部救出池外。

（2）应急处置

①现场人员应急救援处置情况

7 时许，公司职工在开展自救互救的同时拨打"120"求助。7 时 30 分，马某 A 赶到现场，组织抢险救援 7 时 36 分，马某 A 安排 2 辆车将王某 A、张某 C、李某、王某 B、马某 C 5 人送往 JY 市人民医院。8 时 57 分，到达医院，9 时 50 分，经抢救无效，医院确认其中 4 人死亡，马某 C 经抢救逐渐苏醒。

7 时 39 分、8 时 5 分，2 辆"120"救护车先后到达事故现场开展抢救，7 时 55 分至 8 时 18 分，救护人员现场确认马某 B、张某 B、张某 A、田某死亡后送 YC 县人民医院太平房。

7 时 40 分，公司派车将崔某 C 送往 YC 县第二人民医院救治，后转至 YC 县人民医院治疗。9 时 47 分，MH 镇医院救护车将崔某 B、杨某、路某送往 YC 县人民医院救治。16 时，崔某 A 感觉不适，被送往 YC 县人民医院救治。

②政府及相关部门应急救援处置情况

7 时 30 分，MH 镇派出所所长带领民警到达事故现场，疏散无关人员，要求马某 A 将所有受伤人员送往医院。

7 时 40 分，MH 镇政府值班人员及镇安监站人员到达事故现场，维持秩序，组织疏散。

8 时 15 分，YC 县消防大队、县安监局、县公安局、县环保局等部门有关人员及县委、县政府领导先后赶到事故现场，8 时 30 分，成立了由县长为总指挥的抢险指挥部，开展事故应急救援处置工作。

9 时 30 分，抢险指挥部派县卫计局副局长和县公安局副局长前往 JY 市人民医院指导抢救伤员，落实伤亡人员情况。派往人员到达医院了解情况后，于 10 时 50 分，将 4 人死亡、1 人受伤的情况报告县抢险指挥部。

9 时 40 分至 10 时 30 分，JC 市委、市政府主要领导和市有关部门负责人先后赶到事故现场，全面开展事故抢险救援工作。

（3）事故原因

直接原因：

公司分管生产技术副总经理未按规定办理《受限空间安全作业证》，违章指挥并亲自带领作业人员冒险进入泄漏有硫化氢的 3 号冷却池违章检修作业，吸入硫化氢气体中毒。救援人员未佩戴应急防护器材，盲目进入池内施救，造成伤亡人员扩大。

间接原因：

①公司安全生产主体责任不落实，管理模式不合理，安全培训、应急救援演练及设备管理不到位。

②公司法定代表人未有效履行安全生产第一责任人责任，对公司各投资人缺乏管理。

③分散管理的安全管理模式，造成公司安全监管机构不能有效履行安全监管职责；受限空间作业管理等各项管理制度未落实；安全培训教育管理、应急救援管理不到位，职工安全意识差，缺乏自救互救知识和能力；安全投入不足，对设备的管理维修不及时、不到位，隐患治理不到位，导致生产设备和管道长期带病运行。

（4）事故后果

本次事故对环境的污染较小，其危害主要体现在人员伤亡和经济损失方面，共造成 8 人死亡、6 人受伤，直接经济损失达 538 万元。

2.1.1.9　2013 年 JZ 市××纺织有限公司硫化氢泄漏中毒事故

（1）事故经过

2013 年 10 月 27 日，JZ 市××纺织有限公司安排机修车间设备保全工段清理污水站氧化池底部淤泥（产品牛仔布是色经白纬织物，其经纱需要经过染色加工，过程中产生污水，纱线上的浮色经过冲洗收集排到工厂的污水站污水池内，污泥经污泥泵输送到污泥浓缩池，再经过高压泵输送到板框压滤机脱水，形成固体污泥后，再由有资质的污泥处理公司统一处理）。18 时左右，1 号、2 号、3 号、5 号池清淤结束，部分人员到食堂就餐，剩余王某 A、李某、陈某、潘某 4 人继续清理 4 号池。18 时 25 分左右，4 号池底部淤泥仅剩约 40 cm 深，抽泥泵流量减少，王某 A 和李某下池人工清淤，陈某和潘某在池上负责监护。王某 A 和李某下池作业后不久中毒，在池上负责监护的陈某、潘某急忙向周围大声呼救，并在未采取任何防护措施的情况下进入池内救人，下池后也相继中毒。王某 A、陈某和潘某 3 人中毒较重，经抢救无效死亡，李某中毒较轻，经抢救脱离生命危险。

（2）应急处置

事故发生后，在附近工作的污水处理工段队长贾某、机电工段兼职安全员王某 B 等听到喊声立即跑到 4 号池现场，加大对池内的通风量，合力将 4 名中毒人员救到池上，并进行了简单冲洗和心脏按压急救，同时拨打了"120"急救电话。"120"救护车和厂方车辆相继将中毒人员送往 JZ 市人民医院，王某 A 和陈某、潘某 3 人在 JZ 市人民医院经抢救无效死亡，李某经 JZ 市人民医院抢救脱离生命危险后转至省二院继续接受治疗。

（3）事故原因

直接原因：

违反《化学品生产单位受限空间作业安全规范》（AQ 3028—2008）要求作业，是造成该起事故发生的直接原因。王某 A 和李某在未对池内进行有效通风的情况下，贸然进入含有硫化氢气体的池内造成中毒，陈某、潘某作为监护人员对池内环境状况不清、未采取任何防护措施，盲目下池施救造成事故扩大。

间接原因：

①纺织公司安全教育培训不到位。该公司缺乏对员工进行安全生产的法律、法规及国家标准、行业标准、操作规程等知识的教育、培训，特别是该公司在组织跨岗位人员对污水站氧化池组进行清淤作业过程中，对该项作业的危险性认识不足，未对作业人员进行专项安全教育和培训，未对池内可能产生的硫化氢剧毒气体制定有针对性的预防措施，致使作业人员不具备清淤作业所必需的安全操作知识和技能，没有充分认识到作业岗位存在的危险因素，安全意识淡薄，不遵守规章制度和操作规程，冒险下池作业和施救，导致事故发生。

②纺织公司安全管理制度不健全。未针对特殊岗位危险作业制定完善相应的安全管理制度，未制定清污作业操作规程，未制定专项安全作业方案，未安排专职人员现场监护。污水站氧化池组清淤作业管理混乱，组织协调及现场指挥不到位，各项准备工作不充分，对作业现场缺乏有效管控。

③纺织公司应急救援工作存在漏洞。未针对清淤作业制定切实有效的应急救援预案，未组织人员进行必要的应急救援演练，现场应急救援器材配备不到位。险情发生后，由于事前对清淤作业的危险性估计不足，准备工作不充分，现场缺乏科学有效的指挥和处置，盲目施救，造成事故扩大。

④未严格按照规范要求检测池内硫化氢气体。现场作业人员虽对池内硫化氢气体含量进行了检测，但检测方法不符合规范要求，只对池口附近部位进行了检测，未真正检测出池底部情况，致使检测结果与池内硫化氢气体实际含量不符。

⑤纺织公司未严格落实安全生产大检查要求。公司对安全生产大检查工作重视程度不够，日常安全检查不到位，没有严格落实隐患排查治理制度，隐患排查治理工作存在盲区，安全巡检走过场，没有达到全覆盖，对作业现场存在的事故隐患没有及时发现并消除。

（4）事故后果

本次事故造成3人死亡、1人受伤，直接经济损失约320万元，对环境的污染较小。

2.1.1.10　2013 年 SH 市××冷藏实业有限公司氨泄漏事故

（1）事故经过

8 月 31 日 8 时左右，SH 市××冷藏实业有限公司的员工陆续进入加工车间作业。至 10 时 40 分，约 24 人在单冻机生产线区域作业，38 人在水产加工整理车间作业。约 10 时 45 分，氨压缩机房操作工潘某在氨调节站进行热氨融霜作业。10 时 48 分 20 秒起，单冻机生产线区域内的监控录像显示现场陆续发生约 7 次轻微震动，单次震动持续时间 1～6 秒不等。10 时 50 分 15 秒，在进行融霜作业的单冻机回气集管北端管帽脱落，导致氨泄漏。

（2）应急处置

事故发生后，××冷藏实业有限公司员工立即拨打"119""120""110"，同时展开自救、互救。10 时 51 分，苏某等 5 名工人先后从事发区域撤离；在单冻机生产线区域北侧的工人仲某，经包装区域翻窗撤离，打开事发区北门，协助救出 3 名伤者。同时，厂区其他工人也向事故区域喷水稀释开展救援。市和区消防、公安、安全监管、质量技监、环保等部门赶至现场后，立即展开现场处置和人员搜救工作，采取喷水稀释、破拆部分构筑物、加强空气流通等措施，同时安排专人进行大气监测。

（3）事故原因

直接原因：

××冷藏实业有限公司严重违规采用热氨融霜方式，导致发生液锤现象，压力瞬间升高，致使存有严重焊接缺陷的单冻机回气集管管帽脱落，造成氨泄漏。

间接原因：

①违规设计、违规施工和违规生产。在主体建筑的南、西、北侧，建设违法构筑物，并将设备设施移至西侧构筑物内组织生产。

②主体建筑竣工验收后，擅自改变功能布局。将原单冻机生产线区域、预留

的水产精深加工区域及部分水产加工整理车间改为冷库等。

③水融霜设备缺失，无法按规程进行水融霜作业；无单冻机热氨融霜的操作规程，违规进行热氨融霜。

④氨调节站布局不合理。操作人员在热氨融霜控制阀门时，无法同时对融霜的关键计量设备进行监测。

⑤氨制冷设备及其管道附近，设置加工车间组织生产。

⑥安全生产责任制、安全生产规章制度及安全技术操作规程不健全；未按有关法规和国家标准对重大危险源进行辨识；未设置安全警示标识和配备必要的应急救援设备。

⑦公司管理人员及特种作业人员未取证上岗，未对员工进行有针对性的安全教育和培训。

⑧擅自安排临时用工，未对临时招用的工人进行安全三级教育，未告知作业场所存在的危险因素。

（4）事故后果

本次事故对环境的影响较小，其危害主要体现在人员伤亡方面，共造成 1 人死亡、7 人重伤、18 人轻伤。

2.1.1.11　2001 年 TA 市××厂氯化氰泄漏中毒事故

（1）事故经过

××厂开展氰酸树脂实验项目，氯化氰为其中间产物，生成氯化氰后经碱液喷淋装置吸收后，经烟囱排出。2001 年 9 月 14 日 18 时 15 分左右，位于地势较低处于下风方向的装药和成品车间 38 名工人，闻到一股刺激性臭味后即觉双目刺痛、流泪、咽痒、胸闷，10～20 min 后，工人陆续离开现场。当晚，其中 19 名工人有上述症状不同程度的加重，5 例患者伴发恶心、呕吐，无一例发生意识障碍，于 9 月 15 日送入 TA 市职业病防治医院治疗。

（2）事故原因

事发当天，恰逢高温、闷热天气，事发车间所处位置地势低，处于下风方向，致使氯化氰气体聚集，工作人员未进行合理处置且又缺少防护措施，导致本次事故的发生。

（3）事故后果

本次氯化氰泄漏事故对环境造成的影响较小，其危害主要表现在对人体健康的损害。此起事故共造成 5 人中毒，中毒者因吸入浓度较低，症状轻，均未使用解毒剂，且早期采取预防性治疗的抢救措施得当、及时，无一例出现肺部损害的器质性病变。

2.1.1.12 2016 年××市××树脂有限公司氯乙烯泄漏中毒事故

（1）事故经过

2016 年 3 月 16 日 7 时 50 分，××树脂有限公司的林某按李某 B 要求通知树脂分厂分析室对 1 号釜取样分析。8 时 30 分，分析员孙某均对 1 号釜内的空气进行了取样和分析，分析结果为不含有氯乙烯单体，氧含量为 18.37%，判定合格。李某 B 将结果告知何某 A、唐某、周某。8 时 35 分，何某 A、唐某、周某 3 人换好防护服进入釜内进行清釜作业，何某 A 站在釜内第一层，唐某和周某进入釜底，进行清釜工作，何某 A 在釜内中上部位进行清理，作业 5 min 后，釜底冲入氯乙烯单体的物料，并被唐某察觉，何某 A 准备拉唐某、周某 2 人出釜，但自己有中毒症状，勉强将头伸出釜口呼叫救人。此时在二层平台的林某听到呼救将何某 A 拉出后，便通过软梯下到釜内救人，救人过程中也中毒导致身体不适，在无法完成救援工作的情况下返回釜口，被赶来的李某 B、赖某迅速拉出。李某 B 要赖某拿来两个普通棉纱口罩，并将口罩打湿戴好未系安全绳首先进入釜内救人，当下到釜内一半的位置便晕倒，赖某找工具想将李某 B 救出，但未成功，致使李某 B 掉入釜内。随后赶到的李某 A、石某等人得知有人中毒还在釜内后，李某 A 立刻下到一层平台确定釜下部放料软管未断开连接后，立即找工具在旁人的协助下将放料软管拆掉；石某电话报告了树脂分厂厂长何某 B 和公司副总工程师黄某。8 时 56 分左右，"120"急救人员到达现场等待救援。接到事故报告后，公司相关负责人、分厂应急救援队立即赶到现场施救，由于釜口空间较小，救援人员背空气呼吸器无法进入。公司副总工程师黄某赶到后，戴空呼面具，将空呼气瓶悬在头上，才勉强进入釜内陆续将李某 B、唐某、周某救出。"120"急救车将受伤人员送至县人民医院进行抢救。李某 B、唐某、周某经抢救无效先后死亡，何某 A、林某 2 人目前已康复。

（2）应急处置

事故发生后，市委书记、市长立即做出重要指示，要求全力救治伤者，立即启动应急预案，妥善处理善后事宜，正面引导舆论导向，积极维护社会稳定，全面开展安全检查，坚决杜绝类似事故。市委副书记也做出相应指示。副市长迅速率领市安监局、市卫计委等相关部门负责人第一时间赶赴现场，会同县委、县政府及相关部门组织开展应急救援和处置工作。

（3）事故原因

直接原因：

①违反操作规程进入受限空间作业。金路公司树脂分厂实验室技术员李某 B（暂代运行班组负责人），违反公司《进入受限空间作业安全管理规定》，未办理《进入受限空间安全作业证》，违章指挥何某 A、唐某、周某进入 1 号釜内作业。

②进入受限空间作业未按规定进行安全隔绝，致使 1 号釜下端放料软管与 2 号釜、出料槽通过出料总管处于工艺连通状态。清釜作业过程中启动高压水系统水泵冲洗釜内壁的附着物，清理的附着物堵塞排污阀，冲洗的水无法通过排污阀从釜内排出，致使在釜内下端积聚形成水封。且高压水通过关闭不到位的手阀进入出料总管，致使出料总管的压力不断升高，当压力升高到足以克服总管内机械杂质的阻力时，最终导致总管内未置换的氯乙烯、机械杂质、水等混合物就反冲入 1 号釜内。因出料总管上的自动阀存在内漏，总管内机械杂质形成的原有阻力已失效，导致出料槽内带压的氯乙烯不断反冲入 1 号釜内，在釜内形成中毒窒息

致死浓度条件，导致此次事故发生。

③救援处置措施不当，施救人员在未佩戴隔绝式呼吸器、系安全绳的情况下，进入釜内盲目施救中毒死亡，导致事故后果扩大。

间接原因：

①企业安全生产责任落实不到位

企业未严格落实安全生产责任体系"五落实、五到位规定"，对实验室安全管理职责不明晰，致使实验室存在公司副总工程师与树脂分厂共同管理的混乱现象。实验室安全监管职责划分的变更决定没有制定正式文件或正式发布，未及时更新并纳入公司安全责任管理体系，导致实验室在落实安全监管责任、作业人员安全教育培训、检维修安全管理制度、应急处置和救援等方面不到位。

②企业安全生产管理不到位

对实验室未严格执行公司设备检维修管理规定的情况失管失察；未制定 7 m³ 装置清釜作业安全操作规程和清釜检修作业计划、方案；对实验室未严格执行公司进入受限空间管理规定的情况失管失察。进受限空间作业前未按规定进行安全隔绝，1 号釜下端软连接未断开、出料阀处于开启状态，致使 1 号釜与 2 号釜、出料槽通过出料总管处于工艺连通状态；未办理《进入受限空间安全作业证》，违章指挥作业人员进入釜内进行清釜检修作业，作业现场未明确监护人和配置空气呼吸器或隔离式防护面具等防护装备。

③应急救援管理和安全教育培训不到位

受限空间事故应急预案针对性、操作性不强，预案未演练，应急器材、设备配备不符合要求；安全教育培训针对性不强，员工自我保护意识差，缺乏自救互救知识和能力，救援人员缺乏对危险、危害因素的了解和认知，缺乏相应的安全防护知识，在现场没有佩戴空气呼吸器或隔绝式呼吸器（错误地采用口罩防毒）的情况下，盲目施救。

④事故隐患排查和习惯性违章治理工作不到位

督促、检查本单位的安全生产工作不力，未深入开展事故隐患排查和习惯性违章行为治理工作，未及时发现和消除事故隐患；$7\,m^3$ 装置出料槽自控阀关闭状态下存在内漏现象；$7\,m^3$ 装置应急救援设备（空气呼吸器等）未配置；$7\,m^3$ 装置受限空间事故应急预案未演练；树脂分厂清釜检修作业违规使用不具备清釜检修作业资质外来务工人员；经调查，事发前实验室相关人员对 $7\,m^3$ 装置进行清釜作业，2 次未按规定办理作业证，不严格执行公司进入受限空间作业管理规定，属于习惯性违章行为。

⑤清检修作业外包管理不到位

企业清釜检修作业外包管理制度不完善；对所属分厂清釜检修作业违规使用不具备清釜检修作业资质的外来务工人员问题失管失察。

（4）事故后果

本次事故对环境造成的影响较小，其危害主要表现在人员伤亡方面，共造成 3 人死亡、2 人受伤。

2.1.2 非正常操作造成的泄漏爆炸事故

2.1.2.1 ××年××市××钢瓶检测站环氧乙烷爆炸事故

（1）事故经过

××××年××X 月××日 13 时过后，××钢瓶检测站站长指挥 6 名工人将一只 400 L 的待检测环氧乙烷钢瓶滚到作业现场进行残液处理。工人将钢瓶阀门打开后未见余气和残液流出，就把阀门卸下，仍没有残液和余气流出，随即将阀门重新装上并关好。在将环氧乙烷钢瓶底部的一只易熔塞座螺栓旋松后，即听到有"滋波"的漏气声，随后工人们都去干其他工作了。15 时 20 分左右，检测站作业现场环氧乙烷钢瓶突然发生爆炸。造成正在作业现场的 4 人受伤，爆炸导致站内大部分厂房和围墙倒塌，并造成周围一部分民宅门窗玻璃不同程度损坏。

（2）应急处置

公安消防部门接报后立即派出 7 辆消防车、43 名官兵赶赴现场，投入抢险工作。伤者立即被送到市一院、二院进行救治，经抢救无效有 3 人先后在 6 日内死亡。

（3）事故原因

直接原因：

①钢瓶检验站站长违章指挥。钢瓶检验站站长在确认气瓶内存在残液的情况下，指挥工人松开底部易熔塞座泄放瓶内环氧乙烷气体，且明知环氧乙烷气体为易燃易爆气体，却听之任之，未采取任何措施，导致环氧乙烷气体大量泄漏，因环氧乙烷气体比空气重，沉伏于地面并与空气形成爆炸混合物，最终酿成爆炸事故。

②工人无知操作。3 名职工在清理地烘炉时由于对环氧乙烷气体易燃易爆的危险特性缺乏了解，在存在环氧乙烷和空气混合气体的环境条件下，使用铁锹清理煤渣，因摩擦、碰撞等原因，导致了混合气体的爆炸。

间接原因：

①管理混乱、制度不健全，对有毒有害、易燃易爆介质处理时的安全措施不到位，对现场操作工人安全培训和教育不到位。

②该检验站的主管部门对安全工作不闻不问，疏于管理，从而使该站安全工作无人过问。

③该站未按《气瓶定期检验站技术条件》（GB/T 12135—1999）①关于气瓶定期检验站技术条件的规定，到公安消防部门报审。

④市有关专项安全监察的职能部门，虽能按国家规范标准核发证照，但缺乏日常的监察力度。所在区、乡对该站安全管理体制上存在着认识上的偏差，造成安全管理疏漏。

（4）事故后果

本次环氧乙烷泄漏事故对环境造成的影响较小，其危害主要表现在人体健康

---

① 目前，该标准更新为《气瓶检验机构技术条件》（GB/T 12135—2016）。

及周围住宅的损害。本次事故造成 3 人死亡，爆炸导致站内大部分厂房和围墙倒塌，并造成周围一部分民宅门窗玻璃不同程度损坏。

2.1.2.2　2013 年××市××化工有限公司氯甲烷爆炸事故

（1）事故经过

2013 年 8 月 21 日至 23 日，××市××化工有限公司亚磷酸二甲酯车间按计划停产检修，对氯甲烷回收装置中的硫酸管道、泵机等设备和管道检修更换。23日 16 时 18 分,检修承包方××建设集团有限公司安装工李某在管道动火作业(气割）时，硫酸中间罐突然爆炸、物料（稀硫酸、氯甲烷）四溢后起火，导致××建设集团有限公司检修辅助工张某因爆炸气浪冲倒在地未能逃离、当场死亡，其他人员逃离现场，其中 4 人被飞溅的稀硫酸灼伤。具体事故过程分析如下：

8 月 23 日上午 10 时 44 分，××建设集团有限公司施工人员江某将设置在稀酸罐（容积 5 m³，卧式，PP 材质，内存 75%硫酸 2 t）罐顶接口法兰的盲板抽出，着手安装预制的管段（酸泵与稀酸罐之间的管道）。

23 日 16 时 8 分左右，××建设集团有限公司施工人员王某在稀酸罐与浓酸罐之间连接管道上焊接取样口，现场情况未发现异常。

23 日 16 时 12 分左右，××市××化工有限公司韩某启动硫酸泵，将 98%硫酸原料罐向浓酸罐打料，但原料罐出口阀门未开启，泵运转直至事故发生时。

23 日 16 时 16 分左右，××市××化工有限公司员工陈某关闭了稀酸罐与浓酸罐上的放空阀。

23 日 16 时 18 分左右，××建设集团有限公司焊工李某在浓酸罐出口阀弯头接管，管道稍长几公分即动火切割，随即稀酸罐发生爆炸，然后物料四溢并起火。

（2）应急处置

事故发生后，市、区安监、环保、消防、公安等部门及当地政府相关人员立即启动应急预案、赶赴现场进行事故应急救援。16 时 40 分火势扑灭。

（3）事故原因

直接原因：

由于抽除了盲板，检修部位与系统连通，启动浓硫酸泵、关闭放空阀，致使动火点氯甲烷浓度达到了爆炸极限，乙炔氧切割管道动火作业引燃了管道中的氯甲烷，回火至稀酸罐内氯甲烷与空气的混合物发生化学爆炸。

间接原因：

①动火作业管理违反《化学品生产单位动火作业安全规范》（AQ 3022—2008）的要求，发包方未对系统进行物料清理清洗、吹扫置换以及检测分析，对事故动火未办理一级动火证。

②承包方抽堵盲板管理违反《化学品生产单位盲板抽堵作业安全规范》（AQ 3027—2008），盲板未挂牌未上锁，脱离了盲板管理的过程控制，导致能量没有始终隔离，导致过程失控、措施无效，成为检修后期动火作业隐患。

③检修前员工安全培训、教育不到位，导致检修作业不规范，作业交叉、交底不清、措施不清。

（4）事故后果

本次氯甲烷泄漏事故对环境造成的影响较小，其危害主要表现在对人体健康的损害。本事故主要局限于检修范围，未造成其他车间、设施严重影响，事故共导致 1 人死亡、4 人受伤。

2.1.2.3　2010 年 NJ 市丙烯泄漏爆炸事故

（1）事故经过

2011 年 7 月 28 日 9 时 30 分左右，××建设配套工程有限公司对 NJ 市 HX 区的××塑料四厂地块进行场地平整，为了回收地下废弃管道的钢材，小型挖掘机械挖穿了地下丙烯管道，造成大量丙烯泄漏。现场人员在撤离的同时报警。10 时 11 分左右，泄漏的丙烯遇到附近餐馆明火引起大面积爆燃。

（2）应急处置

①现场处置

当地消防部门接到"110"报警后，先后共出动 3 辆消防车和 2 000 余名消防干警赶到现场，组织救治伤员和现场处置，有关单位将丙烯管道泄漏点两端的阀门关闭。28 日 15 时许，现场火情得到初步控制。28 日晚，国家安监总局副局长率卫生、环保、公安等有关部门人员到达事故现场后，听取有关部门事故情况汇报，对救治处置工作提出要求。23 时左右，被挖穿的丙烯管道两端用盲板隔离。29 日 5 时 3 分，现场明火熄灭。国家安监总局有关人员与省、市有关负责同志又一起到事故现场察看处置情况，了解事故原因，并在事故处理现场指挥部会商有关情况，对下一步救援善后工作做出安排。

事故救援过程中，市急救中心及各医疗机构共出动 27 辆救护车，转运 50 余次，16 家救治医院开通绿色通道，实行 1 人 1 个专家组、1 个救治方案，全力救治伤员。

30 日，事故发生地及周边地区的供水、供电、供气恢复正常，有关部门对居民受损情况进行评估，并制定赔偿处理方案，确保尽快恢复正常生产生活。

②应急监测

事故发生后，市环保部门第一时间在事故现场及周边地区设置 8 个流动监测点，并对 10 km 范围内空气质量自动监测点进行实时数据分析。现场明火熄灭后，环保部门继续对水、大气环境实施监测，确保环境安全。

（3）事故原因

施工单位在平整场地时违规施工，造成埋于地下的丙烯管道破裂，易燃丙烯气体大量泄漏，与空气混合形成爆炸性气体，遇着火源发生爆炸燃烧。

（4）事故后果

本次火灾爆炸事故产生的浓烟对事发地周边空气质量造成一定影响，但对环境的危害较小。事故危害主要体现在人员伤亡和经济损失方面，共造成 22 人死亡，120 人住院治疗，其中 14 人重伤，爆燃点周边部分建（构）筑物受损，直接经济损失达 4 784 万元。

2.2　输、运系统故障造成的事故案例

2.2.1　输、运系统故障造成的泄漏事故

2.2.1.1　2015 年 NJ 市××钢瓶回收厂砷化氢泄漏事故

（1）事故经过

NJ 市××钢瓶回收厂位于一废旧厂房内，面积约 200 m^2，存放有 50 余个废旧钢瓶，所有钢瓶均没有标签，或标签模糊不清，无法辨识钢瓶内存放气体种类。厂房内有一小仓库（长×宽×高为 4 m×4 m×3 m），仅有一门与大仓库相连，无窗，自然通风差。仓库内存放 6 个废旧钢瓶，其中 2 个钢瓶阀口有管线通至墙外的两个水桶，钢瓶有 "Arsine" 字样，其余标识不清。2014 年 8 月 21 日，××钢瓶回收厂钢瓶回收车间钢瓶放空岗位的 3 名工人，当天在该仓库工作 3 h，工人操作时未佩戴个体防护用品。之后约 30 min，先后出现头晕、头痛、眼刺痛、乏力等症状。午餐后，出现恶心、呕吐，随即到当地医院就诊，测体温 39℃，予以输液等对症治疗。至当晚 18 时左右，出现胸闷、腹痛等症状并加重，被送至省人民医院。到省人民医院时，已出现少尿或无尿、尿液酱红色等症状，以疑似急性砷化氢中毒对 3 名患者进行查体对症治疗。

（2）事故原因

操作人员更换钢瓶时操作不当，引发泄漏。工厂缺乏防护措施，自然通风不良，操作时工人未佩戴任何个人防护用品，造成短时间内大量吸入中毒。

（3）事故后果

本次砷化氢泄漏事故对环境造成的影响较小，其危害主要表现在损害人体健

康。本事故共造成 3 人中毒。

2.2.1.2 2007 年 NN 市××建材有限公司甲醛泄漏事故

（1）事故经过

2007 年 9 月 14 日 10 时，NN 市××建材有限公司将 10.9t 工业甲醛运至该公司租用地存放，当甲醛卸到贮存罐后，由于地基下陷，引起贮存罐体倾倒并导致阀门破裂，发生甲醛泄漏。事故发生后，现场及周边区域空气受到污染，该公司未向政府有关部门报告，在没有设置围堰的情况下，擅自用水冲洗、稀释现场，将含甲醛废水直接排放到 NN 市内河心圩江上游，引发该河水体污染。

（2）应急处置

①现场处置

接到事故报告后，NN 市政府立即启动突发环境事件应急预案，组织市消防、安监、环保以及××区政府第一时间赶到现场，全力组织处置已排入心圩江上游的甲醛，同时成立了应急处置现场指挥部。

针对事故现场倒塌贮罐中尚残留少量的甲醛并继续泄漏的情况，现场指挥部立即疏散周边群众，设立安全警戒范围。调用木糠覆盖贮罐泄漏点以吸附贮罐仍在泄漏的少量甲醛，控制泄漏甲醛液体继续扩散，吸附后的木糠密封装运送焚烧厂焚烧处理。同时用塑料薄膜封堵贮罐阀门，控制甲醛挥发对空气的污染，并调贮罐车抽运贮罐中残留甲醛。经采取上述措施，当天 18 时左右事故现场警戒范围缩小到厂区周边 10 m 的范围。

针对泄漏甲醛已造成心圩江水体污染的实际情况，现场指挥部沿心圩江跟踪监控污染带，并根据污染带的流向和流速的情况，沿江选择宽大的河道地势实施对污染带进行筑坝拦截，控制水污染向下游蔓延，确保邕江饮用水一级保护水域安全。筑坝拦截污染带后，根据原国家环保总局专家意见制定了利用双氧水强氧化剂氧化坝内污染水体的化学处理技术方案，并依此方案先后向污染水体投放了 18 t 双氧水。随后专家组又根据现场实际情况，研究提出了采用活性污泥曝气降解等后续治理的技术方案。

②应急监测

事故发生后，现场指挥部立即组织实施心圩江水质应急监测，主要措施包括：a. 立即在事故发生点入心圩江口附近、心圩江至入邕江口的 15 km 河段的中间、入邕江口处布点监测监控；b. 对心圩江入邕江口加密监测监控，定性分析频率为每半小时 1 次，定量监测分析频率为每小时 1 次。同时，由 NN 市××水务集团对心圩江入邕江口处下游的邕江自来水厂取水点水质加密监测监控。通过筑坝截污污染带被拦截在心圩江上游，在对坝内污染水体进行一系列处置后，拦坝区内污水甲醛浓度从 18 日开始逐渐下降，19 日中午 12 时，污水中甲醛浓度已低于《地表水环境质量标准》（GB 3838—2002）中"集中式生活饮用水地表水源地特定项目标准限值" 0.9 mg/L 的标准，达到了安全排放的条件。21 日 11 时，经现场指挥部研究，决定开坝排水。23 日，处置工作完成，全面消除了对邕江饮用水水源的污染隐患。

（3）事故原因

NN 市××建材有限公司在卸料时发生甲醛储罐泄漏事故。甲醛泄漏后，在没有设置围堰的情况下，擅自用水冲洗稀释现场，将含甲醛废水直接排放到 NN 市内河心圩江上游，引发该河水体污染。另外，该公司在××区环保局明确不同意建设的情况下，擅自租用 WJ 村五组土地，着手新厂筹建。事故发生时，工厂设备还未安装完毕，没有投产。

（4）事故后果

事故导致含甲醛废水直接排放到 NN 市内河心圩江上游，引发水体污染。

2.2.1.3　2004 年 NP 市甲醛运输罐车泄漏事故

（1）事故经过

2004 年 4 月 2 日，一辆甲醛运输车从 JY 市××甲醛厂开往一木板加工厂，行驶至 205 国道 FJ 省 NP 市段时突然车身分离，倾覆在 205 国道的水沟边，大量甲醛泄漏。由于事发地距离××水厂取水口仅 100 m，因此事故对该厂饮用水水源地、水厂沉淀池、原水池及下游河段地表水造成污染，NP 市 10 多万居民用水告急。

（2）应急处置

①现场处置

事故发生后，NP 市交警部门立即划出警戒区，对来往的车辆进行交通管制，消防官兵赶到事故现场，经过现场分析后，用两支开花水枪对泄漏点和周围的空气进行稀释。同时，对事故车的罐体进行矫正，使插入罐体的钢板和罐体脱离，留出了空间进行彻底堵漏。消防官兵随即用捆扎式的堵漏包，配合堵漏胶对罐体的裂缝进行堵漏。经过两个多小时的奋战，事故车外围的泄漏点得到了控制。当日 13 时许，JY 市××甲醛厂的罐体车赶来接应，消防官兵立即实施倒罐，将里面残余的 10 多吨甲醛转移到接应罐体车上。17 时许，事故车的残液被排空，消防官兵用水对空罐进行了清洗，彻底消除了污染源。

②应急监测

事故发生后，NP 市环保监测站和 NP 市疾控中心第一时间内持便携式甲醛速测仪快速赶到事故现场，对贴近事故车泄漏点进行定时监测。同时对建溪下游布点取样，选取了 5 个采样点：205 国道旁的小沟（出事点××水厂取水口、××水厂源水、××水厂沉淀池、××水厂自来水出水。每隔 1 个小时取样 1 次，将监测结果随时向 NP 市政府汇报。历时 24 h，污染情况完全消除。

由于这次污染的建溪是闽江的上游支流，因此事故也引起了 FZ 市委、市政府的高度重视，FZ 市建设局、环保局、疾控中心、水源监测站等有关部门立即成立了应急小组，在水口水库以及闽江下游的闽清、闽侯等取水点进行 24 h 的跟踪监测。

（3）事故原因

经调查，该车核载为 9 t，而实际载重 15 t，严重超载，引发交通事故，导致甲醛泄漏。

（4）事故后果

事故导致大量甲醛泄漏，引发当地水质遭受污染，造成 NP 市 10 多万居民用水告急。由于 NP 市各方采取的措施得力，NP 市居民的饮用水没有受到影响，闽江的水源没有受到污染。

2.2.1.4　2016 年 ZH 市××街道氯气泄漏事故

（1）事故经过

2016 年 6 月 24 日 11 时左右，ZH 市××街道一变电所东墙外一罐装物发生氯气泄漏。截至当日 16 时，该事故已造成 104 人住院治疗，其中 3 人病情较重。

（2）应急处置

事故发生后，ZH 市人民政府立即启动应急预案，组织安监、环保、消防等相关部门人员研究制定应急处置方案并实施。消防人员对泄漏钢瓶初步封堵后运到人员稀少的开阔地带，重新更换阀门，泄漏罐体被完全封住。

（3）事故原因

ZH 市××废品收购站在收购一废弃钢瓶过程中，工作人员不明钢瓶盛放气体种类，搬卸过程中罐体阀门松动，导致罐内氯气泄漏。

（4）事故后果

事发至 16 时，ZH 市医院共收治不同程度身体不适患者 159 人，其中 104 人住院治疗，症状较重的 3 人经治疗后生命体征平稳，情绪稳定。公安机关对涉案人员进行审查处理。

2.2.1.5　2005 年 HA 段京沪高速公路液氯泄漏事故

（1）事故经过

2005 年 3 月 29 日晚，京沪高速公路 HA 段上行线发生一起交通事故。一辆载有约 40 t 液氯的罐车与货车相撞，罐车内 2 个直径为 10 cm 的法兰从根部完全断裂，导致车内液氯大面积泄漏。肇事的罐车驾驶员和押运员逃逸，货车驾驶员死亡，延误了最佳抢险救援时机。

（2）应急处置

①现场处置

接到事故报告后，JS 省政府紧急成立了"3·29"事故应急指挥部，副省长任指挥长，省有关部门和 HA 市政府负责同志为指挥部成员。

事故发生后，公安干警在离事故源 3～4 km 的范围内设卡，拉起警戒线，HA 有关部门立即组织疏散村民群众近 1 万人。同时，省政府事故应急指挥部紧急成立了医疗救治组，由 HA 市政府、省卫生厅和市卫生局有关负责人组成，全力以赴抢救中毒人员。消防人员赶到现场后，为消除罐车上继续释放氯气的两处泄漏点，强行用木塞封堵，但仍有部分氯气外溢。消防人员起初用水龙头冲刷以消除外泄液氯，后来，事故应急指挥部采纳环保部门提出的改用烧碱处理的建议，在附近的河流上打坝围堰，挖出 1 个大水塘，将液氯罐吊装到水塘中，迅速调集了约 200 t 烧碱对事故现场的液氯进行中和处理，控制了污染蔓延的势头。

为了彻底消除高速公路旁的液氯污染，3 月 31 日晚，环保部门提出将液氯罐运至 HA 市××化工厂进行处置的建议。由于运输距离较长，而且要通过市区人口较为稠密的地区，事故应急指挥部于 4 月 1 日凌晨召开紧急会议，最终决定采纳环保部门处置建议，并要求环保部门密切关注吊车起吊时和运输终点的环境污染状况，防止产生新的污染。

②应急监测

事故发生后，当地环保部门的监测人员赶到现场，根据风速、风向，对现场空气中的氯气含量进行测定，确定氯气污染的安全距离为 1 km。而后连续对事故周围空气中的氯气进行监测，测定空气中氯气的浓度范围为 0.7～34 mg/m³。事故源被清理后，空气中的氯气浓度迅速下降，截至 4 月 2 日，氯气浓度＜0.05 mg/m³，空气质量符合《工业企业设计卫生标准》（TJ 36—79）[①]居住区大气中有害物质的

[①] 目前，该标准更新为《工业企业设计卫生标准》（GBZ 1—2010）。

最高容许浓度（氯气≤0.10 mg/m^3）。

（3）事故原因

交通事故造成罐车法兰断裂，导致液氯泄漏。

（4）事故后果

事故导致货车驾驶员当场死亡，罐车泄漏的氯气造成周边 3 个乡镇 300 多人中毒，其中 29 人死亡，近 1 万村民疏散，1.5 万头（只）畜禽死亡，约 133 km^2 农作物受灾。

2.2.1.6　2003 年 LYG 市××防虫技术服务有限公司磷化氢泄漏事故

（1）事故经过

2003 年 8 月 28 日—10 月 5 日，LYG 市××防虫技术服务有限公司在其服务单位某卷烟厂仓库应用磷化铝进行熏蒸杀虫，××防虫技术服务有限公司按技术要求于 9 月 28 日投药，10 月 6 日 13 时开窗放气，10 月 6 日 14 时 20 分开始清运重蒸剂残渣。投药和从库中清除药渣过程中均未有异常情况发生。10 月 6 日 14 时 50 分，防虫公司租用××快运公司厢式货车 1 辆，运送磷化铝熏蒸药剂残渣到预定地点进行填埋，药物残渣 6 箱约 250 kg，用 1 个旧纸箱盛装。车内密闭，通风不良，防虫公司投药人员 4 人随车同行。乘车途中，4 人均未佩戴防毒面具，并与药物残渣同在 1 个车厢内，药物残渣未用塑料袋密封包装。填埋完毕，约 15 时 30 分，其中 3 人感觉不舒服，相继出现头晕、恶心、心慌、胸闷等症状，即到附近卫生院就诊，卫生院了解到可能是杀虫剂中毒，立即向"120"急救中心求援，3 人于 16 时 30 分被送到 ZZ 市第二人民医院进行急救处理。17 时 30 分，最后 1 人出现同样症状，到卫生院就诊后于 19 时 30 分被送到 ZZ 市第二人民医院，急救治疗。

（2）事故原因

磷化铝为高效低残留农药，广泛用于粮食仓库熏蒸，遇潮释放出磷化氢气体为主要杀虫成分。磷化氢是一种剧毒物质，短时间内吸入高浓度的磷化氢会引起急性中毒，出现头晕、头痛、乏力、恶心、呕吐、食欲减退、咳嗽、胸闷、鼻干、咽干、腹痛、腹胀以及血压下降等症状和体征。废弃药渣中还残留未被完全分解的磷化铝，会继续散发磷化氢，在密闭车厢内，短时间内空气中磷化氢浓度急剧升高，乘车人员未采取任何防护措施（未开窗通风、未佩戴防毒面具），导致在短时间内吸入高浓度磷化氢引发中毒。4 名中毒患者在未戴防毒面具、药物残渣又未密封的情况下，与药物同处在通风不良的车厢内，加上中午喝酒，直接导致泄漏中毒事故的发生。

（3）事故后果

本次磷化氢泄漏事故对环境造成的影响较小，其危害主要表现在损害人体健康方面，共造成 4 人磷化氢急性中毒。

2.2.1.7　2017 年 JZ 市货运罐车盐酸泄漏突发环境事故

（1）事故经过

2017 年 1 月 17 日 11 时 30 分左右，一辆装载 2 t 盐酸（浓度为 30%）的罐车行至 JZ 市 GSZ 镇 GX 村附近，车辆轮胎脱落失控，撞断阀门导致盐酸泄漏泄漏盐酸流入路边沟内，泄漏量为 4～5 t。

（2）应急处置

①现场处置

事故发生后，BZ 市环保局立即赶赴现场，协调 GZS 镇政府和安监、公安等相关部门从 JZ 市××特肥有限公司调配 30 t 的碳酸钠（浓度为 99%）至现场。同时，BZ 市环保局和 GSZ 镇政府组织 30 余名应急救援人员，利用碳酸钠对所泄漏盐酸进行中和处置。罐车和未泄漏盐酸则由安监部门转移和妥善处置。截至当日 16 时，应急处置产生的危险废物清理完毕，共清理出 15 t 危险废物，运至 JZ 市××有限公司危废库暂存。下一步该危险废物将运至 HLD 市××环保产业开发有限公司进行安全处置。由于天气较冷，盐酸挥发有限，处置人员防护得当，且周边无居民和饮用水水源地。

②应急监测

BZ 市环境监测站开展了环境应急监测,监测结果显示事发地周边环境空气质量正常。

（3）事故原因

因车辆轮胎脱落失控，撞断阀门导致盐酸泄漏。

（4）事故后果

本次事故没有造成人员中毒和其他次生环境影响，群众生产生活基本未受影响，舆情稳定。

2.2.1.8　2013 年 WLMQ 市高速路上盐酸罐车翻车泄漏事故

（1）事故原因

2013 年 10 月 14 日 10 时许，在 WLMQ 市高速路 DBC 立交桥路段，一辆由 FK 开往 KEL 方向满载浓盐酸的罐车与前方的蓝色卡车追尾后翻车，造成盐酸泄漏。

（2）应急处置

WLMQ 公安消防支队消防官兵赶到现场，运来石灰与砂土覆盖在盐酸上，再将车内盐酸转移，用吊车将罐车运走，使道路恢复正常通行。罐车侧翻在路中绿化带，有盐酸从车上流出，导致罐车附近有强烈的刺鼻气味。消防人员与交警佩戴防毒面具对现场进行处理。

（3）事故原因

事故发生时，罐车前面的皮卡车突然在路中停车，罐车司机为躲避皮卡车，急打方向，导致罐车侧翻并与皮卡车发生碰撞，碰撞导致罐体破裂发生盐酸泄漏。

（4）事故后果

盐酸罐体有 3 处泄漏点，泄漏出超过 1 t 的盐酸。经过抢修，泄漏点被补上，泄漏出的盐酸被妥善处理，没有造成大范围扩散和污染。事故最后造成 2 人受伤。

2.2.1.9　2011 年 GZ 市××化工有限公司氯化氢泄漏事故

（1）事故经过

2011 年 11 月 24 日 14 时 30 分左右，GZ 市 FY 东线工业区内××化工有限公司存放硝酸钠、氯酸钠、钾肥、过硫酸钠 4 种化学物质的 6 号仓库发生爆炸，随即化工厂屋顶上浓烟滚滚，现场升起巨大氯化氢烟云并伴有刺鼻气味。

东线工业区位于 NC 镇 KT 村和 SQ 镇 WB 村交界处，××化工有限公司距离 WB 村 WB 市场直线距离约 500 m，距 WB 小学则不到 1 000 m。

（2）应急处置

①现场处置

事故发生后，GZ 市公安消防支队立即调派 6 个消防中队、3 个专职消防队 18 辆消防车、共 90 余名官兵到场处置，官兵到场后，派出疏散救援组先行疏散厂区附近人员往上风向撤离，并围绕爆炸区划出方圆 1 km^2 的警戒区。消防官兵通过对现场情况进行侦测，结合仓库爆炸起火的情况采取堵截包围灭火战术，部署 4 台泡沫高喷消防车，泡沫炮围绕爆炸区域进行夹攻灭火。同时，从不同方向架设 9 支泡沫枪对起火区域进行压制，遏止火势蔓延，防止燃烧产生的毒烟进一步扩散。17 时左右，火势已全部被控制，消防员不断往爆炸区域喷水冷却，现场无人员伤亡。

为防止消防废水对周边水体造成污染，救援人员采取截堵措施将废水截留在厂区内。25 日，区安监、环保部门对废水废渣的处理方案进行了审查。由专业公司对事故现场的废水进行处理，并根据安全操作要求，在天气晴好条件下，对废渣进行无害化处理。环保部门对废水废渣处置进行全过程监控，避免产生二次环境污染。

②应急监测

事故发生后，FY 区环保局迅速在下风方向安排了 3 个环保监测点，自 24 日 15 时 50 分开始，每隔一段时间监测一次数据主要监测有毒物质氯化氢。24 日 17

时 20 分后，环境监测数据已恢复正常。26 日，全天对上风向、下风向、厂门口、文边村等各点共进行 11 次监测，空气中的氯化氢均未检出。

（3）事故原因

事故调查表明，事故发生是由于相关工人在装卸过程操作不当，从而导致存放化学原料的桶倾斜，随后发生化学反应导致爆燃，释放出大量酸性刺激性气体氯化氢。另据调查，该公司原生产不饱和聚酯树脂，并于 2010 年 10 月停止生产，生产环节迁出 FY 区，并于当年更换股东后转营为危险化学品专业储存经营企业，但是该公司没有办理项目变更环境影响评价报批手续。

（4）事故后果

事故导致公司所在工业区和周边村庄 6 000 多人被疏散，但未造成人员伤亡，对环境污染较小。

2.2.1.10 2014 年 BZ 市××燃化有限公司硫化氢泄漏中毒事故

（1）事故经过

2014 年 1 月 1 日，BZ 市××燃化有限公司储运车间中间原料工段的中班（16 时至 24 时）当班人员为付某、潘某、赵某、袁某、杨某 5 人，当天车间值班领导为副主任汪某。22 时 30 分，控制室副操潘某电话报告生产运行部调度室要求切换罐。调度室同意后，储运车间中间原料工段的付某、赵某、袁某进罐区进行 2 号罐切罐作业，本应开启 2 号罐出料管线上的阀门，错误开启了倒油线上的阀门。22 时 32 分左右，控制室内该罐区固定式可燃气体检测报警器全部报警，但报警器长期处于静音状态。22 时 35 分左右，潘某根据现场报告泄漏的情况，报告调度室要求再切换另外的 4 号罐。

22 时 52 分左右，潘某用电话将 2 号罐发生泄漏的情况报告给了中间原料罐区工段长蒋某，蒋某立即电话报告车间副主任汪某，并拨打"120"、厂内消防队救援电话。潘某赶往罐区发现无法施救，跑向石脑油改质车间控制室请求救援。石脑油改质车间控制室操作人员在强制给潘某吸氧的同时，通知调度室，并拨打

"120"、厂内消防队救援电话。潘某和调度室的王某 B 先后到达罐区北侧，在罐区踏步附近发现了中毒的袁某，将其抬出防火堤放在绿化带上。当看到消防队员到达罐区附近后，他们 2 人先后摘下面罩朝消防队员呼喊，王某 B 摔倒后爬起来向东跑，潘某同时倒在地上。蒋某到达现场试图关闭雨水阀未果，后进入罐区中毒。

23 时 8 分左右，一组消防队员到达储罐北侧后，首先发现了中毒躺在防火堤外侧的潘某，将其抬到了石脑油改质控制室西侧路边，之后进入罐区发现了蒋某。23 时 23 分救护车将潘某、蒋某送往县人民医院。另一组消防队员从罐区南侧进入后，发现了 5 号罐附近的付某、4 号罐附近的赵某，23 时 27 分用消防车将付某、赵某送往医院。上夜班的王某 C 在帮忙向医院运送中毒人员时轻微中毒，杨某被工友送往医院。23 时 48 分左右，汪某指挥救援人员用扳手关闭了 2 号罐倒油线阀门，各个罐的漏点逐渐消失。1 月 2 日 0 时左右，副总经理苏某安排现场清理时，将罐区北侧绿化带上的袁某送往医院。

（2）应急处置

1 月 2 日 0 时左右，公司总经理王某 A、副总经理苏某及安全管理部门、生产部门的有关负责人先后到达事故现场，立即安排对石脑油改质装置进行紧急停车，关闭所有与外界连通的地下管沟和人流、物流通道，将泄漏的石脑油全部回收至事故罐。加强火源管控，严禁其他车辆进入事故现场。1 月 2 日 0 时 20 分左右，总经理王某 A 向县委主要领导电话报告了事故；0 时 48 分，该企业用电话向县安监局报告了事故情况。企业董事长张某率执行董事石某等有关人员于 1 月 2 日 1 时 30 分左右到达事故现场，组织开展事故救援和处置工作。

2014 年 1 月 2 日 1 时 40 分左右，县安监局电话向市安监局报告了事故。接到事故报告后，市安监局立即报告市政府值班室，并通知市局有关人员赶赴现场。市安监局分管负责人和有关科室人员到达事故现场后，询问有关情况并指导事故处置和现场清理工作。该市市长、副市长及市安监局、市公安局的主要负责人先后到达事故现场，与企业有关人员研究善后和事故现场处置工作。市环保局对事故现场周边，地下管沟的硫化氢、可燃气体进行全面检测，防止二次事故和次生灾害的发生。市长组织召开会议，部署现场救援处置和事故调查工作，要求从严、从快对事故进行调查，依法追究有关人员的责任。副市长带领有关人员到医院看望受伤人员，部署死亡人员及家属的善后工作。根据省、市领导的指示和省政府安委会办公室的督办通知书，责成企业立即组织相关技术人员和外聘专家队伍，制定《××燃化有限公司停车方案》，事故单位所有生产装置按计划于1月20日全部停产整顿。

（3）事故原因

直接原因：

储运车间中间原料工段在进行管线防冻防凝工作时，将6个储罐抽净管线上的6处法兰全部拆开，事发时抽净管线系统处于敞开状态。用于储存延迟焦化、加氢精制不合格油的储罐已接近高安全液位，加氢精制稳定塔发生故障后，致使此部分不合格石脑油在无处存放的情况下而进入了中间原料罐区的2号和5号罐。操作人员在进行切罐作业时，本应开启2号罐出料管线上的阀门却错误开启了该罐倒油线上的阀门，使高含硫的石脑油通过倒油线串入抽净线，石脑油从抽净线拆开的法兰处泄漏。泄漏的石脑油中的硫化氢挥发，致使现场操作人员及车间后续处置人员硫化氢中毒。

间接原因：

①重大工艺变更管理不到位。储运车间在实施冬季防冻防凝工作时，拆开了中间原料罐区抽净线上的6处法兰，但对与此管线法兰及储罐相连接的管线阀门未采取上锁、挂牌或其他防误操作的措施，加制氢车间稳定塔出现异常和停止使用后，进入2号和5号罐的石脑油硫含量出现异常偏高，公司负责人、生产管理部门、相关车间均未按规定提升管理防护等级，未采取任何防范措施，没有制定预案，没有书面通知相关岗位管理及操作人员。企业对重大工艺变更没有进行安全风险分析，缺乏相应的管理制度。

②硫化氢防护的有关规定执行不到位。储运车间中间原料罐区，在高含硫石脑油进入储罐后，未按照《硫化氢防护安全管理规定》的要求，采取加装有毒气体报警等安全设施设备；未在可能发生硫化氢中毒的主要出入口设置危险危害因素告知牌、警示标志；未按不同品种的原料油绘制沿工艺流程的硫化氢分布图，未及时制订相应的岗位操作规程或操作法。

③重大危险源管理措施不落实。储运车间中间原料罐区作为重大危险源，未按照《危险化学品重大危险源监督管理暂行规定》的要求，建立健全安全监测监控体系，没有及时发现视频监控存在不能有效运行的问题；罐区部分可燃气体探测器损坏后未及时进行维护保养，控制室可燃气体泄漏声音报警器长期处于静音状态；中间原料罐区管线、阀门喷涂的标志、标示夜间不明显；夜间照明达不到规范要求；在罐区地面管线上未全部加设人员通行或疏散的过桥。

④应急救援设施管理和事故处置不到位。应急救援防护器材配备不符合车间、工段实际，储运车间中间原料工段操作室距离罐区远，固定和便携式可燃、有毒气体报警仪、空气呼吸器等应急救援器材配备严重不足；中间原料罐区操作人员在错误开启阀门后，没有及时报警，也没有采取相应的防护措施，盲目进行抢修作业；参与现场救援的部分员工未佩戴防护用品或不会正确使用空气呼吸器等应急救援器材，盲目进入事故现场；事故发生后，消防人员将救出的伤员放在一起等待医院救护车辆时，未给受伤人员进行吸氧抢救；现场缺乏有效的统一指挥，不能立即关闭泄漏阀门，导致伤亡损失扩大。

⑤安全教育培训针对性不强。公司和车间未严格组织开展全员安全教育，日常培训没有进行严格考核；未认真开展硫化氢毒性、应急处置等相关知识教育和培训，员工对硫化氢的危害性认识不足；车间相关负责人、安全员对于本岗位安全应急处置职责不清楚；岗位安全操作规程培训不到位，员工不清楚切罐流程和相应阀门的开启顺序；针对硫化氢中毒开展的应急救援演练活动不深入，措施针对性差。

（4）事故后果

本次事故造成 4 人死亡、3 人受伤，直接经济损失达 536 万元，对环境的污染较小。

2.2.1.11　2016 年 HS 市××化工科技有限公司甲硫醇泄漏中毒事故

（1）事故经过

2016 年 11 月 18 日晚，××化工科技有限公司夜班当班操作工共 9 人，其中生产现场 7 名操作工，另外 2 名工人在其他车间。18 日晚 20 时 30 分当班人员接班，开始做准备工作。22 时 30 分左右，二层平台反应釜主操作工邢某在完成向反应釜内加工艺水及液碱工作后，开始降温。19 日 0 时 10 分左右，料温 8℃，邢某叫来辅助工张某在二层平台通过开启反应釜人孔口一起投加半胱胺盐酸盐，投加完成后开始降温。约 1 个小时后，邢某与张某又通过入孔口向反应釜内投放荒酸二甲酯（真空系统处于开启状态）。当投放到大约第 11 袋时（每袋重约 40 kg，需要投 18 袋），邢某出现呼吸困难、站立不稳现象，双手扶在了反应釜上，张某见状，迅速将其拖拽到反应釜西侧，同时呼救。在一层的班长杨某，离心操作工张某、韩某听到呼救后相继跑到二层平台。杨某给车间主任任某打电话，拨通电话后随即晕倒，辅助工张某见状迅速将杨某抱到车间北门外。离心操作工张某、韩某关闭二层平台反应釜的人孔盖，随即离心操作工张某晕倒，韩某跑出车间呼救，离心操作工周某与帮忙清理离心机的常某在救援过程中也中毒晕倒。

（2）应急处置

任某接到杨某电话后，赶到事发车间，并给噻吩酰胺车间主任史某打电话，让工人们佩戴好防毒面具过来救人。之后相继将邢某、离心操作工张某、周某、常某 4 人救出，并对 5 名中毒者紧急施行胸部按压心脏复苏术进行现场救治。

于某拨打了"120"急救电话，2 时 27 分左右，第一辆"120"急救车到达，第二辆急救车随后到达，将杨某、常某、离心操作工张某拉至××和平医院进行急救；2 时 30 分左右，第三辆车急救车到达（为 WY 县医院急救车），将周某拉至 WY 县医院进行急救。随即公司值班人员（任某、史某、于某）驾驶公司车辆把邢某送到××和平医院进行急救。邢某、周某、离心操作工张某 3 人抢救无效死亡；常某，杨某住院治疗暂无生命危险。

4 时 14 分 HS 市安监局值班室接市卫计委电话通报称，××和平医院收治 4 名××化工科技有限公司工人、WY 县人民医院收治 1 名××化工科技有限公司工人，疑似中毒，收入医院时，已有 2 人无生命体征，4 时 38 分市安监局值班室再次接市卫计委通报称，已确认 3 人死亡，其他 2 人正在抢救。4 时 50 分市安监局通知 GY 新区安监分局××化工科技有限公司发生事故。GY 新区安监局接到通知后，立即报告 GY 新区管委会，并立即派有关人员分别到医院和事故现场，了解伤员救治情况和事故发生情况，于 6 时 10 分分别报告了市安监局和 GY 新区管委会值班室。6 时 30 分，市安监局分别向省安监局值班室以及 HS 市委、市政府值班室上报了伤亡事故快报。事故发生后，企业主要负责人忙于救治伤员，处置善后工作，未按规定上报事故，造成企业迟报。

（3）事故原因

直接原因：

××化工科技有限公司和××化工有限公司合作工业化实验噻唑烷过程中，操作人员投料时，副产品甲硫醇等有毒混合气体外泄，导致主操作工中毒，现场人员施救不当，造成事故扩大。

间接原因：

①××化工有限公司法人代表刘某提供了不成熟的技术，生产工艺不成熟，由其设计的噻唑烷实验装置存在缺陷，首次技术未经安全论证就投入使用，擅自组织冒险进行噻唑烷试验生产。

②××化工有限公司法人代表刘某明知甲硫醇的危险特性，未对现场的安全风险进行分析辨识，未制定有效的安全防护措施，未告知现场操作人员危险性，未制定安全操作规程，未对现场操作人员进行安全教育培训，致使现场操作人员对甲硫醇的危害性认识不足，防护不当。

③××化工科技有限公司采用刘某提供的未经论证首次使用的不成熟技术，未进行安全风险分析，未制定有效的安全防护措施，未制定安全操作规程，擅自组织职工冒险作业。

④××化工科技有限公司擅自改造生产设备和工艺，擅自组织噻唑烷工业化实验。

⑤××化工科技有限公司安全生产"三项制度、五落实、五到位"的规定形同虚设；各级安全生产责任制不落实。公司组织机构混乱，分工不明，职责不清。例如，存在安全科受生产技术部领导；任命的有资质的专职安全管理人员实际不负责安全管理工作；未对噻唑烷工业化实验进行有效的安全管理，操作规程不履行相应审批程序，允许刘某一人随意更改原料配比和工艺指标；生产现场原辅材料采用代号标识。未执行本企业制定的工艺、设备管理制度，安全管理人员未尽到监督管理职责。

⑥××化工科技有限公司安全培训教育流于形式，走过场。特别是对一线职工的培训针对性不强，不到位。例如，对转岗到噻唑烷实验岗位的职工，未重新进行车间级和班组级安全教育；未告知职工现场物料的危险特性和工艺过程存在的危险因素；未对操作规程、应急处置措施、劳动防护用品使用进行专门培训；公司未制定相应中毒现场处置方案，未对员工进行应急救援演练；员工缺乏自救和互救技能，造成泄漏中毒事故扩大。

⑦××化工科技有限公司隐患排查制度落实不到位，对发现的隐患和问题排查整治不及时，对发现的事故苗头不重视，治理不及时。例如，噻唑烷试验岗位曾在 2016 年 10 月发生过操作人员中毒晕倒送医治疗以及其他现场人员过敏等问题，企业未认真研究分析异常原因，没及时采取整改措施整治到位，最终酿成较大事故。

⑧××化工科技有限公司未采取自动控制，本质安全水平低。噻唑烷试验岗位采取人工加料操作，致使操作人员直接暴露在有毒环境中。

⑨××化工科技有限公司劳动防护用品使用管理不规范，没有制定配备、更

换、报废相关制度，缺少劳动防护用品发放台账。

⑩HS 经济开发区新型功能材料产业园区履行属地安全监管责任不到位。对××化工科技有限公司采用合作公司不成熟的技术，擅自组织职工冒险进行噻唑烷工业化试验失察，安全生产监督检查不到位，对打非治违职责履行不到位。

（4）事故后果

本次甲硫醇泄漏事故对环境造成的影响较小，其危害主要表现在人员伤亡和经济损失方面。本事故共造成 3 人死亡、2 人受伤，直接经济损失约 500 万元。

2.2.1.12　2012 年 ZW 市××化工集团有限公司一氧化碳泄漏中毒窒息事故

（1）事故经过

2012 年 11 月 20 日 9 时左右，ZW 市××化工集团有限公司合成车间主任李某安排精炼工段再生器加铜，集团公司吊车司机刘某 A 操作吊车配合加铜。操作工康某、徐某在再生器上面，合成车间主任李某在再生器上部回流罐的钢梯平台上指挥作业。10 时 10 分左右，吊车把铜瓦吊入再生器，负责摘吊钩的康某趴在再生器入孔摘自制吊钩没有摘掉，就自行跳入再生器中摘吊钩，随即发生气体中毒。李某在没有佩戴任何防护用具的情况下，进入再生器中救人也发生气体中毒。操作工徐某趴在人孔看到两人倒下，立即呼救，随后自己也被熏晕。此时在地面负责挂钩的冯某和在压缩机岗位检修的刘某 B 闻声赶来，在未搞清再生器内是何种气体及气体浓度的情况下，戴上过滤式防毒面具进入再生器救人，也被熏倒。

闻声赶来的安全科长郭某 A 看到现场情况后制止了下罐救人，且他和调度长袁某在人孔上方也被熏倒。

（2）应急处置

调度薛某闻讯后马上给公司主管生产的副经理曹某打电话（10 时 13 分），告知再生器发生了事故，公司经理陈某、副经理曹某相继赶到事故现场组织施救，并向"120"急救中心求救。

维修工郭某 B 戴着长管式防毒面具下再生器救人，感到呼吸困难，叫喊后被人拉出人孔。薛某又戴着长管式防毒面具下再生器救人，救上来冯某和刘某 B，因体力不支，在别人的帮助下出再生器。合成车间副主任赵某佩戴长管式防毒面具下到再生器救出李某，因有中毒症状出再生器。造气车间副主任杨某戴着长管式防毒面具下到再生器救出康某。10 时 20 分左右，县人民医院救护车赶到，在现场组织对已经抬下再生器的冯某做人工呼吸、心肺复苏施救，发现冯某已无呼吸、无心跳、无颈部脉搏动。随后，刘某 B、李某、康某 3 人被抬下，医生采取了同样手段施救，3 人均无呼吸、无心跳，经诊断 4 人已经死亡。救护车将袁某、郭某 A 2 人送往县人民医院救治，随后于当晚 8 时转入宁夏医科大学总医院继续治疗。

事故发生后，自治区党委、政府领导高度重视并做出重要批示。自治区政府副主席、主席助理立即带领自治区安监局及有关部门负责人赶赴事故现场，指挥救援，前往医院看望了受伤人员，慰问了死亡人员家属。并对进一步做好事故处置、善后维稳等工作提出了明确要求：一是全力救治伤员；二是确认再生器罐内无人；三是做好善后处理工作，企业落实主体责任，政府监管保障，保证医疗费用；四是做好舆情正面引导；五是事故调查由自治区安监局、中卫市负责组织；六是 ZW 市要举一反三，召开专门会议，部署高危行业的整改，必要时，请专家对化工工艺进行分析。

（3）事故原因

直接原因：

11 月 18 日，压缩机启动，精炼工段油气分离器出口阀门未完全关闭（按照当时的流程，该阀门应处于关闭状态），煤气经该阀门进入铜塔窜入再生器。11 月 20 日上午，在加料过程中，康某等人使用自制的钢筋挂钩吊铜瓦，康某在人孔处摘钩未摘掉，在未采取任何防护措施的情况下跳入再生器中摘钩，发生一氧化碳中毒窒息。李某未采取任何防护措施，其他人在未采取可靠的防护措施的情况下盲目施救，导致事故扩大。

间接原因：

①化工公司安全责任不落实，安全管理混乱。该公司安全管理规章制度不健全（缺少安全例会、安全费用和煤气安全管理等制度），安全投入不足、安全设施（指一氧化碳等有毒有害气体泄漏、测漏报警装置）和防护器材配备不齐全。企业安全生产现场管理和检查缺失，停车检修时，没有用盲板将有毒有害介质有效隔离；检修后重新开车，没有制定完善的开车方案，未履行领导签字、审核手续，也未建立有效的生产指挥系统；开车时没有确认相关阀门的状态，造成开车时设备运行状态不明（再生器已经存在一氧化碳等有毒气体却未被发现）；且工序打通过程没有记录，改变加铜工艺后未制定详细的安全操作规程，作业随意性大。

②化工公司安全培训教育不到位。员工对岗位特别是进入受限空间的危险有害因素识别不全，安全意识淡薄，缺乏应急救援的基本常识，事故发生时未能正确选用气体防护设施，救援过程中使用的滤毒罐和长管式防毒面具防护不可靠。

③化工公司对《工业企业煤气安全规程》（GB 6222—2005）的相关规定不甚了解，没有按规定建立煤气调度室和煤气防护站，也没有对煤气设施进行严格界定，主要煤气设施缺少必要的安全信号和安全联锁装置。

（4）事故后果

本次事故造成 4 人死亡、2 人中毒，直接经济损失达 340 多万元，对环境的污染较小。

2.2.2 输、运系统故障造成的泄漏爆炸事故

2.2.2.1 1996 年××市××化工厂环氧乙烷爆炸事故

（1）事故经过

HN 省××市××化工厂破乳剂车间盛装环氧乙烷的钢瓶是 1988 年 9 月从 BJ 市某厂购进的液氯钢瓶，设计压力 2 MPa，容积 410 L，直径 600 mm。1996

年9月经 NY 市另一石油化工厂液氯钢瓶检验站检验后改装环氧乙烷。9月6日，从 NJ 市充装环氧乙烷运回后使用，此次充装是改装后第一次使用。9月24日下午，用氮气将瓶中环氧乙烷向装置压送时，因钢瓶阀门堵塞不能使用，操作工将钢瓶搬至工房中放置，26日15时36分即自行发生爆炸。车间8个窗户的玻璃几乎全被震碎，车间东北角屋顶块楼板塌落，东墙壁上部向外倾斜15 cm，爆炸造成钢瓶瓶体破裂成两块，一块飞出6 m 远，落在车间西部的冷却水中，一块落在9 m 外的东北门处。由于该厂因待料停工暂时放假，因而，除对厂房造成较大破坏外，未造成工作人员伤亡。

（2）事故原因

直接原因：

环氧乙烷钢瓶是由原液氯钢瓶经清洗、检测后灌装，瓶内残留有铁锈和氯化物。该钢瓶在爆炸前3天向计量罐卸料时，操作工又未对瓶口进行清洁处理，就直接进行了管线连接，而充氮操作前又未用氯气置换出连接软管内的空气，使软管中的空气全部进入钢瓶中，并携带了瓶口处的少量铁锈、氯化物。而环氧乙烷遇铁锈、氯化物、氧气等都可发生聚合反应，放出大量的热量，导致瓶内温度和压力的升高，当达到钢瓶极限压力，安全帽又未安装，不能及时卸压，就必然造成爆炸事故的发生。

间接原因：

①该厂没有健全压力容器档案，也没有向有关管理部门申办压力容器使用许可证和易燃易爆产品生产使用许可证。

②没有编制正规的安全操作规程，充分反映出该厂风险防范意识及安全意识淡漠，对化工生产操作工艺的严谨性、危险性认识没有提高到相当高的程度，对可能发生的事故无任何预想，以为试生产成功了就掌握了引进的技术，不会发生什么意外，没有对工艺操作进行严格的管理。

③有关技术人员缺乏与相关的专业知识，因而未能充分认识到选用该钢瓶的潜在危险，对操作人员的操作不能提出明确、科学的要求。

④该项目未申请"三同时"审查。

（3）事故后果

本次环氧乙烷泄漏事故对环境造成的影响较小。由于该厂因待料停工暂时放假，因而，除对厂房造成较大破坏外，未造成工作人员伤亡。

2.2.2.2　2017年LQ市××石化有限公司甲烷泄漏爆炸事故

（1）事故经过

2017年6月5日0时58分，物流公司驾驶员唐某驾驶液化气运输罐车经过长途奔波、连续作业后，驾车驶入石化公司并停在10号卸车位准备卸车。

唐某下车后先后将10号装卸臂气相、液相快接管口与车辆卸车口连接，并打开气相阀门对罐体进行加压，车辆罐体压力从0.6 MPa上升至0.8 MPa以上。0时59分10秒，唐某打开罐体液相阀门一半时，液相连接管口突然脱开，大量液化气喷出并急剧气化扩散。正在值班的石化公司韩某等现场作业人员未能有效处置，致使液化气泄漏长达2分10秒，很快与空气形成爆炸性混合气体，遇到点火源发生爆炸，造成事故车及其他车辆罐体相继爆炸，罐体残骸、飞火等飞溅物接连导致1 000 m³液化气球罐区、异辛烷罐区、废弃槽罐车、厂内管廊、控制室、值班室、化验室等区域先后起火燃烧。现场10名人员撤离不及时，当场遇难，9名人员受伤。

（2）应急处置

事故发生后，企业员工立即拨打"119""120"报警，迅速开展自救互救，疏散撤离厂区人员，紧急关闭装卸物料的储罐阀门、切断气源等。LQ市委、市政府和开发区管委会主要领导接到事故报告后，立即启动重大事故应急预案，赶赴事故现场，成立了由LQ市市长任总指挥的事故救援指挥部，下设现场救援、后勤保障、安抚救治、事故调查、新闻发布5个工作组，迅速协调组织专业救援队伍、技术专家和救援设备等各方面力量科学施救、稳妥处置，全力做好冷却灭火、人员疏散与搜救、伤员救治、处置保障、道路管控、环境监测、舆情导控等处置工作。省公安厅、省消防总队、省安监局等省有关部门负责人连夜赶赴事故现场，调集救援力量，研究防范措施，指导救援工作。省消防总队共调集了8个消防支队，组成13个石油化工编组和23个灭火冷却供水编队，动用189辆消防车、7套远程供水系统、76门移动遥控炮、244 t泡沫液、958名官兵到场处置，经过15个小时的救援，罐区明火被扑灭，未造成任何次生灾害事故发生。

明火扑灭后，现场指挥部迅速组织有关专家认真分析、研判事故现场情况，科学制定失联人员搜救和应急处置方案，立即组织力量展开援救工作，截至6月6日10时，共找到10具遇难者遗骸。至此，事故遇难人数达到10人，经过DNA比对，于6月7日全部确认身份。

（3）事故原因

肇事罐车驾驶员长途奔波、连续作业，在午夜进行液化气卸车作业时，没有严格执行卸车规程，出现严重操作失误，致使快接接口与罐车液相卸料管未能可靠连接，在开启罐车液相球阀瞬间发生脱离，造成罐体内液化气大量泄漏。现场人员未能有效处置，泄漏后的液化气急剧气化，迅速扩散，与空气形成爆炸性混合气体并达到爆炸极限，遇点火源发生爆炸燃烧。液化气泄漏区域的持续燃烧，先后导致泄漏车辆罐体、装卸区内停放的其他运输车辆罐体发生爆炸。爆炸使车体、罐体分解，罐体残骸等飞溅物击中周边设施、物料管廊、液化气球罐、异辛烷储罐等，致使2个液化气球罐发生泄漏燃烧，2个异辛烷储罐发生燃烧爆炸。

据分析，引发第一次爆炸可能的点火源是石化公司生产值班室内在用的非防爆电器产生的电火花。

（4）事故后果

甲烷泄漏爆炸事故对环境的影响较小，其危害主要体现在人员伤亡和经济损失方面，此事故共造成10人死亡、9人受伤，直接经济损失达4 468万元。

2.2.2.3 2016年1月××市××区甲烷泄漏爆炸事故

（1）事故经过

2016年1月25日4时9分42秒，居住在××市××区某栋楼半地下一层北侧保安备勤室的保安黄某，起床开灯时发生爆燃，导致室内起火。居住在南侧保安备勤室的保安白某，听见爆燃声，立即起床让同屋的其他4名保安撤离，并将北侧保安备勤室的门打开，发现屋内的黄某等3名保安身上已着火，白某随即带着他们冲向一层室外。4时16分46秒，半地下一层发生第二次爆燃，未造成人员二次伤害。"119"消防人员及"120"急救人员陆续到达现场，消防人员立即展开扑救，"120"急救人员将伤者送到医院救治。5时18分，大火被扑灭。

（2）应急处置

××市环保局接报后立即启动应急预案，赶赴现场开展调查处置工作。应急人员对爆炸点周围200 m及沿街管线检查井进行大气环境实时监测。经测，周围200 m 范围内大气环境未有异常，部分检查井内甲烷浓度较高，已超出仪器的最高限值。市、区两级环保部门应急人员迅速向指挥部建议：一是严格控制现场火源，防止再次发生爆燃；二是封锁十字路口周边200 m 道路；三是疏散十字路口周边商户人群；四是尽快调度天然气、液化气相关管理部门彻查泄漏点；五是持续监测大气、检查井可燃气体浓度变化情况。应急人员的处置建议为现场指挥部的决策提供了技术支撑。

（3）事故原因

直接原因：

某市政公司作为污水工程施工单位，在顶管作业完成后，未及时消除顶管作业坑加固结构圈梁从下方支撑燃气管线的安全隐患，最终导致燃气管线不均匀沉降，焊口开裂，天然气泄漏，发生事故。

间接原因：

①BSBD 公司作为工程监理单位，审核通过了施工单位顶管工作坑的施工方

案，在顶管作业完成后，未及时督促施工单位消除加固结构圈梁从下方支撑燃气管线的安全隐患，致使安全隐患长期存在，最终导致燃气管线不均匀沉降，焊口开裂，天然气泄漏，发生事故。

②燃气集团作为燃气管线运行维护的主责单位，在配合污水工程施工过程中，未及时督促施工单位消除顶管工作坑加固结构圈梁从下方支撑燃气管线的安全隐患，致使隐患长期存在，最终导致燃气管线在构筑物的支撑下发生不均匀沉降，焊口开裂，天然气泄漏，引发事故。

（4）事故后果

此次事故造成 3 人受伤，无人死亡。应急人员及时消除了危险，未造成环境污染。

2.2.2.4　2011 年 HEB 市甲烷泄漏爆炸事故

（1）事故经过

2011 年 5 月 25 日 19 时 30 分，HEB 市 84 路公交车终点（停车场）液化石油气加气罐发生爆炸，现场火光冲天，附近部分居民家中玻璃受损。现场共有 56 个液化石油气加气罐，其中有 16 个发生爆炸，消防人员抢出剩余 40 个。20 时 40 分将火扑灭，过火面积为 500 m^2。爆炸和燃烧造成两处平房及临近民工宿舍部分过火，共有 6 台大客车及 1 台货车被烧毁。爆炸现场附近有 1 个冷库，内存制冷用氨气 4 m^3，未造成氨气泄漏。

（2）应急处置

HEB 市公安消防支队指挥中心接警后，立即调派 AJ、DL、GX 公安消防中队力量，以及 DL 区公安消防大队指挥员赶赴灾害现场，市消防支队全勤指挥部出动。

9 时 42 分，AJ 中队行驶至达道街时，听到灾害现场方向发出爆炸声，并伴有浓烟，火光冲天。到场后通过外部观察，以及向现场知情人询问了解情况得知，现场内存有大量液化气储气钢瓶，并连续发生爆炸，经初步侦查未发现被困人员，存放在 84 路公交车停车场院内的 5 台公交车及 1 台液化气储气钢瓶运输车全部起火，并向邻近的 4 台公交车及东、西两侧的施工人员住宿区和氨气冷库蔓延，火势处于猛烈燃烧阶段。支队全勤指挥部得知现场情况后，立即向省公安消防总队指挥中心报告，并调派 QL 消防中队、开发区消防中队 2 台 35 t 水罐消防车、1 台 18 t 水罐消防车、TYD 消防中队 2 台 35 t 消防车、PF 消防中队 2 台 18 t 水罐消防车到场增援。

AJ 中队按照支队指挥部部署，组织攻坚组出 1 支水枪对北侧起火库房进行控制并截断火势向渔业冷库蔓延；组织第二灭火组出 1 支水枪对西侧起火车辆火势进行控制；第三灭火组出 1 支水枪对南侧起火民工宿舍火势进行控制第四战斗小组对现场进行搜救，并对泄漏钢瓶进行转移，使用中队 2 台大功率水炮对现场火势进行压制并进行现场照明。GX 中队到场后，从西北方向控制火势，防止向居民住户蔓延；DL 中队到场后，从西南侧办公楼顶对火灾现场实施压制，防止向南面民工宿舍和东面的环桥小区蔓延。

20 时 10 分，支队 QQ 指挥部、QL 中队、开发区中队、PF 中队、TYD 中队相继到达现场。指挥部命令 GX、DL 两中队由东、南两面控制火势命令 AJ、QL 两中队在西面控制火势，消除火势对冷库的威胁。火势于 20 时 40 分基本得到控制。

21 时 20 分，省消防总队总队长、后勤部部长到达现场；21 时 40 分，市政法委、市公安局领导到达现场。总队长要求参战力量运用远程射水灭火，佩戴好个人防护装备，对现场进行全面细致的搜索，确保无被困人员，防止复燃复爆。

23 时 45 分，火灾彻底扑灭。经清理现场统计共存有 56 个液化气钢瓶，其中爆炸钢瓶 16 个、泄漏钢瓶 11 个，烧毁车辆 6 台。参战力量对现场又进行了 3 次反复细致的搜索，确保无人员被困，无复燃复爆可能，并对火灾现场进行看护至 26 日 6 时 57 分，所有参战力量撤离。此次火灾扑救保护了现场 3 000 m² 面积免受火灾侵害，现场无一人伤亡。

（3）事故原因

某路公交车使用燃气作为燃料，爆炸为公交车在加气环节操作不慎引起。

相关专家对公交车辆加气站发生爆炸事故原因进行技术分析认为：

①汽车发动机燃烧不充分，排气管温度过高。

车辆排气管配置了假冒和伪劣商品的汽车防火罩，未按《消防法》规定进入危险品场所必须配置符合国家标准的汽车防火罩。上述原因可能导致汽车发动机排气管喷出火星火焰与气体混合，引发危险品场所加气站发生爆炸。

②汽车上配置了伪劣商品的汽车导静电拖地带，或未按《交通法》规定配置符合国家交通行业标准《汽车导静电橡胶拖地带》（JT/T 230—1995）[①]的汽车导静电橡胶拖地带，产生静电导致的车辆爆炸。

（4）事故后果

本次事故造成两处平房及临近民工宿舍部分过火，共有 6 台大客车及 1 台货车被烧毁，但由于处置及时，未造成氨气泄漏，对环境的污染较小。

2.2.2.5 2015 年 RZ 市××科技石化有限公司石油气泄漏爆炸事故

（1）事故经过

2015 年 7 月 16 日 7 时 39 分，××科技石化有限公司（以下简称科技公司）液化烃球罐在倒罐作业时发生液化石油气泄漏着火引起爆炸，在事故救援过程中造成 2 名消防队员受轻伤，直接经济损失 2 812 万元。

（2）应急处置

①企业应急处置情况

事故发生时，最先发现泄漏起火的是 7 号罐进行刷漆作业的两名外来施工女工，2 人迅速向东北方向安全撤离。企业当班人员发现火情后，立即向车间值班人员报告，值班人员报告调度室，调度室安排值班人员将消防水提压喷淋，并向

---

① 目前，该标准更新为《汽车导静电橡胶拖地带》（JT/T 230—2021）。

企业值班人员、企业领导报告。约 7 时 43 分，科技公司消防队出动消防车在第一时间到达现场实施救援。车间值班人员和当班操作工人启动消防水泵对 7 号、9 号、11 号罐实施喷淋冷却，但水泵因跳闸停止工作，造成水压不足，只有 11 号罐喷水；经调整后，消防水泵重新启动，喷淋冷却系统重新运行。8 时 40 分左右，车间设备管理员抽出 311 罐区界区瓦斯线总管上的盲板，开启界区阀门，试图点燃火炬，可能因界区阀开启程度不够，火炬没有点燃。欲再次开阀时，罐区发生第一次爆炸，操作人员随即进行紧急撤离。

②应急救援情况

市、区两级政府接到报告后，立即启动应急预案，市、区两级主要领导、分管领导及有关部门立即赶赴现场，组成应急救援指挥部，成立现场处置专家组，研究确定救援方案，组织疏散相关人员。市消防指挥中心接到报警后，立即启动四级火警响应预案，调派 9 个消防中队、32 辆消防车、215 名官兵，以及 7 个企业专职消防队、13 辆消防车、78 名消防员赶赴现场处置，并请求省消防总队调集 QD、LQ、JN、DY、LYG 等周边地区救援力量增援。从 7 时 43 分开始，科技公司及市、区消防队和周边 6 家企业消防队陆续到达现场实施救援。

根据现场火势发展情况，为保证救援人员人身安全，指挥部研究确定撤出现场救援力量，随后相邻 8 号罐和 6 号罐相继发生爆炸。现场指挥部迁至火灾现场 3 000 m 外，再次召开会议，研究确定了维持稳定燃烧、确保人员安全的处置方案，制定了防止发生次生灾害的方案，并安排无人机及两组人员进一步侦察。16 日 14 时左右，火势减小后，消防人员进入现场，持续对罐区进行喷水降温，避免二次事故和次生灾害的发生。

③余料处置情况

7 月 18 日，RZ 市政府专门成立现场处置工作组，下设质监、消防、环保、安全保卫、企业应急处置 5 个专业小组，并邀请 LZ 石化中国石油和化学工业联合会、LY 石化等单位的 9 位专家成立专家组，提供现场处置技术支持。经过现场处置工作组和专家多次现场勘察及会议讨论审核，于 7 月 27 日确定了《"7·16"

事故后液态烃储罐余料处置方案》，制定了科学的处置措施，并编制了 19 个配套专项方案。余料处置工作从 8 月 6 日开始，处置过程中实行全岗位、全过程、全天候现场监护，截至 8 月 18 日，总计 1 100 t 余料已全部处置完毕。

（3）事故原因

直接原因：

科技公司在进行倒罐作业过程中，违规采取注水倒罐置换的方法，且在切水过程中无人现场值守，致使液化石油气在水排完后从排水口泄出，泄漏过程中产生的静电放电或消防水带剧烈舞动金属接口及捆绑铁丝与设备或管道撞击产生火花引起爆燃。由于厂区没有仪表风，气动阀临时改为手动操作并关闭了 6 号罐的根部手阀，事故发生后储罐周边火势较大，不能进入现场打开根部手阀、紧急切断阀和注水线气动阀，无法通过向 6 号罐注水的方式阻止液化石油气继续排出；罐顶安全阀前后手动阀关闭，瓦斯放空线总管在液化烃罐区界区处加盲板隔离，无法通过火炬系统对液化石油气进行安全泄放。上述重要安全防范措施无法正常使用，是导致本次事故后果扩大的主要原因。

间接原因：

科技公司安全生产主体责任不落实：

①严重违反石油石化企业"人工切水操作不得离人"的明确规定，切水作业过程中无人在现场实时监护，排净水后液化气泄漏时未能第一时间发现和处置。

②企业违规将罐区在用球罐安全阀的前后手阀、球罐根部阀关闭，将低压液化气排火炬总管加盲板隔断。

③通过罐顶部低压液化气管线，采用倒出罐注水加压、倒入罐切水卸压的方式进行倒罐操作，存在很大安全风险，企业没有制定倒罐操作规程，未对作业过程进行预先危险性分析，没有安全作业方案，没有进行风险辨识。

④未按照规定要求对重大危险源进行管控，球罐区自动化控制设施不完善，仅具备远传显示功能，不能实现自动化控制；紧急切断阀因工厂停仪表风改为手动，失去安全功能。

⑤100 万 t/a 含硫含酸重质油综合利用装置项目，2014 年 10 月取得试生产（使用）方案备案告知书前属非法生产。

⑥操作人员未取得压力容器和压力管道操作资格证，属无证上岗。

⑦安全培训不到位，管理人员专业素质低，操作人员刚刚从装卸站区转岗到球罐区工作，未经转岗培训，岗位技能不足。

（4）事故后果

本次石油气泄漏爆炸事故对环境的影响较小，其危害主要体现在人员伤亡和经济损失方面，共造成 2 名消防队员受轻伤，直接经济损失达 2 812 万元。

2.3 设备状态异常造成的事故案例

2.3.1 设备状态异常造成的泄漏事故

2.3.1.1 2013 年 QZ 市××氯碱公司氯气泄漏事故

（1）事故经过

2013 年 6 月 3 日早上 6 点左右，位于 QZ 市的××氯碱公司发生一起氯气泄漏事故，造成 39 人出现氯气刺激性反应症状。

（2）应急处置

QZ 市 QG 区环保部门立即赶到现场，指导企业采取紧急停车、疏散转移人员（31 人）、对烧碱车间氯气系统进行抽负压到事故塔处置等应急措施，迅速切断污染源，及时有效处置污染物，事故得到有效控制。

（3）事故原因

直接原因：

××氯碱公司烧碱车间氯压机四级氯气冷却器列管严重腐蚀穿孔，造成氯气较大量的泄漏，进入循环水系统，然后在冷却水池中析出，并扩散到大气中，造成周边接触到氯气的部分群众身体不适。

间接原因：

①××氯碱公司对安全管理重视不够，工艺管理、设备管理、异常状况分析、突发事件应急处置等制度落实不到位；部门之间沟通协调不够，个别员工责任心不强，业务水平较低。

②2013 年 5 月 27 日，××氯碱公司烧碱车间盐酸 C 炉垫片泄漏后，工作人员对 C 炉垫片泄漏的风险管控不够，未组织人员采取有效措施进行处置。

③发生事故的氯压机氯气冷却器存在未登记注册的问题，××氯碱公司对其定期检测和日常维护管理不够到位。

④FJ 省锅炉压力容器检验研究院石化设备检验中心对××氯碱公司 17 台压力容器（包括发生事故的氯压机氯气冷却器）未登记注册的情况报告不及时。QZ 市质监局未及时派员对××氯碱公司 17 台未登记注册压力容器进行专项检查。

⑤QG 区环保局应急处置过程中信息报告不及时，要素不齐全。QG 区安监局对氯碱公司的日常监督检查不够全面。

（4）事故后果

事故共泄漏 20 kg 氯气，导致 39 人出现氯气刺激性反应症状。环保部门及时有效地处置了污染物，事故得到有效控制，未造成人员伤亡和较大环境污染。

2.3.1.2　2017 年 XT 市 YHHL 镇盐酸泄漏事故

（1）事故经过

2017 年 1 月 30 日 10 时左右，XT 市环保局接到市应急办电话：YH 区 HL 镇发生盐酸泄漏事件，可能对周边环境造成影响。市环保系统同区政府和消防部门一起妥善处置了这起突发环境事件。

（2）应急处置

①现场处置

XT 市环保局接到通知后，值班领导某书记立即带领春节值班的环境监察、环境监测、YH 区环保局等应急人员赶往现场处置。YH 区政府已紧急调取石灰砂石，由消防人员对泄漏盐酸进行了覆盖，泄漏的盐酸基本控制在厂区范围内，未流入外环境。

②应急监测

市环保局安排监测人员在事故发生点附近进行现场监测，未发现泄漏盐酸对周边空气环境造成大的影响。

（3）事故原因

造成此次事故的原因是一私人老板储存盐酸未定期检查储罐，疏于管理导致储罐阀门遭腐蚀发生泄漏。

（4）事故后果

由于 XT 市环保系统迅速的响应和有效的措施，同区政府、消防部门一起妥善处置了这起突发环境事件，事故未对周边空气环境造成较大的影响，同时已安排相关人员将石灰中和废弃物送往有资质单位处置。

2.3.1.3　2016 年 DL 市 ZD 高速盐酸罐车泄漏事故

（1）事故经过

2016 年 8 月 15 日 12 时 30 分，一辆装载约 9 t 浓盐酸的罐车在 DL 市 ZH 开往 DL 方向 CZT 路段因罐体焊点裂开导致盐酸泄漏，罐体内盐酸基本全部泄漏，泄漏盐酸流到路边沟渠。

（2）应急处置

①现场处置

事发地周边 1.5 km 范围内没有敏感人群，事发地周边没有饮用水水源地。现场救援人员调来空罐车将事故罐车内剩余少量盐酸倒出，消防人员使用消防水进行洗消。

②应急监测

经现场监测，事故点周边 10 m 范围内可以闻到较强刺激性酸味，盐酸监测结果为距事故点下风向 5 m 处 7.4 mg/m³，超标 36 倍（标准为 0.2 mg/m³）；下风向 10 m 处 0.8 mg/m³，超标 3 倍；下风向 20 m 处未检出，监测结果表明事故对事故点 20 m 以外区域没有造成明显影响。监测人员对受污染土壤进行采样，送往实验室分析。应急救援人员对消防水进行了围堵，专业危废处置队伍对沟渠内水进行加生石灰中和处理，对事故点周边被污染土壤进行清运处置。共清理酸污泥 26 桶（约 6 t），均运至专业危废处置企业进行安全处置。

（3）事故原因

因罐车罐体焊点裂开导致盐酸泄漏。

（4）事故后果

处置清理后的土壤监测结果符合国家标准，事故得到了妥善处置。未对周边居民及环境造成较大伤害。

2.3.1.4　2014 年 SY 市××制冰厂液氨泄漏事故

（1）事故经过

2014 年 6 月 24 日 22 时 40 分，位于 SY 市××制冰厂发生氨气泄漏。

（2）应急处置

①现场处置

事故发生后，SY 市政府高度重视立即启动了突发事故应急预案，组织安监、消防、环保等部门开展应急处置工作，现场处置小组通过采取人员疏散、查找封堵漏点、稀释氨气等紧急措施对事故进行了妥善处理。事故未造成人员伤亡和环境灾害。

②应急监测

当天，环保监测站工作人员对附近水体进行了严密监测，分别在不同时间段对事发区域的地下水及附近居民家中饮用水水质情况进行采样检测。检测结果显示，地下水和附近居民饮用水 pH 正常，未受到此次事故影响。6 月 25 日中午，环保部门再次采样，当地地下水和附近居民饮用水以及附近河下游水质 pH 均为正常。

（3）事故原因

制冰厂设备陈旧，管道腐蚀严重，导致液氨在管道输送过程中泄漏。

（4）事故后果

制冰厂附近都是居民楼，但事故发生后各部门处置及时，未造成人员伤亡及明显的环境影响。

2.3.1.5　2015 年 HD 市××化工有限公司液氨泄漏中毒窒息事故

（1）事故经过

2015 年 11 月 28 日 17 时，HD 市××化工有限公司化二车间乙班合成操作工董某、吕某等 3 人接班后开始工作（乙班工作时间为 28 日 17 时—29 日 1 时），董某负责放氨及装车，李某 A 负责操作合成塔炉温。董某接班后首先对液氨储罐区进行了安全巡检，在确认系统正向 2 号液氨储罐放氨后，回到液氨储罐区计算机监控室值班，值班过程中计算机监控显示 2 号液氨罐的压力和液位均在正常范围内。当时有 2 台液氨槽车（东西方向停放）在装车处等待装车。19 时 56 分左右，董某在计算机监控室值班，突然听到外面"咚"的一声响，立即跑出察看，发现 2 号液氨储罐南半部上端液氨发生泄漏，急忙用对讲机通知合成塔操作工吕某，告诉他 2 号罐液氨泄漏了，让他赶紧把 1 号液氨储罐进氨阀打开，关闭 2 号液氨罐进氨阀，然后跑至调度室，向值班调度陈某报告事故情况。陈某听到响声正出来察看情况，接到报告后立即启动应急预案，在电话通知甲醇岗位人员撤离的同时，分别向化二车间主任李某 B、生产副总经理张某、董事长杨某及安全科长于某等人通报事故情况。

（2）应急处置

公司领导杨某、张某等接到报告后，立即电话通知值班调度陈某组织人员打开液氨储罐水喷淋，用消防栓向液氨储罐喷水以吸收泄漏液氨。20 时 6 分左右，杨某、张某等来到现场后，立即组织人员抢险救援，拨打"120""119"电话求助，并向县安监局、县委、县政府报告事故情况。县委、县政府迅速启动应急预案，全力组织救援。20 时 15 分左右，邱县消防大队到达现场，迅速协同企业抢险人员实施喷水、吸收泄漏液氨和堵漏作业，并在液氨罐区周围搜救事故伤亡人员。21 时 15 分左右，现场施救人员将泄漏点（备用液氨进料口法兰盲板）重新固定好，2 号液氨储罐泄漏消除。

（3）事故原因

直接原因：

2 号液氨储罐备用液氨接口固定盲板所用不锈钢六角螺栓不符合设计要求，且其中 2 条螺栓断裂造成事故发生。

间接原因：

①施工（维修）管理不严。企业有关人员在进行液氨储罐安装施工、大修和日常检查中，未严格按照设计要求进行安装施工、配件更换和隐患排查，造成所用不符合设计要求的螺栓隐患长期存在，直至事故发生。

②应急措施不到位。甲醇控制室、精醇操作室没有配备防氨气泄漏的防护用品，致使发生大量氨气泄漏时，甲醇控制室、精醇操作室人员未佩戴防护器材或采取其他有效措施安全撤离。企业对外来人员及厂内从业人员应急培训针对性、实用性不强，组织应急演练覆盖面窄，岗位风险辨识不全，未全面考虑有毒有害气体影响范围和后果。

③入厂车辆管理制度未落实。相关人员未严格执行不作业车辆不得在现场停留的规定，致使危货运输车辆在液氨储罐区等待装车。

④特种设备管理制度执行不严。特种设备检修没有严格落实经常性维护保养和定期自行检查等有关规定，相应制度落实不到位，存在管理盲点。

（4）事故后果

本次事故造成 3 人死亡、8 人受伤，直接经济损失约 390 万元。

2.3.1.6　2009 年 CF 市××制药集团液氨泄漏事故

（1）事故经过

2009 年 8 月 5 日 8 点 45 分左右，CF 市××制药集团内，一辆 FS 市××化工厂装载约 30 t 液氨的罐装车在卸载液态氨过程中，金属软导管突然发生破裂，造成氨泄漏，致使 21 人出现中毒症状。

（2）应急处置

××制药集团在紧急自救的同时，迅速将该事件初步情况报告当地政府和公安部门。8 月 5 日 8 时 55 分左右，CF 市环保局接到报告后立即电话上报市政府应急办公室，同时启动突发环境事件应急预案，组成综合协调组、现场监测组、水污染事故处理组、信息报送组、应急专家组开展工作。信息报送组在第一时间电话上报自治区环境监察总队应急信访室后，自治区环境监察总队立即将事件发生的初步情况报告环境保护部环境应急与事故调查中心，并及时将处理该事故的续报和处理情况上报环境保护部。9 时 10 分，HS 区政府街道报告后当地公安部门及时封锁控制现场，消防部门用消防水对泄漏液氨进行降温稀释，控制氨气挥发。随后监察人员到达现场，立即与第一批到达现场的消防人员开展现场人群疏散工作，并对现场进行了拍照取证。10 时 15 分左右关闭了罐车阀门，10 时 20 分左右彻底切断泄漏源。1 小时 30 分钟后，事故现场基本处置完毕。

现场监测组针对液氨泄漏过程中产生的氨气污染和消防冲洗水可能造成的环境危害开展了设点布控、取样监测工作。综合协调组为防止含液氨消防冲洗水可能对污水处理厂造成冲击，立即通知 CF 市中心城区污水处理厂紧急关闭入水阀门，暂时停止运行，通知 HS 区 HMZ 镇水利公司关闭 HMZ 灌区进水口。应急专家组根据信息组提供的现场信息，提出了水污染应急处置方案和建议。应急专家组根据信息组提供的现场信息，提出了水污染应急处置方案和用盐酸溶液稀释建议，并通过综合协调组责成××制药厂应急车辆配制盐酸溶液。水污染事故处理组派出三组人员对流入英金河道的碱性消防冲洗水团进行追踪监测，对从闸口开始向下游的 1 500 m、2 500 m、4 000 m、4 900 m 梯次进行了现场监测，随时掌握河道水质变化情况和污染水团运动规律，用 8 t 酸溶液对污水团进行了中和处理。通过稀释中和，并及时通报有关可能被危害的对象，减轻和消除了因液氨泄漏造成周围环境污染。到 8 月 6 日，大气、地下水、地表水监测结果均符合综合排放标准标准值，氨氮的监测值与 8 月 5 日监测值相比有了大幅下降，与常规生活污水接近；XNH 监测点英金河断流，下游水体没有受到氨水污染水团影响。

（3）事故原因

液氨罐车自带卸车金属软管表面老化，磨损严重，导致液氨泄漏，并且罐体的紧急切断阀失灵，液氨泄漏后罐车司机马上到车尾部关闭紧急切断阀，阀门失灵，未能及时切断泄漏源。此外，液氨罐车存在"超核定载重"现象，该液氨罐车核定载重 24.3 t，实际充装约 30 t。

（4）事故后果

由于事故处置及时，未对环境造成较大污染，事故的危害主要体现在人员伤亡方面，共导致 21 人出现中毒症状。

2.3.1.7　2000 年 JD 市××化工有限责任公司液氨泄漏事故

（1）事故经过

2000 年 12 月 17 日 0 时 50 分左右，JD 市××化工有限责任公司（该公司主要从事有机胺系列、香精香料系列、过氧化物系列、合成氨及其他精细化学品系列产品生产经营）合成氨厂液氨贮槽区发生液氨泄漏，当班操作工发现后立即跑到岗位操作台按下循环压缩机停车按钮，打开合成系统放空阀，并通知其他岗位操作工紧急停车，人员撤离，同时向"119"和"120"报警求助。泄漏的氨气迅速扩散，厂区附近的居民发现有人出现头昏、恶心等症状，并向"110"报警。

（2）应急处置

事故发生后，JD 市有关领导和消防、急救等部门立即赶往事故现场，全力组织救援和处置。救援队伍赶到现场时，泄漏的氨气已严重影响周边 400 m 的区域，附近已有不少群众中毒。救援人员一方面将中毒群众紧急送往医院抢救，另一方面紧急疏散附近群众，在最短的时间内将附近居民及厂区内职工全部迅速转移到安全地带，并有效地控制了液氨的泄漏区域。同时，HZ 市消防部门在接到有关报警后，也迅速赶往增援。由于救援现场复杂，风向较乱，四处弥漫毒雾，给救援工作带来困难。事故发生后将近 5 个小时，现场情况有所好转，合成岗位岗长和消防员身穿防氨服、佩戴呼吸器，进入现场关闭贮槽阀门，切断与泄漏处相连的管线，液氨停止外泄。

（3）事故原因

直接原因：

事故调查组对 3 号贮槽管路系统使用的阀门进行检查，发现破裂处周围最小壁厚仅 2.3 mm，沿整个破裂处，周围平均壁厚也只有 3.75 mm，这与标准规定的最小壁厚 9 mm 差距很大，不符合《通用阀门铁制截止阀和升降式止回阀》（GB/T 12233—1989）[①]标准。因此，阀门壁厚严重不足是造成本起泄漏事故的直接原因。

间接原因：

①××化工有限责任公司企业内部管理制度不健全，制度执行不严，阀门试压组人员对阀门安装前的检验试压工作不彻底。

②该公司液氨贮槽区的选址不合理，安全间距不符合有关规定，造成了周围居民的死伤。

③该公司虽然制定了化学事故应急救援预案，但应急救援措施未落实，应急救援和事故抢险器具不配套，事故救援器具不足，延误了事故应急处理和救

---

① 目前，该标准更新为《通用阀门铁制截止阀与升降式止回阀》（GB/T 12233—2006）。

援工作。

（4）事故后果

液氨泄漏事故造成周围群众 17 人中毒，其中 4 人死亡，直接经济损失达 90 余万元。经采取有效防治措施，基本控制住了泄漏，没有造成大的污染危害。

2.3.1.8 2009 年 LF 市××钢铁公司煤气泄漏事故

（1）事故经过

2009 年 8 月 24 日 18 时 20 分，LF 市××钢铁公司在引用 3 号高炉煤气对 1 号高炉进行烘炉时，3 名工人在置换煤气操作中发生煤气泄漏，致使 3 人当场中毒，在施救过程中，又有 3 人中毒。

（2）事故原因

公司设备关键部位老化，造成煤气泄漏。操作人员未按规定携带报警器及呼吸器具，造成中毒事件。且施救人员在没有个体防护装备的情况下，进行盲目施救，致使事故进一步扩大。

（3）事故后果

本次煤气泄漏事故对环境造成的影响较小，其危害主要表现在人员伤亡方面。本次事故共造成 3 人死亡、3 人受伤。

2.3.1.9 2009 年 XT 市××金属制品有限公司煤气泄漏事故

（1）事故经过

2009 年 8 月 21 日 21 时 30 分，XT 市××金属制品有限公司 4 名工人到除尘器平台上进行开箱体阀门引煤气、关放散阀门等操作。由于一些设备关键部位老化，煤气大量下泄，而 4 人又未按规定佩戴防毒面具，造成当场中毒熏倒，后又有 3 人盲目施救，相继中毒，共造成 6 人死亡、1 人受伤。

（2）事故原因

一些设备关键部位老化，造成煤气泄漏。操作人员未按规定携带报警器及呼吸器具，造成中毒事件。且施救人员在没有个体防护装备的情况下，进行盲目施救，致使事故进一步扩大。

（3）事故后果

本次煤气泄漏事故对环境造成的影响较小，其危害主要表现在人员伤亡方面。本次事故共造成 6 人死亡、1 人受伤。

2.3.2 设备状态异常造成的泄漏爆炸事故

2.3.2.1 2013 年 BZ 市××供气有限公司煤气泄漏爆炸事故

（1）事故经过

BZ 市××供气有限公司气柜自 2012 年 9 月 28 日投用后，运行基本正常。2013 年 9 月 25 日后，气柜内活塞密封油液位呈下降趋势；9 月 3 日后，气柜内 10 台气体检测报警仪频繁报警；10 月 1 日后，密封油液位普遍降至 200 mm 以下［正常控制标准为（280±40）mm］。对以上异常，××供气有限公司二分厂化产车间操作人员多次报告，二分厂负责人一直没有采取相应措施。10 月 2 日，供气公司安全部下达隐患整改通知书，要求检查气柜可燃气体报警仪报警原因等。10 月 5 日 11 时，化产车间检查发现气柜内东南侧 6～7 个柱角处有漏点，还有 1 处滑板存在漏点；二分厂负责人对此也未采取相应安全措施，而是安排于当日 16 时恢复气柜运行，17 时左右报警显示气柜内 2～3 个监测点满量程报警。10 月 6 日后，气柜内一氧化碳气体检测报警仪继续报警，企业仍未采取有效措施。其间，联系了设备制造厂准备对气柜进行检修。10 月 8 日凌晨开始，气柜低柜位运行。8 时至事故发生前，气柜内 10 台检测报警仪全部超量程报警，10 时 54 分至 13 时密封油液位 2 个监控点出现零液位，13 时至 15 时液位略有回升，15 时至 17 时再次降至零液位。17 时 45 分，气柜当班操作人员开始对气柜周围及密封油泵房等区域进行巡检。17 时 56 分 34 秒左右（校准后的北京时间），气柜突然发生爆炸。爆炸造成气柜本体彻底损毁，周边约 300 m 范围内部分建构筑物和装置坍塌或受损，约 2 000 m 范围内建筑物门窗玻璃不同程度受损，同时引燃了气柜北侧粗苯工段的洗苯塔、脱苯塔及回流槽泄漏的粗苯和电厂北侧地沟内的废润滑油，形成大火。

（2）应急处置

气柜爆炸后，××供气有限公司及其周边大面积停电，厂区部分区域燃起大火，现场一片混乱。企业职工立即拨打"120""119"报警，迅速开展自救，搜寻离伤亡人员，关闭煤气管道和化产系统各单元进出口等。BX 县委、县政府及其安监、公安、消防、环保、卫生、医院等部门单位于 18 时 45 分左右陆续赶到事故现场，启动应急预案，组建应急处置领导小组，开展事故救援工作。BZ 市委、市政府及其有关部门于 20 时 50 分左右陆续赶到事故现场指挥救援，部署开展事故抢救、伤员救治及善后处理工作。当晚 21 时左右，爆炸引发的 5 处着火点被成功扑灭，焦化装置全线停车，煤气放散开启并点燃，事故现场部分装置继续采取冷却喷淋等措施，避免了二次事故和次生灾害的发生。在事故应急处置过程中，BX 县委、县政府组织指挥不力，人员搜救工作不到位。主要指挥人员长时间在厂区外指挥，对现场情况缺乏直接了解，减弱了对现场处置情况的有效控制，没有组织强有力的专业施救队伍，主要依靠企业搜救事故伤亡人员，对事故现场人员、车辆管控不严，致使供气公司先后将 5 名死亡人员转移隐瞒，还有 1 名死亡人员直至 10 日上午才从事故现场找到，又被企业转移隐瞒。

（3）事故原因

直接原因：

气柜运行过程中，因密封油黏度降低、活塞倾斜度超出工艺要求，致使密封油大量泄漏、油位下降，密封油的静压小于气柜内煤气压力，活塞密封系统失效，造成煤气由活塞下部空间泄漏到活塞上部相对密闭空间，持续大量泄漏后，与空气混合形成爆炸性混合气体并达到爆炸极限，遇气柜顶部 4 套非防爆型航空障碍灯开启，或者气柜内部视频摄像头和射灯线路带电，或者因活塞倾斜致使气柜导轮运行中可能卡涩或者与导轨摩擦产生的点火源（能），发生化学爆炸。

间接原因：

①违章指挥，情节恶劣

在发现气柜密封油质量下降、油位下降，一氧化碳检测报警仪频繁报警等重大隐患及接到职工多次报告时，企业负责人不重视，也没有采取有效的安全措施。特别是事发当天，在气柜密封油出现零液位、检测报警仪满量程报警、煤气大量泄漏的情况下，企业负责人仍未采取果断措施、紧急停车、排除隐患，一直安排将气柜低柜位运行、带病运转，直至事故发生。

②设备日常维护管理问题严重

气柜建成投入运行后，企业没有按照《工业企业煤气安全规程》（GB 6222—2005）的规定，对气柜内活塞、密封设施定期进行检查、维护和保养，对导轮轮轴定期加注润滑脂等。在接到密封油改质实验报告、得知密封油质量下降后，也没有采取更换或者加注改质剂改善密封油质量等措施，致使密封油质量进一步恶化，直至煤气泄漏。

③违法违规建设和生产

企业的 3 号、4 号焦炉工程从 2010 年 10 月开工建设到 2012 年 3 月开始试运行，一直没有申请办理危险化学品建设项目安全条件审查、安全设施设计专篇审查和试生产方案备案手续，长时间违法违规建设和生产，直至 2011 年 11 月被 BX县安监局依法查处后，才申请补办相关手续。气柜从设计、设备采购、施工、验收、试生产等环节都存在违反国家法律法规和标准规定的问题，主要是：爆炸危险区域内的电气设备未按设计文件规定选型，采用了非防爆电气设备；施工前未请设计单位进行工程技术交底；施工过程中没有实施工程监理；施工完成后没有依据相关标准和规范进行验收，甚至未经专业设计在气柜内部及顶部安装了部分电器仪表；试生产阶段供电电源不能满足《安全设施设计专篇》要求的双电源供电保障，试生产过程未严格执行《山东省化工装置安全试车工作规范（试行）》；气柜施工的相关档案资料欠缺等。

④对外来施工队伍管理混乱

事故发生前，企业厂区内先后有 5 个外来施工队伍进行施工，边生产、边施工，对施工队伍的安全管理制度不健全，对施工作业安全控制措施缺失，甚至在化产车间办公室北侧 100 m 左右搭建临时板房，违规让施工人员生活和住宿在生产区域内，导致事故伤亡扩大。

⑤安全生产管理制度不完善不落实

企业没有按照《工业企业煤气安全规程》的规定，建立健全煤气柜检查、维护和保养等安全管理制度和操作规程，也没有制定密封油质量指标分析控制制度，安全生产责任制和安全规章制度不落实，企业主要负责人未取得安全资格证书。

⑥安全教育培训流于形式

企业的管理人员、操作人员对气柜出现异常情况的危害后果不了解，对紧急情况不处置或者不正确处置。许多操作人员对操作规程、工艺指标不熟悉，对工艺指标的含义不理解，对本岗位存在的危险、有害因素认识不足，以致操作过程不规范、操作记录不完整。从业人员的安全素质和安全操作技能不高，安全培训效果较差。

（4）事故后果

本次事故对环境的影响较小，其危害主要体现在人员伤亡和经济损失方面，事故共造成 10 人死亡、33 人受伤，直接经济损失达 3 200 万元。

2.3.2.2　2018 年 ZJK 市××化工公司氯乙烯泄漏爆炸事故

（1）事故经过

2018 年 11 月 27 日 23 时，××化工公司聚氯乙烯车间氯乙烯工段丙班接班。班长李某，精馏 DCS（自动化控制技术中的集散控制系统）操作员袁某，精馏巡检工郭某 A、张某 C，转化岗 DCS 操作员孟某上岗。当班调度为侯某、冯某，车间值班领导为副主任刘某。接班后，袁某在中控室盯岗操作，李某在中控室查看转化及精馏数据，未见异常。从生产记录、DCS 运行数据记录、监控录像以及询问交接班人员等情况综合分析，接班时生产无异常。

27 日 23 时 20 分左右，郭某 A 和张某 C 从中控室出来，直接到巡检室。

27 日 23 时 40 分左右，李某到冷冻机房检查未见异常，之后在冷冻机房用手机看视频。

28 日 0 时 36 分 53 秒，DCS 运行数据记录显示，压缩机口压力降至 0.05 kPa。中控室视频显示，袁某在之后 3 min 内进行了操作；DCS 运行数据记录显示，回流阀开度在约 3 min 时间内由 0 调整至 80%。28 日 0 时 39 分 19 秒，DCS 运行数据记录显示气柜高度快速下降，袁某用对讲机呼叫郭某 A，汇报气柜波动，通知其去检查。随后，袁某用手机向李某汇报气柜波动大。

在 0 时 41 分左右，李某听见爆炸声，看见厂区南面起火，立即赶往中控室通知调度侯某。侯某电话请示生产运行总监郭某 B 后，通知转化岗 DCS 操作员孟某启动紧急停车程序，孟某使用固定电话通知乙炔、烧碱和合成工段紧急停车，停止输气。

同时，李某、郭某 A、张某 C 一起打开球罐区喷淋水，随后对氯乙烯打料泵房及周围进行灭火，在灭掉氯乙烯打料泵房及周围残火后，返回中控室。

调取气柜东北角的监控视频（视频时间比北京时间慢 7 分 2 秒），显示 1 号氯乙烯气柜发生过大量泄漏；0 时 40 分 55 秒观察到气柜南侧厂区外火光映入视频画面。

0 时 42 分 44 秒，气柜区起火。

（2）应急处置

事故发生后，××化工公司启动紧急停车操作，打开氯乙烯球罐喷淋水，同时对氯乙烯打料泵房及周围着火区域进行扑救灭火。

11 月 28 日 0 时 41 分 38 秒，ZJK 市消防支队指挥中心接到报警后，调动 7 个执勤中队、21 部执勤车、120 余名指战员参与处置。消防支队全勤指挥部到达现场后全力扑救火灾、全面搜救伤员。救援人员在事故现场及方圆 1 km、3 km、5 km 范围内同步开展搜救，同时在化工公司氯乙烯气柜和球罐区附近实行重点处置，防止发生爆炸，对现场展开全面勘查，处置火险隐患，持续派出力量对现场实施监护，防止发生次生事故。2 时 48 分，明火基本扑灭。ZJK 市"120"急救中心第一时间派出 5 辆救护车和 46 名医务人员赶赴现场，全力救治受伤人员，积极对接协作医院，转送危重伤者，将 22 名受伤人员紧急送往医院救治。

ZJK 市委、市政府迅速启动应急预案。市委书记和在国外出访的市长立即指示，要全力救治伤员，防止次生灾害发生，尽快查明事故原因，妥善做好善后，正确引导舆情，发布权威信息。市委书记和市委常委、常务副市长等市委、市政府领导第一时间赶赴现场，成立指挥部，调集公安、卫计、安监、环保等部门开展事故救援和现场处置工作。公安部门调集交警巡警、特警在事故现场设置警戒区，加强现场管控，维护现场秩序，疏散周边群众，切断社会车辆和人员进入。环保部门立即对事故现场及周边的大气、水、土壤质量布点监测，密切关注环境变化。指挥部责令化工公司采取紧急停产措施，由市安全监管局牵头，公安、消防部门配合，与专家共同组成隐患排查组，进入××化工公司逐线逐点排查，防止次生事故发生。ZJK 市在微信公众号和微博上及时发布权威信息，回应社会关切，加强舆论引导。

省委、省政府全面指挥事故处置。省委书记、省长、常务副省长、副省长等省领导第一时间做出重要批示指示，并亲率省公安厅、省应急管理厅、省交通厅、省生态环境厅、省卫健委等单位负责同志赶赴事故现场指导抢险救援工作。根据重大突发事件应急管理相关规定省委、省政府成立了"11·28"重大爆燃事故处置现场指挥部，由常务副省长任指挥长，副省长、ZJK 市委书记、市长任副指挥长，下设综合协调、事故调查现场处置、医疗救助、善后处理、舆情引导和社会稳定 6 个工作组，每个组由厅级领导任组长，迅速开展工作。ZJK 市政府成立了剩余危险物料处置领导小组，对××化工公司制定的处置方案进行论证，对剩余危险物料逐项逐类处置，全过程监督指导，确保安全。

（3）事故原因

直接原因：

××化工公司违反《气柜维护检修规程》（SHS 01036—2004）第 2.1 条和《××化工有限公司低压湿式气柜维护检修规程》的规定，聚氯乙烯车间的 1 号氯乙烯气柜长期未按规定检修，事发前氯乙烯气柜卡顿、倾斜，开始泄漏，压缩机入口压力降低，操作人员没有及时发现气柜卡顿，仍然按照常规操作方式调大压缩机回流，进入气柜的气量加大，加之调大过快，氯乙烯冲破环形水封泄漏，向厂区外扩散，遇火源发生爆燃。

间接原因：

①企业不重视安全生产

××集团有限公司违反《安全生产法》第二十一条和《中央企业安全生产监督管理暂行办法》（国务院国有资产监督管理委员会令第 21 号令）第七条的规定，未设置负责安全生产监督管理工作的独立职能部门，对下属企业长期存在的安全生产问题管理指导不力。新材料公司未设置负责安全生产监督管理工作的独立职能部门，对下属××化工公司主要负责人及部分重要部门负责人长期不在化工公司，安全生产管理混乱、隐患排查治理不到位、安全管理缺失等问题失察失管。

②××化工公司安全管理混乱

违反《安全生产法》第二十二条的规定，主要负责人及重要部门负责人长期不在公司，劳动纪律涣散，员工在上班时间玩手机、脱岗、睡岗现象普遍存在，不能对生产装置实施有效监控；工艺管理形同虚设，操作规程过于简单，没有详细的操作步骤和调控要求，不具有操作性；操作记录流于形式，装置参数记录简单；设备设施管理缺失违反《气柜维护检修规程》（SHS 01036—2004）第 2.1 条和《××化工有限公司低压湿式气柜维护检修规程》的规定，气柜应 1～2 年中修，5～6 年大修，至事故发生，投用 6 年未检修；违反《危险化学品重大危险源监督管理暂行规定》（国家安全监管总局令　第 40 号）第十三条第（一）项的规定，安全仪表管理不规范，中控室经常关闭可燃、有毒气体报警声音，对各项报警习以为常，无法及时应对。

③××化工公司安全投入不足

违反《安全生产法》第二十条的规定，安全专项资金不能保证专款专用，检修需用的材料不能及时到位，腐蚀、渗漏的装置不能及时维修；安全防护装置、检测仪器、联锁装置等购置和维护资金得不到保障。

④××化工公司教育培训不到位

违反《安全生产法》第二十五条第一款的规定，安全教育培训走过场，生产操作技能培训不深入，部分操作人员岗位技能差，不了解工艺指标设定的意义，不清楚岗位安全风险，处理异常情况能力差。

⑤××化工公司风险管控能力不足

违反《河北省安全生产条例》第十九条的规定，对高风险装置设施重视不够，风险管控措施不足，多数人员不了解氯乙烯气柜泄漏的应急救援预案，对环境改变带来的安全风险认识不够，意识淡薄，管控能力差。

⑥××化工公司应急处置能力差

违反《生产安全事故应急预案管理办法》（国家安全监管总局令　第 88 号）第十二条、第三十条的规定，应急预案如同虚设，应急演练流于形式，操作人员对装置异常工况处置不当，泄漏发生后，企业应对不及时、不科学，没有相应的应急响应能力。

⑦××化工公司生产组织机构设置不合理

××化工公司撤销了专门的生产技术部门、设备管理部门，相关管理职责不明确，职能弱化，专业技术管理差。

⑧××化工公司隐患排查治理不到位

违反《安全生产法》第三十八条第一款的规定，未认真落实隐患排查治理制度，工作开展不到位、不彻底，同类型、重复性隐患长期存在，"大排查、大整治"攻坚行动落实不到位，致使上述问题不能及时发现并消除。

（4）事故后果

本次氯乙烯泄漏爆燃事故对环境造成的影响较小，其危害主要表现在人体生命健康损害和经济损失。事故造成 24 人死亡（其中 1 人医治无效死亡）、21 人受伤（4 名轻伤人员康复出院）、38 辆大货车和 12 辆小型车损毁，截至 2018 年 12 月 24 日直接经济损失达 4 148.860 6 万元。

2.3.2.3　2010 年美国××海上钻井平台甲烷泄漏爆炸事故

（1）事故经过

2010 年 4 月 20 日 21 时 49 分，YG 石油公司租用 RS 越洋钻探公司的深水地平线钻井平台在美国 MGD 探井作业时，发生井喷爆炸着火事故，钻井平台燃烧 36 个小时后沉没，共造成 11 人死亡，17 人受伤。4 月 24 日，事故油井开始漏油，持续 87 天，约有 490 万桶原油流入墨西哥湾，污染波及沿岸 5 个州，直接经济损失达 400 亿美元。

（2）应急处置

①成立应急指挥机构

事故发生后，BP 快速设立了一个大型事故指挥中心。从 160 家石油公司调集了 500 人参与其中，成立联络处、信息发布、油污清理、井喷事故处理、专家技术组等相关机构，并与美国当地政府积极配合，寻求支援。

②清理油污

主要措施有围堵清理、化学制剂分散法、撇油法、可控燃烧法、收集法、打井救援等。共动用 4.7 万人、7 000 多艘船，十几架飞机，使用了 400 多万米围油栏和 700 多万升分散剂等，在沿岸建立了 72 km 的沙护堤。

③聘请道达尔、埃克森等公司专家制定井喷漏油治理措施

设法启动水下防喷器关井：4 月 26 日出动多台水下机器人（ROV），尝试关闭水下防喷器来实现关井，没有成功。

安装控油罩控油：5 月 7 日，BP 工程师将一个重达 125 t 的大型钢筋水泥控

油罩沉入海底，希望用它罩住漏油点，将原油疏导到海面的油轮。但由于泄漏点喷出的天然气遇到冷水形成甲烷结晶，堵住了控油罩顶部的开口使得这一装置无法发挥作用。随后又用小一号的钢筋水泥罩，可减少甲烷结晶的形成，但这个方法同样失败。

安装吸油管回收部分原油：5 月 14 日，BP 尝试在海底漏油口安装类似虹吸管的装置进行吸油。在约 1 600 m 深处，利用水下机器人成功将吸油装置下端连接到海底吸油管，上端连接到一艘油轮，每天可回收约 3 000 桶漏油。

顶部压井法：5 月 26 日，BP 启用顶部压井法，从眼顶部向破损油井注入重钻井液和水泥，试图封堵漏油井，但未能取得成功。

切管盖帽法：6 月 14 日，BP 利用水下机器人切除防喷器上端隔水管，并在漏油点上方成功安放一个漏斗状装置，将部分漏油引流到钻井船上。实施切管盖帽法的第一天，共收集 6 000 桶原油。6 月 22 日，收集了 1.66 万桶泄漏的原油。7 月 12 日，又成功更换一个新的、可以完全封堵井口的控油罩。7 月 15 日，BP 首次宣布不再有漏油流入海洋。

实施静态压井法封住油井：8 月 5 日，BP 采用静态压井法，连续 8 个小时内向油井顶部灌注超过 2 000 桶的压井泥浆，成功实现井筒压力平衡，产生了比较明显的效果，基本封堵了油井。

依靠救援井实施彻底封堵：9 月 16 日，在井底 9+7/8 in 套管处实现救援井与事故井连通。9 月 17 日，通过救援井向事故井灌注水泥。9 月 19 日，压力测试后，BP 宣布漏油被彻底封死。

（3）事故原因

直接原因：

施工固井的质量不合格，当井底压力发生剧烈的变化时，这会产生极大的压力并突破了钻井的密封，从而造成瞬间井喷。发生井喷后，海底的天然气和原油沿着管道冒上来，混合易燃易爆气体四处扩散，当这些气体进入引擎室后，发生了第一起爆炸，随后发生了一系列的爆炸，造成钻井平台严重的原油泄漏，同时点燃了部分冒上来的原油。

通过调查组在现场勘验、物证检测、调查询问、查阅资料，并经综合分析后认定：原本完套管设计计划采用"7 in 尾管悬挂固井和 9＋7/8 in 套管回接固井"设计方案，可提供四道密封防护（井底固井密封、所下尾管的悬挂器部位密封、尾管悬挂处的固井密封、井口密封总成密封）。但为了节约资金和工期，项目经理在施工前将完井方案调整为"9＋7/8 in 和 7 in 符合套管串"，一次下到井底。变更后的方案只能提供井底固井和井口密封总成两道密封。海底底层压力梯度复杂并且泥浆密度窗口极窄，在固井质量不合格的情况下，增加了发生事故的风险，最后造成了上喷下漏，并导致了这次爆炸和泄漏事故。

间接原因：

①施工过程多个环节存在漏洞

该钻井属于低地温梯度井，使用充氮气水泥浆体系存在产生超缓凝现象的潜在风险。水泥候凝仅为 16.5 个小时，用海水顶替井筒泥浆，压力衡，最后油气突破尚未胶结水泥，引发单流阀损坏。另外，固井过程中存在违章作业，没有按要求充分地循环泥浆，导致井底含油气的钻井液上行至海底防喷器的上部，这样增加了导致溢流井喷的风险。

②装备管理和维护有缺陷

井口密封总成安装完成后，现场施工组未按技术规程的要求在密封总成中安装锁止滑套，这使得密封系统留下缺陷。另外，在险情发生后，应急模式下的紧急切断程序（ESD）、自动模式功能（AMF）和遥控水下机器人干预 3 套关井系统先后失灵失效。事故后，在对水下防喷器的两个控制模块进行检查时，发现一个控制模块电池没电。同时，钻井采用的自灌式套管浮箍销钉存在质量问题，设计剪切压力为 3.5～4.9 MPa，但实际经过 9 次剪切，压力达到 21.2 MPa 后才剪断。

③现场生产组织决策上出现一系列重大失误

在钻井固井候凝后，固井胶结质量检测的工作临时被取消，并且在负压测试数据异常的情况下现场负责人竟然草率地做出了合格的结论；对固井后的井控风险缺乏足够的认识，现场采取了"先替海水后打水泥塞"的错误程序；现场发生溢流迹象时，没有引起足够重视，未能及时采取压井措施，导致险情的进一步恶化；当大量油气进入隔水管后，没有考虑超出液气分离器处理能力的应急措施，却直接把流体引入了分离器造成了大量油气在钻井平台上迅速扩散；管理及作业人员在思想上均处于高度松懈状态，对现场生产过程失去了有效监控。

④政府缺乏监管

从有关的报告了解，负责出租钻井平台的管理局监管人员存在玩忽职守的行为，对有关安全警告置若罔闻，私自收受被监管公司的礼物。另外，还有活动报告表明，这个管理局曾经允许被监管的石油公司用铅笔自行填写现场的检查报告。

（4）事故后果

本次事故的危害主要体现在对水体的污染、人员伤亡和巨大的经济损失。4月24日，事故油井开始漏油，持续87天，约有490万桶原油流入墨西哥湾，污染波及沿岸5个州，共造成11人死亡、17人受伤，直接经济损失达400亿美元。

2.3.2.4　2013年QD市××输油管道石油气泄漏爆炸事故

（1）事故经过

2013年11月22日10时25分，位于QD经济技术开发区的××股份有限公司管道储运分公司DH输油管道泄漏原油进入市政排水暗渠，在形成密闭空间的暗渠内油气积聚遇火花发生爆炸，造成62人死亡、136人受伤，直接经济损失达75 172万元。

（2）应急处置

11月22日2时31分，开发区公安分局"110"指挥中心接警，称QD市LD化工有限公司南门附近有泄漏原油，HD派出所出警。

3时10分，"110"指挥中心向开发区总值班室报告现场情况。截至4时17分，开发区应急办、市政局、安全监管局、环保分局、HD街道办事处等单位人员分别收到事故报告。4时51分、7时46分、7时48分，开发区管委会副主任、主任、党工委书记分别收到事故报告。

4 时 10 分—5 时左右，开发区应急办、安全监管局、环保分局、市政局及开发区安全监管局石化区分局、HD 街道办事处有关人员先后到达原油泄漏事故现场，开展海上溢油清理。

7 时 49 分，开发区应急办副主任将泄漏事故现场及处置情况报告 QD 市政府总值班室。

8 时 18—27 分，QD 市政府总值班室电话调度市环保局、海事局、市安全监管局，要求进一步核实信息。

8 时 34—40 分，QD 市政府总值班室将泄漏事故基本情况通过短信报告市政府秘书长、副秘书长、应急办副主任。

8 时 53 分，QD 市政府副秘书长将泄漏事故基本情况短信转发市经济和信息化委员会副主任，并电话通知其立即赶赴事故现场。

9 时 1—6 分，QD 市政府副秘书长、市政府总值班室将泄漏事故基本情况分别通过短信报告市长及 4 位副市长。

9 时 55 分，QD 市经济和信息化委员会副主任等到达泄漏事故现场；10 时 21 分，向市政府副秘书长报告海面污染情况；10 时 27 分，向市政府副秘书长报告事故现场发生爆炸燃烧。

爆炸发生后，省委书记、省长迅速率领有关部门负责同志赶赴事故现场，指导事故现场处置工作。QD 市委、市政府主要领导同志立即赶赴现场，成立应急指挥部，组织抢险救援。××集团公司董事长立即率工作组赶赴现场，××管道分公司调集专业力量、××集团公司调集省境内石化企业抢险救援力量赶赴现场。国务委员在事故现场听取省、市主要领导同志的工作汇报后，指示成立了以省政府主要领导同志为总指挥的现场指挥部，下设 8 个工作组，开展人员搜救、抢险救援、医疗救治及善后处理等工作。当地驻军也投入力量积极参与抢险救援。

现场指挥部组织 2 000 余名武警及消防官兵、专业救援人员，调集 100 余台（套）大型设备和生命探测仪及搜救犬，紧急开展人员搜救等工作。截至 12 月 2

日，62 名遇难人员身份全部确认并向社会公布。遇难者善后工作基本结束。136 名受伤人员得到妥善救治。

QD 市对事故区域受灾居民进行妥善安置，调集有关力量，全力修复市政公共设施，恢复供水、供电、供暖、供气，清理陆上和海上油污。当地社会秩序稳定。

（3）事故原因

直接原因：

输油管道与排水暗渠交会处管道腐蚀减薄、管道破裂、原油泄漏，流入排水暗渠及反冲到路面。原油泄漏后，现场处置人员采用液压破碎锤在暗渠盖板上打孔破碎，产生撞击火花，引发暗渠内油气爆炸。

间接原因：

××集团公司及下属企业安全生产主体责任不落实，隐患排查治理不彻底，现场应急处置措施不当。

××集团公司和××股份公司安全生产责任落实不到位。安全生产责任体系不健全，相关部门的管道保护和安全生产职责划分不清、责任不明；对下属企业隐患排查治理和应急预案执行工作督促指导不力，对管道安全运行跟踪分析不到位；安全生产大检查存在死角、盲区，特别是在全国集中开展的安全生产大检查中，隐患排查工作不深入、不细致，未发现事故段管道安全隐患，也未对事故段管道采取任何保护措施。

××管道分公司对 WF 输油处、QD 站安全生产工作疏于管理组织 DH 输油管道隐患排查治理不到位，未对事故段管道防腐层大修等问题及时跟进，也未采取其他措施及时消除安全隐患；对一线员工安全和应急教育不够，培训针对性不强；对应急救援处置工作重视不够，未督促指导潍坊输油处、QD 站按照预案要求开展应急处置工作。

WF 输油处对管道隐患排查整治不彻底，未能及时消除重大安全隐患。2009 年、2011 年、2013 年先后 3 次对 DH 输油管道外防腐层及局部管体进行检测，均未能发现事故段管道严重腐蚀等重大隐患，导致隐患得不到及时、彻底整改；从

2011 年起安排实施 DH 输油管道外防腐层大修，截至 2013 年 10 月仍未对包括事故泄漏点所在的 15 km 管道进行大修；对管道泄漏突发事件的应急预案缺乏演练，应急救援人员对自己的职责和应对措施不熟悉。

QD 站对管道疏于管理，管道保护工作不力。制定的管道抢维修制度、安全操作规程针对性、操作性不强，部分员工缺乏安全操作技能培训；管道巡护制度不健全，巡线人员专业知识不够；没有对开发区在事故段管道先后进行排水明渠和桥涵、明渠加盖板、道路拓宽和翻修等建设工程提出管道保护的要求，没有根据管道所处环境变化提出保护措施。

事故应急救援不力，现场处置措施不当。QD 站、WF 输油处、××管道分公司对泄漏原油数量未按应急预案要求进行研判，对事故风险评估出现严重错误，没有及时下达启动应急预案的指令；未按要求及时全面报告泄漏量、泄漏油品等信息，存在漏报问题现场处置人员没有对泄漏区域实施有效警戒和围挡；抢修现场未进行可燃气体检测，盲目动用非防爆设备进行作业，严重违规违章。

（4）事故后果

本次事故导致大量原油泄漏，对水体和土壤造成了一定程度的污染，共造成 62 人死亡、136 人受伤，直接经济损失达 75 172 万元。

2.4　非正常工况造成的事故案例

2.4.1　非正常工况造成的泄漏事故

2.4.1.1　2006 年 GY 市××化肥有限公司二氧化硫气体泄漏事故

（1）事故经过

2006 年 4 月 16 日上午 9 时左右，GY 市××化肥有限公司在对 50 万 t 硫黄制酸装置进行重新点火的过程中，二氧化硫废气处理装置的 1 号吸收塔动力泵跳闸，超过 7 000 m³ 的浓度高达 80% 的二氧化硫气体无法被吸收，直接排放到了空气中，致使附近居民和师生出现头痛、呕吐、流鼻血等症状，450 多人在镇、县医院入院观察，14 名重症患者被紧急送往 GY 市医院接受治疗。

（2）应急处置

事故发生后，GY 市 XF 县委、县政府成立了事故救援指挥部，下设综合协调、医疗救助、事故调查、后勤保障、善后处理、安全保卫和宣传 7 个工作组，分头开展救援救护工作。

医疗救助组将感觉不适人员立即送往 XZB 镇卫生院、XF 县人民医院、县中医院接受诊断治疗。

GZ 省环保局下发停产通知，责令 GY 市××化肥有限公司的 50 万 t 硫黄制酸装置立即停产，接受调查处理。

（3）事故原因

经调查，GY 市××化肥有限公司在对 50 万 t 硫黄制酸装置进行重新点火的过程中，二氧化硫废气处装置的 1 号吸收塔动力泵跳闸，造成大量高浓度二氧化硫外泄，加上当时区域存在明显逆温层，风速较小，气流扩散不畅，从而导致事故发生。另据调查，发生事故后，企业并没有主动向当地政府和居民通报污染情况。

（4）事故结果

事故造成附近居民和学校师生出现头疼、呕吐、流鼻血等症状，450 多人在镇、县医院入院观察，14 名重症患者被紧急送往 GY 市医院接受治疗。

2.4.1.2　2013 年 YT 市××石化有限公司硫化氢泄漏事故

（1）事故经过

2013 年 2 月 17 日 14 时 20 分—16 时 20 分，YT 市空气中出现难闻气味，导致约 3 万人出现头晕恶心症状，其中不乏老人、婴儿、学生、孕妇，怀疑是××

石化有限公司硫化氢泄漏所致。

（2）应急处置

YT 市环保局第一时间组成应急分队赶赴××石化有限公司开展处置工作，责令企业停止吹扫管线作业，迅速堵住管线泄漏点。同时，要求环保分局对附近企业进行拉网式排查，截至 18 日凌晨，未发现其他企业存在违法排污行为。通过开展应急监测，未检出硫化氢。

（3）事故原因

2013 年 2 月 17 日，××石化有限公司 80 万 t/a 催化裂化项目停产后管线冻裂，导致存于气柜内的工艺废气（主要成分是轻烃，含少量硫化氢气体）泄漏。

（4）事故后果

这次事故导致周边居民约 3 万人出现不同程度的中毒症状。

2.4.1.3 2014 年 YC 市××化工有限公司氨泄漏中毒事故

（1）事故经过

2014 年 9 月 3 日，YC 市××化工有限公司因氨压缩机高压缸干气密封泄漏量大，停氨压缩机进行抢修；9 月 5 日，氨压缩机置换合格，交付钳工检修；按化工公司抢修计划，同时将 01E0507、01E0508 安全阀进行拆装检测调校。9 月 6 日 16 时，氨压缩机高压缸干气密封检修完毕，氨压缩机建立干气密封系统、油循环；9 月 7 日 4 时 30 分，01E0507、01E058 安全阀调校合格回装完毕。8 时 25 分，氨压缩机建立水系统正常、真空系统正常；9 时 35 分，氨压缩机开始引氨置换；暖管合格后，14 时 40 分启动开车程序，氨压缩机开始按规程开车启冲转、升速。15 时 40 分，氨压缩机伸缩过程中一段氨冷气压力最高涨至 0.921 6 MPa 后安全阀起跳。15 时 45 分，主控人员从监控摄像头发现，位于厂东南角氨火炬顶部有大量气液夹带物喷出，并有液体随着火炬管壁下落、扩散，造成火炬周边空气中氨浓度骤升。

（2）应急处置

事故发生后，YC 市××化工有限公司立即启动了应急救援预案，成立了预防处理组、急救处理组、协调组及信息发布组 4 个小组进行应急处置。一是对生产装置进行紧急停车，联系医院救治中毒人员；二是采取喷水方式对洒漏的氨水进行稀释，在厂区内上下风向对空气中的氨气浓度进行监测，对事故现场进行了封锁，疏散了无关人员；三是向 ND 基地管委会和有关部门汇报事故情况。

ND 基地管委会 9 月 7 日 17 时接事故报告后，立即启动事故应急响应，成立应急处置小组，组织 ND 环保局、安监局、社会事务局、ND 镇人民政府等单位赶赴现场进行处理。自治区安监局 7 时 50 分接到报告后，局值班领导带领相关技术专家分两路赶赴现场和 ND 中心医院指导开展事故救援、人员抢救及指导事故调查工作。NX 医科大学总医院及 ND 中心医院接收伤员后，快速组织医疗救援队伍，开辟绿色通道对伤员进行救治。ND 环保局连续对事故周边区域有毒气体进行监测，截至 22 时最后一次监测未检出氨气等有毒气体，周边环境空气质量已达标并恢复正常。

（3）事故原因

直接原因：

××工程有限公司设置在壳侧设备出口管线上（保护二手设备）的 01E0507 和 01E0508 安全阀均为气液两相，开车过程中，氨蒸发器 1E0507 安全阀 PRV-01E0507 起跳后，液氨直接进入氨事故火炬管线，加之氨事故火炬未按国家强制性标准《石油化工企业设计防火规范》（GB 50160—2008）[①]要求在氨事故放空管网系统上设计、安装气液分离罐，致使液氨从事故火炬口喷出，气化后迅速扩散。

间接原因：

①氨事故火炬系统是重要的安全设施，××工程有限公司编制的××化工公

---

① 目前，该标准更新为《石油化工企业设计防火标准》（GB 50160—2018）。

司建设项目安全设施设计专篇中未分析氨事故火炬系统存在的风险并提出相应的预防措施，也未明确氨事故火炬系统的设备选型和设备一览表，存在严重的设计缺陷。且在××化工公司项目的总体设计和火炬系统设计审查中存在着交代不清、责任不清和设计缺陷的问题。

②××化工公司安全生产主体责任不落实。一是安全生产责任制不健全，缺少公司董事长、分管安全生产工作的公司领导等关键岗位的安全生产责任制。二是对火炬系统 EPC 总承包商的设计资质审查把关不严，允许未在自治区住房和城乡建设厅办理区外勘察设计（施工、监理）企业进行项目登记备案手续的××石化工程公司和××工程项目管理有限公司在自治区境内承揽工程建设项目；且××石化工程公司仅具有二级压力容器设计资质，存在超越其设计资质等级许可的范围承揽工程设计的违法行为。××工程项目管理有限公司没有严格依照法律、法规及有关技术标准、设计文件和建设工程承包合同对火炬系统工程质量实施监理，未及时发现工程设计不符合建筑工程质量标准或者合同约定的质量要求。三是装置中交和开车前组织的"三查四定"（查设计漏项、查施工质量、查未完工项目，定流程、定方案措施、定操作人员、定时间）；系统检修后开车，没有按国家安全监管总局《关于加强化工过程安全管理的指导意见》要求进行开车安全条件表单逐项确认。四是对劳务外（分）包单位统一管理和协调不到位，××后勤服务有限公司劳务派遣工安全培训特别是应急知识培训教育不到位，职工缺乏自救、互救知识；××股份有限公司技术服务部生产装置开停车组织系统不健全、事发当日关键岗位的管理人员不在岗，现场安全管理不到位，且开车前检查工作没有做记录。五是企业应急处置不及时，事发后，没有及时对厂外过路车辆及群众进行疏散，导致企业职工和厂外（公路）过路人员急性氨中毒。

（4）事故后果

本次事故短期内对大气造成了一定程度的污染，造成火炬装置周边约 200 m 范围内 41 人急性氨中毒。

2.4.1.4 2008 年 GG 市××钢铁有限公司煤气泄漏事故

（1）事故经过

2008 年 7 月 28 日，GG 市××钢铁有限公司使用高炉煤气的轧钢厂、炼铁厂烧结车间按计划限电停产，煤气用量减少。18 时，因泥炮机无法正常使用，1 080 m³ 高炉采取减风方式生产；18 时 30 分左右，高炉加风生产，煤气量加大，造成该公司三台自备余热煤气锅炉因空气与煤气比例失衡全部熄火，电厂组织切断了进电厂煤气，导致煤气总管净煤气压力超过正常压力。18 时 40 分，设在轧钢厂的非标准设计的"防爆水封"被击穿，随后轧钢厂组织人员对"防爆水封"进行注水，煤气压力持续超压；19 时 40 分左右，"防爆水封"被完全冲开，煤气大量泄漏。20 时 30 分左右，煤气停止泄漏。事故现场距离居民住宅区最近点约 80 m，有居民约 200 人。因煤气外泄，导致轧钢厂附近作业人员及居民煤气中毒。

（2）事故原因

直接原因：

公司在轧钢厂、炼铁厂烧结车间停车后，煤气锅炉异常，煤气管网超压，加之未按《炼铁安全规程》要求设置高炉剩余煤气放散装置，对煤气管网超压没有有效的控制手段，造成煤气泄漏事故。

间接原因：

①未履行建设项目安全设施"三同时"手续，即投入生产运营；自行设计安装的轧钢厂煤气"防爆水封"不符合安全要求，且与居民住宅区安全距离不足。

②煤气安全管理混乱。在当班调度接到煤气管网超压并造成大量泄漏的报告后，未及时下达对高炉进行减风或休风操作的指令，降低煤气管网压力，造成煤气大量持续泄漏。

③未设立煤气防护站，煤气事故报告处理和应急处置预案等制度不完善，责任不落实。

④企业管理人员、作业人员煤气安全素质和技能差，缺乏培训。

（3）事故后果

本次煤气泄漏事故对环境造成的影响较小，其危害主要表现在损害人体健康方面。本次事故导致部分民工及附近居民共有 114 人入院就诊，病情稳定，没有发生中毒者死亡的情况。

2.4.1.5 2013 年 10 月××市 1,3-丁二烯泄漏事故

（1）事故经过

2013 年 10 月 29 日 11 时 20 分，××市环保局接报称上午 10—11 时某小学有阵发性强烈异味，有 2 名老师和 2 名学生出现身体不适现象。

（2）应急处置

①现场处置

接报后××市环保局立即启动本局应急预案，主要领导带队赶赴现场开展应急处置，组织环境监察人员对事故原因及产生的污染影响进行勘察取证，环境监测人员对周边环境开展应急监测，同时通知上风向两化工企业开展自查。经查，异味是某化工公司检修时，丁苯橡胶装置卸料过程中，少量丁二烯和苯乙烯没有完全回收所致，查明原因后，环保局当即责成企业立即采取暂停或放缓检修速度等有效措施，优化停工检修方案，避免类似事故再次发生，最大限度地降低无组织异味排放强度。

②应急监测

经环境监测站现场在小学操场监测，12 时 07 分监测结果显示苯为 163 g/m^3，丁二烯为 31 pg/m^3，苯乙烯、氨、硫化氢未检出；13 时 35 分和 14 时 20 分两次监测结果显示，苯、丁二烯、苯乙烯、氨、硫化氢等气体均未检出，污染物均未超过相关标准。

（3）事故原因

经过排查，发现该化工公司当日停工检修，丁苯橡胶装置逐步降料（卸料）停车过程中，少量丁二烯和苯乙烯没有完全回收，后处理车间橡胶絮凝、干燥、

压块等工序产生无组织排放气体浓度可能瞬时升高，该气体中含有的苯、苯乙烯、丁二烯等气体造成部分师生身体不适。

（4）事故后果

本次泄漏事故造成 4 名师生身体不适，学校正常教学秩序未受影响，未造成人员伤亡和环境污染。

2.5 风险防控设施失灵造成的事故案例

2.5.1 风险防控设施失灵造成的泄漏事故

2.5.1.1 2015 年 KM 市××矿业有限公司一氧化碳泄漏事故

（1）事故经过

2015 年 4 月 25 日，KM 市××矿业有限公司××铜矿工作人员采用放炮方式处理堵塞的溜井后，矿领导等 6 名作业人员在未佩带便携式气体检测报警仪和自救器的情况下，盲目进入现场察看情况，吸入残留的一氧化碳导致中毒，造成 9 人死亡、12 人受伤（其中 3 人重伤）。该事故发生后，该矿盲目组织人员在没有采取防护的情况下进行施救，又造成 15 人中毒窒息，导致事故扩大。

（2）事故原因

该矿通风系统不完善，通风管理不到位，致使一氧化碳没有及时排出。矿领导违规组织人员察看放炮现场，导致中毒事故发生。中毒事故发生后，盲目施救造成事故扩大。

（3）事故后果

本次一氧化碳泄漏中毒事故对环境造成的影响较小，其危害主要表现在人员伤亡方面，共造成 24 人死亡、12 人受伤。

2.5.1.2　2018 年 LPS 市××能源公司煤气泄漏事故

（1）事故经过

2018 年 1 月 23 日，与××能源公司签订锅炉维修承包协议的公司进场开始作业。1 月 31 日，该公司安排 8 人（全部遇难）对 9 号锅炉进行炉内耐火砖砌筑作业，其中 4 人通过人孔进入炉内负责砌筑，4 人在炉外平台负责运送砌筑材料。19 时 30 分左右，炉外 1 人电话告知××能源公司作业现场监护负责人（该负责人与另外 2 名现场监护人员均未在现场）锅炉内有煤气，随后又返回现场作业。

（2）应急处置

××能源公司现场监护负责人电话通知另外 2 名现场监护人员（1 人遇难、1 人受伤）到现场组织施工人员撤离；同时向××能源公司调度报告。调度随即安排 1 名员工（受伤）到现场封堵水封。19 时 45 分左右，现场监护负责人到达 9 号锅炉入口处时，携带的便携式一氧化碳报警仪显示已爆表（超过量程 1 000 mg/L），故其未进入现场，等待煤气防护站人员到现场后佩戴空气呼吸器开始实施搜救。21 时左右，11 人全部被送往医院救治。

（3）事故原因

由于隔断煤气的蝶阀、水封功能失效，大量高压高炉煤气通过蝶阀、击穿水封、经过管道进入锅炉炉内，并扩散至锅炉周边，造成作业人员伤亡，盲目施救造成监护人员伤亡，导致伤亡扩大。

（4）事故后果

本次煤气泄漏事故对环境造成的影响较小，其危害主要表现在损害人体健康。本事故共造成 9 人经抢救无效死亡。

2.5.1.3　2016 年 ZB 市××材料有限公司氯甲烷泄漏事故

（1）事故经过

2016 年 8 月 17 日 17 时 48 分左右，ZB 市××材料有限公司氯甲烷一车间，在对汽液分离器上部球阀进行带压堵漏作业过程中阀体断裂，发生泄漏中毒事故，造成 1 人死亡，1 人受伤。

（2）事故原因

带压堵漏过程中，堵漏剂的注入和延伸使汽液分离器上部气相出口阀门的上下法兰间出现胀力拉伸，由于堵漏卡具没有起到应有的保护作用，造成阀门发生脆性断裂，含有氯化氢、一氯甲烷、二氯甲烷、三氯甲烷等有毒物质的气体迅速外泄，导致泄漏中毒事故发生。

（3）事故后果

本次氯甲烷泄漏事故对环境造成的影响较小，其危害主要表现在人体健康的损害。本事故共造成 1 人死亡、1 人受伤。

2.6 自然灾害造成的事故案例

2.6.1 自然灾害造成的泄漏事故

2.6.1.1 2013 年××市××水库氨气泄漏污染事故

（1）事故经过

2013 年 2 月 2 日，××市已建成且正在加固的××水库因管涌造成水库决堤。水库中 90%的蓄水泄出，由于地势较低，一家无名化工生产企业的原料堆放场进水，而堆放场堆放的原料主要为电解铝废渣、冰晶石和石灰，所以泄出水与堆放的原料发生化学反应产生氨气，造成环境污染事故。

（2）应急处置

①现场处置

2 日 17 时，现场处置人员开始用黄土覆盖原料堆，使氨气反应得到有效控制；

3 日 10 时调运 4 车干炉渣，对原料堆进行进一步覆盖，接着该市对化工厂原料进行清运，彻底消除隐患，××水库泄出的水已引入附近河流，最终流入另一水库用于农田灌溉。

②应急监测

2 日 14 时，经环境监测人员采用便携式采样仪现场监测，厂区空气中氨气浓度为 1.3 mg/m³；16 时采样监测未检出；2 日晚上及 3 日早晨，原料堆附近仍存在氨气排放。3 月 10 日原料堆场炉渣覆盖后监测周边空气中氨气浓度符合标准。且对当地水库的水质进行监测，化学需氧量、氨氮、氟化物监测数据与常规监测结果一致，数据正常。

（3）事故原因

2013 年 2 月 2 日早上 6 点多，××水库被发现泄漏，8 点多发生溃坝，9 时 30 分左右库容泄完，当时库容为 10 万 m³ 左右。由于地势较低一家无名化工生产企业的原料堆放场进水，该企业主要生产土壤疏松剂、钢厂覆盖剂，主要原料为电解铝废渣、冰晶石、石灰。进入该企业料场的水与化工厂原料发生化学反应，产生氨气。

（4）事故后果

该市××水库决堤事故发生后，省环保厅立即启动环境应急机制，展开相关环境监测工作，2 月 3 日、4 日连续两次向社会通报××水库决堤引起污染及应急处置情况。最新水质监测结果显示，该事故没有对当地水库下游居民饮水造成影响。

2.6.1.2　2008 年 SF 市两化工厂液氨、硫酸泄漏事故

（1）事故经过

2008 年汶川"5·12"地震发生后，SF 市××实业有限公司和××化工股份有限公司受损严重，两厂厂房倒塌，约百余人被埋。××化工股份有限公司的硫酸储罐发生泄漏，××实业有限公司 1 个 1 000 m³ 液氨球形罐和 1 个 400 m³ 盐酸罐出现倾斜泄漏，液氨泄漏 5～6 个小时，对大气和水环境造成污染。

（2）应急处置

①现场处置

环境保护部部长、副部长带领工作组来到 SF 市××实业有限公司事故现场，察看了受损的液氨储罐等设备。在向该厂厂长详细了解有关情况后做出决定，要求该企业抓紧转移危险化学品，消除环境安全隐患，并要求 SC 省环保局尽快支援企业急需的发电机以及抽水机等设备，确保处置工作顺利进行。

在当地各部门的密切配合下，××实业有限公司及时将储存的液氨和 200 t 硫黄、1500 t 盐酸安全转移，并对完好的硫酸储罐安排人员 24 小时值守。××化工股份有限公司按专家组的处置方案，对厂内 6 个被压的 260 t 液氨储罐进行了妥善处置，消除了环境安全隐患。

②应急监测

受地震影响，SF 市环境监测站仪器损害严重，仅能对部分水质项目进行监测。经 SF 市监测站监测，5 月 12 日 21—23 时，距离事发地点下游约 5 km 的石亭江高景关断面 3 次监测结果显示，pH 和氨氮浓度均超过《地表水环境质量标准》（GB 3838—2002）Ⅲ类要求（pH 为 6～9，氨氮≤1.0 mg/L）。下游石亭江汇入沱江断面氨氮浓度达标。监测结果表明，SF 市发生的两起突发环境事件未对下游饮用水水源造成影响。

（3）事故原因

事故是由于汶川地震引起的，属于自然灾害引发的环境污染事故。

（4）事故后果

液氨泄漏 5～6 个小时，对大气和水环境造成污染。

2.7　事故案例发生原因分析

根据对近几年气态环境风险物质发生突发环境事件的统计，气态环境风险物质风险事故的引发原因主要包括非正常操作，输、运系统故障，设备状态异常，非正常工况，风险防控设施失灵以及自然灾害等。结合本章整理的案例，对事故发生的不同原因频次及占比进行了统计，见表 2.1。

表 2.1　气态环境风险物质环境污染事故发生原因统计

发生原因		事故发生频次	事故占比/%	事故总占比/%
非正常操作	生产环节	4	7.27	27.27
	检修环节	2	3.64	
	施工环节	3	5.45	
	清污环节	6	10.91	
输、运系统故障	物料装卸不当	12	21.82	30.91
	运输车辆交通事故	4	7.27	
	输送管线故障	1	1.82	
设备状态异常	设备老化破损	9	16.36	23.63
	设备设计不符合规范	3	5.45	
	设备焊接缺陷	1	1.82	
非正常工况（开、停车）	—	5	9.09	9.09
风险防控设施失灵	防控设施故障	2	3.64	5.46
	设计不合规	1	1.82	
自然灾害	—	2	3.64	3.64

由表 2.1 可知，输、运系统故障，非正常操作和设备状态异常是引发气态环境风险物质环境污染事故的主要诱因。而岗位培训欠缺、工人操作不规范等是造成输、运系统故障和非正常操作的主要原因；设备老化、检修不及时、未按相关规定设计等是导致设备状态异常的主要因素。

参考文献

[1] 崔秀波. 二氧化氯中毒事故一起[J]. 中华劳动卫生职业病杂志，2005，23（6）：483-483.

[2] 寇文，赵文喜. 环境污染事故典型案例剖析与环境应急管理对策[M]. 北京：中国环境出版社，2013.

[3] 李国刚. 突发性环境污染事故应急监测案例[M]. 北京：中国环境科学出版社，2010.

[4] 尚建程，桑换新，张舒. 突发环境污染事故典型案例分析[M]. 北京：化学工业出版社，2019.

[5] 徐仲秋，张锋. 一起砷化氢中毒事故调查[J]. 职业卫生与应急救援，2017，35（5）：481-482.

[6] 应急管理部化学品登记中心. 危险化学品事故案例分析[M]. 北京：应急管理出版社，2020.

[7] 安全管理网[DB/OL]. http：//www.safehoo.com.

[8] 职业卫生网[DB/OL]. http：//www.zywsw.com.

[9] 中华人民共和国应急管理部[DB/OL]. http：//www.mem.gov.cn.

附　录

序号	物质名称	CAS号	基本信息				典型案例		应急处理措施
			临界量/t	毒性终点-1/浓度-1/（mg/m³）	毒性终点-2/浓度-2/（mg/m³）	风险类型	事故环节（生产环节）	事故情景	
		第一部分　有毒气态物质							一、应急处理原则 ①事件发生后及早报告，及早采取初期处置措施。 ②遵循"以人为本、救人第一"的原则。积极抢救受威胁、受伤的群众，立即疏散受威胁的群众。 ③做好现场应急人员的个人防护。制定现场安全规则，禁止抢险现场的不安全物质的操作。 ④采取一切措施，迅速阻止物质泄漏。 ⑤提早采取一切措施控制和消除污染影响，在保证人员安全的前提下，积极实施扩散、稀释、降解、吸附等人工干预，迅速降低风险物质浓度。
1	光气	75-44-5	0.25	3	1.2	涉气	生产环节	泄漏	
2	乙烯酮	463-51-4	0.25	0.33	0.11	涉气、涉水	/	/	
3	硒化氢	7783-07-5	0.25	1.1	0.36	涉气、涉水	/	/	
4	二氟化氧	7783-41-7	0.25	0.55	0.18	涉气	/	/	
5	砷化氢	7784-42-1	0.25	1.6	0.54	涉气、涉水	物料装卸环节	泄漏	
6	甲醛	50-00-0	0.5	69	17	涉气、涉水	物料装卸环节、物料运输环节	泄漏	
7	乙二腈	460-19-5	0.5	53	118	涉气、涉水	/	/	
8	氟	7782-41-4	0.5	20	7.8	涉气、涉水	/	/	
9	二氧化氯	10049-04-4	0.5	6.6	3	涉气、涉水	施工环节	泄漏	
10	一氧化氯	10102-43-9	0.5	25	15	涉气	清污环节	泄漏	

序号	物质名称	CAS号	基本信息				典型案例		应急处理措施
			临界量/t	毒性终点浓度1/(mg/m³)	毒性终点浓度2/(mg/m³)	风险类型	事故环节	事故情景	
11	氯气	7782-50-5	1	58	5.8	涉气	生产环节、物料装卸环节、物料运输环节、储存环节	泄漏	⑥及时准确发布信息，消除群众的疑虑和恐慌，积极防范污染衍生的群体性事件，维护社会稳定。 二、应急处理程序 1. 应急人员防护 事故现场污染物弥漫，相关救援人员进行现场应急处置时，应配备相关的防护工具，如防化服、防毒面具等，做好应急人员的自我防护，防止在救援过程中造成危害。 2. 查明风险源 应急处置人员迅速查明风险源，划定警戒区和隔离区，采用关闭阀门、修补容器和管道等方法，阻止风险物质从管道、容器、设备的裂缝处继续外泄。
12	四氟化硫	7783-60-0	1	3.6	0.44	涉气、涉水	/	/	
13	磷化氢	7803-51-2	1	5	2.8	涉气	/	/	
14	二氧化硫	10102-44-0	1	38	23	涉气、涉水	/	/	
15	乙硼烷	19287-45-7	1	4.2	1.1	涉气	/	/	
16	三甲胺	75-50-3	2.5	920	290	涉气、涉水	/	/	
17	羰基硫	463-58-1	2.5	370	140	涉气	/	/	
18	二氧化硫	7446-09-5	2.5	79	2	涉气、涉水	/	/	
19	过氯酰氟	7616-94-6	2.5	50	17	涉气	/	/	
20	三氟化硼	7637-07-2	2.5	88	29	涉气、涉水	/	/	
21	氯化氢	7647-01-0	2.5	150	33	涉气、涉水	物料运输环节、物料装卸环节、储存环节	泄漏	
22	硫化氢	7783-06-4	2.5	70	38	涉气	检修环节、清污环节、物料装卸环节、生产环节	泄漏	
23	锑化氢	7803-52-3	2.5	49	7.6	涉气	/	/	

序号	物质名称	CAS 号	临界量/t	毒性终点浓度-1/(mg/m³)	毒性终点浓度-2/(mg/m³)	风险类型	事故环节	事故情景	应急处理措施
			基本信息				典型案例		
24	硅烷	7803-62-5	2.5	350	170	涉气、涉水	/	/	3. 人员疏散、救援 　在事故发生时，应急救援人员根据事故区和毗邻区基本情况，对已中毒人员能受到危害积极救治、疏散群众。在疏散时，应根据事发时的风向、地形和交通，等确定群众疏散方向，同时应指导污染区的群众就地取材，采用简易有效的防护措施保护自己。如用毛巾或布条扎住颈部，用湿毛巾或布料捂住口鼻等。 4. 应急监测 　应急监测贯穿事故应急处置的全过程。在事故最初发生时，应急监测人员进入事故现场，对现场及周边地区进行监测，根据污染物泄漏量、各点位污染物监测浓度值、扩散范围、当地气温、风向、……
25	溴化氢	10035-10-6	2.5	400	130	涉气、涉水	/	/	
26	三氯化硼	10294-34-5	2.5	340	10	涉气	/	/	
27	甲硫醇	74-93-1	5	130	450	涉气	物料装卸环节、储存环节	泄漏	
28	氨气	7664-41-7	5	770	110	涉气、涉水	生产环节、储存环节	泄漏	
29	溴甲烷	74-83-9	7.5	2 900	810	涉气	/	/	
30	环氧乙烷	75-21-8	7.5	360	810	涉气、涉水	清污环节、物料装卸环节	爆炸	
31	二氯丙烷	78-87-5	7.5	9 200	1 000	涉气	生产环节	泄漏	
32	氯化氰	506-77-4	7.5	10	0.13	涉气、涉水	物料装卸环节、风险防控环节	泄漏	
33	一氧化碳	630-08-0	7.5	380	95	涉气	储存环节	泄漏	
34	煤气	/	7.5	/	/	涉气	生产环节、风险防控环节、储存环节	爆炸	
35	氯甲烷	74-87-3	10	6 200	1 900	涉气	检修环节	爆炸	
36	乙胺	75-04-7	10	500	90	涉气、涉水	风险防控环节	泄漏	/

序号	物质名称	CAS号	临界量/t	基本信息 毒性终点浓度-1/(mg/m³)	毒性终点浓度-2/(mg/m³)	风险类型	典型案例 事故环节	事故情景	应急处理措施
				第二部分 易燃易爆气态物质					风力和影响扩散的地形条件，建立动态预报模型，预测预报污染态势，以便采取各种应急措施。在现场处置结束后，继续跟踪监测周边大气环境，直至大气环境恢复正常。 5. 泄漏物质消除 应急处置人员对已泄漏出来的物质及时进行消除，常用的消除方法有： (1) 控制污染源：抢修设备与消除污染相结合。在抢修区域，直接对泄漏点或局部洗消，构成对空间除污网，为抢修设备起到掩护作用。 (2) 控制影响范围：①堵：用针对性的材料封堵出厂外出口，截断物质外流，以防造成对外环境污染。②撒：
37	甲胺	74-89-5	5	440	81	涉气、涉水	/	/	
38	氯乙烷	75-00-3	5	53 000	14 000	涉气	/	/	
39	氯乙烯	75-01-4	5	12 000	3 100	涉气	清污环节	泄漏	
40	氟乙烯	75-02-5	5	71 000	12000	涉气	储存环节	爆炸	
41	1,1-二氟乙烷	75-37-6	5	67 000	40 000	涉气	/	/	
42	1,1-二氟乙烯	75-38-7	5	28 000	15 000	涉气	/	/	
43	三氟氯乙烯	79-38-9	5	2 000	410	涉气	/	/	
44	四氟乙烯	116-14-3	5	1 300	220	涉气、涉水	/	/	
45	二甲胺	124-40-3	5	460	120	涉气、涉水	/	/	
46	三氟溴乙烯	598-73-2	5	9 200	1 500	涉气、涉水	/	/	
47	二氟硅烷	4109-96-0	5	210	45	涉气	/	/	
48	一氧化二氯	7791-21-1	5	/	/	涉气、涉水	/	/	

序号	物质名称	CAS 号	基本信息				典型案例		应急处理措施
			临界量/t	毒性终点浓度-1/（mg/m³）	毒性终点浓度-2/（mg/m³）	风险类型	事故环节	事故情景	
49	甲烷	74-82-8	10	260 000	150 000	涉气	物料装卸环节、物料运输环节、储存环节	爆炸	用具有吸附作用的吸附材料撒在泄漏地点的周围，降低危害程度。（3）污染洗消：①源头洗消：在事故发生初期，对事故发生点、设备或厂房洗消，把污染源严密控制在最小范围内。②隔离洗消：当污染蔓延时，对下风向暴露的设备、厂房，特别是高大建筑物喷洒洗消液、抛撒粉状洗消剂，形成保护层，污染物降落或流经时即可发生反应，甚至消除危害。③延伸洗消：在污染源控制后，从事故发生地开始向下风向对污染区逐次推进全面而彻底的洗消
50	乙烷	74-84-0	10	490 000	280 000	涉气	/	/	
51	乙烯	74-85-1	10	46 000	7 600	涉气	/	/	
52	乙炔	74-86-2	10	430 000	240 000	涉气	/	/	
53	丙烷	74-98-6	10	59 000	31 000	涉气	/	/	
54	丙炔	74-99-7	10	25 000	4 200	涉气	/	/	
55	环丙烷	75-19-4	10	9 600	1 600	涉气	/	/	
56	异丁烷	75-28-5	10	130 000	40 000	涉气	/	/	
57	丁烷	106-97-8	10	130 000	40 000	涉气、涉水	/	/	
58	1-丁烯	106-98-9	10	40 000	6700	涉气	/	/	
59	1,3-丁二烯	106-99-0	10	49 000	12 000	涉气	生产环节	泄漏	
60	乙基乙炔	107-00-6	10	15 000	/	涉气	/	/	
61	2-丁烯	107-01-7	10	/	2 500	涉气	/	/	
62	乙烯基甲醚	107-25-5	10	/	/	涉气	/	/	
63	丙烯	115-07-1	10	29 000	4 800	涉气	施工环节	/	
64	二甲醚	115-10-6	10	14 000	7 200	涉气、涉水	/	爆炸	

序号	物质名称	CAS号	基本信息				典型案例		应急处理措施
			临界量/t	毒性终点浓度-1/(mg/m³)	毒性终点浓度-2/(mg/m³)	风险类型	事故环节	事故情景	
65	异丁烯	115-11-7	10	24 000	5 800	涉气	/	/	
66	丙二烯	463-49-0	10	25 000	4 100	涉气	/	/	
67	2,2-二甲基丙烷	463-82-1	10	570 000	96 000	涉气	/	/	
68	顺-2-丁烯	590-18-1	10	30 000	5 100	涉气	/	/	
69	反式-2-丁烯	624-64-6	10	33 000	5 500	涉气	/	/	
70	乙烯基乙炔	689-97-4	10	/	/	涉气	/	/	
71	氢气	1333-74-0	10	/	/	涉气	/	/	
72	丁烯	25167-67-3	10	/	/	涉气	/	/	
73	石油气	68476-85-7	10	720 000	410 000	涉气	物料装卸环节、储存环节	爆炸	